国防科技图书出版基金

空间目标轨道数据应用
——碰撞预警与态势分析

Orbital Data Applications for Space Object
——Conjunction Assessment and Situation Analysis

陈 磊　白显宗　梁彦刚　著

国防工业出版社

·北京·

图书在版编目(CIP)数据

空间目标轨道数据应用：碰撞预警与态势分析／陈磊,白显宗,梁彦刚著. —北京:国防工业出版社, 2015.1

ISBN 978 − 7 − 118 − 09794 − 8

I.①空… II.①陈… ②白… ③梁… III.①航天器轨道 − 数据处理 IV.①V556.3

中国版本图书馆 CIP 数据核字(2014)第 292544 号

※

国防工业出版社出版发行

(北京市海淀区紫竹院南路23号　邮政编码100048)

北京嘉恒彩色印刷有限责任公司

新华书店经售

*

开本 710×1000　1/16　印张 19¼　字数 356 千字

2015 年 1 月第 1 版第 1 次印刷　印数 1—2500 册　　定价 88.00 元

(本书如有印装错误,我社负责调换)

国防书店:(010)88540777　　发行邮购:(010)88540776

发行传真:(010)88540755　　发行业务:(010)88540717

致 读 者

本书由国防科技图书出版基金资助出版。

国防科技图书出版工作是国防科技事业的一个重要方面。优秀的国防科技图书既是国防科技成果的一部分,又是国防科技水平的重要标志。为了促进国防科技和武器装备建设事业的发展,加强社会主义物质文明和精神文明建设,培养优秀科技人才,确保国防科技优秀图书的出版,原国防科工委于1988年初决定每年拨出专款,设立国防科技图书出版基金,成立评审委员会,扶持、审定出版国防科技优秀图书。

国防科技图书出版基金资助的对象是:

1. 在国防科学技术领域中,学术水平高,内容有创见,在学科上居领先地位的基础科学理论图书;在工程技术理论方面有突破的应用科学专著。

2. 学术思想新颖,内容具体、实用,对国防科技和武器装备发展具有较大推动作用的专著;密切结合国防现代化和武器装备现代化需要的高新技术内容的专著。

3. 有重要发展前景和有重大开拓使用价值,密切结合国防现代化和武器装备现代化需要的新工艺、新材料内容的专著。

4. 填补目前我国科技领域空白并具有军事应用前景的薄弱学科和边缘学科的科技图书。

国防科技图书出版基金评审委员会在总装备部的领导下开展工作,负责掌握出版基金的使用方向,评审受理的图书选题,决定资助的图书选题和资助金额,以及决定中断或取消资助等。经评审给予资助的图书,由总装备部国防工业出版社列选出版。

国防科技事业已经取得了举世瞩目的成就。国防科技图书承担着记载和弘扬这些成就,积累和传播科技知识的使命。在改革开放的新形势下,原国防科工委率先设立出版基金,扶持出版科技图书,这是一项具有深远意义的创举。此举势必促使国防科技图书的出版随着国防科技事业的发展更加兴旺。

设立出版基金是一件新生事物,是对出版工作的一项改革。因而,评审工作需要不断地摸索、认真地总结和及时地改进,这样,才能使有限的基金发挥出巨大的效能。评审工作更需要国防科技和武器装备建设战线广大科技工作者、专家、教授,以及社会各界朋友的热情支持。

让我们携起手来,为祖国昌盛、科技腾飞、出版繁荣而共同奋斗!

国防科技图书出版基金
评审委员会

V

前　言

空间目标泛指在轨的航天器、火箭箭体、空间碎片等。相对于自然界产生的微流星体而言,空间目标均是由人类制造的。因此人类航天活动越频繁,产生的空间目标数量就越多,发生空间碰撞的可能性也越大。为此,美国国家空间政策在指导方针中专门单列一条,即维护空间环境,负责任地使用空间。在该条目的详细解释中:首先规定了美国政府为最大程度减少空间碎片,维护空间环境,使各方负责任、和平、安全地利用空间,所需担负的责任;其次强调推动制定空间碰撞预警措施。我国政府也在持续坚定地推行相关维护空间环境的政策与措施。

但是空间目标的增多是不可避免的,各项减缓措施只能使空间目标增长的速率减慢。碰撞预警与机动规避是航天大国必须要深入研究和有效实施的解决措施。而碰撞预警研究的基础是空间目标监视所获得的空间编目数据,包括空间目标的基本信息、轨道信息、特征信息。如何充分发挥数据的作用,全面深入地挖掘数据背后的信息,是提升碰撞预警能力的关键。更进一步,尽管每个空间目标严格按照轨道力学在轨运行,但大量空间目标的综合运动将是一种近似无序的运动,如何从大量编目数据中找到其内在规律,也是十分具有挑战性的问题。

空间目标轨道数据是空间编目数据的重要组成,其综合应用包括碰撞预警、轨道异常和空间事件检测、轨道误差分析和精度改进、空间碎片环境与流量分析等。利用轨道数据进行计算分析,可以获取空间目标当前及未来一段时间的空间位置、速度等信息。这不仅为了解空间目标分布奠定了基础,而且为在轨航天器碰撞预警与机动规避提供有力支撑。长时间积累的空间目标编目数据可以给出空间目标轨道的历史变化过程。对这类数据进行分析,可获取隐藏在轨道数据背后的一些规律,如航天器机动变轨事件、碎片流量变化特性等。这些规律的创新研究将拓展空间态势分析的深度和广度,提升掌握空间目标在轨特性的能力。

作者在空间目标轨道力学、碰撞预警和空间态势分析领域进行了多年研究工作,并于 2010 年出版了专著《空间目标轨道力学与误差分析》,从误差的角度,对空间目标在轨运行的轨道力学、定轨方法、误差特性及应用等方面进行了研究。本书在其基础上,进一步论述空间目标轨道数据在目标碰撞预警和空间态势分析中的应用及相关的理论与方法。全书共分为 8 章:第 1 章概要介绍空间目标轨道数据的来源、类型与用途,重点介绍空间目标轨道数据在目标碰撞预警和空间态势分析中的应用情况;第2章对空间目标轨道预报误差进行综述,给出基于轨道模型的预报误差传播方法和基于相对运动理论的轨道误差分析方法;第3章基于历史轨道数据进行误差分析,介绍轨道预报误差的周期特性,并引入泊松级数进行误差拟合;第4章介绍空间目标接近分析中常用的解析方法和数值方法;第5章通过接近距离的分解,推导圆轨道情形和一般轨道情形下几种碰撞概率的显式表达式,将碰撞概率表示为接近距离或接近几何关系的显式函数,并分析显式表达式的误差和适用范围;第6章在碰撞概率显式表达式的基础上,对碰撞概率的灵敏度、最大碰撞概率、碰撞预警的漏警概率和虚警概率、考虑多因素的碰撞风险综合评估方法等问题进行深入研究;第7章给出几种基于历史轨道数据的轨道异常与空间事件检测方法,并对方法进行评估;第8章研究基于轨道数据的空间碎片环境与流量问题,并采用TLE作为数据源验证环境模型的正确性。

本书可供从事航天器动力学、航天器测控、空间目标监视、空间态势感知和空间碎片研究的工程技术人员参考,也可作为高等院校相关专业研究生的辅助教材。

本书是集体智慧的结晶。在本书的编著过程中,韩蕾、张涛涛、郝嘉、曹玉辉均付出了辛勤的工作,在此表示衷心的感谢。

由于作者的学识和水平有限,书中难免有错误和不妥之处,读者有何批评指正意见,请与作者联系(chenl@ nudt. edu. cn),作者将不胜感谢。

陈磊　白显宗　梁彦刚
于长沙国防科技大学
2014 年 11 月

目　　录

Contents

第1章 绪 论

空间目标泛指在地球外层空间运行的所有人造物体,包括人造地球卫星、空间站、宇宙飞船、航天飞机以及由它们或它们的废弃物产生的空间碎片。空间碎片在数量上占空间目标的绝大多数。根据联合国和平利用外层空间委员会科技分委员会(UNCOPUOS,STSC)第32届会议的定义,空间碎片,又称轨道碎片,是指位于地球轨道或再入稠密大气层的、所有失效的并且无法继续保有或恢复其原定功能的人造物体及其碎片和零部件。

随着人类航天事业的不断发展和航天活动的日益频繁,在轨空间目标(航天器、火箭箭体、空间碎片等)的数量不断增加,空间碎片环境有恶化的趋势。截至2014年1月,美国空间目标监视网(U. S. Space Surveillance Network,SSN)编目的可跟踪在轨空间目标总数已达16655个,其中有效载荷(包括正在工作的和已经失效的)共3715个,火箭箭体和空间碎片共12940个,超过总数的3/4,而且其数目还将继续增加[1]。据估计有超过30万个直径大于1cm的空间目标在轨运行,直径小于或等于1cm的则数以百万计。图1.1给出了可观测定轨的较大空间目标分布示意图。

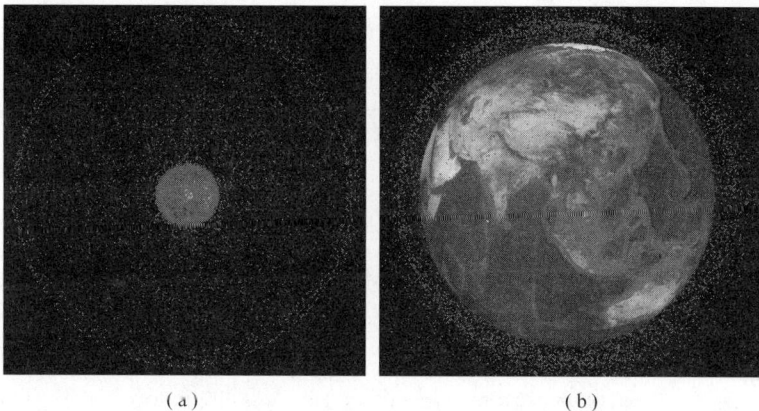

(a)　　　　　　　　　　　　　(b)

图1.1　空间目标分布示意图

空间目标数目的增加使得航天器彼此之间以及它们与空间目标之间发生碰撞的风险明显增加,对航天器的正常运行、航天事业的可持续发展和近地空间环境构成了严重、持续且广泛的威胁。历史上已有多次空间目标发生碰撞的实例。

例如:1996 年 7 月 24 日欧空局 Ariane 火箭碎片撞断了法国 Cerise 卫星的重力梯度稳定臂[2,3];2005 年 1 月 17 日,美国 Thor Burner 2A 火箭的末级和我国 CZ - 4 运载火箭末级碎片在南极上空 885km 处发生碰撞[4]。这些都是碎片之间或碎片与卫星之间的碰撞。2009 年 2 月 10 日,发生了历史上首次完整的在轨卫星相撞的事件。美国铱星公司的 Iridium - 33 卫星(SSN 编号 24946,国际编号 1997 - 051C)和俄罗斯失效的通信卫星 Cosmos - 2251(SSN 编号 22675,国际编号 1993 - 036A)在西伯利亚上空 790km 处发生碰撞[5]。两颗卫星都是完整的卫星,碰撞产生了大量空间碎片。由于碰撞点高度较高,这些碎片将长期在轨,对空间环境造成长期性的破坏。美俄卫星在轨碰撞事件给人类敲响了空间安全的警钟。

美国国家空间政策跨部门指导方针[6]共有 7 条,第三条"维护空间环境,负责任地使用空间"规定:

(1) 维护空间环境。为最大程度减少空间碎片,维护空间环境,使各方负责任、和平、安全地利用空间,美国政府职责如下:

① 领导并继续完善和实施国际、产业标准及政策,以减少空间碎片,如《联合国减少空间碎片指导准则》。

② 获取、维护并使用来自商业、民事和国家安全部门的空间态势感知信息,以探测、确定和追踪有违负责任利用空间原则,及不利于长期、可持续利用空间环境的行为。

③ 按照任务和低耗高效需要,在航天器的采办和运营、发射服务及空间测试和实验活动中,继续遵循"美国政府减少轨道碎片标准实践"的相关规则。

④ 通过美国国家航空航天局和国防部,开展相关技术和工艺研发,以减少和移除轨道碎片,降低危害,并增强对当前和未来碎片环境的了解。

⑤ 对于违反"美国政府减少轨道碎片标准实践"规定的行为,要求主管部门或机构负责人批准,并报告国务卿。

(2) 推动制定空间碰撞预警措施:

① 维护和完善空间目标数据库。

② 制定国际通用数据标准和确保数据完整性的措施。

③ 向商业和国际机构提供服务和发布轨道跟踪信息,包括空间目标飞行交会预报。

这项规定的实施需要空间态势感知的支持。空间态势感知通过对空间的持续观察和情报收集,获取空间目标和空间环境信息,为航天器在轨安全、空间事件分析预警、威胁预示评估等提供支撑。空间事件主要包括卫星机动、预期和未预期的发射与再入、影响任务的空间环境变化等。

空间态势感知要了解空间,掌握空间的情况,必须基于实时有效的空间目标数据。如何获取空间目标数据,可以获取什么样的空间目标数据,怎么使用空间目标数据,是空间态势感知进一步研究必须关注的问题。

1.1 数据来源——空间目标监视系统

空间目标监视是空间态势感知的主要组成部分,其任务是发现、探测并定轨所有的空间目标。空间目标监视系统通过各种观测手段发现并实时跟踪测量空间目标的运动参数,进而确定其轨道特性。对空间大目标进行编目,并依据观测定轨数据不断更新轨道数据,构成了目标动态数据库。

1.1.1 空间目标监视

空间目标监视的任务是探测、跟踪、识别、编目所有在轨空间目标,提供目标编目数据库及足够精度和实时性的轨道信息与特征信息。本书中所指的空间目标是可以进行编目定轨的空间目标。空间目标监视是获取空间态势信息的主要手段之一,空间监视能力是未来空间优势的基础,是实现控制空间的重要基础能力。空间目标监视是重要的航天基础设施和基础能力,在军事和民用两方面都具有重要的作用。

空间目标监视的任务可分为以下四类[7]:

(1)维持空间目标编目,及时发现新的发射,监视已有目标的轨道机动、陨落及解体情况等。

(2)进行空间目标识别,评估任务载荷,分析威胁程度。

(3)实施空间控制支持,监督空间控制有关条约的执行情况,提供卫星攻击预警及反卫星支持服务。

(4)对重要航天器提供碰撞规避支持。

在上述四类任务中,进行空间目标编目是空间监视系统必须完成的基本任务,非此不足以称为空间目标监视系统。空间目标监视系统需具备空间目标轨道(弹道)数据采集能力,为轨道确定提供必需的测量数据,以便给出反映目标运动轨迹的轨道参数,提供空间目标编目服务。

空间目标编目维持有以下三方面的含义[7]:

(1)编目目标轨道根数的更新。

(2)及时发现新的发射。

(3)及时发现已有目标的轨道变化,包括变轨、陨落、解体等。

依据空间目标监视的任务,空间目标监视与轨道相关的工作包括轨道观测、轨道确定、轨道预报、误差分析四个方面。空间目标动态编目数据库及一套完整的预报方法是上述工作的基础,是一套完整的硬件系统和软件系统的总和,具体包括观测数据获取策略、观测数据处理方法、轨道确定方法、轨道预报方法、目标历史和当前数据库等。

1.1.2 空间目标监视系统

空间目标监视系统也称空间监视系统,是对人造天体向空间的进入、在空间的运行及离开空间的过程进行监视,以获取其轨道、功能和状态信息的国家战略信息获取系统[7]。人类已历经进入空间、利用空间、监视空间的阶段,正步入控制空间的时代:在确保己方及盟国对空间的进入与利用的同时,阻止敌方对空间的进入与利用。由于空间监视系统是进行空间控制不可或缺的基础之一,因此属于国家战略力量。

空间目标监视系统一般由空间监视网、空间监视中心和时间统一、通信等辅助系统组成,由专门的机构负责其建设、管理和使用。在空间目标监视系统中,空间监视网承担着采集测量数据的任务,是空间监视的基础。空间监视中心承担着任务规划、数据处理定轨、识别、编目、评估、数据库建设等任务,是空间监视的核心。

空间目标的跟踪定轨过程是利用地基或天基观测站获取的带有误差的测量数据和并非精确的航天器运动方程对其运动状态或轨道根数进行估值的过程。对空间目标的轨道估计可分为两种情况:一种是针对己方的卫星,即采用合作工作方式,通常称为航天器测控;另一种是针对非合作卫星和空间碎片等目标,通常利用侦察或空间监视手段获取该类目标的轨道、状态、功能等信息。

空间目标监视的任务要求空间监视网要能对设计指标(一定空域、一定大小)内的所有目标进行自主的、可靠的、周期性的数据采集,只有这样才能对指标内的所有目标进行编目及更新,进而发现新的发射及已有目标的轨道变化。空间监视网对指标内所有目标进行自主的、可靠的、周期性的数据采集特性称为空间监视网的完备性,它是对空间监视网的基本要求。

由于空间监视要跟踪测量的是达到一定指标的所有目标,因此其测量设备必然是基于非合作方式工作的。目前而言,基于非合作方式工作的空间目标监视设备主要包括雷达设备和光学设备两大类。这两种设备分别基于主动式反射跟踪和被动式无源接收,是两种完全不同类型的设备,各有特点,这些特点决定其在空间监视中的不同作用。

雷达设备主要是大型机械式或相控阵雷达。雷达设备的优点是:

(1)大范围连续搜索:单面阵可搜索120°×80°以上的范围。

(2)多目标实时跟踪:可同时跟踪100个以上的目标。

(3)全天候工作能力:不受天光、气候等因素影响,可在任何时间工作。

(4)齐全的测量数据:可提供测距、测角、测速和回波信号等多种数据。

(5)较高的测量精度:一般测距优于30m,测角1mrad,测速0.1m/s。

(6)良好的实时性能:直接输出跟踪数据,便于快速处理。

(7)较强的定轨能力:一般单站单圈数据可完成千米级定轨。

雷达设备的缺点是:

(1) 作用距离有限:一般难以做到对 5000km 以上目标的跟踪监视。

(2) 造价相对昂贵:作用距离在 3000km 以上的单套设备一般不低于 2 亿元人民币。

(3) 连续工作时间有限:由于发射机功率过大,工作时产生的热量若不能及时散发,将影响其连续工作时间。

(4) 成像能力较低:目前空间监视雷达尚难具备较好的成像能力。

光学设备主要是光电望远镜,其优点是:

(1) 测角精度高:指向精度可达 5″~10″,与雷达测角比一般要高出 1~2 个量级。

(2) 作用距离远:小型光电设备可跟踪亮度 11 等以上的目标,大型光电设备可跟踪亮度在 17 等以上的目标,因此适合于深空跟踪。

(3) 成像能力强:角分辨力可达 0.1″~0.2″。

(4) 造价低廉、操作维护简单、使用寿命长。

光学设备的缺点是:

(1) 不能全天候工作,受天光地影、天气等影响,实际可工作时间不多。

(2) 视场范围小,一般需要引导。

(3) 仅有测角能力。

雷达设备和光学设备各有优缺点,在空间目标监视网选用设备时常将两者的优点相结合,综合使用,如:

(1) 以雷达设备为主进行低轨空间目标的日常监视。

(2) 以光学设备为主进行中高轨空间目标的监视。

(3) 以光学设备为主进行目标成像识别。

空间目标监视系统的平台一般包括地基和天基两类。地基监视包括地基雷达观测和地基光电望远镜观测,其优点是技术成熟、投资成本相对较低、地面设备不受体积和质量的限制,可以采用大口径天线和大的发射功率,能够对空间目标进行有效搜索和跟踪。地基监视的缺点是易受天气影响,不具备机动能力,境外设站不便,可见范围和时间都受地球曲率限制,需要全球布站[8,9]。

天基空间目标监视是利用天基平台对空间目标进行光学观测或其他手段的监测。天基观测平台在地球大气层外的空间轨道上运行,不受空域的限制,可以观测到地球另一侧的同步轨道卫星。此外,对光学观测而言,还可以大大减小"光学可见期"的影响,增加观测机会和观测时间。克服地球大气影响,提高观测灵敏度;而且可以在没有大气影响的情况下,实现对空间目标近距离高分辨率成像,获取目标的图像特征,大大增强对目标的观测识别能力。天基空间目标监视系统的缺点是造价高、技术复杂,且星上信息处理能力和功率也无法与地基监视系统相比[8,9]。

1.1.3 国外空间目标监视网

美国、俄罗斯和欧洲分别建立了具有监视面积大、范围广、可定期或连续监视空间特点的空间目标监视系统。

美国建立了地基为主的完善的空间目标监视系统，正在发展空间威胁探测告警技术。美国的空间监视系统是从 20 世纪 50 年代末逐渐发展起来的，已建成一个以本土为主、遍布世界、由地基光电探测和雷达探测组成的相互补充的空间目标监视系统。由分布在全球 16 个不同地点的 20 多种不同类型的 30 多台（套）无线电探测器、光学探测器、天基探测器以及 2 个控制中心（1 个主控,1 个备份）组成。系统发展在功能上空间监视与导弹预警兼顾，在手段上被动与主动互补，在布局上地基与天基结合，测站配置遍及全球。

美国空间目标监视网的各种探测器分为专用、兼用、可用三大类。各种探测器主要由美国航天司令部下属的空军航天司令部和陆军航天司令部所有，少量可用探测器由民间机构拥有。空间监视任务的分工、协调和指挥控制均由北美防空司令部（North American Aerospace Defense Command, NORAD）与美国航天司令部共同拥有的夏延山空间控制中心完成，所有探测器获得的信息也都送往该中心进行融合、处理、编目以及分发。目前可监视低地球轨道上 10cm、地球同步轨道上 30cm 的空间目标，已跟踪并编目了 16000 多个人造空间目标，具有对绝大多数在轨卫星的认知能力。

美国中段空间试验（Midcourse Space EXperiment, MSX）卫星上装载的天基可见光（Space – Based Visible, SBV）传感器，对天基空间监视的技术和功能进行了验证，SBV 可覆盖整个地球同步带，主要任务是采集各种空间目标的测轨和光度信息。1996 年 4 月发射，前 18 个月主要用于确认天基空间监视的概念和评估 SBV 探测器的性能，1997 年 10 月 SBV 探测器开始从空间监视网的实验探测器向关键探测器过渡，2000 年 10 月正式转为美国空间目标监视网一部分，可使对重点目标重访率增加 50%。

俄罗斯为监视跟踪宇宙空间环境，也建立"宇宙空间监视系统"，其中包括宇宙空间监视中心。但俄罗斯主要是采取利用光电望远镜对空间目标进行监视。"天窗"系统式俄罗斯航天部队典型的有源地面光电空间监视跟踪系统，位于塔吉克斯坦边境的山区中。这种地基预警系统跟天基预警系统相比小型、廉价，但能有效填补深空监视的空白。

欧洲计划中的空间目标监测网包括一个测量低轨空间目标的 GRAVES 电磁篱笆系统和监视地球同步轨道空间碎片的 3 台望远镜。法国航空航天研究所从 1992 年开始研制 GRAVES 空间监视雷达。该雷达发射机位于第戎，接收机位于普罗旺斯，2004 年底建成并进行第一次试验性探测，2005 年 11 月第一期建设产品正式交付使用。该电磁篱笆能够探测 1000km 高度以下的卫星，任何卫星从发射到被探测延迟的时间不超过 24h,满足快速探测新发现的卫星、机动变轨和解体产生的空间碎片。

1.2 数据类型——空间目标编目数据

空间编目数据是空间目标监视最主要的产品。空间编目数据的基本要求是:

(1)完备性:应包括某一尺寸以上的全部目标。

(2)实时性:新目标编目迅速,轨道根数更新快。

(3)精确性:提供的信息准确,轨道数据精度高。

(4)开放性:方便实用,确保数据的使用价值。

1.2.1 空间编目数据基本信息

空间编目数据至少应包括空间目标的基本信息、轨道信息、特征信息。

1)基本信息

基本信息是指空间目标一旦被发射到空间后就不会改变或改变很缓慢的信息,包括但不限于:

(1)目标编号。

(2)目标名称。

(3)目标类型。

(4)国别。

(5)发射日期。

(6)发射场。

(7)陨落日期。

(8)基本轨道信息(周期、倾角、近地点、远地点)。

2)轨道信息

轨道信息是指描述空间目标轨道运动的轨道根数、误差信息和轨道模型信息等,具体应包括但不限于:

(1)轨道根数(或位置速度矢量),需及时更新:

① 平根数;

② 瞬根数。

(2)轨道协方差数据:

① 直角坐标;

② 轨道根数。

(3)轨道及协方差预报模型:

① 解析模型;

② 数值模型。

3）特征信息

特征信息是指空间目标的载荷、工作情况、外形等信息,具体包括但不限于:

（1）有效载荷。

（2）是否工作。

（3）外形结构。

（4）雷达散射截面(Radar Cross Section,RCS)。

（5）光学特征。

（6）面质比。

（7）轨道是否有控。

（8）姿态是否有控。

1.2.2　编目数据的轨道模型

空间目标的监视和编目需要进行轨道计算,轨道预报方法是空间目标监视系统的重要组成部分。建立精确高效的轨道预报模型,快速提供空间目标的长期精确轨道预报数据,以确定在指定飞行时间内空间目标的位置,是空间目标监视系统和编目数据库的重要任务。

针对不同的应用需求主要有解析和数值两类轨道预报方法。解析方法是将轨道根数随时间的变化用解析函数来表示,根据初始时刻的轨道根数,用常数变易法求解微分方程,得到解析的结果。解析法优点是解的形式可以明显表示根数随时间变化的规律,有助于了解各种摄动对根数的影响,而且计算效率高。缺点是推导过程比较麻烦,且高阶解难以推导出来,解的精度比数值解要低些。国内外常用的解析方法有刘林等提出的拟平均根数法[10]和美国 SSN 所用的SGP4/SDP4 模型等[11-13]。

数值方法是轨道计算的经典方法,即采用数值积分算法对轨道力学模型进行积分解算。随着航天器测量、定轨精度的提升,轨道的摄动力模型在不断完善,数值解的精度在不断提高。缺点是难以得到轨道根数随时间变化的规律,长时间预报需要逐步递进计算。国内李济生对数值解模型和方法进行了深入研究[14],国外常用的包括哥达德空间中心的 GEODYN 模型、STK 软件所用的高精度轨道预报器(High Precision Orbit Propagator,HPOP)模型等[15,16]。

吴连大探讨了空间碎片轨道计算的特殊性[17]。由于空间碎片数目众多,而且是无源目标无法进行精密观测,面质比一般较大且未知,因此空间碎片的轨道计算一般使用比较简单的理论和方法,更加重视初轨计算和数据关联。空间碎片的轨道主要应用在碰撞预警、危险目标的陨落预报、小碎片的长期轨道演化等方面,更加重视预报精度。要预报必须解决大气模型问题,因此,空间碎片的轨道计算必须与大气模型研究同步进行。

此外,还有一种结合了解析方法和数值方法的半解析方法[15,16],这种方法目前还不太成熟,工程中应用不多。

1.2.3 美国发布的编目数据

美国 SSN 是目前世界上最先进的空间监视系统,对在轨目标进行编目维护,每天执行在轨目标的跟踪及根数更新任务。NORAD 将大部分空间目标的两行轨道根数(Two Line Element,TLE)在网站 www. space – track. org 上定期公布。

NORAD 空间编目根数 TLE 是平均轨道根数,对应的 SGP4/SDP4 模型是解析模型。1980 年 12 月 SSN 发布了文献[11],给出了利用 TLE 进行预报的 5 套轨道模型,即 SGP、SGP4、SDP4、SGP8 和 SDP8,以及相应的程序源代码。文献[11]把所有的空间目标分为近地(周期小于 225min)和深空(周期大于或等于 225min)两大类,轨道预报模型也相应地分为近地和深空两类。共有 5 个轨道模型。SGP 和 SGP4 用于近地目标轨道计算,区别在于平均角速度和阻力的表述形式不同。SDP4 是 SGP4 的扩展,用于深空目标轨道计算。SGP8 也用于近地目标轨道计算,对微分方程求积采用了不同的方法。SDP8 是 SGP8 的扩展,用于深空目标轨道计算,深空影响模型方程与 SDP4 中的相同。SGP 模型过于简单,精度较低,单就速度而言,SGP8/SDP8 是理想选择;目前 SGP4/SDP4 是应用主流,SSN 公布的 TLE 更新针对的是 SGP4/SDP4 模型。

TLE 是用特定方法去掉了周期扰动项的平均轨道根数,包括空间目标的轨道根数和其他相关信息,由两行 69 字符数据组成,具体格式描述如图 1.2 所示。

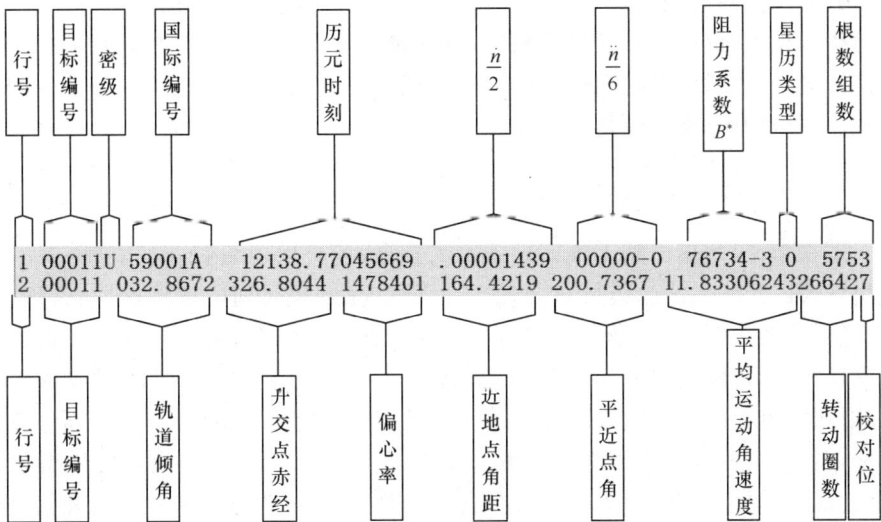

密级:U—公开,C—秘密
星历类型:0表示用SGP4/SDP4模型

图 1.2　TLE 数据格式描述

它包含关于目标的信息如目标编号、国际编号和大气阻力项等,6 个独立的轨道根数 i、Ω、e、ω、M、n 描述卫星的运动,历元时刻定义了时间参考点。TLE 中还有一个大气阻力相关项 B^*,描述了空间目标受大气阻力影响的程度。为了得到较高精度的预报结果,预报模型必须以同样方法重建这些扰动,因此 TLE 必须与 SGP4/SDP4 轨道预报模型一起使用来预报空间目标的状态。如果将 TLE 输入其他模型,即使该模型精度更高或甚至是数值积分模型,也只能得到低精度结果。

TLE 轨道编目数据的特点是:

(1) 完备性:当前世界上最全面的空间目标编目系统。

(2) 实时性:数据更新较快,一般目标位 1 ~ 2 天,关键目标每天更新 2 ~ 3 次。

(3) 精确性:轨道精度可满足一般分析要求。

(4) 开放性:除美国及其盟友的重要军用卫星外,数据全部公开。

1.3 数据用途——碰撞预警与态势分析

空间目标监视系统每天会形成大量的空间目标编目数据。利用这些编目数据进行推算,可以获取空间目标当前及未来一段时间的空间位置、速度等信息,这不仅为了解空间态势分布奠定了基础,而且为在轨航天器碰撞预警与机动规避提供有力支撑。

长时间积累的空间目标编目数据可以给出空间目标轨道的历史变化过程。对这类数据进行分析,可获取隐藏在轨道数据背后的一些规律,如航天器机动变轨事件、碎片流量变化特性等。这些规律的创新研究将拓展空间态势分析的深度和广度,提升掌握空间目标在轨特性的能力。

1.3.1 数据应用的方法

近年来,大数据受到了多方关注。大数据,或称巨量资料,是指所涉及的资料量规模巨大到无法通过目前主流软件工具,在合理时间内达到撷取、管理、处理,并整理成为有用的资讯。最早提出"大数据"时代到来的是全球知名资讯公司麦肯锡,麦肯锡公司公司称:"数据,已经渗透到当今每一个行业和业务职能领域,成为重要的生产因素。人们对于海量数据的挖掘和运用,预示着新一波生产率增长和消费者盈余浪潮的到来。"大数据在物理学、生物学、环境生态学等领域,以及军事、金融、通信等行业存在已有时日,却因为近年来互联网和信息行业的发展而引起人们关注。大数据作为云计算、物联网之后 IT 行业又一大颠覆性的技术革命。云计算主要为数据资产提供了保管、访问的场所和渠道,而数据才是真正有价值的资产。

　　针对大数据的处理应用,文献[18]进行了深入的讨论。从空间目标编目数据应用的角度来看,下述三个观点值得认真思考与运用:

　　(1)利用概率的理念进行研究。基于大量数据对未来事件进行预测,由于不确定因素的存在,无法得到完全正确的结论,因此实际工程中只能采用概率来进行判断。但是概率结论与实际问题的解决之间仍存在差异。例如现实生活中的一个问题,天气预报说降水概率为60%,你出门会带伞吗?

　　这个问题很难回答,文献[18]给出的答案是,需要对预测进行标定,即预告降水概率为40%,但真正下雨的情况有几次呢?如果长期以来,下雨的概率的确为40%,那就说明预测是已标定的。而如果下雨的概率只有20%或者高达60%,那么预测就是未标定的。

　　很多领域都难以实现标定。标定需要利用大量数据进行充分评价,即对预测者发布的数百个预测进行全面评估。在没有充分数据的支持下,没有标定的概率应用起来十分困难。

　　(2)必须慎重确定数据之间的因果关系。在地震预测和部分的经济学、政治学领域中,有很多干扰数据,理论也不发达。这些领域的预测常会将干扰噪声误认为有用信号,这些噪声信号将发出错误的警示,阻碍我们理解系统的真实情况。

　　在统计学中,将噪声误认为信号的行为称为过度拟合。例如,有一个小偷小摸的惯犯,他的老板要求他想出一个撬密码锁的办法。老板期待的撬锁法是无论何时何地都可以很有把握地撬开锁。老板给了惯犯3把锁进行练习,红色的、黑色的和蓝色的。惯犯用这几把锁反复实验了几天后,告诉老板说发现了一个正确的办法:如果锁是红色的,密码组合就是27 – 12 – 31;如果锁是黑色的,密码组合就是44 – 14 – 19;如果锁是蓝色的,密码组合就是10 – 3 – 12。老板是想知道有没有一种办法可以撬开所有的锁,或者锁本身有什么结构缺陷可被利用,或是有哪些破解密码的技巧。但是,惯犯给了一个过于具体的办法,妄图解决一般问题。这就是过度拟合,它是导致预测错误的原因。

　　大量的信息成倍增加,但有用的信息非常有限,信号的比例正在缩小,因此需要找到更好的方法对信号和噪声进行区分。

　　(3)通过新信息的引入来更新预测。贝叶斯定理是关于随机事件 A 和 B 条件概率的一则定理:

$$P(A|B) = \frac{P(B|A)P(A)}{P(B)} \tag{1.1}$$

式中:$P(A)$ 为 A 的先验概率,之所以称为先验是因为它不考虑任何 B 方面的因素;$P(A|B)$ 为已知 B 发生后 A 的条件概率,称作 A 的后验概率;$P(B|A)$ 为已知 A 发生后 B 的条件概率,称作 B 的后验概率;$P(B)$ 为 B 的先验概率。

　　贝叶斯定理的哲学基础十分深厚,暗含的意思并不是说概率预测只可以做一次更新,而应该是随着新证据的不断涌现,需要不断更新预测结果。

当第一次对概率进行预测时,可能不会特别准确。但需注意两点:第一,这些预测只是一个开始,当得到新信息时,可以采用贝叶斯定理对预测进行修正;第二,可以通过学习识别各种信号改进预测。

不断犯错,不断尝试,这或许是贝叶斯定理进行大量预测应用时的一个原则。真正"拥有"大数据的公司,如谷歌公司,没有在建立模型的问题上花费太多时间。它每年会进行上千次实验,并在真正的客户身上检验它的想法。在应用新信息时要遵循规律。如果设想确实有价值,就应该建立可以证伪的假设来验证它们,并且将它们应用于预测当中。

1.3.2 碰撞预警

空间目标的碰撞预警问题受到国际上越来越广泛的关注。近年来我国航天事业快速发展,空间目标碰撞预警工作变得越来越重要。特别是载人飞船和空间站,运行在空间目标分布密集的近地轨道,且其尺寸比一般卫星大,与空间目标相撞的风险很大。从保障载人航天安全、提高我国航天器运行寿命、维护我国空间安全和保护空间环境出发,必须加强对空间目标碰撞预警问题的研究。在航天任务分析及航天器长期管理中,防止与空间目标发生碰撞已经成为一个必须解决的问题,需要发展一套完整有效的理论方法和操作策略以应对日益严重的威胁。

对于尺寸较大的空间目标(如直径大于10cm),航天器必须进行规避机动才可以确保安全。这类目标必须进行跟踪编目,利用实时更新的轨道数据进行接近分析和碰撞预警,才可以提高航天器运行的安全性。

空间目标碰撞预警和规避机动是一个完整过程的两个相对独立的方面。碰撞预警是利用预报得到的轨道状态和误差协方差信息,进行碰撞风险评估得到各种碰撞风险参数(如最近距离、碰撞概率、最大碰撞概率等),根据一定的准则判断风险参数是否处在危险区域(如接近距离小于距离门限、碰撞概率大于概率门限等),如果在危险区域则发出碰撞预警,需要采取相应的措施。因此碰撞预警实质上是一个判别分析问题,核心是风险评估。根据分析得到的各种参数,得到"危险"或"安全"以及"机动"或"不机动"的判别。

碰撞规避机动是在碰撞预警的基础上,根据碰撞风险参数、接近几何关系等信息,考虑任务约束,与轨道维持结合,航天器通过轨道机动等方式,避免与其他空间目标发生碰撞。碰撞规避机动以碰撞风险分析为基础,给出规避机动的实施准则和判断标准,研究最优碰撞规避机动的计算方法和实施策略,包括推力方向和作用时刻的选择等。因此,规避机动实质上是一个变轨问题,核心是最优变轨和任务约束。

由于在目标观测、轨道确定、轨道预报中不可避免地存在误差,因此误差分析是空间目标碰撞风险评估中不可避免的问题。考虑到各种误差因素,目前在空间目标碰撞风险评估中广泛采用最小接近距离、碰撞概率等评价指标,对应碰撞预警的区域方法(Box 方法)和碰撞概率方法(P_c 方法)。Box 方法将任何进入事先设定的固定规避区域的空间目标都认为是危险目标,并做出进行机动的决策,实质是一种平均方法,区域划定的根据是空间目标轨道预报的平均误差,在多数情况下过于保守,有可能在并不需要的时候造成航天器无谓的机动,浪费宝贵的机动能力。P_c 方法是一种比 Box 方法精度更高的碰撞风险评估方法。碰撞概率不仅取决于最接近时刻(Time of Closest Approach,TCA)航天器与危险目标的最小距离,还考虑到两目标接近时位置速度几何关系及其不确定性。与Box 方法的预警区域划定根据平均误差不同,P_c 方法利用的是具体的误差信息,优点是会发出较少的规避机动指令,其虚警率比 Box 方法小。基于碰撞概率的空间目标碰撞预警是当前国际上主要应用的预警分析方法。

基于碰撞概率的空间目标碰撞预警主要由以下关键技术支撑:通过空间目标监视建立空间目标动态轨道数据库;危险目标筛选和空间目标接近分析;轨道预报方法与误差分析;碰撞概率计算方法(线性相对运动和非线性相对运动);碰撞风险综合评估方法;基于碰撞概率的规避机动方法;等等。

在空间目标监视的基础上对可跟踪空间目标进行碰撞预警主要涉及两类理论问题:一类是与空间目标轨道理论相关,包括轨道确定、轨道预报、接近分析、机动规避等;另一类是与误差及概率问题相关,对轨道确定、轨道预报中不可避免的不确定性及其引起的概率问题进行分析,利用概率对碰撞风险和机动规避进行评估。碰撞风险评估依赖于接近距离和碰撞概率的计算,计算所需的参数包括两目标接近时的位置速度矢量及对应的误差协方差矩阵和目标的大小和形状等,这些参数的预报精度会严重影响碰撞概率的准确度和碰撞预警的有效性。

为了应对日益严重的碰撞威胁,目前世界上一些国家和国际航天组织开始或已经建立了工程中可实际应用的碰撞预警和机动规避系统。各航天机构的碰撞预警和规避机动程序结构与方法步骤不尽相同,但由碰撞预警与机动规避的内在规律决定,其基本框架和大致步骤具有一致性。对这些系统进行分析和总结对我国空间目标碰撞预警与规避机动系统的建立和运行具有一定的指导和借鉴意义。

1. 主要航天机构碰撞预警和规避机动系统

1)美国

早期美国航天飞机的碰撞预警就采用 Box 方法[19]。为了克服 Box 方法造成的预警误差,20 世纪 90 年代初美国航空航天局(National Aeronautics and Space Administration,NASA)开始应用基于 P_c 方法。NASA 的载人航天器和不载人航天器的碰撞预警工作分别由其下属的约翰逊航天中心(Johnson Space Center,JSC)和戈达德航天中心(Goddard Space Flight Center,GSFC)负责。

载人航天器方面,NASA 在 20 世纪 80 年代后期"挑战者"号航天飞机失事之后开始了保护载人航天器不受可跟踪空间碎片碰撞的研究工作。由 NASA JSC 负责先后应用 Box 方法和 P_c 方法为载人航天器进行碰撞预警服务。NASA JSC 和美国战略司令部(United States Strategic Command,USSTRATCOM)共同研究了概率方法并开发了相应的软件。USSTRATCOM 提供空间站和危险目标的数据,而 NASA JSC 提供航天飞机的轨道信息。USSTRATCOM 还维持碎片编目并执行筛选程序以确定载人航天器和空间目标之间的近距离接近。当发现接近事件后,USSTRATCOM 将状态矢量和协方差信息传送给 NASA JSC,后者计算和评估碰撞概率。对于空间站和航天飞机,NASA 规定进行规避机动的概率红限和黄限分别为 10^{-4}、10^{-5}。如果碰撞概率超过红限,则进行规避机动;如果碰撞概率超过黄限,在不会对任务目标造成危害的情况下也需要进行规避机动[19]。

不载人航天器方面,NASA GSFC 在 2004 年为地球科学任务项目建立了保护其地球观测系统(Earth Observing System,EOS)的 3 颗卫星(Terra、Aqua 和 Aura)的碰撞风险评估系统,并开始实行常规碰撞预警程序。NASA GSFC 的飞行动力学分析部和 USSTRATCOM 的第一空间控制中队共同为 EOS 提供碰撞预警服务。空间控制中队负责预报 EOS 卫星与空间目标之间的接近事件,NASA GSFC 的碰撞风险评估小组负责评估碰撞风险,并与 EOS 项目一起制定风险减缓措施。2005 年 10 月和 2008 年 6 月,EOS 的 Terra 卫星和 Aura 卫星分别成功执行了一次碎片规避机动,危险目标分别为来自 Scout G - 1 和 OPS - 4682 的碎片[19]。

2006 年 7 月,USSTRATCOM 下属的联合空间操作中心(Joint Space Operations Center,JSpOC)开始负责空间目标碰撞预警工作。JSpOC 整合遍布全球的空间目标监视系统,对全球约 1000 颗正常工作的航天器维持高精度空间目标轨道编目,并进行接近事件筛选和预报。主目标的轨道数据不仅来自其编目数据库,还包括航天器所有者提供的轨道信息。近地轨道(Low Earth Orbit,LEO)卫星预报的时间是 5 天,地球静止轨道(Geostationary Orbit,GEO)卫星为 7 天。对于 GEO 和中地轨道(Middle Earth Orbit,MEO)卫星报告的准则是接近距离小于 5km,对于 LEO 卫星报告的准则是接近距离小于 1km 且径向距离小于 200m。

JSpOC 与卫星所有者或运行者共享交会概要信息(Conjunction Summary Message,CSM)。JSpOC 在 TCA 前 72h 通过 E - mail 将 CSM 发布给卫星的所有者或操作者,通报接近事件基本信息,包括主目标和危险目标、TCA、目标的轨道误差及其分量。卫星的所有者或操作者可以利用 CSM 进行碰撞概率的估计并制定规避机动策略。NASA GSFC 的碰撞评估风险分析小组和世界上许多其他机构一样,利用来自 JSpOC 的接近事件预报信息进行风险的定量分析,并与任务管理者、飞行动力学小组和飞行操作小组协作制定规避机动措施。

由于轨道碎片的威胁增加,2007 年 8 月 NASA 要求所有的 LEO 和 GEO 可机动航天器必须进行定期的接近评估以避免与其他在轨空间目标发生碰撞。
2009 年 4 月,将该常规碰撞预警分析扩展到非机动和非工作航天器,自动接近
分析程序扩展到不同轨道区域的 79 个航天器。2009 年,NASA 共进行了 8 次航
天器规避机动,其中两次是躲避完整的目标(一次是航天器,另一次是火箭箭
体),其他的机动都是为了躲避空间碎片。

美国空间标准与创新中心(Center for Space Standard and Innovation, CSSI)的
Kelso 和 Alfano 建立了 SOCRATES(Satellite Orbital Conjunction Reports Assessing
Threatening Encounters in Space)系统,提供接近分析和碰撞风险评估服务[19]。
从 2004 年 5 月起,SOCRATES 基于 STK 软件中的接近分析工具箱,利用公开的
TLE 数据和 SGP4/SDP4 模型,每天对所有的有效载荷和所有在轨目标进行未来
一周内的接近分析,并且在 CelesTrak 网站上公开发布分析结果和所用的数据,
用户可以自由访问。目前给出接近时间、接近距离和最大碰撞概率,并可提供未
来一周内的最近距离最小和最大概率最大的各 10 个接近事件,未来将提供真实
碰撞概率的一阶估计。

2) 欧洲空间局

欧洲空间局(European Space Agency, ESA)的欧洲空间操作中心(European
Space Operations Center, ESOC)自 20 世纪 90 年代中期开始监视其地球遥感卫星
ERS - 1、ERS - 2 和 Envisat 与 USSTRATCOM 编目目标之间的接近事件[22]。从
那时开始,ESA 不断进行数学方法研究和程序开发,建立了碰撞风险分析软件
(Collision Risk ASSessment tool, CRASS)[23]。该预警程序自动进行 TLE 下载、数
据库中提取目标信息、7 天的接近事件预报和预警信息通报等。

目前,ESOC 空间碎片办公室为其卫星提供碰撞风险评估服务,包括 ERS - 2、
Envisat 和 Cryosat - 2 等 3 颗卫星[24],所用的主要软件工具为 CRASS 和改进正则
方程轨道确定软件(Orbit Determination with Improved Normal equations, ODIN)。
对于 ESA 的航天器,可接受的碰撞概率水平为 10^{-4},或接近距离小于 300m。从
2004 年底开始 ERS - 2 和 Envisat 的概率门限调为 2×10^{-4}。Envisat 卫星在
2007 年 11 月和 2008 年 1 月成功进行了两次规避机动,危险目标分别为俄罗斯
Cosmos - 1486 卫星和 Cosmos - 1624 卫星。2010 年第一季度 ESA 进行了 4 次规
避机动,其中 3 次是为了规避 Iridium - 33 的碎片。2010 年 9 月和 10 月,ERS -
2 和 Cryosat - 2 卫星又分别进行了一次规避机动。

3) 法国航天局

历史上第一次被证实的空间编目目标间无意的碰撞于 1997 年 7 月 24 日发
生在法国航天局(Centre National d'Etudes Spatiales, CNES)的 Cerise 卫星和一块
来自 Ariane - 1 H - 10 火箭上面级爆炸产生的碎片之间。自此之后 CNES 开始
监视自己的航天器与其他空间目标间的接近事件。目前 CNES 控制的卫星有 18
颗(17 颗位于 LEO,1 颗位于 GEO),CNES 的轨道计算中心利用碰撞预警程序负

责对这些卫星进行碰撞风险管理。所用的数据来自 TLE 数据库、法国 GRAVES 空间目标监视系统数据库和轨道实测数据[25]。2009 年下半年，CNES 共预报了 44 次潜在的危险事件，进行了 3 次规避机动。2010 年前 3 个月，潜在的危险事件有 14 次，进行了 5 次规避机动。

4）德国空间操作中心

德国空间操作中心（German Space Operations Center，GSOC）从 2008 年起开始建立实用的碰撞预警与减缓系统，接近事件检测的第一版软件于 2009 年 1 月开始运行，11 月开始实用化。现在每天自动执行两次预警分析，检测工作的卫星与 TLE 编目中的所有目标之间的接近[26]。2009 年 11 月，GSOC 的 TerraSAR – X 地球观测卫星进行了一次规避机动，危险目标是美、俄卫星碰撞产生中俄罗斯卫星 Cosmos – 2251 产生的碎片，这也是该系统建立以后第一次执行规避机动。

5）日本航天探索机构

日本航天探索机构（Japan Aerospace Exploration Agency，JAXA）从 2008 年起开始对其先进陆地观测卫星（Advanced Land Observing Satellite，ALOS）执行碰撞评估并构建了执行碰撞规避机动的框架，基于运行卫星和由 SSN 编目的空间目标的轨道信息进行接近分析和碰撞概率计算。所用数据包括 SSN 的 TLE 编目数据、ALOS 的星历数据和雷达实测数据[27]。2009 年 8 月，预报得到 Rubin 4/ SL – 8 将以 0.114km 的距离接近 ALOS 卫星，根据雷达测量数据对 Rubin 4/SL – 8 进行了轨道确定，重新分析得知最近距离为 1.596km，因此终止了分析。

2. 碰撞预警与规避机动的一般步骤

以上对 NASA、JSpOC、CSSI、ESA、CNES、GSOC、JAXA 的碰撞预警与规避机动系统的历史、组成和功能进行了介绍。以上各航天机构的碰撞预警和规避机动程序结构和方法步骤不尽相同，但由碰撞预警与机动规避的内在规律决定，基本框架和大致步骤具有一致性。经过总结分析可知，碰撞预警与规避机动系统进行工作一般包括以下基本步骤：

（1）目标筛选和接近事件预报。进行空间目标碰撞预警的第一步是根据所关心航天器（主目标）的轨道数据和当前空间目标编目数据库（一般是 NORAD 的 TLE 数据库），筛选并排除掉不可能与主目标接近的大部分目标。进行未来若干天（一般是 7 天）的接近事件预报，确定接近时刻、接近距离及其分量、交会几何关系、相对速度等参数，并计算最大碰撞概率。如果接近距离和最大碰撞概率超过预设的门限值（JSpOC[19]的为 2km × 25km × 25km，CNES[25]的为 10km 和 10^{-4}，GSOC[26]的为 10^{-4}，JAXA[27]的为 5km 和 10^{-3}），则进行接近事件信息的自动报告。该步骤一般每天自动执行一次。

（2）碰撞风险初步评估分析。在得到接近事件预报信息之后，碰撞风险分析小组基于碰撞风险评估系统对碰撞风险进行定量分析。碰撞风险定量分析包括碰撞概率的计算、碰撞概率灵敏度分析和碰撞概率的演化趋势分析等。利用最新的数据,同时考虑若干准则,如碰撞概率、轨道误差、接近距离及其分量、变化趋势、交会几何关系、接近时间及目标大小等,利用经验方法对危险的接近事件进行分析。碰撞风险评估系统一般包括接近可视化模块、二维碰撞概率工具模块、三维非线性碰撞概率工具模块、蒙特卡洛碰撞概率工具模块、演化和趋势工具模块等子模块组成。

(3)基于观测数据的风险细致评估。该步骤的目的是对碰撞风险进行细致评估,确定需要进行规避机动的危险接近事件。更新所有输入数据使其尽可能精炼,通过雷达观测数据对危险目标进行高精度轨道确定,以得到更精确的分析结果。通过模型或 RCS 估计危险目标的大小,更新危险目标的历史 TLE 数据并从中分析得到误差散布。基于更新的轨道数据重新进行风险评估,得到趋势分析和统计分析的最新结果。如果碰撞概率仍然超过门限值,则进入下一步分析。

(4)碰撞规避机动规划和决策。碰撞分析小组继续进行风险分析,同时与机动小组合作计算可能的规避机动方法。考虑的因素有卫星任务、平台和操作约束,以及机动后轨道的安全性。最终的决策依据是实际碰撞概率的演化、碰撞平面内的趋势、航天器任务约束以及执行机动的能力,如果确定执行机动,还需确定是否需要恢复机动。制定规避机动策略,包括规避机动方案和恢复机动方案。首先规避机动推力的作用时间固定,而推力的大小改变。然后规避机动的速度增量大小固定,而在轨道上的位置变化。将预报的机动后轨道提供给碰撞分析小组。后者对机动后星历进行碰撞分析以确定机动后轨道的安全性。至少在 TCA 前 12h 召开有关各方协调会议进行最终决策,基于碰撞风险细致评估的结果正式确定规避机动方案。

(5)机动后分析与评估。在完成规避机动后进行分析,对机动的效果进行评估,从中获得经验和教训以改进方法。对机动后轨道的安全性进行分析,确保不会引入附加风险。

1.3.2 态势分析

态势是指状态和形式。态势分析针对复杂系统环境,获取、理解、显示能够引起系统态势发生变化的要素,并预测未来的发展趋势。

基于空间编目数据的态势分析是通过对编目数据的分析建模,实现对空间各种情况的理解。目前讨论比较多的是空间事件检测、空间碎片环境推测等,但随着编目数据研究的深入,态势分析可以获取在轨空间目标更多的信息,这也相应扩展了人类对空间态势的了解。

1. 空间事件检测

空间事件包括空间天气事件、空间目标轨道异常事件等。及时感知各种空间事件已经变得越来越重要。

空间天气的异常会对在轨卫星造成严重影响。对近地空间目标的轨道有较大影响作用的空间天气因素包括太阳活动和地磁活动等。太阳活动和地磁活动造成的高层大气密度的变化会直接影响航天器的轨道,造成轨道能量衰减率的突变。因此,在掌握太阳活动、地磁活动等的变化对航天器轨道影响作用的基础上,可以利用航天器轨道异常变化来检测空间天气事件。

空间轨道异常事件可以为非己方航天器的工作状态和异常评估提供支撑。处于正常工作状态的航天器具有轨道控制能力,为了完成相应的任务必须进行变轨控制和轨道机动、轨道维持、交会对接等轨道控制行为。因此,其轨道根数会有比较剧烈的变化或突变。失效航天器的轨道是无控的,仅受地球引力及各种摄动力的作用在空间沿轨道自由飞行。在不发生碰撞、爆炸及解体的情况下其轨道根数的变化是较为平滑的连续变化。根据这种正常工作航天器和失效航天器在轨道特性上的区别,可以对航天器的工作状态进行判断。

2. 空间碎片环境推测

为了评估当前空间碎片环境、指导未来航天发射活动的顺利进行,需要依据空间碎片环境模型来了解和掌握空间碎片的运行和分布规律,为航天器碰撞风险评估提供有力保障。空间碎片环境建模是采用适当的数学、物理方法描述空间碎片在三维空间和未来时间的数量、分布、迁移、流动以及碎片的物理特性(尺寸、质量、密度、流量等)[28]。对现在和未来空间碎片环境的准确模拟与描述是空间碎片环境建模追求的目标。

空间碎片环境模型的功能与主要应用体现在以下几个方面:① 评估当前的空间碎片环境;② 为航天器的防护设计提供参考数据;③ 对未来空间碎片环境的发展趋势进行预测;④ 评估航天器与空间碎片之间的碰撞风险与损害程度;⑤ 评估未来航天发射活动对空间环境的影响;⑥ 为减少空间碎片的积累、开发空间碎片减缓技术提供依据;⑦ 评估空间碎片减缓措施的效果;⑧ 为制定空间碎片的政策与法规提供依据。

但是构建空间碎片环境模型的数据来源十分有限[29],主要有空间目标监视网编目数据、针对特定空域的碎片流量数据和回收的航天器表面分析。

空间目标监视网只能对低地轨道直径 10cm 以上空间目标进行有效编目定轨。美国的"干草堆"雷达、欧洲的 FGAN 跟踪和成像雷达均开展了一些试验,针对特定空域进行了危险碎片(厘米级)的流量数据统计,这些数据已用于空间碎片模型的校验和建模分析。回收的航天器,如美国的长期暴露装置、欧洲可回收卫星等,获取的数据是长期积累的结果,需经过细致分析才能用于空间碎片环境建模。

受雷达、光电望远镜等观测设备的能力限制,数以十万计的危险碎片(直径 1~10cm)无法有效编目,但它们仍然会对在轨卫星的安全构成直接威胁。在空间目标监测设备技术没有质的飞跃的情况下,可用的各类观测数据质量、数量均不会有太大的改变。因此深入挖掘数据的内在规律将是当前研究的重点。

第2章 空间目标轨道预报误差传播

2.1 坐标系的定义

本节对本书中用到的主要坐标系统进行定义和说明。

1. 地心惯性坐标系

地心惯性(Earth Centered Inertial,ECI)坐标系是常用的地心坐标系[10,30],原点位于地球中心 O_E,基准平面是历元地球平赤道面,X 轴在平赤道平面内指向历元平春分点,Y 轴在平赤道平面内向东 $90°$,Z 轴垂直于赤道平面,与地球自转轴重合,指向北极。考虑到赤道、黄道方向因岁差和章动影响的时变性,根据1976 年国际天文联合会决议,1984 年起采用新的标准历元,以 2000 年 1 月 1 日12:00:00.00 的平春分点为基准。这样定义的坐标系又称 J2000 地心惯性坐标系。

2. 星基轨道坐标系

描述航天器的相对运动、轨道预报误差和轨道转移通常采用星基轨道坐标系,这里介绍两种常用的形式,即 RSW 坐标系和 NTW 坐标系[30]。应当注意,轨道坐标系有多种不同的定义方法,如空间交会对接中常用的当地垂直当地水平(Local Vertical Local Horizontal,LVLH)坐标系、飞行器速度当地水平(Vehicle Velocity Local Horizontal,VVLH)坐标系等。本书采用 Vallado 的定义方法[30]。

RSW 坐标系的原点位于空间目标质心,R 轴(Radial)沿地心指向矢径的方向,S 轴(Along - track 或 Transverse)在轨道平面内与矢径方向垂直,指向运动方向,W 轴(Cross - track)垂直于轨道平面,构成右手直角坐标系,如图 2.1 所示。

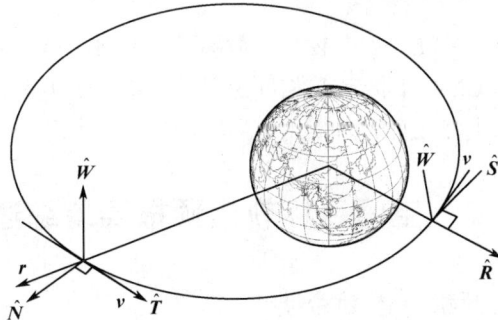

图 2.1 星基 RSW 坐标系和 NTW 坐标系

该坐标系有时也记为 RTN（Radial，Transverse，Normal）坐标系或 UVW 坐标系[31]。RSW 坐标系随时间变化，由当前时刻的位置和速度决定。其 S 轴方向与速度方向不一定重合。此坐标系主要用于描述圆轨道的轨道误差、相对位置和卫星轨道转移。

定义 RSW 坐标系三个轴在 ECI 坐标系的单位矢量分别为 $\hat{\boldsymbol{R}}$、$\hat{\boldsymbol{S}}$ 和 $\hat{\boldsymbol{W}}$，有

$$\hat{\boldsymbol{R}} = \frac{\boldsymbol{r}}{|\boldsymbol{r}|}, \quad \hat{\boldsymbol{W}} = \frac{\boldsymbol{r} \times \boldsymbol{v}}{|\boldsymbol{r} \times \boldsymbol{v}|}, \quad \hat{\boldsymbol{S}} = \hat{\boldsymbol{W}} \times \hat{\boldsymbol{R}} \tag{2.1}$$

则 RSW 坐标系与 ECI 坐标系之间的转换矩阵为

$$\boldsymbol{M}_{\mathrm{RSW} \to \mathrm{ECI}} = (\hat{\boldsymbol{R}} \quad \hat{\boldsymbol{S}} \quad \hat{\boldsymbol{W}}), \quad \boldsymbol{M}_{\mathrm{ECI} \to \mathrm{RSW}} = (\hat{\boldsymbol{R}} \quad \hat{\boldsymbol{S}} \quad \hat{\boldsymbol{W}})^{\mathrm{T}} \tag{2.2}$$

NTW 坐标系的原点位于空间目标质心，T 轴（Tangential 或 In-track）与轨道相切并指向速度方向，N 轴（Normal）位于轨道平面内垂直于速度方向，向上为正，W 轴（Cross-track）垂直于轨道平面，构成右手直角坐标系，如图 2.1 所示。NTW 坐标系也随时间变化，由当前时刻的位置和速度决定。该坐标系主要用于大气阻尼影响分析和椭圆轨道误差分析。

定义 NTW 坐标系三个轴在 ECI 坐标系的单位矢量分别为 $\hat{\boldsymbol{N}}$、$\hat{\boldsymbol{T}}$ 和 $\hat{\boldsymbol{W}}$，有

$$\hat{\boldsymbol{T}} = \frac{\boldsymbol{v}}{|\boldsymbol{v}|}, \quad \hat{\boldsymbol{W}} = \frac{\boldsymbol{r} \times \boldsymbol{v}}{|\boldsymbol{r} \times \boldsymbol{v}|}, \quad \hat{\boldsymbol{N}} = \hat{\boldsymbol{T}} \times \hat{\boldsymbol{W}} \tag{2.3}$$

则 NTW 坐标系与 ECI 坐标系之间的转换矩阵为

$$\boldsymbol{M}_{\mathrm{NTW} \to \mathrm{ECI}} = (\hat{\boldsymbol{N}} \quad \hat{\boldsymbol{T}} \quad \hat{\boldsymbol{W}}), \quad \boldsymbol{M}_{\mathrm{ECI} \to \mathrm{NTW}} = (\hat{\boldsymbol{N}} \quad \hat{\boldsymbol{T}} \quad \hat{\boldsymbol{W}})^{\mathrm{T}} \tag{2.4}$$

NTW 坐标系有时也表示为 UNW 坐标系，其 U 轴与轨道相切并指向速度方向，N 轴位于轨道平面内垂直于速度方向，向上为正，W 轴垂直于轨道平面，与 U、N 轴组成右手直角坐标系。定义三个轴在 ECI 坐标系的单位矢量分别为 $\hat{\boldsymbol{U}}$、$\hat{\boldsymbol{N}}$ 和 $\hat{\boldsymbol{W}}$，有

$$\hat{\boldsymbol{U}} = \frac{\boldsymbol{v}}{|\boldsymbol{v}|}, \quad \hat{\boldsymbol{W}} = \frac{\boldsymbol{v} \times \boldsymbol{r}}{|\boldsymbol{v} \times \boldsymbol{r}|}, \quad \hat{\boldsymbol{N}} = \hat{\boldsymbol{W}} \times \hat{\boldsymbol{U}} \tag{2.5}$$

UNW 坐标系与 ECI 坐标系之间的转换为

$$\boldsymbol{M}_{\mathrm{UNW} \to \mathrm{ECI}} = (\hat{\boldsymbol{U}} \quad \hat{\boldsymbol{N}} \quad \hat{\boldsymbol{W}}), \quad \boldsymbol{M}_{\mathrm{ECI} \to \mathrm{UNW}} = (\hat{\boldsymbol{U}} \quad \hat{\boldsymbol{N}} \quad \hat{\boldsymbol{W}})^{\mathrm{T}} \tag{2.6}$$

NTW 坐标系和 UNW 坐标系有相同之处，二者的使用可以互换。国外文献中一般使用 NTW 坐标系，而国内使用 UNW 坐标系较为普遍。

2.2　空间目标轨道预报误差综述

2.2.1　轨道预报误差的分类

空间目标轨道问题包括轨道观测、轨道确定和轨道预报三个方面。由于各

种不可避免的因素,这三个方面都可能存在误差。误差来源包括测量误差、模型误差、方法误差等。轨道真值是客观存在的,但是未知的。任何轨道观测方法都有误差,误差包括偏差和噪声。利用有误差的观测数据进行轨道确定和估计,只能得到轨道真值的某种最优近似。

经过轨道确定,得到 t_0 时刻的初始轨道均值和初始协方差,初始轨道均值不一定是轨道真值。进行轨道预报,得到 t 时刻轨道预报值和协方差预报值。图 2.2 是空间目标轨道确定与预报过程的误差示意图。

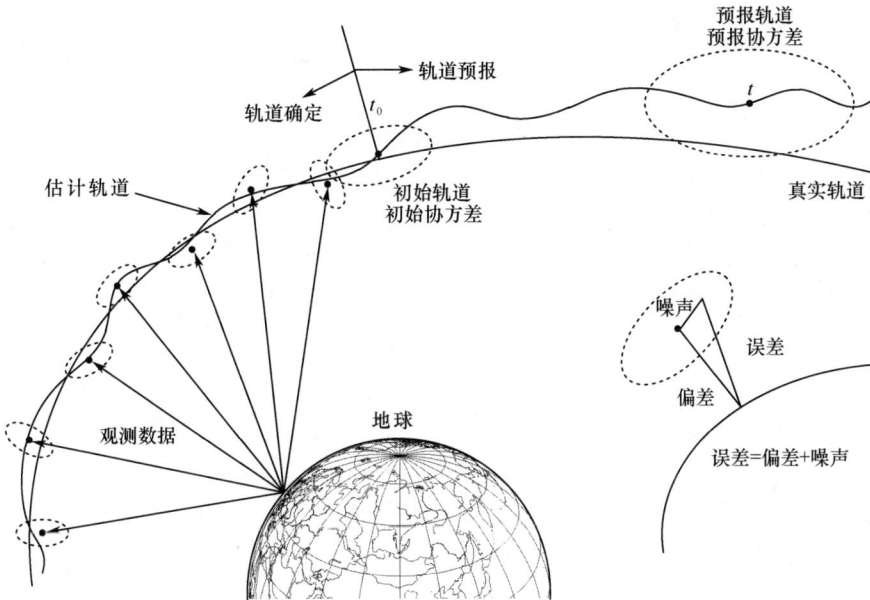

图 2.2　空间目标轨道确定与预报过程的误差示意图

空间目标轨道预报误差由初始误差和模型误差两部分组成。初始历元时刻的目标状态矢量可以通过对各类测量数据(雷达、光学、GPS 等)处理后根据轨道确定算法获得,由于测量数据存在误差,这一状态矢量必然带有误差,即初始状态误差。在进行轨道预报时,初始误差会随着轨道模型的外推而发散,其传播特性和趋势因轨道类型的不同而不同。轨道均值和协方差的预报,可以得到一个误差管道,轨道真值以很高的概率在此管道之内,如图 2.3 所示。

轨道预报中的模型误差是由轨道预报模型的不完备性造成的,假如可以得到初始时刻轨道的真值,模型误差也会造成轨道预报的误差,如图 2.4 所示。模型误差与初始误差的发散互相耦合,轨道预报误差分析是一个复杂的问题。

21

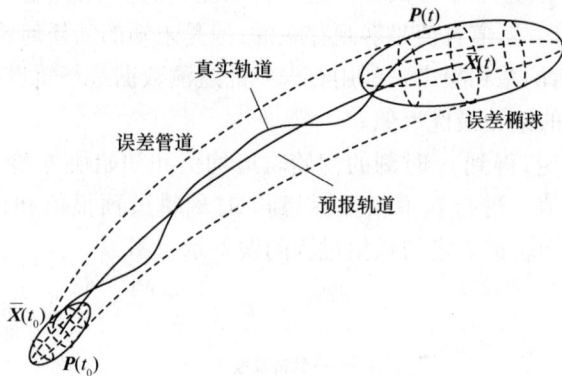

图 2.3　初始误差的传播

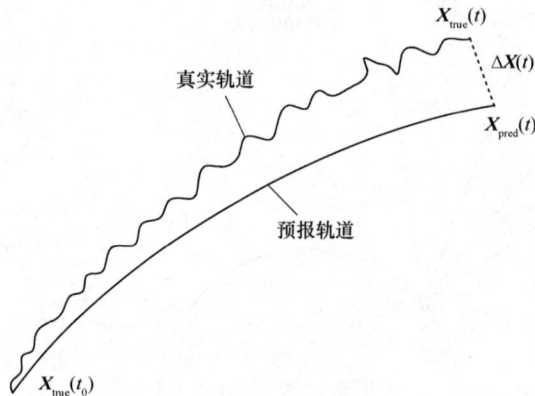

图 2.4　轨道的模型误差

　　轨道预报中初始误差与模型误差的量级一般是不同的。对于较高精度的轨道预报模型,初始误差要远大于模型误差。为了简化分析,一般将轨道预报的初始误差和模型误差进行解耦分析。在分析初始误差时,认为轨道预报模型是准确的,没有模型误差,得到初始误差的传播特性。在分析模型误差时,取相同的初始状态,用不同的模型进行轨道预报以对比其结果。

　　如何获得空间目标的轨道预报误差协方差信息,以及该信息的精度如何,是空间目标监视和空间目标轨道数据应用中的关键问题之一。实际工作中常用内符合精度和外符合精度两种形式来定义轨道确定精度[14]。根据定轨精度的两种评定方法,结合工程的实际,针对不同的目标及其轨道信息来源,国内外文献中的轨道预报误差分析方法主要有基于轨道模型的误差外推、与高精度轨道预报结果对比和基于历史轨道数据的误差分析三种。本节简单介绍前两种方法,第三种方法将在第 3 章进行介绍。

2.2.2　基于轨道模型的误差外推

对于空间合作目标如己方所有或控制的正常运行的航天器,航天器的所有者或运营者负责对其进行轨道确定。利用各种手段获得目标精度较高的观测数据,通过轨道确定理论可以得到轨道根数和运动状态矢量,同时得到轨道确定的误差信息或初始协方差矩阵。初始协方差矩阵可以利用转移矩阵进行外推,转移矩阵由所用的轨道模型决定。

由于轨道动力学模型是非线性的,一般无法得到解析形式的转移矩阵。除进行数值分析外,协方差分析描述函数法(Covariance Analysis DEscribing function Technique,CADET)是常用的线性化误差分析工具。CADET 是美国分析科学中心协会提出的,可用于分析含有随机误差的线性或非线性系统的统计特性,具有省时、高精度、高可靠性的特点[32-35]。其基本思想是:首先运用描述函数理论对系统进行统计线性化,然后采用协方差分析对线性化系统数学模型求出随机状态变量的均值和协方差传播微分方程,利用这两个微分方程只需一次求解就能确定系统状态变量的统计特性。因此 CADET 比抽样统计方法(蒙特卡洛方法)使用时间少。同时,CADET 对于线性系统来说可以得到精确解,只是对于非线性系统,由于统计线性化才出现一定的近似。

梁立波等针对交会对接问题提出了交会过程偏差传播分析的 CADET 方法[36,37]。基于 C - W 方程,考虑导航偏差和控制偏差,建立了相对状态及其偏差统计量的 CADET 传播模型。基于非线性摄动动力学方程,考虑轨道摄动模型偏差、导航偏差和控制偏差,建立了相对状态及其偏差统计量的 CADET 传播模型。

轨道误差外推方法可以得到精度较高的误差协方差矩阵,然而该方法要求已知初始时刻的协方差和高精度轨道模型,这在一般情况下难以满足。且该方法所需计算时间较长,难以对大量目标进行批量处理。因此该方法适用于少量受控的合作目标,在空间监视中重点关注的航天器的轨道预报误差生成常用此方法。

2.2.3　与高精度轨道预报结果对比

轨道预报精度可以通过轨道预报星历和高精度星历对比进行评估,需要精度更高的轨道数据作为参考。高精度的轨道数据一般来自航天器所有者、定轨观测数据或利用高精度轨道预报器得到的预报轨道。Vallado 比较了各种轨道预报模型的差别[15,38]。Chan 对比了 Intelsat 地球静止轨道通信卫星群的 TLE 预报轨道和双站测距轨道确定系统的轨道预报结果[39],分析了偏差随时间的变化,给出了不同海洋区域上空误差的不同特性。Kelso 分析了全球定位系统(Global Positioning System,GPS)卫星的 TLE 轨道预报结果和 GPS 卫星的高精度星历,并分析了 TLE 数据的一致性[40]。Boyce 也曾分析过 Iridium 星座的 TLE 预报误差[41]。Snow 比较了 TLE 数据和用于生产 TLE 的观测数据的精度[42]。Muldoon 利用 GPS 观测数据对轨道确定和预报进行了改进[43]。在 TLE 的历元时刻前后与高精度轨道确定结果对比可以得到历元时刻初始误差的估计值,作为轨道预报误差外推的初值。

这种精度评估方法对于大多数用户并不适用,只用于结果的对比验证。因为对于空间编目中的大多数目标无法得到其高精度轨道确定结果,而且观测数据或高精度星历一般用户也难以得到。另外,每个目标的轨道预报误差具有特殊性,需要单独地分析,少量具有高精度星历的目标不能完全代表同类轨道上的所有目标。

2.3 协方差分析描述函数法

2.3.1 线性系统协方差分析

一个线性连续时域随机系统可以用如下的一阶微分方程描述:

$$\dot{x}(t) = F(t)x(t) + G(t)w(t) + D(t) \tag{2.7}$$

式中:$x(t)$ 为 n 维系统状态矢量,它是由任何能描述系统状态的足够的状态变量;$w(t)$ 为 m 维干扰和作用在系统上的控制输入的随机噪声矢量;$F(t)$、$G(t)$ 为确定性函数矩阵;$D(t)$ 为确定性函数矢量。

由于随机状态 $x(t)$ 是由均值 $\bar{x}(t)$ 和随机分量 $\delta x(t)$ 组成,则

$$x(t) = \bar{x}(t) + \delta x(t) \tag{2.8}$$

$$\bar{x}(t) = E\{x(t)\}, P(t) = E\{\delta x(t)\delta x^{\mathrm{T}}(t)\} \tag{2.9}$$

同样,随机噪声矢量 $w(t)$ 也是由均值 $\bar{w}(t)$ 和随机分量 $\delta w(t)$ 组成,则

$$w(t) = \bar{w}(t) + \delta w(t) \tag{2.10}$$

$$\bar{w}(t) = E\{w(t)\} \tag{2.11}$$

当干扰为白噪声时,过程噪声的协方差矩阵可表示为

$$E\{\delta w(t)\delta w^{\mathrm{T}}(t)\} = Q(t)\delta(t-\tau) \tag{2.12}$$

其中 $\delta(t-\tau)$ 为 Dirac 函数,且具有以下性质:

$$\delta(t-\tau) = \begin{cases} 0 & (t \neq \tau) \\ \infty & (t = \tau) \end{cases}, \quad \int_{-\infty}^{\infty}\delta(\varsigma)\mathrm{d}\varsigma = 1 \tag{2.13}$$

由线性系统的描述函数理论可以得到均值和协方差传播方程组为

$$\begin{cases} \dot{\bar{x}}(t) = F(t)\bar{x}(t) + G(t)\bar{w}(t) + D(t) \\ \dot{P}(t) = F(t)P(t) + P(t)F^{\mathrm{T}}(t) + G(t)Q(t)G^{\mathrm{T}}(t) \end{cases} \tag{2.14}$$

其中:协方差矩阵的对角线元素是状态变量随机部分的均方差,非对角线元素是各状态变量之间的相关值,二者构成随机状态变量的协方差矩阵。协方差分析是利用均值和方差传播方程组分析系统状态变量的统计规律,只要知道式中的初始条件 $\bar{x}(t_0)$、$P(t_0)$ 就可求出任何时刻的状态均值和方差。式(2.14)第二项等同于线性系统矩阵 Ricatti 方程[35]。

2.3.2　非线性系统协方差分析

一般连续时域非线性系统微分方程为

$$\dot{x}(t) = f(x,t) + G(t)w(t) + D(t) \tag{2.15}$$

式中:$f(x,t)$ 为 n 维状态变量 $x(t)$ 的非线性矢量函数;其余各量的含义与线性系统相同。

非线性系统的协方差分析描述函数法,首先运用描述函数理论对系统进行统计线性化,然后在采用协方差分析方法对已经线性化系统进行统计性能分析。

线性化的目的是将 $f(x,t)$ 非线性函数通过线性化近似表示成状态变量 $x(t)$ 的线性函数。其方法有真线性化和拟线性化两种。真线性化中最常见的方法是泰勒级数展开法。统计线性化是拟线性化方法的一种。统计线性化是根据状态变量 $x(t)$ 的概率密度函数形式,在 $x(t)$ 的较大变化范围内,用一个线性函数 $f(t)$ 来逼近非线性函数。这种方法的优点是不要求 $f(x)$ 连续可微。这就使一大批不能用真线性化方法进行线性化处理的实际函数有了线性化的可能,如在飞行器上大量使用的阶跃、饱和控制、数值转换开关函数等。但是统计线性化也有缺点,即必须知道 $x(t)$ 的概率密度函数形式,因为统计线性化是以概率密度函数形式进行的,所以同一形式的 $f(x)$ 函数对于不同概率密度函数的 $x(t)$ 将有不同的线性化结果。

统计线性化的思路是:对于随机状态变量 $x(t)$ 的非线性矢量函数 $f(x,t)$,求出一个拟线性表达式 $\hat{f} + N_{\delta x}\delta x$,使得这个近似表达式与矢量函数 $f(x,t)$ 均方差 $E\{e^{\mathrm{T}}e\}$ 达到极小,其中

$$e = f - N_{\bar{x}}\bar{x} - N_{\delta x}\delta x = f - \hat{f} - N_{\delta x}\delta x \tag{2.16}$$

且满足

$$\frac{\partial}{\partial N_{\bar{x}}}\mathrm{tr}(E\{e^{\mathrm{T}}e\}) = \frac{\partial}{\partial N_{\delta x}}\mathrm{tr}(E\{e^{\mathrm{T}}e\}) = \mathbf{0} \tag{2.17}$$

令

$$N_{\bar{x}}(\bar{x}, \quad P)\bar{x} = E\{f(x,t)\} \tag{2.18}$$

得到描述函数

$$\hat{f}(t) = E\{f(x,t)\}$$
$$N_{\delta x}(t) = E\{f(x,t)\delta x^{\mathrm{T}}(t)\}P^{-1}(t) \tag{2.19}$$

式中:$N_{\delta x}$为拟线性系统动态矩阵;$\hat{f}$为期望矢量,可表示成

$$\hat{f} = E\{f(x,t)\} = \int_{-\infty}^{\infty} f(x,t)p(x)\,\mathrm{d}x \qquad (2.20)$$

其中:$p(x)$为$x(t)$的概率密度函数。

应用统计线性化原理

$$f \approx \hat{f} + N_{\delta x}\delta x \qquad (2.21)$$

代入式(2.15),得

$$\begin{aligned}
\dot{x}(t) &= \hat{f} + N_{\delta x}\delta x + G(t)w(t) + D(t) \\
&= N_{\delta x}x(t) + G(t)w(t) + R(t)
\end{aligned} \qquad (2.22)$$

式中

$$R(t) = \hat{f} - N_{\delta x}\bar{x}(t) + D(t) \qquad (2.23)$$

其中:$N_{\delta x}$、$\hat{f}$都不含有随机量$x(t)$,且存在

$$x(t) = \bar{x}(t) + \delta x(t) \qquad (2.24)$$

$$\bar{x}(t) = E\{x(t)\} \qquad (2.25)$$

$$P(t) = E\{\delta x(t)\delta x^{\mathrm{T}}(t)\} \qquad (2.26)$$

利用线性系统协方差分析原理,在白噪声干扰作用下,同样得到了随机状态矢量$x(t)$的均值矢量$\bar{x}(t)$和协方差矩阵$P(t)$传播方程为

$$\begin{cases}
\dot{\bar{x}}(t) = \hat{f}(t) + G(t)\bar{w}(t) + D(t) \\
\dot{P}(t) = N_{\delta x}(t)P(t) + P(t)N_{\delta x}^{\mathrm{T}}(t) + G(t)Q(t)G^{\mathrm{T}}(t)
\end{cases} \qquad (2.27)$$

由于$\hat{f}(t)$、$N_{\delta x}$一般都含有$x(t)$的均值$\bar{x}(t)$和协方差$P(t)$,所以上述传播方程一般是非线性的。

2.3.3 基于高斯分布的描述函数

常见的随机状态矢量大多服从高斯分布,因此可以认为空间目标的状态也服从高斯分布。本节首先推导出随机变量$x(t)$为联合高斯分布时非线性系统的统计线性化描述函数;然后将此应用于轨道动力学方程,分析高精度轨道预报中估计均值和协方差的传播情况。

从描述函数定义可知,要计算描述函数,必须知道$x(t)$的概率密度函数。一般而言,其解析表达式都比较复杂,甚至不可能求得解析式。若$x(t)$为联合高斯分布,则概率密度函数为

$$p(x) = \frac{1}{\sqrt{(2\pi)^n|P|}}\exp\left(-\frac{1}{2}\delta x^{\mathrm{T}}P^{-1}\delta x\right) \qquad (2.28)$$

描述函数计算可简化为

$$\hat{f} = E\{f(x,t)\} = \int_{-\infty}^{\infty} f(x,t)p(x)\,\mathrm{d}x \tag{2.29}$$

$$N_{\delta x} = \frac{\mathrm{d}\hat{f}}{\mathrm{d}\bar{x}}$$

即

$$\hat{f}(t) = \frac{1}{\sqrt{(2\pi)^n |P|}} \int_{-\infty}^{\infty} \cdots \int_{-\infty}^{\infty} f(x,t)\exp\left(-\frac{1}{2}\delta x^{\mathrm{T}} P^{-1} \delta x\right)\mathrm{d}x_1 \cdots \mathrm{d}x_n \tag{2.30}$$

$$\begin{aligned}
\frac{\mathrm{d}\hat{f}}{\mathrm{d}\bar{x}} &\simeq \left(\frac{\partial \hat{f}}{\partial \bar{x}_1} \quad \cdots \quad \frac{\partial \hat{f}}{\partial \bar{x}_n}\right)^{\mathrm{T}} \\
&= \frac{1}{\sqrt{(2\pi)^n |P|}} \int_{-\infty}^{\infty} \cdots \int_{-\infty}^{\infty} f(x,t)\exp\left(-\frac{1}{2}\delta x^{\mathrm{T}} P^{-1} \delta x\right)\delta x^{\mathrm{T}}\mathrm{d}x_1 \cdots \mathrm{d}x_n P^{-1} \\
&= E\{f(x,t)\delta x^{\mathrm{T}}\}P^{-1} \tag{2.31}
\end{aligned}$$

由拟线性系统动态矩阵描述函数定义得

$$N_{\delta x} = \frac{\mathrm{d}\hat{f}}{\mathrm{d}\bar{x}} \tag{2.32}$$

现在给出描述函数的具体求解。状态方程 $f = (f_1, \cdots, f_n)^{\mathrm{T}}$ 的统计线性化描述函数描述设为 $\hat{f} = (\hat{f}_1, \cdots, \hat{f}_n)^{\mathrm{T}}$。如果随机变量的连续函数矢量 $f(x)$ 不含 x 各元素的正余弦函数（含有正余弦函数的情况需特殊处理，见文献[33]），它在均值 $\bar{x}$ 处的泰勒展开为

$$f(x) = f(\bar{x} + \delta x) = f(\bar{x}) + D_{\delta x}f + \frac{1}{2}D_{\delta x}^2 f + R_2(x) \tag{2.33}$$

式中：$R_2(x)$ 为二阶泰勒余项；$D_{\delta x}f$ 为 $f(\cdot)$ 在 $\bar{x}$ 处受扰动 δx 的全微分，一阶项和二阶项分别为

$$\begin{cases}
D_{\delta x}f = \sum_{p=1}^{n} (x_p - \bar{x}_p)\dfrac{\partial}{\partial x_p}f(x)\bigg|_{x=\bar{x}} \\
D_{\delta x}^2 f = \sum_{p=1}^{n}\sum_{q=1}^{n} (x_p - \bar{x}_p)(x_q - \bar{x}_q)\dfrac{\partial^2}{\partial x_p \partial x_q}f(x)\bigg|_{x=\bar{x}}
\end{cases} \tag{2.34}$$

忽略 $R_2(x)$，对式(2.33)求期望，则函数矢量 $f(x)$ 可线性化为

$$E\{f(x)\} = E\{f(\bar{x})\} + E\{D_{\delta x}f\} + \frac{1}{2}E\{D_{\delta x}^2 f\} \tag{2.35}$$

标量形式为

$$\begin{aligned}
E\{f(x)\} = E\{f(\bar{x})\} &+ E\left\{\sum_{p=1}^{n}(x_p - \bar{x}_p)\frac{\partial}{\partial x_p}f(x)\bigg|_{x=\bar{x}}\right\} + \\
&\frac{1}{2}E\left\{\sum_{p=1}^{n}\sum_{q=1}^{n}(x_p - \bar{x}_p)(x_q - \bar{x}_q)\frac{\partial^2}{\partial x_p \partial x_q}f(x)\bigg|_{x=\bar{x}}\right\}
\end{aligned} \tag{2.36}$$

注意到

$$E\{\boldsymbol{D}_{\delta x}\boldsymbol{f}\} = E\left\{\sum_{p=1}^{n}(x_p - \bar{x}_p)\frac{\partial}{\partial x_p}\boldsymbol{f}(\boldsymbol{x})\bigg|_{\boldsymbol{x}=\bar{\boldsymbol{x}}}\right\} = 0 \tag{2.37}$$

则

$$E\{\boldsymbol{f}(\boldsymbol{x})\} = \boldsymbol{f}(\bar{\boldsymbol{x}}) + \frac{1}{2}E\left\{\sum_{p=1}^{n}\sum_{q=1}^{n}(x_p - \bar{x}_p)(x_q - \bar{x}_q)\frac{\partial^2}{\partial x_p \partial x_q}\boldsymbol{f}(\boldsymbol{x})\bigg|_{\boldsymbol{x}=\bar{\boldsymbol{x}}}\right\} \tag{2.38}$$

根据统计理论,令 $\boldsymbol{f}(\boldsymbol{x})$ 的统计线性化描述函数为

$$\hat{\boldsymbol{f}}(\boldsymbol{x}) = E\{\boldsymbol{f}(\boldsymbol{x})\} = \boldsymbol{f}(\bar{\boldsymbol{x}}) +$$
$$\frac{1}{2}E\left\{\sum_{p=1}^{n}\sum_{q=1}^{n}(x_p - \bar{x}_p)(x_q - \bar{x}_q)\frac{\partial^2}{\partial x_p \partial x_q}\boldsymbol{f}(\boldsymbol{x})\bigg|_{\boldsymbol{x}=\bar{\boldsymbol{x}}}\right\} \tag{2.39}$$

式中: $\hat{\boldsymbol{f}}(\boldsymbol{x})$ 的第 i 个元素为

$$\hat{f}_i(\boldsymbol{x}) = f_i(\bar{\boldsymbol{x}}) + \frac{1}{2}E\left\{\sum_{p=1}^{n}\sum_{q=1}^{n}(x_p - \bar{x}_p)(x_q - \bar{x}_q)\frac{\partial^2}{\partial x_p \partial x_q}f_i(\boldsymbol{x})\bigg|_{\boldsymbol{x}=\bar{\boldsymbol{x}}}\right\} \tag{2.40}$$

矢量 $\boldsymbol{x}$ 关于均值 $\bar{\boldsymbol{x}}$ 协方差矩阵为

$$\boldsymbol{P} = E\{\delta\boldsymbol{x}\delta\boldsymbol{x}^{\mathrm{T}}\} = E\{(\boldsymbol{x} - \bar{\boldsymbol{x}})(\boldsymbol{x} - \bar{\boldsymbol{x}})^{\mathrm{T}}\}$$

$$= \begin{pmatrix} E\{(x_1 - \bar{x}_1)^2\} & \cdots & E\{(x_1 - \bar{x}_1)(x_n - \bar{x}_n)\} \\ \vdots & & \vdots \\ E\{(x_n - \bar{x}_n)(x_1 - \bar{x}_1)\} & \cdots & E\{(x_n - \bar{x}_n)^2\} \end{pmatrix}$$

$$\triangleq \begin{pmatrix} P_{11} & \cdots & P_{1n} \\ \vdots & & \vdots \\ P_{n1} & \cdots & P_{nn} \end{pmatrix} \tag{2.41}$$

则式(2.39)和式(2.40)可写为

$$\hat{\boldsymbol{f}}(\boldsymbol{x}) = \boldsymbol{f}(\bar{\boldsymbol{x}}) + \frac{1}{2}\sum_{p=1}^{n}\sum_{q=1}^{n}P_{pq}\frac{\partial^2}{\partial x_p \partial x_q}\boldsymbol{f}(\boldsymbol{x})\bigg|_{\boldsymbol{x}=\bar{\boldsymbol{x}}} \tag{2.42}$$

$$\hat{f}_i(\boldsymbol{x}) = f_i(\bar{\boldsymbol{x}}) + \frac{1}{2}\sum_{p=1}^{n}\sum_{q=1}^{n}P_{pq}\frac{\partial^2}{\partial x_p \partial x_q}f_i(\boldsymbol{x})\bigg|_{\boldsymbol{x}=\bar{\boldsymbol{x}}} \tag{2.43}$$

此时

$$\boldsymbol{N}_{\delta x} = \frac{\mathrm{d}\hat{\boldsymbol{f}}}{\mathrm{d}\bar{\boldsymbol{x}}} = \frac{\mathrm{d}\boldsymbol{f}(\bar{\boldsymbol{x}})}{\mathrm{d}\bar{\boldsymbol{x}}} + \frac{\mathrm{d}}{\mathrm{d}\bar{\boldsymbol{x}}}\left(\frac{1}{2}\sum_{p=1}^{n}\sum_{q=1}^{n}P_{pq}\frac{\partial^2}{\partial x_p \partial x_q}f_i(\boldsymbol{x})\bigg|_{\boldsymbol{x}=\bar{\boldsymbol{x}}}\right) \tag{2.44}$$

与线性系统相比,拟线性系统推导出的式(2.44)多了二阶修正项,因此与通常应用于非线性系统的 Ricatti 方程相比,协方差传播的描述更为准确。

如果涉及的信号系统和信息系统不是线性的,而最优估计也不限于线性,或者噪声为非高斯分布,协方差阵的表示将比较困难。文献[44]给出了非线性系统误差协方差矩阵的鞅表示,做协方差分析时需要用高阶统计逼近方法。

文献[45]在初始状态误差为高斯白噪声的情况下,将 CADET 方法计算的协方差与蒙特卡洛抽样得到的协方差矩阵进行了对比。仿真结果显示,误差设定为高斯白噪声时,CADET 方法的计算结果与蒙特卡洛抽样结果是一致的,具有较高的计算精度。

此外,文献[46]研究了轨道的非高斯误差传播,引入不确定预报云的最大边界标定误差范围,来代替高斯置信椭球。

2.3.4　协方差描述函数的轨道应用

空间目标动力学微分方程可表示为

$$\dot{\boldsymbol{x}}(t) = \boldsymbol{f}(\boldsymbol{x}(t), \ t) + \boldsymbol{w}(t), \boldsymbol{w}(t) \sim N(\boldsymbol{0}, \ \boldsymbol{Q}(t)) \tag{2.45}$$

假设系统噪声 $\boldsymbol{w}(t)$ 是期望值为零的白噪声,谱密度矩阵为 $\boldsymbol{Q}(t)$。已知初始时刻轨道状态估计均值和协方差为

$$\boldsymbol{x}(0) \sim N(\bar{\boldsymbol{x}}_0, \ \boldsymbol{P}_0) \tag{2.46}$$

根据协方差描述函数法,轨道预报就是对下述估计均值和协方差的传播公式进行积分:

$$\dot{\bar{\boldsymbol{x}}}(t) = \hat{\boldsymbol{f}}(\bar{\boldsymbol{x}}(t), \ t) + \bar{\boldsymbol{w}}(t) \tag{2.47}$$

$$\hat{\boldsymbol{f}}(\bar{\boldsymbol{x}}(t), \ t) = \boldsymbol{f}(\bar{\boldsymbol{x}}(t), \ t) + \frac{1}{2} \sum_{p=1}^{n} \sum_{q=1}^{n} P_{pq} \frac{\partial^2}{\partial x_p \partial x_q} \boldsymbol{f}(\boldsymbol{x}(t), \ t) \Big|_{\boldsymbol{x}=\bar{\boldsymbol{x}}} \tag{2.48}$$

$$\dot{\boldsymbol{P}}(t) = \boldsymbol{F}(\bar{\boldsymbol{x}}(t), \ t)\boldsymbol{P}(t) + \boldsymbol{P}(t)\boldsymbol{F}^{\mathrm{T}}(\bar{\boldsymbol{x}}(t), \ t) + \boldsymbol{Q}(t) \tag{2.49}$$

$$\boldsymbol{F}(\bar{\boldsymbol{x}}(t), \ t) = \frac{\partial \hat{\boldsymbol{f}}(\bar{\boldsymbol{x}}(t), \ t)}{\partial \bar{\boldsymbol{x}}(t)} \tag{2.50}$$

假设状态矢量 $\boldsymbol{x}$ 的均值 $\bar{\boldsymbol{x}} = (\bar{\boldsymbol{r}}^{\mathrm{T}} \ \bar{\boldsymbol{v}}^{\mathrm{T}})^{\mathrm{T}}$,均值的微分方程 $\dot{\bar{\boldsymbol{x}}} = (\bar{\boldsymbol{v}}^{\mathrm{T}} \ \bar{\boldsymbol{a}}^{\mathrm{T}})^{\mathrm{T}}$。如果地心距取 7000km,则中心引力加速度对矢径二阶偏导量级大约为 $\mathrm{d}^2(\mu/r^2)/\mathrm{d}r^2 \approx 10^{-12}$,当位置方差为 $10^6 \mathrm{m}^2$ 时,泰勒展开二阶项量级大约为 10^{-6},与非球形摄动 J_4 项的量级相当。计算中一般二阶偏导只需考虑至地球扁率 J_2 项的影响,轨道高度较低时,还须考虑大气阻尼项的二阶偏导。

均值和协方差的积分在 *ECI* 坐标系中进行,误差分析则在 *RSW* 坐标系中进行,可按下式转换

$$\boldsymbol{P}_{\mathrm{RSW}} = \boldsymbol{J}\boldsymbol{P}_{\mathrm{ECI}}\boldsymbol{J}^{\mathrm{T}} \tag{2.51}$$

$$\boldsymbol{J} = \begin{pmatrix} \boldsymbol{M}_{\mathrm{RSW}\rightarrow\mathrm{ECI}}^{\mathrm{T}} & \boldsymbol{0} \\ \boldsymbol{0} & \boldsymbol{M}_{\mathrm{RSW}\rightarrow\mathrm{ECI}}^{\mathrm{T}} \end{pmatrix} = \begin{pmatrix} (\hat{\boldsymbol{R}} \ \hat{\boldsymbol{S}} \ \hat{\boldsymbol{W}})^{\mathrm{T}} & \boldsymbol{0} \\ \boldsymbol{0} & (\hat{\boldsymbol{R}} \ \hat{\boldsymbol{S}} \ \hat{\boldsymbol{W}})^{\mathrm{T}} \end{pmatrix} \tag{2.52}$$

本节按照上一小节中给出的空间目标动力学方程,忽略模型噪声的影响,考虑主要二阶偏导项的影响,分析初始均值和误差的传播情况,此时均值微分方程同式(2.47),协方差传播方程为

$$\dot{P}(t) = F(\bar{x}(t), \; t)P(t) + P(t)F^{\mathrm{T}}(\bar{x}(t), \; t) \tag{2.53}$$

初始条件

$$x(0) \sim N(\bar{x}_0, \; P_0) \tag{2.54}$$

选取 4 个典型的空间目标,分别为太阳同步轨道(Sun Synchronous Orbit,SSO)、MEO、大椭圆轨道(Highly Eccentric Orbit,HEO)、GEO,目标类型和轨道类型如表 2.1 所列,目标轨道根数如表 2.2 所列(历元时刻均为 2008 - 01 - 01 00:00:00 UTC)。

表 2.1　目标类型和轨道类型

目标序号	轨道类型	目标类型	目标名称	目标编号
①	太阳同步轨道(SSO)	地球资源卫星	ERS - 2	23560
②	中地轨道(MEO)	GPS 卫星	GPS Block II a	25030
③	大椭圆轨道(HEO)	闪电卫星	Molnyia 3 - 35	20052
④	地球静止轨道(GEO)	银河通信卫星	Galaxy - 11	26038

表 2.2　目标轨道根数

目标序号	a/km	e	i/(°)	Ω/(°)	ω/(°)	M/(°)
①	7151.800091	0.0000917	98.5690	76.5485	99.0473	261.0823
②	26558.682691	0.010179	56.277	62.334	163.339	273.257
③	25663.740026	0.740361	63.463	359.792	270.021	40.168
④	42166.577215	0.000036	0.068	109.622	217.823	41.434

忽略模型噪声,考虑初始状态每个轴向的位置误差标准差 100m、速度误差标准差 0.1m/s,则 1 天后的 XYZ 坐标系和 RSW 坐标系中误差发散情况如图 2.5 ~ 图 2.9 所示。

分析图 2.5 ~ 图 2.9 可见,目标①因轨道高度较低,大气阻尼影响较大,迹向位置误差和径向速度误差发散比较严重,1 天后标准差达到 35km。

目标②轨道较高,大气阻力影响较小,误差发散稍轻,1 天后标准差分别达到 27km 和 3.7m/s。

目标③是大椭圆轨道,受到的摄动因素最复杂,误差发散最严重,1 天后标准差分别达到了 70km 和 60m/s。由于轨道偏心率较大,速度倾角也大,RSW 坐标系和 NTW 坐标系的差别比较明显,所以也画出了 NTW 坐标系的误差标准差传播曲线。由图 2.10 可见,对于大椭圆轨道,用 NTW 坐标系描述误差比用 RSW 坐标系更为适合。

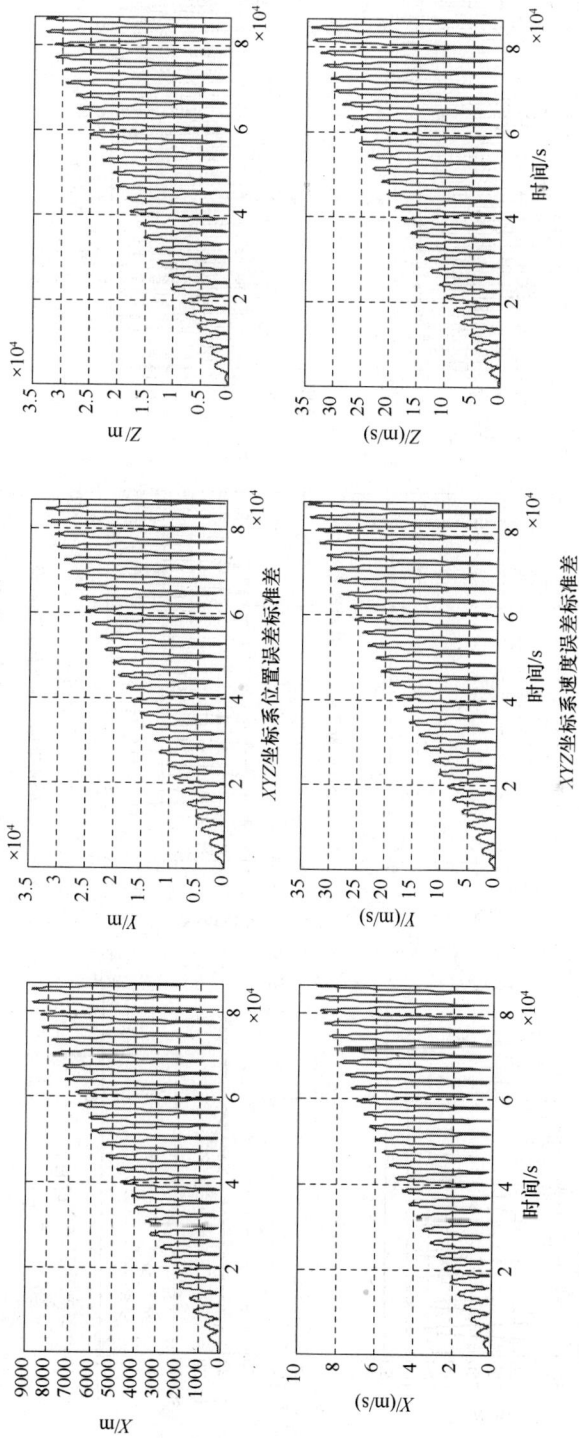

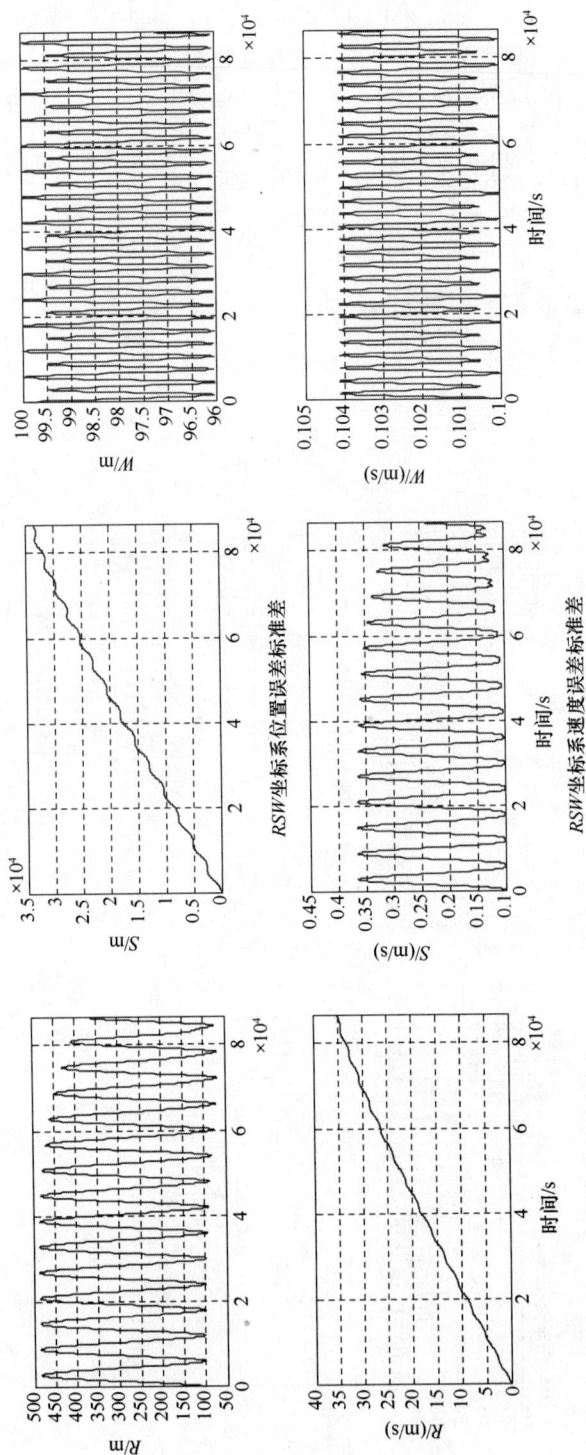

图2.5 目标①误差传播曲线

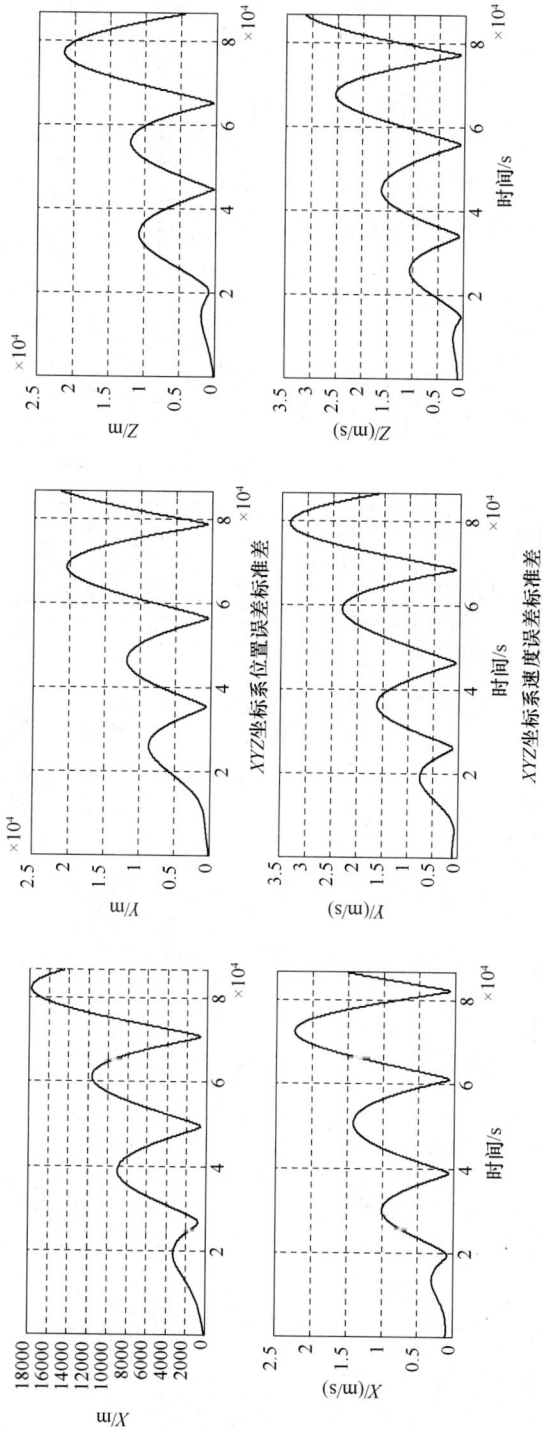

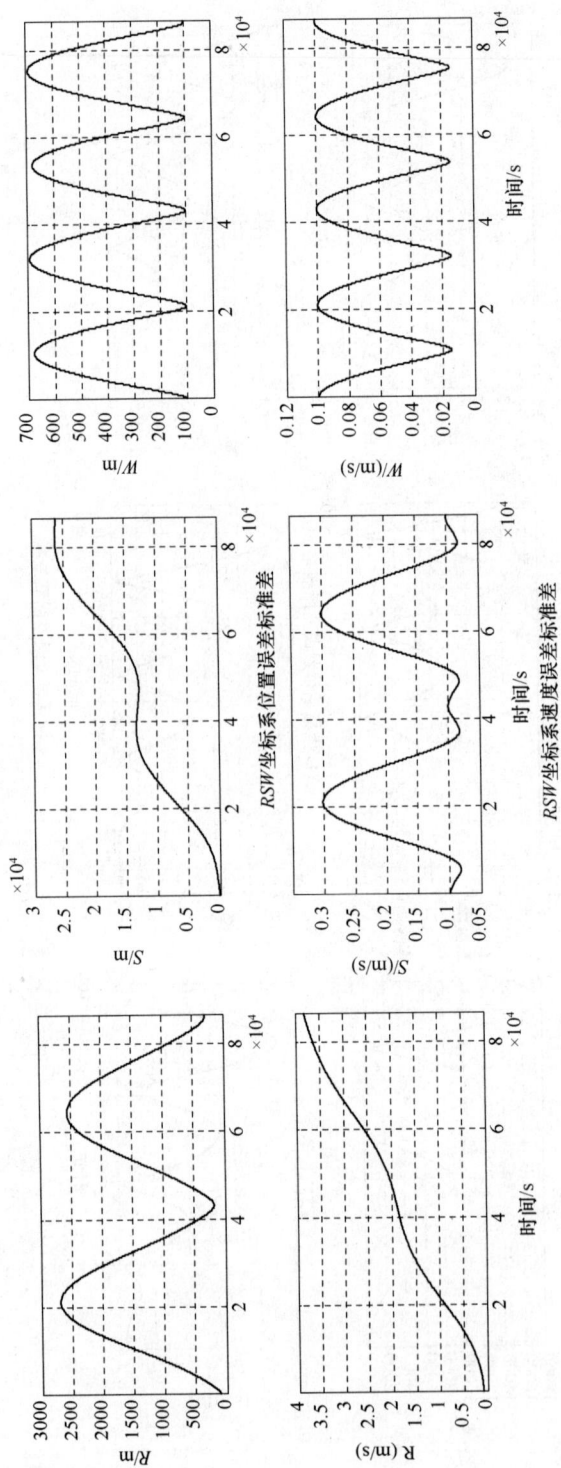

图2.6 目标②误差传播曲线

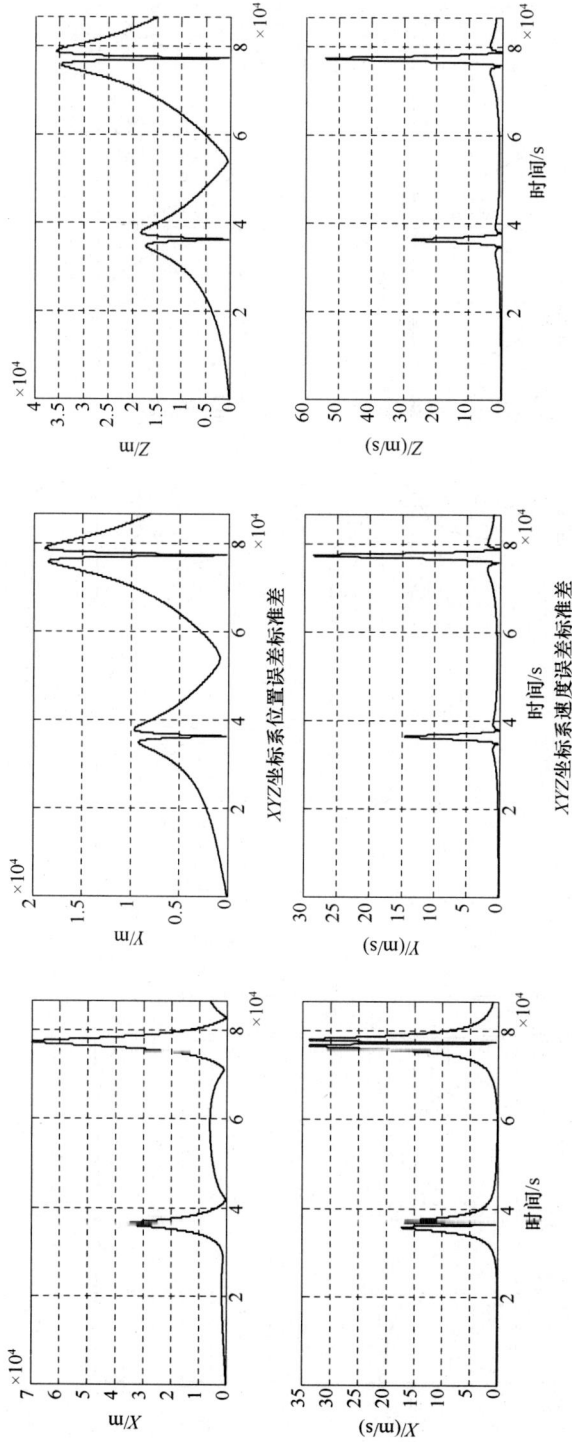

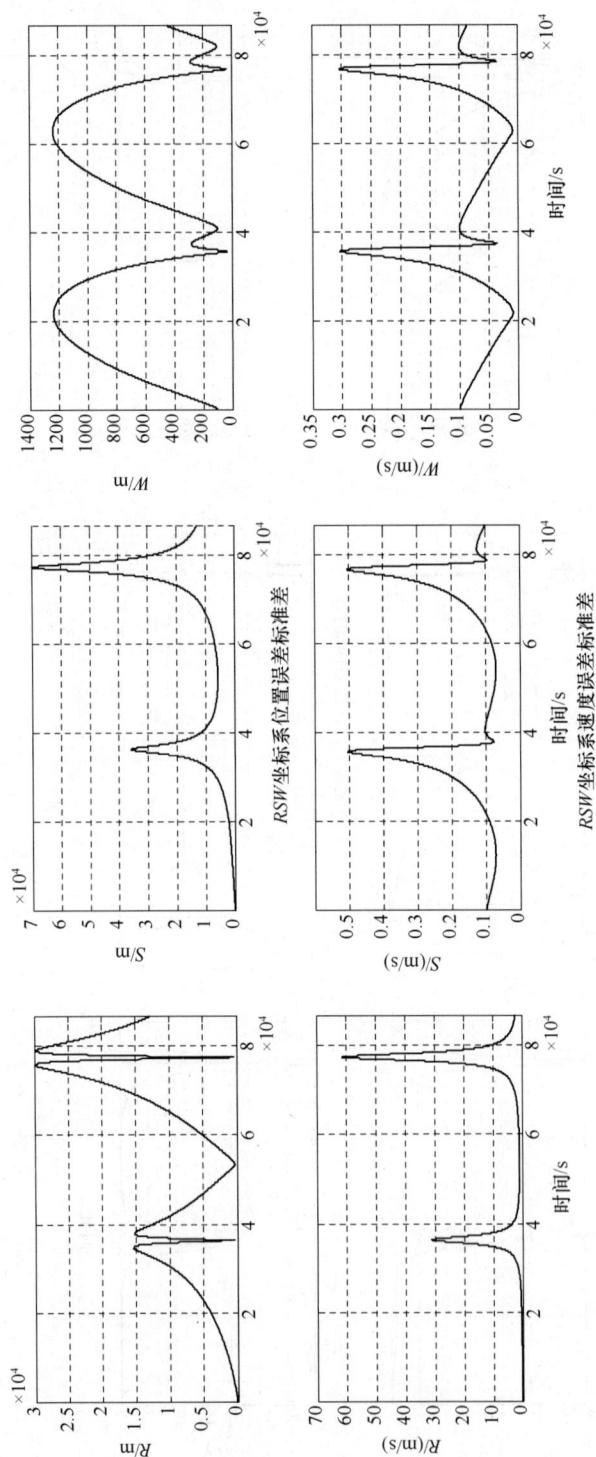

图2.7 目标③误差传播曲线

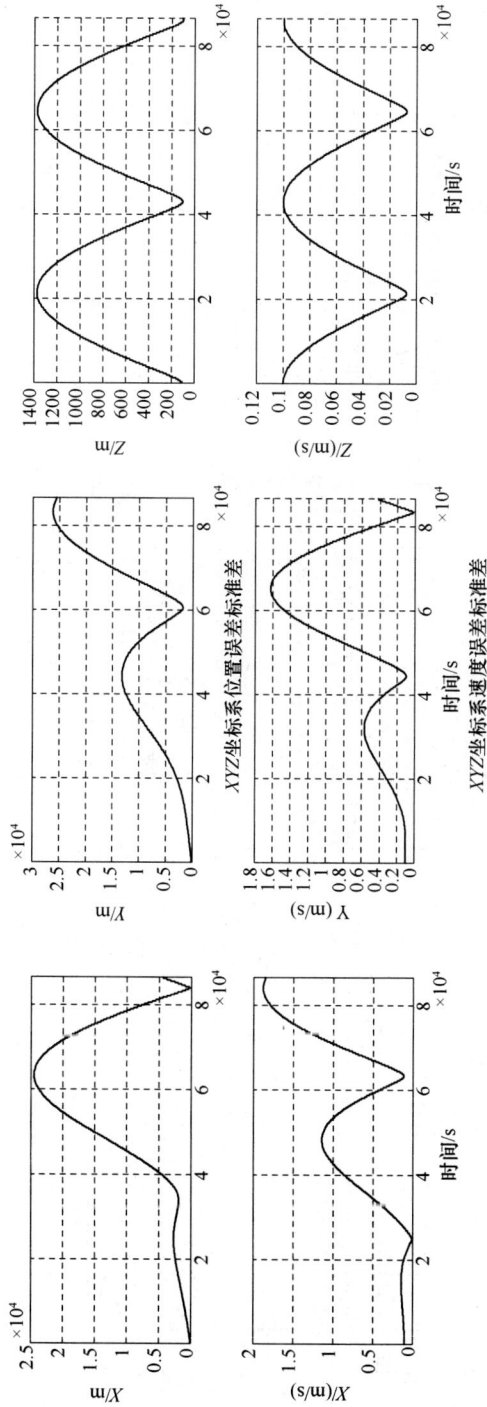

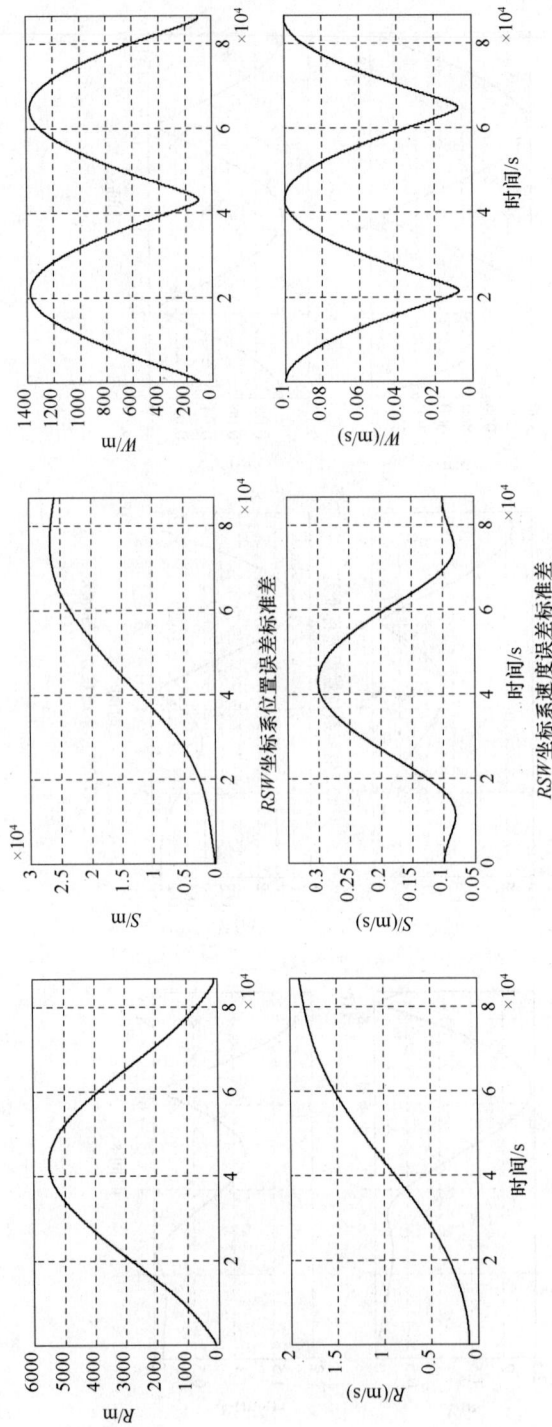

图2.8 目标④误差传播曲线(1天)

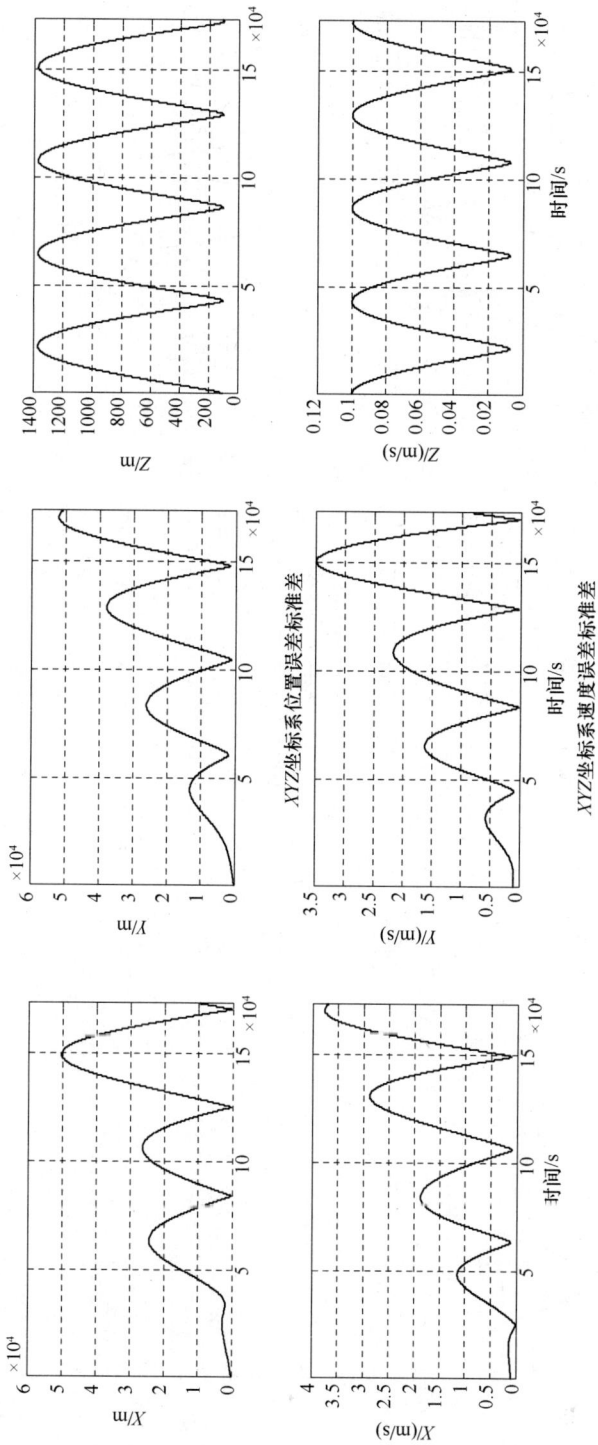

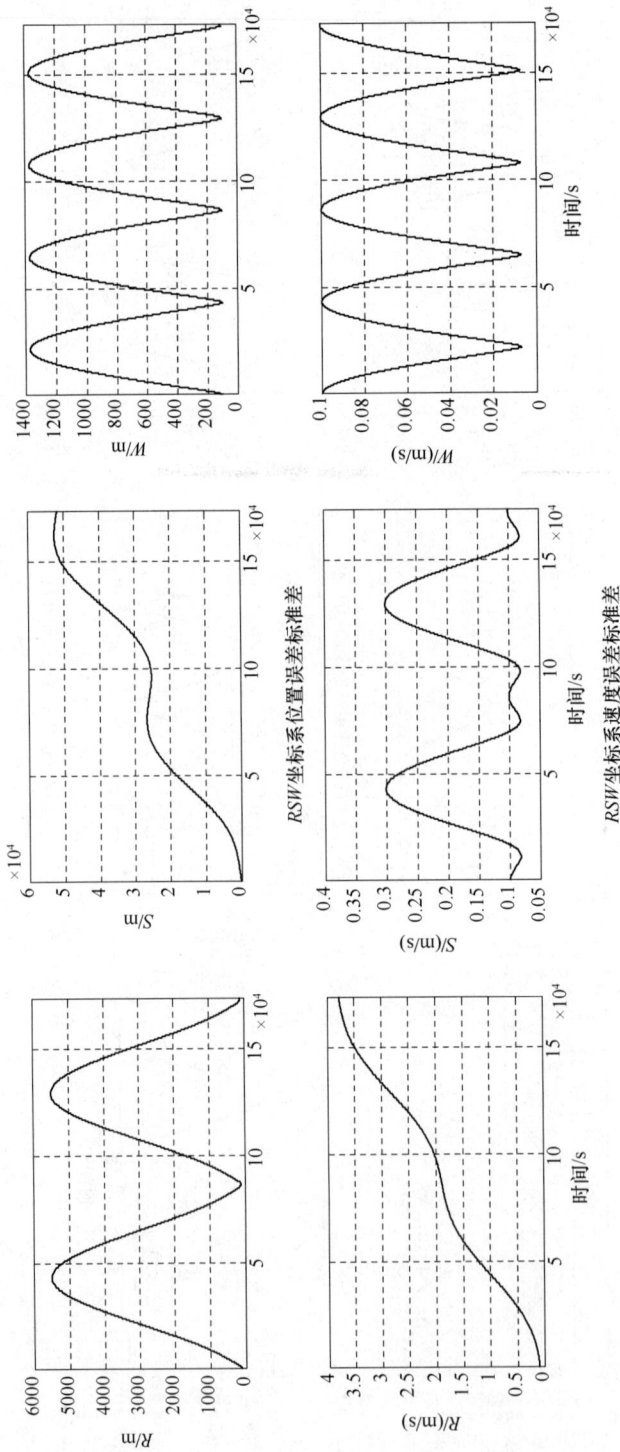

图2.9 目标④误差传播曲线(2天)

NTW坐标系位置误差标准差

NTW坐标系速度误差标准差

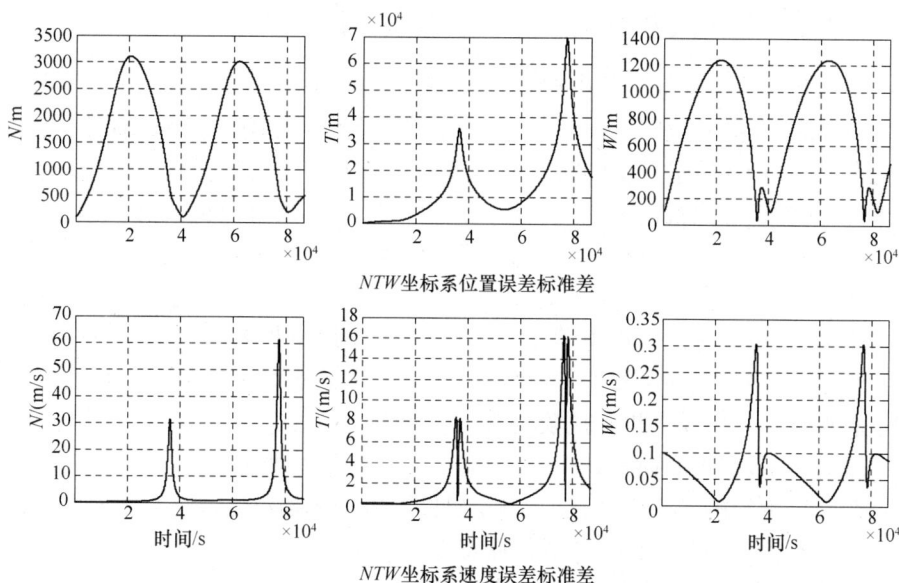

图 2.10 目标③NTW坐标系误差传播曲线

目标④轨道高度最高,大气阻尼影响最小,径向的速度误差发散最小,1 天后标准差仅为 2m/s,位置误差则发散较为严重,1 天后标准差达到 27km。

2.4 基于相对运动理论的轨道误差分析

航天器相对运动是指在同一引力场作用下,一个或一组航天器相对于目标航天器或虚拟航天器的运动[47]。与航天器绝对运动(经典轨道运动)相比,航天器相对运动研究的问题变化形式更多、影响因素更复杂。航天器相对运动建模与分析已经研究得比较深入,出现了多种形式的相对运动模型,并已成功应用于空间交会对接、航天器在轨服务、航天器编队飞行、天基空间目标监视、近距离观测、空间机器人抓捕等航天任务中[47]。

空间目标的轨道预报误差(几十千米以下)与其矢径(一般不小于 6500km)相比为小量,因此可以把空间目标真实状态和预报状态分别对应于一"实"一"虚"两个近距离空间目标,将轨道预报误差看作"虚"目标相对于"实"目标的相对运动,这样就可以利用近距离相对运动理论来研究轨道预报误差的特性。

本节基于相对运动代数法模型的 C−W 方程和 T−H 方程分别进行圆轨道与椭圆轨道的初始误差传播分析;然后基于相对运动几何法模型对近圆轨道位置速度预报误差的相关特性进行分析,并讨论在初始误差选取中的应用。

2.4.1　基于代数法模型的初始误差传播

空间目标轨道预报误差由初始误差和模型误差两部分组成。在进行轨道预报时，初始误差会随时间传播，其传播特性和趋势因轨道类型的不同而不同。为简化分析，一般将轨道预报的初始误差和模型误差进行解耦分析。在分析初始误差时，认为轨道预报模型是准确的，没有模型误差，预报模型与真实轨道的摄动力之差为零。这样可以得到初始误差的传播特性。

相对运动的研究通常忽略姿态运动，有两类模型[48-52]：一是代数法，也称为动力学方法，以相对运动动力学方程为基础，方便用于相对运动制导与控制；二是几何法，也称为运动学方法，以轨道根数所表示的相对运动模型为基础，方便用于轨道设计和摄动分析。代数法以两航天器绝对位置矢量描述的基本运动方程为基础，通过假设和简化处理，在相对运动坐标系中建立相对运动模型。该模型以微分方程组的形式给出，已知初始条件即可进行相对运动状态的预报，因而适用于分析轨道预报初始误差的传播特性。

1. 代数法相对运动模型

本节讨论相对运动理论在空间目标轨道预报误差分析中的应用，两个空间目标一个为主目标，另一个为从目标，对应于空间交会对接中的目标航天器和追踪航天器。

利用代数法建立相对运动模型，从两目标绝对位置矢量描述的基本运动方程出发，在主目标 *RSW* 坐标系中建立。记 r_p、r_s 分别为主目标和从目标的 *ECI* 坐标系绝对位置矢量，则 *ECI* 坐标系中主目标和从目标的轨道动力学方程分别为

$$\ddot{\boldsymbol{r}}_p = -\frac{\mu}{r_p^3}\boldsymbol{r}_p + \boldsymbol{f}_p, \quad \ddot{\boldsymbol{r}}_s = -\frac{\mu}{r_s^3}\boldsymbol{r}_s + \boldsymbol{f}_s \tag{2.55}$$

式中：μ 为地球引力常数；$\boldsymbol{f}_p$、$\boldsymbol{f}_s$ 分别为作用在主目标和从目标上的除地球中心引力以外所有摄动力产生的摄动加速度。由于主要用于误差分析，因此认为两目标均不受控制力作用。

主目标到从目标的相对位置矢量 $\boldsymbol{r}=\boldsymbol{r}_s-\boldsymbol{r}_p$，由式(2.55)可得

$$\frac{\mathrm{d}^2 \boldsymbol{r}}{\mathrm{d}t^2} = \ddot{\boldsymbol{r}}_s - \ddot{\boldsymbol{r}}_p = -\frac{\mu}{r_s^3}\boldsymbol{r}_s + \frac{\mu}{r_p^3}\boldsymbol{r}_p + \boldsymbol{f}_s - \boldsymbol{f}_p$$

$$= \frac{\mu}{r_p^3}\left(\boldsymbol{r}_p - \left(\frac{r_p}{r_s}\right)^3 \boldsymbol{r}_s\right) + \boldsymbol{f} \tag{2.56}$$

式中：$\boldsymbol{f}=\boldsymbol{f}_s-\boldsymbol{f}_p$ 为两目标所受的摄动加速度之差。

式(2.56)即为相对运动动力学方程在 *ECI* 坐标系中的表达式，未做任何简化，为精确相对运动方程。

在主目标的 *RSW* 坐标系建立相对运动方程。绝对导数和相对导数的关系式为

$$\frac{\mathrm{d}^2 \boldsymbol{r}}{\mathrm{d}t^2} = \frac{\delta^2 \boldsymbol{r}}{\delta t^2} + 2\boldsymbol{\omega}_{\mathrm{p}} \times \frac{\delta \boldsymbol{r}}{\delta t} + \boldsymbol{\omega}_{\mathrm{p}} \times (\boldsymbol{\omega}_{\mathrm{p}} \times \boldsymbol{r}) + \dot{\boldsymbol{\omega}}_{\mathrm{p}} \times \boldsymbol{r} \qquad (2.57)$$

式中:$\delta^2 \boldsymbol{r}/\delta t^2$、$\delta \boldsymbol{r}/\delta t$ 分别为从目标在主目标 *RSW* 坐标系中的相对加速度矢量和相对速度矢量;$\dot{\boldsymbol{\omega}}_{\mathrm{p}}$、$\boldsymbol{\omega}_{\mathrm{p}}$ 分别为主目标的角加速度矢量和角速度矢量。

由式(2.56)和式(2.57)可得

$$\frac{\delta^2 \boldsymbol{r}}{\delta t^2} + 2\boldsymbol{\omega}_{\mathrm{p}} \times \frac{\delta \boldsymbol{r}}{\delta t} + \boldsymbol{\omega}_{\mathrm{p}} \times (\boldsymbol{\omega}_{\mathrm{p}} \times \boldsymbol{r}) + \dot{\boldsymbol{\omega}}_{\mathrm{p}} \times \boldsymbol{r} = \frac{\mu}{r_{\mathrm{p}}^3}\left(\boldsymbol{r}_{\mathrm{p}} - \left(\frac{r_{\mathrm{p}}}{r_{\mathrm{s}}}\right)^3 \boldsymbol{r}_{\mathrm{s}} \right) + \boldsymbol{f}$$

$$(2.58)$$

在主目标 *RSW* 坐标系中,令相对位置矢量 $\boldsymbol{r} = (x \quad y \quad z)^{\mathrm{T}}_{RSW}$,则有

$$\frac{\delta \boldsymbol{r}}{\delta t} = (\dot{x} \quad \dot{y} \quad \dot{z})^{\mathrm{T}}, \qquad \frac{\delta^2 \boldsymbol{r}}{\delta t^2} = (\ddot{x} \quad \ddot{y} \quad \ddot{z})^{\mathrm{T}}$$

$$\boldsymbol{\omega}_{\mathrm{p}} = (0 \quad 0 \quad \dot{\theta})^{\mathrm{T}}, \qquad \dot{\boldsymbol{\omega}}_{\mathrm{p}} = (0 \quad 0 \quad \ddot{\theta})^{\mathrm{T}} \qquad (2.59)$$

$$\boldsymbol{r}_{\mathrm{p}} = (r_{\mathrm{p}} \quad 0 \quad 0)^{\mathrm{T}}, \qquad \boldsymbol{r}_{\mathrm{s}} = (r_{\mathrm{p}} + x \quad y \quad z)^{\mathrm{T}}$$

式中:θ 为主目标轨道真近点角。

将式(2.59)代入式(2.58),可得

$$\begin{cases} \ddot{x} = 2\dot{y}\dot{\theta} + x\dot{\theta}^2 + y\ddot{\theta} + \dfrac{\mu}{r_{\mathrm{p}}^2} - \dfrac{\mu}{r_{\mathrm{s}}^3}(r_{\mathrm{p}} + x) + f_x \\[2mm] \ddot{y} = -2\dot{x}\dot{\theta} + y\dot{\theta}^2 - x\ddot{\theta} - \dfrac{\mu}{r_{\mathrm{s}}^3}y + f_y \\[2mm] \ddot{z} = -\dfrac{\mu}{r_{\mathrm{s}}^3}z + f_z \end{cases} \qquad (2.60)$$

式(2.60)为相对运动动力学方程在主目标 *RSW* 坐标系中的表达式,未做任何简化,为精确相对运动方程。

从目标地心距可用主目标地心距 r_{p} 和相对位置矢量 $\boldsymbol{r}$ 表示为

$$r_{\mathrm{s}} = \left[(r_{\mathrm{p}} + x)^2 + y^2 + z^2 \right]^{\frac{1}{2}} = (r_{\mathrm{p}}^2 + 2r_{\mathrm{p}}x + r^2)^{\frac{1}{2}}$$

$$= r_{\mathrm{p}}\left(1 + 2\frac{x}{r_{\mathrm{p}}} + \frac{r^2}{r_{\mathrm{p}}^2} \right)^{\frac{1}{2}} \qquad (2.61)$$

假设主目标与从目标之间的距离远小于它们到地心的距离(即 $r \ll r_{\mathrm{p}}$),此时式(2.61)可近似写为

$$\frac{1}{r_{\mathrm{s}}^3} = \frac{1}{r_{\mathrm{p}}^3}\left(1 + 2\frac{x}{r_{\mathrm{p}}} + \frac{r^2}{r_{\mathrm{p}}^2} \right)^{-\frac{3}{2}} \approx \frac{1}{r_{\mathrm{p}}^3}\left(1 - \frac{3x}{r_{\mathrm{p}}} \right) \qquad (2.62)$$

将式(2.62)代入式(2.60),可得

$$\begin{cases} \ddot{x} = 2\dot{y}\dot{\theta} + x\dot{\theta}^2 + y\ddot{\theta} + \dfrac{2\mu x}{r_p^3} + \dfrac{3\mu x^2}{r_p^4} + f_x \\[2mm] \ddot{y} = -2\dot{x}\dot{\theta} + y\dot{\theta}^2 - x\ddot{\theta} - \dfrac{\mu y}{r_p^3} + \dfrac{3\mu xy}{r_p^4} + f_y \\[2mm] \ddot{z} = -\dfrac{\mu z}{r_p^3} + \dfrac{3\mu xz}{r_p^4} + f_z \end{cases} \tag{2.63}$$

式(2.63)中进一步忽略二次项($\mu xr/r_p^4$),可得相对运动方程线性化的表达式为

$$\begin{cases} \ddot{x} - 2\dot{\theta}\dot{y} - \dot{\theta}^2 x - \ddot{\theta}y - \dfrac{2\mu x}{r_p^3} = f_x \\[2mm] \ddot{y} + 2\dot{\theta}\dot{x} + \ddot{\theta}x - \dot{\theta}^2 y + \dfrac{\mu y}{r_p^3} = f_y \\[2mm] \ddot{z} + \dfrac{\mu z}{r_p^3} = f_z \end{cases} \tag{2.64}$$

式(2.64)的推导仅需假设主从目标间距离远小于它们的地心距,而对轨道偏心率没有限制,适用于各种轨道形状。由式(2.64)可见,W方向(垂直于轨道平面)的相对运动是独立的,而轨道面内R和S方向的相对运动是互相耦合的。

1) C-W 方程

若主目标的轨道为近圆轨道,即$e_p \approx 0$,则有

$$\dot{\theta} \approx n, \quad \ddot{\theta} \approx 0, \quad \frac{\mu}{r_p^3} \approx n^2 \tag{2.65}$$

式中:n为主目标平均运动角速度。

将式(2.65)代入式(2.64)并忽略两目标的摄动力之差,可得

$$\begin{cases} \ddot{x} - 2n\dot{y} - 3n^2 x = 0 \\ \ddot{y} + 2n\dot{x} = 0 \\ \ddot{z} + n^2 z = 0 \end{cases} \tag{2.66}$$

式(2.66)即为 C-W 方程,也称为 Hill 方程或 H-C-W 方程。

若将相对运动起始时刻作为时间的零点,相应的初始条件为($x_0, y_0, z_0, \dot{x}_0, \dot{y}_0, \dot{z}_0$),对式(2.66)积分可得任意时刻$t$的相对运动解析解。相对位置的解析解为

$$\begin{cases} x(t) = \dfrac{\dot{x}_0}{n}\sin nt - \left(\dfrac{2\dot{y}_0}{n} + 3x_0\right)\cos nt + 2\left(\dfrac{\dot{y}_0}{n} + 2x_0\right) \\[3mm] y(t) = 2\left(\dfrac{2\dot{y}_0}{n} + 3x_0\right)\sin nt + \dfrac{2\dot{x}_0}{n}\cos nt - 3(\dot{y}_0 + 2nx_0)t + \left(y_0 - \dfrac{2\dot{x}_0}{n}\right) \\[3mm] z(t) = \dfrac{\dot{z}_0}{n}\sin nt + z_0\cos nt \end{cases}$$

$$\tag{2.67}$$

相对速度的解析解为

$$\begin{cases} \dot{x}(t) = (2\dot{y}_0 + 3nx_0)\sin nt + \dot{x}_0\cos nt \\ \dot{y}(t) = -2\dot{x}_0\sin nt + 2(2\dot{y}_0 + 3nx_0)\cos nt - 3(\dot{y}_0 + 2nx_0) \\ \dot{z}(t) = -nz_0\sin nt + \dot{z}_0\cos nt \end{cases} \quad (2.68)$$

C - W 方程是最经典的代数法相对运动模型,它以球形中心引力体和圆参考轨道为假设,未包含摄动力的影响,尽管本身存在误差,但给出了最简单的相对运动关系,在编队飞行和空间交会等方面有广泛应用。

2) T - H 方程

为了消除圆参考轨道的限制,Tschauner 和 Hempel 假设目标间距与地心距相比为一阶小量,通过变量替换,以主目标的真近点角为自变量使方程具有无量纲的形式,将非线性相对运动微分方程组简化为线性时变方程组,得到用真近点角/偏近点角描述的解析解,称为 Tschauner - Hempel 方程(简称 T - H 方程)。T - H 方程可描述任意偏心率参考轨道的相对运动。Yamanaka 经过一系列变量代换得到一种新的状态转移矩阵[53],并讨论了与 C - W 方程的一致性。岳晓奎等推导了以三维空间中位置—速度表示的状态转移矩阵元素的具体表达式,并将其由角域变换到时域,得到了表示真实位置速度的状态转移矩阵[54]。杏建军等研究了卫星编队飞行的相对运动问题[55-61]。

若主目标轨道为椭圆轨道,则以真近点角 θ 为自变量可以得到形式比较简单的动力学方程。为此,在式(2.64)中做变量替换,将自变量由时间 t 变换为真近点角 θ,相应地将对时间的导数 $\dot{x}$ 变为对真近点角的导数 x',可以得到以真近点角 θ 为自变量的相对运动动力学方程为

$$\begin{cases} x'' - \dfrac{2e\sin\theta}{1 + e\cos\theta}x' - 2y' - \dfrac{3 + e\cos\theta}{1 + e\cos\theta}x + \dfrac{2e\sin\theta}{1 + e\cos\theta}y = 0 \\ y'' + 2x' - \dfrac{2e\sin\theta}{1 + e\cos\theta}y' - \dfrac{2e\sin\theta}{1 + e\cos\theta}x - \dfrac{e\cos\theta}{1 + e\cos\theta}y = 0 \quad (2.69) \\ z'' - \dfrac{2e\sin\theta}{1 + e\cos\theta}z' + \dfrac{1}{1 + e\cos\theta}z = 0 \end{cases}$$

Yamanaka 对式(2.69)进行了变量替换[53],其方程在 LVLH 坐标系出,本节的方程在 RSW 坐标系给出。令 $\rho = 1 + e\cos\theta$,进行如下变量替换:

$$(\tilde{x} \quad \tilde{y} \quad \tilde{z})^{\mathrm{T}} = \rho(x \quad y \quad z)^{\mathrm{T}} \quad (2.70)$$

可将 T - H 方程化为简单的形式

$$\begin{cases} \tilde{x}'' = 3\tilde{x}/\rho + 2\tilde{y}' \\ \tilde{y}'' = -2\tilde{x}' \quad (2.71) \\ \tilde{z}'' = -\tilde{z} \end{cases}$$

Yamanaka 经过推导得到了用角域表示的状态转移矩阵[53]。我们重新推导

了在 RSW 坐标系中 T – H 方程状态转移矩阵的表达式

$$\begin{bmatrix} x \\ y \\ z \\ \dot{x} \\ \dot{y} \\ \dot{z} \end{bmatrix} = T(t) \begin{bmatrix} x_0 \\ y_0 \\ z_0 \\ \dot{x}_0 \\ \dot{y}_0 \\ \dot{z}_0 \end{bmatrix}, \quad T(t) = \begin{bmatrix} t_{11} & t_{12} & 0 & t_{14} & t_{15} & 0 \\ t_{21} & t_{22} & 0 & t_{24} & t_{25} & 0 \\ 0 & 0 & t_{33} & 0 & 0 & t_{36} \\ t_{41} & t_{42} & 0 & t_{44} & t_{45} & 0 \\ t_{51} & t_{52} & 0 & t_{54} & t_{55} & 0 \\ 0 & 0 & t_{63} & 0 & 0 & t_{66} \end{bmatrix} \quad (2.72)$$

限于篇幅,状态转移矩阵 $T(t)$ 中的具体元素值在附录 A 中列出。此状态转移矩阵成立的唯一假设是相对距离远小于空间目标的矢径,适用于任意偏心率的椭圆轨道。在已知初始条件时,该矩阵可直接用于时域内的状态转移的计算。

2. 基于 C – W 方程的近圆轨道误差传播

1)误差传播公式

首先利用 C – W 方程分析近圆轨道初始误差的传播特性。式(2.68)中的 $(\dot{x}, \dot{y}, \dot{z})^T$ 可以看作相对速度误差,或者说是相对位置误差的时间导数,而在误差分析中更关心的绝对速度误差在轨道坐标系内的投影。由绝对速度和相对速度的关系式

$$\frac{\mathrm{d}\boldsymbol{r}}{\mathrm{d}t} = \frac{\delta \boldsymbol{r}}{\delta t} + \boldsymbol{\omega}_{\mathrm{p}} \times \boldsymbol{r} \quad (2.73)$$

可得

$$\Delta \boldsymbol{v}_{RSW} = \frac{\delta \boldsymbol{r}}{\delta t} + \boldsymbol{\omega}_{\mathrm{p}} \times \boldsymbol{r} = \begin{pmatrix} \dot{x} \\ \dot{y} \\ \dot{z} \end{pmatrix} + \begin{pmatrix} 0 \\ 0 \\ n \end{pmatrix} \times \begin{pmatrix} x \\ y \\ z \end{pmatrix} = \begin{pmatrix} \dot{x} - ny \\ \dot{y} + nx \\ \dot{z} \end{pmatrix} \quad (2.74)$$

整理,得

$$\begin{cases} \Delta v_x = - (2\dot{y}_0 + 3nx_0)\sin nt - \dot{x}_0 \cos nt + 3n(\dot{y}_0 + 2nx_0)t + (2\dot{x}_0 - ny_0) \\ \Delta v_y = - \dot{x}_0 \sin nt + (2\dot{y}_0 + 3nx_0)\cos nt - (\dot{y}_0 + 2nx_0) \\ \Delta v_z = - nz_0 \sin nt + \dot{z}_0 \cos nt \end{cases}$$

$$(2.75)$$

式(2.75)与式(2.67)一起,给出了已知初始位置速度误差情况下,轨道预报值与真值之间误差变化的解析表达式。

将 C – W 方程的位置误差解式(2.67)和速度误差解式(2.75)结合起来可以写成状态转移矩阵的形式。由式(2.74)可得

$$\dot{x} = \Delta v_x + ny, \quad \dot{y} = \Delta v_y - nx \quad (2.76)$$

误差状态矢量 $(x, y, z, \dot{x}, \dot{y}, \dot{z})^T$ 与误差状态矢量 $(x, y, z, \Delta v_x, \Delta v_y, \Delta v_z)^T$ 的关系为

$$
\begin{bmatrix} x \\ y \\ z \\ \dot{x} \\ \dot{y} \\ \dot{z} \end{bmatrix} = \begin{bmatrix} 1 & 0 & 0 & 0 & 0 & 0 \\ 0 & 1 & 0 & 0 & 0 & 0 \\ 0 & 0 & 1 & 0 & 0 & 0 \\ 0 & n & 0 & 1 & 0 & 0 \\ -n & 0 & 0 & 0 & 1 & 0 \\ 0 & 0 & 0 & 0 & 0 & 1 \end{bmatrix} \begin{bmatrix} x \\ y \\ z \\ \Delta v_x \\ \Delta v_y \\ \Delta v_z \end{bmatrix} = \boldsymbol{M}_{\mathrm{abs} \to \mathrm{rel}}(n) \begin{bmatrix} x \\ y \\ z \\ \Delta v_x \\ \Delta v_y \\ \Delta v_z \end{bmatrix} \tag{2.77}
$$

所以，误差状态矢量 $\boldsymbol{X}(t) = (x,y,z,\Delta v_x,\Delta v_y,\Delta v_z)^{\mathrm{T}}$ 的状态转移矩阵为

$$
\boldsymbol{\Phi}(t) = \begin{bmatrix}
2 - \cos nt & \sin nt & 0 & \dfrac{1}{n}\sin nt & \dfrac{2}{n}(1 - \cos nt) & 0 \\[2mm]
2\sin nt - 3nt & 2\cos nt - 1 & 0 & \dfrac{2}{n}(\cos nt - 1) & \dfrac{4}{n}\sin nt - 3t & 0 \\[2mm]
0 & 0 & \cos nt & 0 & 0 & \dfrac{1}{n}\sin nt \\[2mm]
n(3nt - \sin nt) & n(1 - \cos nt) & 0 & 2 - \cos nt & 3nt - 2\sin nt & 0 \\[2mm]
n(\cos nt - 1) & -n\sin nt & 0 & -\sin nt & 2\cos nt - 1 & 0 \\[2mm]
0 & 0 & -n\sin nt & 0 & 0 & \cos nt
\end{bmatrix}
$$
$$\tag{2.78}$$

文献[62]中给出的状态转移矩阵 $\boldsymbol{\Phi}(t)$ 的表达式不准确，是初始状态矢量 $(x_0,y_0,z_0,\dot{x}_0,\dot{y}_0,\dot{z}_0)^{\mathrm{T}}$ 到终端状态矢量 $(x,y,z,\Delta v_x,\Delta v_y,\Delta v_z)^{\mathrm{T}}$ 的转移矩阵。文献[62]给出的 $\boldsymbol{\Phi}(t)$ 右边乘以式(2.77)中的矩阵才能得到 $(x_0,y_0,z_0,\Delta v_{x0},\Delta v_{y0},\Delta v_{z0})^{\mathrm{T}}$ 到终端状态 $(x,y,z,\Delta v_x,\Delta v_y,\Delta v_z)^{\mathrm{T}}$ 的转移矩阵。

已知初始误差状态矢量 $\boldsymbol{X}_0$ 时，可以根据下式求解任意时刻 t 的误差状态矢量：

$$
\boldsymbol{X}(t) = \boldsymbol{\Phi}(t)\boldsymbol{X}_0 \tag{2.79}
$$

假设初始时刻 t_0 的 RSW 坐标系表示的误差协方差阵为 $\boldsymbol{P}_0$，则任意时刻 t 的协方差矩阵为

$$
\boldsymbol{P}(t) = \boldsymbol{\Phi}(t) \cdot \boldsymbol{P}_0 \cdot \boldsymbol{\Phi}^{\mathrm{T}}(t) \tag{2.80}
$$

如果初始协方差矩阵 $\boldsymbol{P}_0$ 为对角阵，即

$$
\boldsymbol{P}_0 = \mathrm{diag}(\sigma_{x0}^2 \quad \sigma_{y0}^2 \quad \sigma_{z0}^2 \quad \sigma_{v_x0}^2 \quad \sigma_{v_y0}^2 \quad \sigma_{v_z0}^2) \tag{2.81}
$$

代入式(2.80)并利用式(2.78)，可求解得到任意时刻 t 的协方差矩阵为

$$
\boldsymbol{P}(t) = \begin{bmatrix} \boldsymbol{P}_{\mathrm{rr}}(t) & \boldsymbol{P}_{\mathrm{rv}}(t) \\ \boldsymbol{P}_{\mathrm{rv}}^{\mathrm{T}}(t) & \boldsymbol{P}_{\mathrm{vv}}(t) \end{bmatrix} \tag{2.82}
$$

式中：$\boldsymbol{P}_{\mathrm{rr}}(t)$、$\boldsymbol{P}_{\mathrm{rv}}(t)$、$\boldsymbol{P}_{\mathrm{vv}}(t)$ 分别为位置协方差矩阵、位置速度互相关矩阵和速度协方差矩阵，其具体表达式见附录 B。文献[62]指出任意时刻 t 的协方差矩阵也是对角阵，该结论是不准确的。

下面给出 $\boldsymbol{P}(t)$ 对角线元素的表达式:

$$
\begin{cases}
\sigma_x^2(t) = (\cos nt - 2)^2\sigma_{x0}^2 + \sin^2 nt\sigma_{y0}^2 + \dfrac{\sin^2 nt}{n^2}\sigma_{v_x0}^2 + \dfrac{4(1 - \cos nt)^2}{n^2}\sigma_{v_y0}^2 \\[2mm]
\sigma_y^2(t) = (2\sin nt - 3nt)^2\sigma_{x0}^2 + (2\cos nt - 1)^2\sigma_{y0}^2 + \dfrac{4(1 - \cos nt)^2}{n^2}\sigma_{v_x0}^2 + \\[2mm]
\qquad\qquad \left(\dfrac{4}{n}\sin nt - 3t\right)^2\sigma_{v_y0}^2 \\[2mm]
\sigma_z^2(t) = \cos^2 nt\sigma_{z0}^2 + \dfrac{1}{n^2}\sin^2 nt\sigma_{v_z0}^2 \\[2mm]
\sigma_{v_x}^2(t) = n^2(\sin nt - 3nt)^2\sigma_{x0}^2 + n^2(\cos nt - 1)^2\sigma_{y0}^2 + (2 - \cos nt)^2\sigma_{v_x0}^2 + \\[2mm]
\qquad\qquad (3nt - 2\sin nt)^2\sigma_{v_y0}^2 \\[2mm]
\sigma_{v_y}^2(t) = n^2(1 - \cos nt)^2\sigma_{x0}^2 + n^2\sin^2 nt\sigma_{y0}^2 + \sin^2 nt\sigma_{v_x0}^2 + \\[2mm]
\qquad\qquad (2\cos nt - 1)^2\sigma_{v_y0}^2 \\[2mm]
\sigma_{v_z}^2(t) = n^2\sin^2 nt\sigma_{z0}^2 + \cos^2 nt\sigma_{v_z0}^2
\end{cases}
$$

$$(2.83)$$

这样就通过 C – W 方程得到了初始误差协方差的解析传播函数。由式(2.83)可知,在 C – W 方程的假设下,近圆轨道初始误差传播具有如下特性:

(1) 所有方向的误差(位置、速度)均存在周期性振荡。

(2) W 方向误差与轨道平面内(R、S 方向)的误差独立,即误差可以按轨道平面和法向分解。

(3) W 方向误差无常数项,只包含正余弦函数项,即 W 方向误差自由振荡。

(4) 轨道平面内的误差除有振荡项外,S 方向位置误差(σ_y^2)和 R 方向速度误差($\sigma_{v_x}^2$)还有时间 t 的多项式项,说明 S 方向位置误差和 R 方向速度误差会随着时间增长,使误差发散。

2)算例验证

为了验证基于相对运动理论的轨道初始误差传播解析公式,选取 4 个典型的目标为算例。目标类型和轨道类型如表 2.3 所列,目标轨道根数和 ECI 坐标系位置速度坐标如表 2.4 和表 2.5 所列(历元时刻为 2012 – 01 – 01 00:00:00.00 UTC)。

表 2.3　目标类型和轨道类型

序号	轨道类型	目标类型	目标名称	目标编号
①	近地轨道	地球资源卫星	ERS – 2	23560
②	中地轨道	GLONASS 卫星	COSMOS 1948	19165
③	地球静止轨道	银河通信卫星	Galaxy – 11	26038
④	大椭圆轨道	闪电卫星	Molnyia 3 – 35	20052

表 2.4　目标轨道根数

序号	a/km	e	$i/(°)$	$\Omega/(°)$	$\omega/(°)$	$M/(°)$
①	7151.799943	0.002586	98.618	77.249	76.679	177.919
②	25507.551932	0.000375	64.354	242.658	306.373	53.654
③	42166.577215	0.000036	0.068	109.622	217.823	41.434
④	25663.740026	0.740361	63.463	359.792	270.021	40.168

表 2.5　目标 ECI 坐标系位置速度坐标

序号	X/km	Y/km	Z/km	V_x/(km/s)	V_y/(km/s)	V_z/(km/s)
①	-1430.331391	-1627.484800	-6835.083611	1.295564	7.067381	-1.954642
②	-11702.734586	-22658.145307	24.604748	1.521520	-0.783326	3.564419
③	41659.812155	6510.137799	-49.166290	-0.474640	3.037799	-0.000680
④	17110.947418	6872.467973	13886.072215	0.405454	1.938054	3.883779

假设初始时刻 RSW 坐标系每个轴向的位置误差标准差为 100m、速度误差标准差为 0.1m/s,即初始协方差矩阵为

$$P_0 = \text{diag}(10^4 \quad 10^4 \quad 10^4 \quad 10^{-2} \quad 10^{-2} \quad 10^{-2}) \qquad (2.84)$$

为了验证式(2.82)的正确性,分别利用以下三种方法分析初始误差的传播:

(1) STK 软件中的 HPOP 模型,地球引力模型为 21×21 阶 WGS84_EGM96 模型,大气阻力系数为 2.2,面质比为 $0.02 m^2/kg$,大气密度模型为 Jacchia - Roberts 模型,太阳光压系数为 1.0。HPOP 中协方差计算的引力场也选择 21×21 阶。该方法仅给出位置误差协方差,下面用"HPOP"表示。

(2) 仅考虑二体运动的蒙特卡洛(Monte - Carlo)方法,样本点的个数为 $n_{M-C} = 10^4$,下面用"M - C"表示。

(3) 基于 C - W 方程的误差传播解析公式,下面用"C - W"表示。

三种方法的时间步长均为 1min。有必要说明的一点是,蒙特卡洛方法中初始随机状态的生成有两种方式:一是在 t_0 时刻生成 n_{M-C} 个服从初始误差分布的随机样本点,然后将这些样本点利用二体轨道模型预报到每个 $t_i(i=1,2,\cdots)$ 时刻,对每个 t_i 时刻的样本预报值求协方差,得到该时刻的误差信息;二是在计算每个 t_i 时刻的样本预报值时,都重新生成 t_0 时刻的 n_{M-C} 个初始样本点。两种方法得到的结果基本一致,只是第一种方法得到的标准差传播曲线更平滑。从分析初始误差传播的角度考虑,第一种方法更好地揭示了初始误差在每个时刻的变化情况。因此采用第一种方法进行蒙特卡洛统计试验。

三个近圆轨道目标(目标①~目标③)的 RSW 坐标系误差标准差的发散情况如图 2.11~图 2.13 所示,可知近圆轨道的 S 方向位置误差和 R 方向速度误差随时间发散,其他方向的位置误差和速度误差随时间周期性振荡,并不发散。

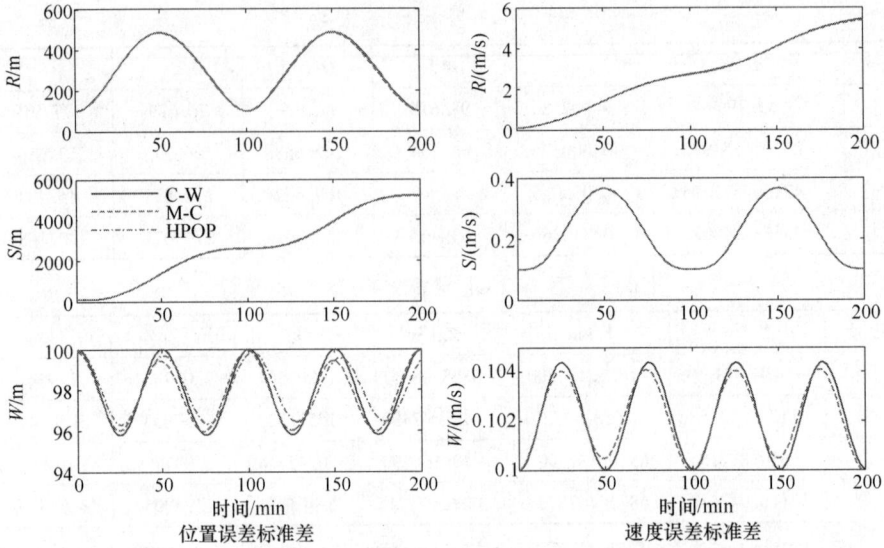

图 2.11　目标①误差标准差传播曲线

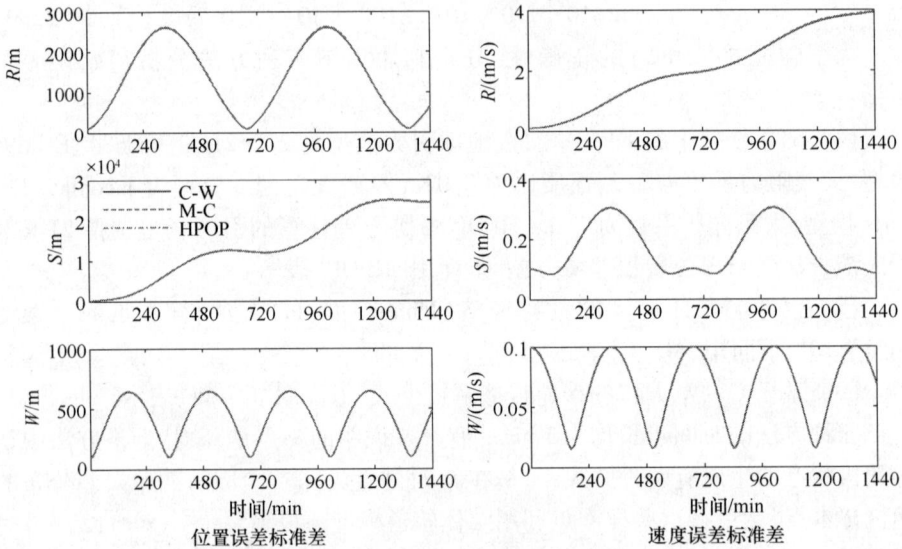

图 2.12　目标②误差标准差传播曲线

图 2.11 ～ 图 2.13 中三种方法得到的误差标准差曲线非常接近,难以区分。为了分析 C - W 方法的精度,图 2.14 ～ 图 2.16 给出了 C - W 方法与 M - C 方法和 HPOP 方法的相对误差曲线。

由 C - W 方程的推导过程可知,用 C - W 方程式(2.66)描述近圆轨道相对运动,主要有三个近似假设:一是摄动力假设,认为两目标所受摄动力相同,摄动力之差为零;二是线性化假设,认为两目标相对距离与目标的地心距相比为小

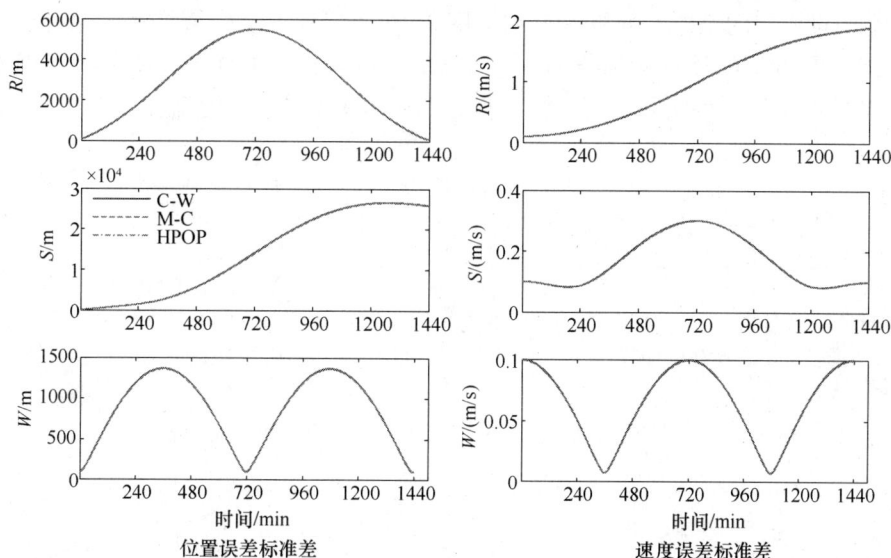

图 2.13　目标③误差标准差传播曲线

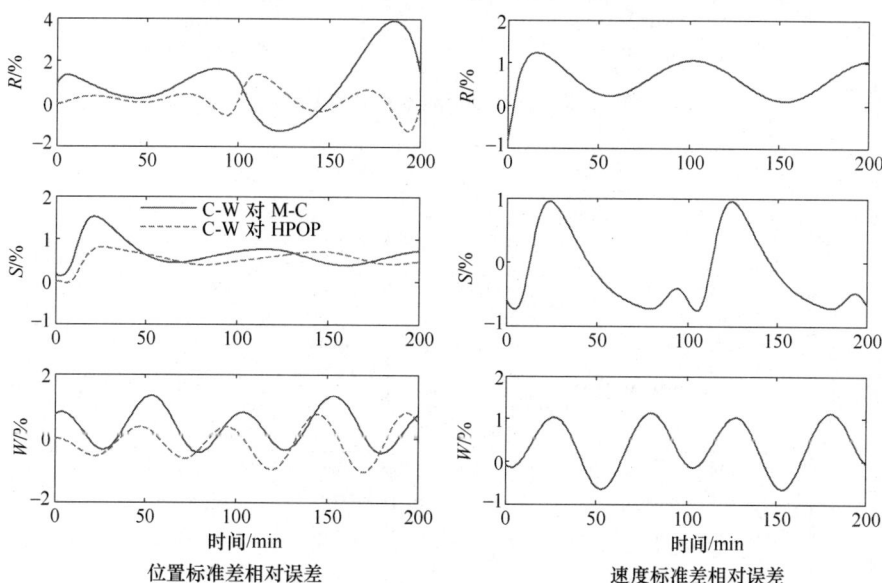

图 2.14　目标①标准差相对误差曲线

量,可以将方程线性化;三是圆轨道假设,认为主目标的轨道是严格圆形,化为常系数线性方程。

同样,利用 C – W 方程分析近圆轨道的误差传播也受到这三个近似假设的影响。图 2.11 ~ 图 2.13 中 C – W 曲线和 M – C 曲线之间的偏差揭示了线性化假设和圆轨道假设引起的偏差,C – W 曲线和 HPOP 曲线之间的偏差揭示了摄动力假设引起的偏差。分析图2.14～图2.16中三种方法的结果对比图可以看出:C－W方法的计算结果与M－C方法和HPOP方法的计算结果的相对误差一般不超过2%,说明利用C－W方程分析初始误差具有足够精度。

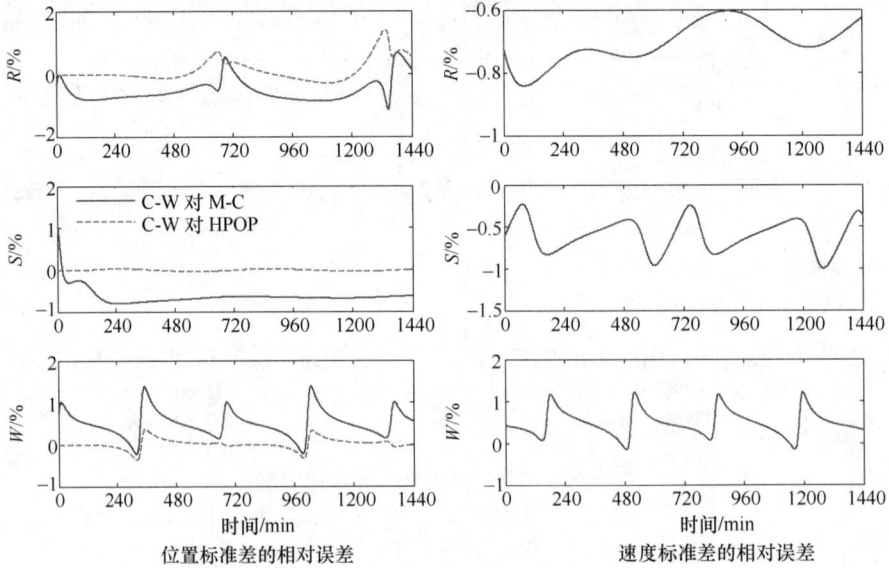

位置标准差的相对误差　　　　　速度标准差的相对误差

图2.15　目标②标准差相对误差曲线

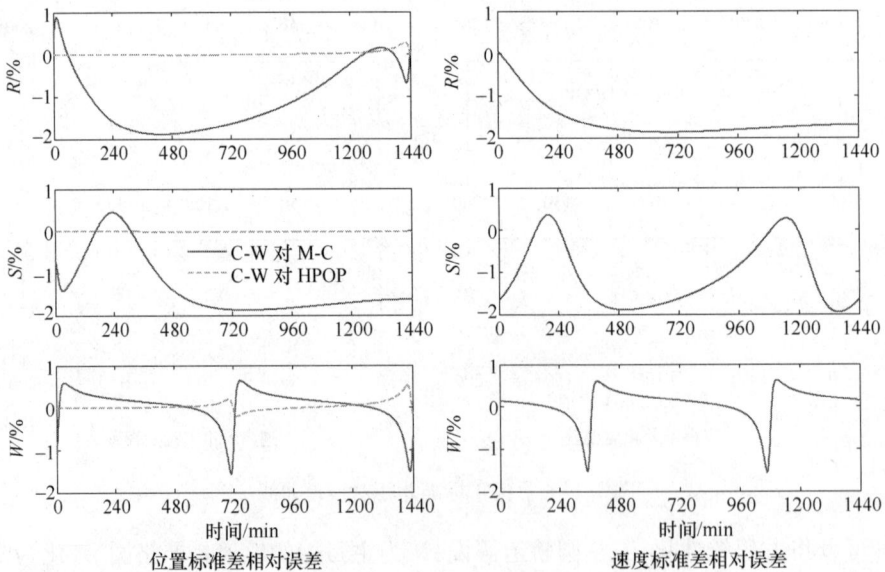

位置标准差相对误差　　　　　速度标准差相对误差

图2.16　目标③标准差相对误差曲线

由图2.11可知,目标①的 W 方向误差标准差结果的偏差较大,实际上这是由于 W 方向误差标准差变化幅度较小造成的,由图2.14可知,目标①的 W 方向标准差的相对误差与其他方向相比并不大,也在 2% 以内。

图 2.14 ~ 图 2.16 中 C – W 方法和 HPOP 方法的相对误差很小。由 C – W 方程的推导过程可知,并没有引入二体假设,而是假设主从目标受到的摄动力相等,摄动力之差为零。应用到误差分析中,即"真实"轨道和预报轨道的轨道模型相同,不存在模型误差。因此,在满足 C – W 方程假设的前提下,采用什么轨道模型对结果的影响不大。这也说明了 C – W 方程是分析初始误差传播的良好工具。

3. 基于 T – H 方程的椭圆轨道误差传播

1) 误差传播公式

同样地,由式(2.72)得到的预报误差的速度分量是相对速度误差,或者说是相对位置误差的时间导数,而需要关心的是绝对速度误差在参考轨道坐标系内的投影。记转换成绝对速度误差之后的初始误差传播的状态转移矩阵为 $\boldsymbol{\Phi}(t)$,由式(2.72)、式(2.74)和式(2.76)可知,状态转移矩阵可表示为

$$\boldsymbol{\Phi}(t) = \boldsymbol{M}_{\mathrm{rel}\to\mathrm{abs}}(\omega)\boldsymbol{T}(t)\boldsymbol{M}_{\mathrm{abs}\to\mathrm{rel}}(\omega_0)$$

$$= \begin{bmatrix} t_{11} - \omega_0 t_{15} & t_{12} + \omega_0 t_{14} & 0 & t_{14} & t_{15} & 0 \\ t_{21} - \omega_0 t_{25} & t_{22} + \omega_0 t_{24} & 0 & t_{24} & t_{25} & 0 \\ 0 & 0 & t_{33} & 0 & 0 & t_{36} \\ t_{41} - \omega t_{21} - \omega_0(t_{45} - \omega t_{25}) & t_{42} - \omega t_{22} + \omega_0(t_{44} - \omega t_{24}) & 0 & t_{44} - \omega t_{24} & t_{45} - \omega t_{25} & 0 \\ t_{51} + \omega t_{11} - \omega_0(t_{55} + \omega t_{15}) & t_{52} + \omega t_{12} + \omega_0(t_{54} + \omega t_{14}) & 0 & t_{54} + \omega t_{14} & t_{55} + \omega t_{15} & 0 \\ 0 & 0 & t_{63} & 0 & 0 & t_{66} \end{bmatrix}$$

$$(2.85)$$

如果初始协方差矩阵 $\boldsymbol{P}_0$ 为对角阵,如式(2.81)所示,可以得到任意时刻 t 的协方差矩阵 $\boldsymbol{P}(t) = \boldsymbol{\Phi}(t) \cdot \boldsymbol{P}_0 \cdot \boldsymbol{\Phi}^{\mathrm{T}}(t)$。协方差矩阵 $\boldsymbol{P}(t)$ 的具体表达式见附录 B,这里给出 $\boldsymbol{P}(t)$ 对角线元素的表达式

$$\begin{cases} \sigma_x^2(t) = (t_{11} - \omega_0 t_{15})^2 \sigma_{x0}^2 + (t_{12} + \omega_0 t_{14})^2 \sigma_{y0}^2 + t_{14}^2 \sigma_{v_x0}^2 + t_{15}^2 \sigma_{v_y0}^2 \\ \sigma_y^2(t) = (t_{21} - \omega_0 t_{25})^2 \sigma_{x0}^2 + (t_{22} + \omega_0 t_{24})^2 \sigma_{y0}^2 + t_{24}^2 \sigma_{v_x0}^2 + t_{25}^2 \sigma_{v_y0}^2 \\ \sigma_z^2(t) = t_{33}^2 \sigma_{z0}^2 + t_{36}^2 \sigma_{v_z0}^2 \\ \sigma_{v_x}^2(t) = [t_{41} - \omega t_{21} - \omega_0(t_{45} - \omega t_{25})]^2 \sigma_{x0}^2 + (t_{44} - \omega t_{24})^2 \sigma_{v_x0}^2 + \\ \qquad\qquad [t_{42} - \omega t_{22} + \omega_0(t_{44} - \omega t_{24})]^2 \sigma_{y0}^2 + (t_{45} - \omega t_{25})^2 \sigma_{v_y0}^2 \\ \sigma_{v_y}^2(t) = [t_{51} + \omega t_{11} - \omega_0(t_{55} + \omega t_{15})]^2 \sigma_{x0}^2 + (t_{54} + \omega t_{14})^2 \sigma_{v_x0}^2 + \\ \qquad\qquad [t_{52} + \omega t_{12} + \omega_0(t_{54} + \omega t_{14})]^2 \sigma_{y0}^2 + (t_{55} + \omega t_{15})^2 \sigma_{v_y0}^2 \\ \sigma_{v_z}^2(t) = t_{63}^2 \sigma_{z0}^2 + t_{66}^2 \sigma_{v_z0}^2 \end{cases}$$

$$(2.86)$$

式中：t_{ij} 由轨道偏心率 e、真近点角 θ 等确定，具体表达式见附录 A。这样就通过椭圆轨道状态转移矩阵得到了初始误差协方差的显式传播函数。

分析初始误差传播特性，需要考虑其是否会随着时间发散，因此可以将初始误差协方差的传播函数分为长期项和周期项分别考察。长期项会引起误差发散，而周期项只会使得误差在某一范围内振荡。为了清晰地看到长期项和周期项对初始误差传播的影响，将式（2.86）中各项的系数写成如下形式：

$$t_{ij} = a_{ij}J + \Gamma_{ij}, \quad i,j = 1,2,\cdots,6 \tag{2.87}$$

式中：$J = k^2(t - t_0)$ 为随时间变化的长期项；a_{ij} 为长期项的系数；Γ_{ij} 为周期项。

因此，可将式（2.86）初始误差协方差的显式传播函数改写成

$$
\begin{cases}
\sigma_x^2(t) = [a_{11}J + \Gamma_{11} - \omega_0(a_{15}J + \Gamma_{15})]^2\sigma_{x0}^2 + [a_{12}J + \Gamma_{12} + \\
\qquad \omega_0(a_{14}J + \Gamma_{14})]^2\sigma_{y0}^2 + (a_{14}J + \Gamma_{14})^2\sigma_{v_x0}^2 + (a_{15}J + \Gamma_{15})^2\sigma_{v_y0}^2 \\[4pt]
\sigma_y^2(t) = [a_{21}J + \Gamma_{21} - \omega_0(a_{25}J + \Gamma_{25})]^2\sigma_{x0}^2 + [a_{22}J + \Gamma_{22} + \\
\qquad \omega_0(a_{24}J + \Gamma_{24})]^2\sigma_{y0}^2 + (a_{24}J + \Gamma_{24})^2\sigma_{v_x0}^2 + (a_{25}J + \Gamma_{25})^2\sigma_{v_y0}^2 \\[4pt]
\sigma_z^2(t) = \Gamma_{33}^2\sigma_{z0}^2 + \Gamma_{36}^2\sigma_{v_z0}^2 \\[4pt]
\sigma_{v_x}^2(t) = [a_{41}J + \Gamma_{41} - \omega(a_{21}J + \Gamma_{21}) - \omega_0(a_{45}J + \Gamma_{45} - \\
\qquad \omega(a_{25}J + \Gamma_{25}))]^2\sigma_{x0}^2 + (a_{44}J + \Gamma_{44} - \omega(a_{24}J + \Gamma_{24}))^2\sigma_{v_x0}^2 + \\
\qquad [a_{42}J + \Gamma_{42} - \omega(a_{22}J + \Gamma_{22}) + \omega_0(a_{44}J + \Gamma_{44} - \\
\qquad \omega(a_{24}J + \Gamma_{24}))]^2\sigma_{y0}^2 + (a_{45}J + \Gamma_{45} - \omega(a_{25}J + \Gamma_{25}))^2\sigma_{v_y0}^2 \\[4pt]
\sigma_{v_y}^2(t) = [\Gamma_{51} + \omega\Gamma_{11} - \omega_0(\Gamma_{55} + \omega\Gamma_{15})]^2\sigma_{x0}^2 + (\Gamma_{54} + \omega\Gamma_{14})^2\sigma_{v_x0}^2 + \\
\qquad [\Gamma_{52} + \omega\Gamma_{12} + \omega_0(\Gamma_{54} + \omega\Gamma_{14})]^2\sigma_{y0}^2 + (\Gamma_{55} + \omega\Gamma_{15})^2\sigma_{v_y0}^2 \\[4pt]
\sigma_{v_z}^2(t) = \Gamma_{63}^2\sigma_{z0}^2 + \Gamma_{66}^2\sigma_{v_z0}^2
\end{cases}
$$

$$\tag{2.88}$$

式中：$a_{5j} + \omega a_{1j} = 0\,(j = 1,2,4,5)$。以 $j = 1$ 为例证明，由附录 A 中的元素值可知

$$
\begin{cases}
\omega = h/r_T^2 = (h/p^2)(1 + e\cos\theta)^2 = k^2(1 + e\cos\theta)^2 = k^2\rho^2 \\[6pt]
a_{11} = \dfrac{3e\rho_0 s(e^2 + 3\rho_0 - 1)}{\rho(e^2 - 1)} - \dfrac{3e^3 ss_0^2}{\rho\rho_0(e^2 - 1)} \\[10pt]
a_{51} = \dfrac{3e^3 k^2\rho ss_0^2}{\rho_0(e^2 - 1)} - \dfrac{3ek^2\rho\rho_0 s(e^2 + 3\rho_0 - 1)}{e^2 - 1}
\end{cases}
\tag{2.89}
$$

由式（2.89）可得

$$a_{51} + \omega a_{11} = 0 \tag{2.90}$$

其余的等式可类似证明。

由式（2.88）的初始误差传播函数可以得到椭圆轨道预报误差传播特性：

（1）轨道的 R 方向和 S 方向位置误差中包含长期项 J，将随着时间持续增大。

（2）轨道的 W 方向位置误差只包含周期项，不会随时间发散。

（3）轨道的 S 方向和 W 方向速度误差不会随着时间发散，而 R 方向速度误差由于包含长期项 J，将会随着时间发散。

由附录 A 中状态转移矩阵的元素值还可以看出，R 方向位置误差的长期项系数 $a_{1j}(j=1,2,4,5)$ 的分子中均含偏心率 e，因此对于圆轨道（$e=0$）的情况，R 方向位置误差的长期项系数为 0。也就是说，圆轨道的 R 方向位置误差也不会随着时间发散。实际上，对于近圆轨道，$e\approx0$，$\omega\approx n$，式（2.88）即退化为 C - W 方程得到的误差传播函数式（2.83）。

2）算例验证

选取典型的大椭圆轨道空间目标（表 2.3 中的目标④），轨道参数见表 2.3 ~ 表 2.5。假设初始时刻 RSW 坐标系每个方向的位置误差标准差为 100m、速度误差标准差为 0.1m/s，初始协方差矩阵与式（2.84）一致。分别利用 STK/HPOP 模型、仅考虑二体运动的蒙特卡洛方法和基于 T - H 方程的误差传播解析公式分析初始误差的传播情况。时间步长为 1min，蒙特卡洛方法中样本点的个数 $n_{M-C}=10^4$。目标④的 RSW 坐标系误差标准差的发散情况如图 2.17 所示。

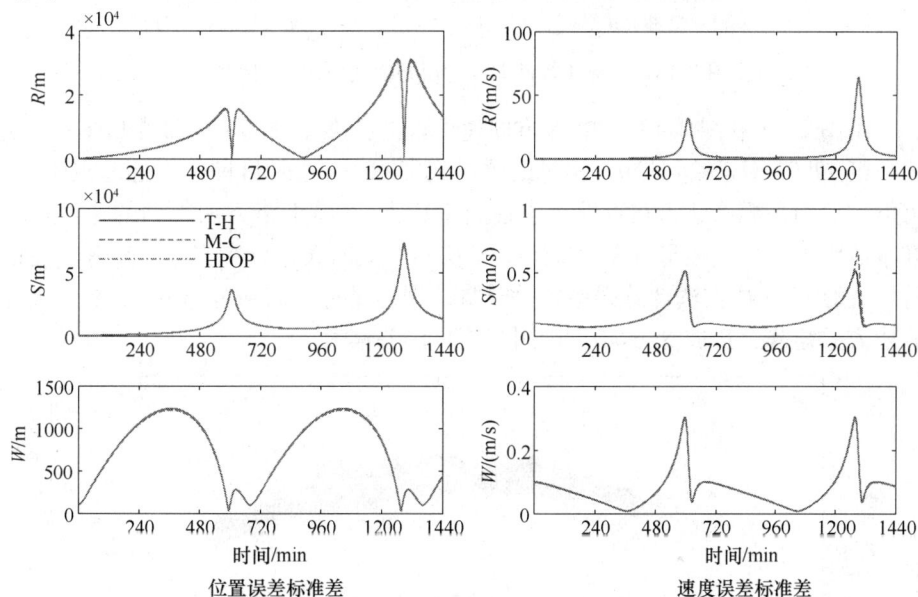

图 2.17　目标④误差标准差传播曲线（RSW 坐标系）

目标④是大椭圆轨道，受到的摄动因素复杂，误差发散严重，误差传播曲线变化较为剧烈。轨道的 R 方向、S 方向位置误差和 R 方向速度误差随时间的推移持续增大，1 天后最大标准差分别达到了约 30km、70km 和 60m/s。初始误差引起的其他方向的位置误差和速度误差并不随时间发散,而是呈现周期性的振荡。

图 2.17 中三种方法得到的误差标准差曲线很接近,难以区分。为了分析相对误差,图 2.18 给出了 T－H 方法与 M－C 方法、HPOP 方法的相对误差曲线。

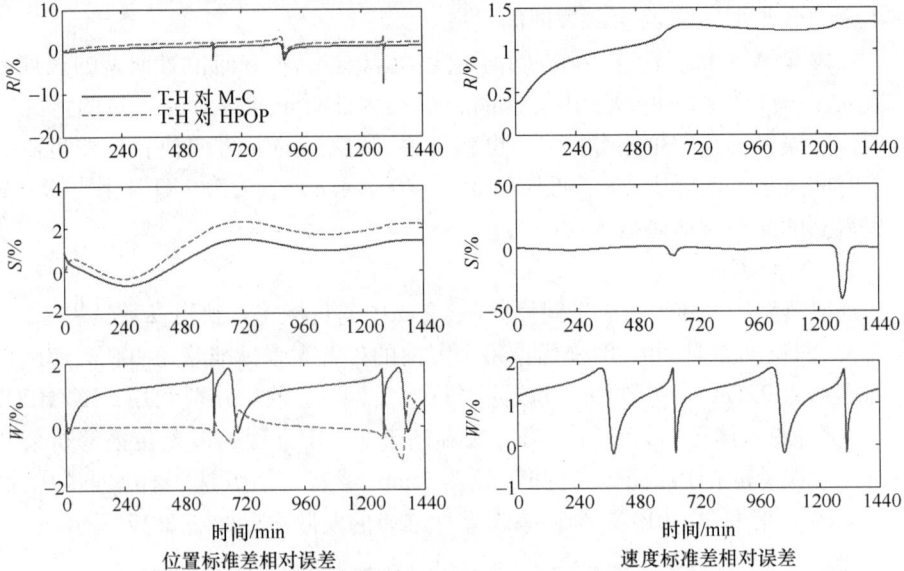

图 2.18　目标④标准差相对误差曲线(RSW 坐标系)

由图 2.17 和图 2.18 可知,S 方向速度误差标准差的 M－C 曲线和 T－H 曲线在第 1290s 附近差别较大,相对误差达到了 40%,这时目标位于近地点附近。可能的原因是椭圆轨道在近地点附近曲率较大,蒙特卡洛方法得到的速度误差样本点沿着轨道呈弧形分布,如图 2.19 所示。此时误差分布实际上具有非高斯特性,而用 T－H 方法计算误差传播时默认误差是符合高斯分布的,如果直接计算协方差矩阵会造成 S 方向(即图中纵轴)误差偏大。

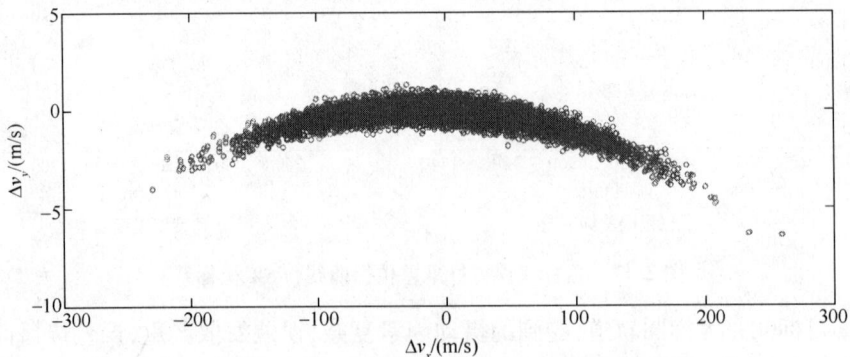

图 2.19　第 1290s 蒙特卡洛方法速度误差分布图

如图 2.20 所示,预报位置相对于真实位置的误差矢量(或主目标到从目标的相对位置矢量)$r = r_s - r_p$。误差矢量 r 可以在真实位置的 RSW 坐标系描述为 $r = [x, y, z]^T$。用 RSW 坐标系(直角坐标系)内的三个分量 $[x, y, z]^T$ 描述误差,则得到的误差分布为非高斯分布,此时用高斯分布假设进行误差拟合并不合适。但当轨道曲率不是很大时,轨道误差的非高斯特性并不明显。而当轨道曲率较大时(如椭圆轨道的近地点处),非高斯特性则比较明显。此时可以利用轨道曲率对误差数据进行修正,将误差数据在非直角坐标系中描述。

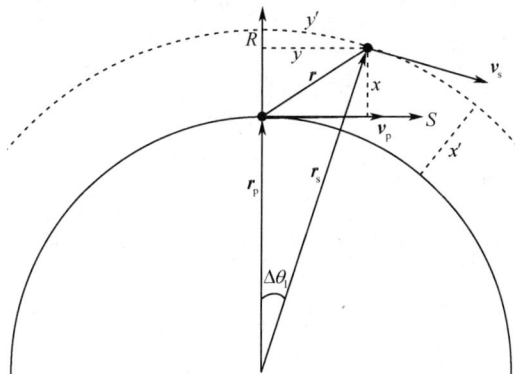

图 2.20　利用轨道曲率对误差数据进行修正

如图 2.20 所示,定义一个极坐标系,原点为地心,起始位置为目标真实位置 r_p。轨道面内的二维误差矢量 r 可以用一个角度量 $\Delta\theta_1$ 和一个距离量 $x' = r_s - r_p$ 表示,其中 $\Delta\theta_1$ 表示目标真实位置与预报位置之间的微小夹角。对误差数据进行修正后的结果为

$$r = [x', y', z']^T$$

式中:x' 为预报位置离开原轨道的径向距离;y' 为预报位置在轨道上向前或向后的偏差;z' 为预报位置离轨道面的法向距离。可分别表示成

$$x' = r_s - r_p, \quad y' = r_p \Delta\theta_1, \quad z' = z \tag{2.91}$$

当轨道曲率较小时,可近似认为 $x' = x$,$y' = y$,但当轨道曲率较大时,x' 与 x、y' 与 y 之间的差距就不可忽略。同理,S 方向的速度误差 Δv_y 与 $\Delta v_y'$ 之间差距也较大。但由于位置误差量级较大(几十千米),在之前的仿真结果中体现不明显,而速度误差量级较小(零点几米每秒),微小的改变也会带来较大的相对误差。这就解释了图 2.18 中 S 方向的速度相对误差较人的原因。

使用如下公式对蒙特卡洛方法计算的结果进行修正:

$$\begin{cases} \Delta\theta_1 = \arctan[y/(x + r_p)] \\ x' = \sqrt{y^2 + (x + r_p)^2} - r_p, \\ y' = r_p \Delta\theta_1 \end{cases} \quad \begin{cases} \Delta\theta_2 = \arctan[\Delta v_x/(\Delta v_y + v_p)] \\ \Delta v_x' = v_p \Delta\theta_2 \\ \Delta v_y' = \sqrt{\Delta v_x^2 + (\Delta v_y + v_p)^2} - v_p \end{cases}$$

$$\tag{2.92}$$

式中：$\Delta v'_x$、$\Delta v'_y$ 为修正后的速度误差；$\Delta\theta_2$ 为预报速度与真实速度之间的夹角。

利用轨道曲率对误差数据进行修正后得到的标准差结果曲线如图 2.21 和图 2.22 所示，S 方向速度误差标准差的相对误差减小到了 12%。S 方向速度误差的量级较小，因此 12% 的相对误差对应的绝对误差是很小的，图 2.21 中 S 方向速度误差标准差的两条曲线很接近即说明了该问题。

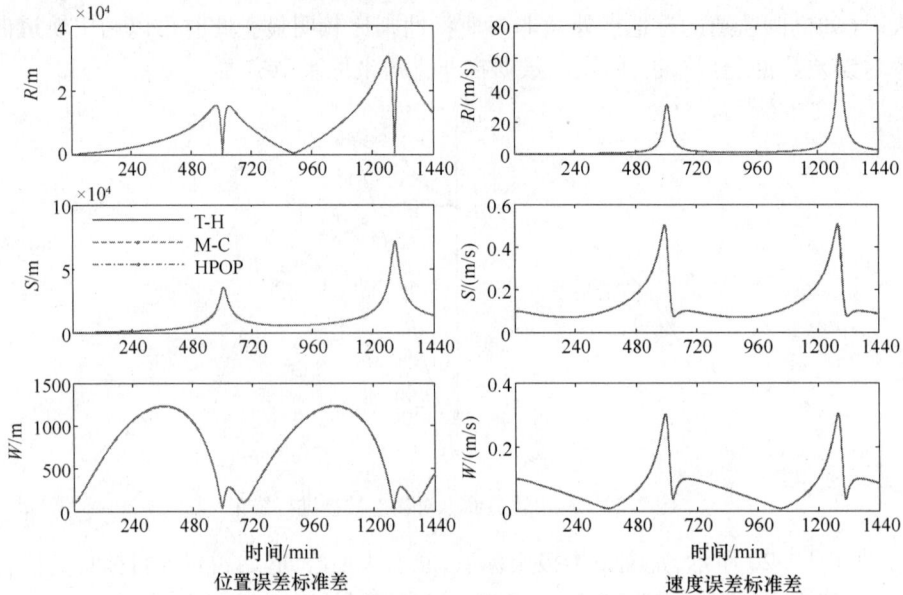

位置误差标准差　　　　　　　速度误差标准差

图 2.21　目标④误差标准差传播曲线（RSW 坐标系，经过曲率修正）

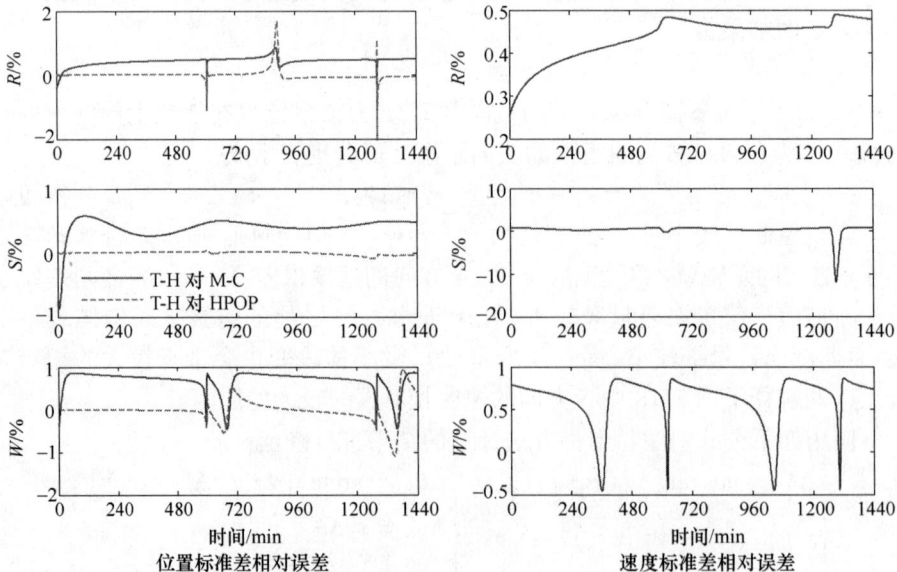

位置标准差相对误差　　　　　　速度标准差相对误差

图 2.22　目标④标准差相对误差曲线（RSW 坐标系，经过曲率修正）

由 T－H 方程的推导过程可知,用 T－H 方程描述相对运动主要有两个近似假设:一是摄动力假设,认为两目标所受摄动力相同,摄动力之差为零;二是线性化假设,认为两目标相对距离与目标的地心距相比为小量,可以将方程线性化。同样,利用 T－H 方程分析轨道预报误差传播也受到这两个近似假设的影响。图 2.17 和图 2.21 中 T－H 曲线和 M－C 曲线之间的偏差揭示了线性化假设引起的偏差,T－H 曲线和 HPOP 曲线之间的偏差揭示了摄动力假设引起的偏差。由图 2.22 可知,除上面提到的特殊点外,T－H 方法的计算结果与 M－C 方法和 HPOP 方法的计算结果的相对误差一般不超过 2%,说明利用 T－H 方程分析初始误差具有足够精度。

由于目标④轨道偏心率较大,速度倾角也大,RSW 坐标系和 NTW 坐标系的差别比较明显,所以图 2.23 和图 2.24 画出了 NTW 坐标系的误差标准差传播曲线和相对误差曲线。

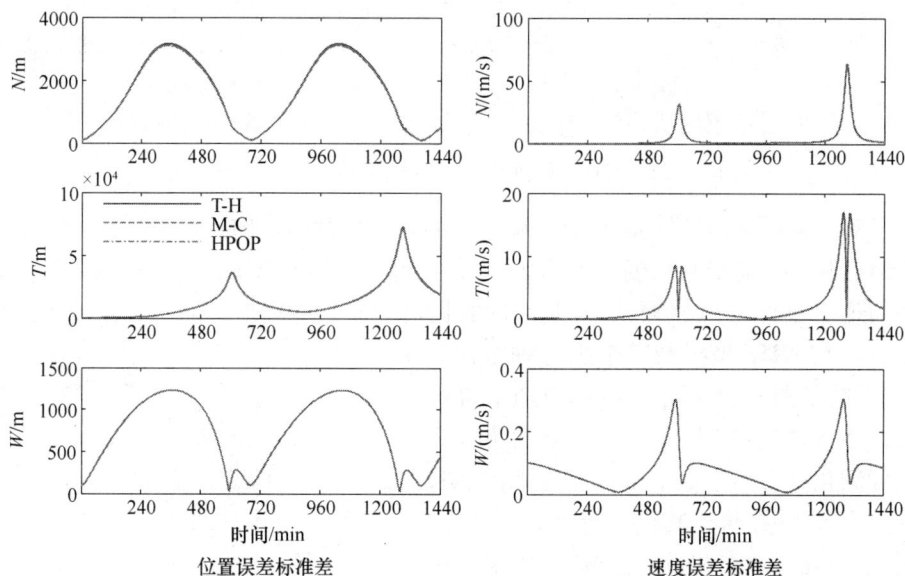

位置误差标准差　　　　　　　　速度误差标准差

图 2.23　目标④误差标准差传播曲线(NTW 坐标系)

由图 2.23 可知,NTW 坐标系下误差传播特性与 RSW 坐标系下的传播特性不同。NTW 坐标系中,T 方向位置误差和 N 方向速度误差仍然随时间发散,但是 N 方向位置误差为周期振荡,而 T 方向速度误差随着时间发散。另外,在图 2.17 中,R 方向位置误差曲线在轨道近地点附近有大幅度的突变且幅值逐渐增大;而图 2.23 的 N 方向位置误差曲线则相对平滑且不随时间增大,但是 T 方向的速度误差在近地点附近有较大突变。在实际工程中更关注位置误差的传播。因此对于大椭圆轨道,用 NTW 坐标系描述误差比用 RSW 坐标系描述更为合适。

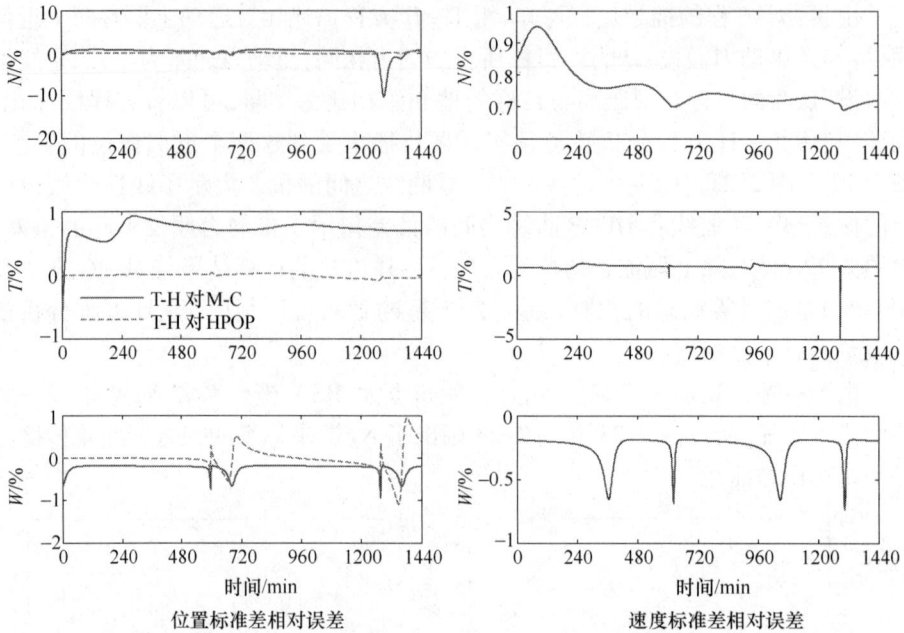

位置标准差相对误差　　　　　　　　速度标准差相对误差

图 2.24　目标④标准差相对误差曲线(NTW 坐标系)

　　对于椭圆轨道的误差在 RSW 坐标系的 R 方向的两个特性(幅值逐渐变大和近地点附近有突变),可通过图 2.25 进行定性说明。根据轨道动力学和误差传播的理论和实践[63-65]可知,误差椭球的长轴方向与速度方向基本一致,三个主轴方向与 NTW 坐标系三个坐标轴方向基本一致,如图 2.25 所示。椭圆轨道上 RSW 坐标系 S 轴与 NTW 坐标系 T 轴的夹角为速度倾角 Θ,速度倾角 Θ 除在近地点和远地点为零外,在轨道其他位置上均不为零。因此,除在近地点和远地点外,误差椭球的长轴在 R 轴上总有投影,且随着误差椭球的长轴随时间变长,该投影也会周期性地振荡增大,这就解释了 R 方向位置误差有长期发散趋势的原因。

　　图 2.26 给出了目标④的速度倾角随过近地点时间 τ 的变化曲线,横坐标的单位为轨道周期。由图 2.26 可见,在近地点

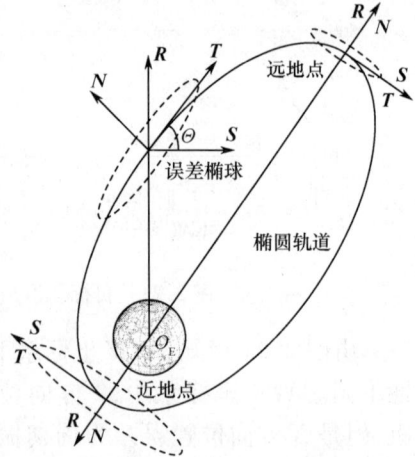

图 2.25　椭圆轨道的误差椭球

附近速度倾角由负的最大值迅速变为零又变为正的最大值。在近地点附近速度倾角迅速减小为零,误差椭球的长轴在 R 方向的投影也迅速减小,这解释了近地点附近误差有突变的现象。

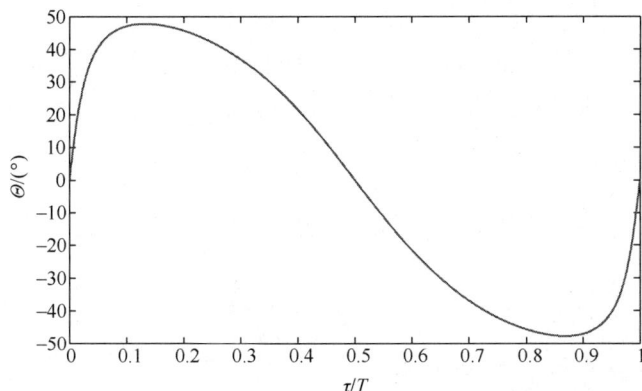

图 2.26　目标④速度倾角 Θ 随过近地点时间 τ 的变化曲线

2.4.2　基于几何法模型的近圆轨道误差相关特性分析

第 2.4.1 节利用相对运动的代数法模型讨论了圆轨道和椭圆轨道初始误差的传播规律。本节利用相对运动的几何法模型分析某一时刻轨道位置速度误差与轨道根数误差的关系,并从中发现轨道位置速度误差的相关特性。

文献[62,66]通过 TLE 的轨道预报误差分析指出,圆轨道的 S 方向位置误差与 R 方向速度误差、R 方向位置误差与 S 方向速度误差的曲线形状大致相同,只是绕横轴进行了反转,具有相似性。文献[62,66]对这种相关特性进行了分析,提出轨道预报误差主要是由于预报位置相对于真实位置在轨道上"超前"或"滞后"的假设,这样可以解释长期发散误差的产生。这种假设只考虑了预报位置在真实轨道上"超前"或"滞后",没有考虑预报轨道与真实轨道之间的差别。因而该假设可以解释误差的长期发散特性以及 S 方向位置误差和 R 方向速度误差的负相关特性,但是不能说明 R 方向位置误差和 S 方向速度误差之间的关系。本节在文献[62,66]的基础上利用相对运动的几何法模型分析误差的相关特性。

柳仲贵分析过卫星轨道误差的相关性[67],推导了 RTN 形式的卫星位置、速度误差与轨道根数误差之间的关系,给出了近圆轨道中 RTN 形式位置、速度误差间的宏量关系,分析了 RTN 形式位置误差约束下轨道根数误差的相关性。

1. 几何法相对运动模型

以主、从目标的轨道根数为参数,依据空间几何关系建立相对运动学方程描述空间目标的相对运动,称为几何法相对运动模型。几何法基于轨道根数描述相对运动,可以直接应用轨道摄动理论研究摄动对相对运动的影响。几何法也在主目标轨道坐标系建立相对运动模型。Schaub 提出了一种用轨道根数偏差表示相对运动几何关系的方法[68,69]。令主目标 RSW 坐标系中相对状态矢量为

$$X = (x,y,z,\dot{x},\dot{y},\dot{z})^{\mathrm{T}} \tag{2.93}$$

主目标的轨道根数矢量和从目标对主目标的轨道根数差矢量为

$$e = (a,e,i,\Omega,\omega,M)^{\mathrm{T}}, \quad \delta e = (\delta a,\delta e,\delta i,\delta\Omega,\delta\omega,\delta M)^{\mathrm{T}} \tag{2.94}$$

则用轨道根数差表示的相对位置速度坐标为

$$\begin{cases} x = \dfrac{r}{a}\delta a - a\cos f\,\delta e + \dfrac{ae\sin f}{\sqrt{1-e^2}}\delta M \\[2mm] y = \dfrac{2+e\cos f}{1+e\cos f}a\sin f\,\delta e + r(\delta\omega + \cos i\delta\Omega) + \dfrac{a^2}{r}\sqrt{1-e^2}\delta M \\[2mm] z = r\sin u\delta i - r\cos u\sin i\delta\Omega \\[2mm] \dot{x} = -\dfrac{ne\sin f}{2\sqrt{1-e^2}}\delta a + \dfrac{a^3}{r^2}\sqrt{1-e^2}n\sin f\,\delta e + \dfrac{a^3}{r^2}ne\cos f\,\delta M \\[2mm] \dot{y} = -\dfrac{3a}{2r}n\sqrt{1-e^2}\delta a + \dfrac{e+2\cos f+e(2+e\cos f)\cos^2 f}{(1-e^2)^{3/2}}an\delta e + \\[2mm] \quad\quad \dfrac{ane\sin f}{\sqrt{1-e^2}}(\delta\omega + \cos i\delta\Omega) - \dfrac{a^3}{r^2}ne\sin f\,\delta M \\[2mm] \dot{z} = \dfrac{an}{\sqrt{1-e^2}}(\cos u + e\cos\omega)\delta i + \dfrac{an\sin i}{\sqrt{1-e^2}}(\sin u + e\sin\omega)\delta\Omega \end{cases} \tag{2.95}$$

式中

$$r = \dfrac{a(1-e^2)}{1+e\cos f}, \quad n = \sqrt{\dfrac{\mu}{a^3}} \tag{2.96}$$

式(2.95)将 RSW 坐标系表示的相对位置速度用开普勒轨道根数差表示出来。其中得到的$(\dot{x},\dot{y},\dot{z})^{\mathrm{T}}$是相对速度误差,由绝对速度和相对速度的关系式可以得到

$$\Delta v_x = \dot{x} - y\dot{f}, \quad \Delta v_y = \dot{y} + x\dot{f}, \quad \dot{f} = \dfrac{h}{r^2} = \dfrac{a^2}{r^2}n\sqrt{1-e^2} \tag{2.97}$$

因此有

$$\begin{cases} v_x = -\dfrac{ne\sin f}{2\sqrt{1-e^2}}\delta a - \dfrac{a^2n\sin f}{r\sqrt{1-e^2}}\delta e - \dfrac{a^2n\sqrt{1-e^2}}{r}(\delta\omega+\cos i\delta\Omega) - \dfrac{a^3n}{r^2}\delta M \\[2mm] v_y = -\dfrac{an\sqrt{1-e^2}}{2r}\delta a + \dfrac{e+\cos f+2e(2+e\cos f)\cos^2 f}{(1-e^2)^{3/2}}an\delta e + \\[2mm] \quad\quad \dfrac{ane\sin f}{\sqrt{1-e^2}}(\delta\omega+\cos i\delta\Omega) \\[2mm] v_z = \dfrac{an}{\sqrt{1-e^2}}(\cos u+e\cos\omega)\delta i + \dfrac{an\sin i}{\sqrt{1-e^2}}(\sin u+e\sin\omega)\delta\Omega \end{cases} \tag{2.98}$$

对于近圆轨道($e \approx 0, r \approx a$),略去式(2.95)和式(2.98)中含有偏心率 e 的各项,可得

$$
\begin{cases}
x \approx \delta a - a\cos f \delta e \\
y \approx 2a\sin f \delta e + a(\delta\omega + \cos i\delta\Omega + \delta M) \\
z \approx a(\sin u\delta i - \cos u\sin i\delta\Omega) = a\sqrt{\delta i^2 + \sin^2 i\delta\Omega^2}\sin(u - \varphi_z) \\
v_x \approx -an\sin f \delta e - an(\delta\omega + \cos i\delta\Omega + \delta M) \\
v_y \approx -\dfrac{n}{2}\delta a + an\cos f \delta e \\
v_z \approx an(\cos u\delta i + \sin u\sin i\delta\Omega) = an\sqrt{\delta i^2 + \sin^2 i\delta\Omega^2}\sin(u + \varphi_{vz})
\end{cases}
\tag{2.99}
$$

其中,W 方向位置速度误差的相位角分别为

$$
\phi_z = \arctan\frac{\sin i\delta\Omega}{\delta i}, \quad \phi_{vz} = \arctan\frac{\delta i}{\sin i\delta\Omega}
\tag{2.100}
$$

一般情况下轨道根数误差 δe、δi、$\delta\Omega$、$\delta\omega$ 均为小量,且不随时间变化(二体情况)或随时间缓慢变化(摄动情况)。半长轴误差 δa 受大气阻力的影响较大,其变化较前述轨道根数快。假设半长轴误差 δa 随时间线性变化,可表示为

$$
\delta a = \delta a_0 + \delta\dot{a}\cdot\tau, \quad \tau = t - t_0
\tag{2.101}
$$

平近点角误差 δM 随时间快速变化,且与初始半长轴误差 δa_0 和半长轴变化率 $\delta\dot{a}$ 之间具有如下关系:

$$
\delta M = \delta M_0 - \frac{3n}{2a}\Big(\delta a_0\tau + \frac{\delta\dot{a}}{2}\tau^2\Big)
\tag{2.102}
$$

将式(2.101)和式(2.102)代入式(2.99)中轨道面内的项,可得

$$
\begin{cases}
x \approx \delta\dot{a}\tau - a\cos f \delta e + \delta a_0 \\
y \approx \Big(-\dfrac{3}{4}n\delta\dot{a}\tau^2 - \dfrac{3}{2}n\delta a_0\tau\Big) + 2a\sin f \delta e + a(\delta\omega + \cos i\delta\Omega + \delta M_0) \\
v_x \approx \Big(\dfrac{3}{4}n\delta\dot{a}\tau^2 + \dfrac{3}{2}n\delta a_0\tau\Big) - an\sin f \delta e - an(\delta\omega + \cos i\delta\Omega + \delta M_0) \\
v_y \approx -\dfrac{n}{2}\delta\dot{a}\tau + an\cos f \delta e - \dfrac{n}{2}\delta a_0
\end{cases}
\tag{2.103}
$$

由式(2.103)可知,S 方向位置误差和 R 方向速度误差项中含有时间的一次项 τ 和平方项 τ^2,会随时间快速发散。R 方向位置误差和 S 方向速度误差中只含有时间的一次项 τ 及初始半长轴误差 δa_0 和偏心率误差 δe,由于半长轴变化率 $\delta\dot{a}$ 量级较小,以其为系数的时间一次项随时间变化较小,长期发散不明显。W 方向的位置和速度误差由轨道面指向误差(倾角误差 δi 和升交点赤经误差

$\delta\Omega$)确定,按照正弦曲线振动,周期为轨道周期。轨道面内(R、S方向)位置速度误差的周期性是由偏心率误差δe造成的,周期也为轨道周期。

2. 位置速度误差的关系

1)R、S方向位置速度误差的关系

S方向位置误差y和R方向速度误差v_x的表达式由三部分组成:①由半长轴误差δa引起的长期项;②由偏心率误差δe引起的周期项;③由近地点角距误差$\delta\omega$、升交点赤经误差$\delta\Omega$和初始平近点角误差δM_0引起的常数项。S方向位置误差y和R方向速度误差v_x具有如下近似关系:

$$\frac{v_x}{y} \approx -n = -\frac{2\pi}{T} \tag{2.104}$$

R方向位置误差x和S方向速度误差v_y的表达式由三部分组成:①由半长轴变化率$\delta\dot{a}$引起的时间一次项;②由偏心率误差δe引起的周期项;③初始半长轴误差引起的常数项。R方向位置误差x和S方向速度误差v_y具有如下近似关系:

$$\frac{v_y}{x} \approx -n = -\frac{2\pi}{T} \tag{2.105}$$

式(2.104)和式(2.105)即近圆轨道中R、S方向位置速度误差间的近似关系。对于近圆轨道而言,在一定的近似下,R、S方向位置速度误差具有明显的定量关系:

(1)在大小上,速度误差的R方向、S方向分量分别是位置误差的S方向、R方向分量的$n = 2\pi/T$倍。对于LEO,周期$T \approx 100\text{min}$,倍数约为1/1000;对于MEO,周期$T \approx 12\text{h}$,倍数约为1/7000;对于GEO,周期$T \approx 24\text{h}$,倍数约为1/14000。

(2)在符号上,速度误差的R方向、S方向分量分别与位置误差的S方向、R方向分量符号相反。这就解释了圆轨道的S方向位置误差与R方向速度误差的曲线形状大致相同,只是绕横轴进行了反转的特性。

2)W方向位置速度误差的关系

W方向的位置速度误差都呈现周期性振荡,振荡函数为

$$z \approx a\sqrt{\delta i^2 + \sin^2 i \delta\Omega^2}\sin(u - \varphi_z), \tag{2.106}$$

$$v_z \approx an\sqrt{\delta i^2 + \sin^2 i \delta\Omega^2}\sin(u + \varphi_{vz})$$

由式(2.100)可知,位置速度误差的相位角满足

$$\phi_z + \phi_{vz} = \frac{\pi}{2} \tag{2.107}$$

因此,式(2.106)中v_z的表达式可以写为

$$v_z \approx na\sqrt{\delta i^2 + \sin^2 i \delta\Omega^2}\sin\left(u + \frac{\pi}{2} - \phi_z\right) \tag{2.108}$$

W 方向的位置误差和速度误差之间的关系为

$$v_z(u) = nz\left(u + \frac{\pi}{2}\right) = \frac{2\pi}{T}z\left(u + \frac{\pi}{2}\right) \tag{2.109}$$

式(2.109)即近圆轨道中 W 方向位置速度误差间的近似关系。在幅值上，W 方向速度误差也是 W 方向位置误差的 $n = 2\pi/T$ 倍。在相位上，W 方向速度误差比位置误差超前 $\pi/2$。

3. 误差协方差矩阵的负相关特性

由上节可知，S 方向位置误差与 R 方向速度误差具有近似定量关系式(2.104)，R 方向位置误差与 S 方向速度误差也具有近似定量关系式(2.105)，这种特性实际上是位置速度误差的负相关特性。这种负相关特性体现在误差协方差矩阵中，即协方差矩阵的互相关特性。为了定量地表征这种相反关系和近似特性，可以用相关系数来表示。相关系数 ρ 的定义为[70]

$$\rho(X,Y) = \frac{\mathrm{cov}(X,Y)}{\sqrt{\sigma^2(X)\sigma^2(Y)}} \tag{2.110}$$

式中：$\mathrm{cov}(\cdot,\cdot)$、$\sigma^2(\cdot)$ 分别为协方差和方差，相关系数是无量纲的。

相关系数 ρ 的绝对值不大于 1，即 $|\rho| \leq 1$。当 $|\rho|$ 较大时，表明 X 与 Y 就线性关系来说联系较紧密，特别当 $|\rho| = 1$ 时 X 与 Y 之间以概率 1 存在着线性关系。当 $\rho > 0$ 时，X 与 Y 有相同的变化趋势；当 $\rho < 0$ 时，X 与 Y 有相反的变化趋势。当 ρ 接近于 1 时，表明两随机变量之间有正的线性关系；当 ρ 接近于 -1 时，表明两随机变量之间有负的线性关系（负相关）；当 ρ 接近于 0 时，表明两随机变量之间无线性关系。

第 2.4.1 节利用 C－W 方程得到了协方差矩阵 $\boldsymbol{P}(t)$ 的表达式，可以通过下式得到相关系数：

$$\begin{aligned} \rho_{x,v_y} &= \frac{\mathrm{cov}(x,v_y)}{\sigma(x)\sigma(v_y)} = \frac{P_{1,5}}{\sqrt{P_{1,1}P_{5,5}}}, \\ \rho_{y,v_x} &= \frac{\mathrm{cov}(y,v_x)}{\sigma(y)\sigma(v_x)} = \frac{P_{2,4}}{\sqrt{P_{2,2}P_{4,4}}} \end{aligned} \tag{2.111}$$

图 2.27～图 2.29 分别给出目标①～③的两个相关系数 ρ_{x,v_y} 和 ρ_{y,v_x} 随预报时间的变化曲线。注意初始协方差矩阵式(2.84)中这两个相关系数都为零。

由图 2.27～图 2.29 可见，近圆轨道目标的 S 方向位置误差与 R 方向速度误差的相关系数 ρ_{y,v_x} 在预报开始后迅速（半个轨道周期内）由 0 变为 -1，表明 S 方向位置误差与 R 方向速度误差存在很强的负相关关系。R 方向位置误差与 S 方向速度误差的相关系数 ρ_{x,v_y} 恒为负值，以轨道周期为周期在 0～-1 之间振荡。对比图 2.27～图 2.29 与图 2.11～图 2.13 可知，相关系数 ρ_{x,v_y} 为 0 时正好是误差较小时。表明 R 方向位置误差与 S 方向速度误差也存在较强的负相关关系。

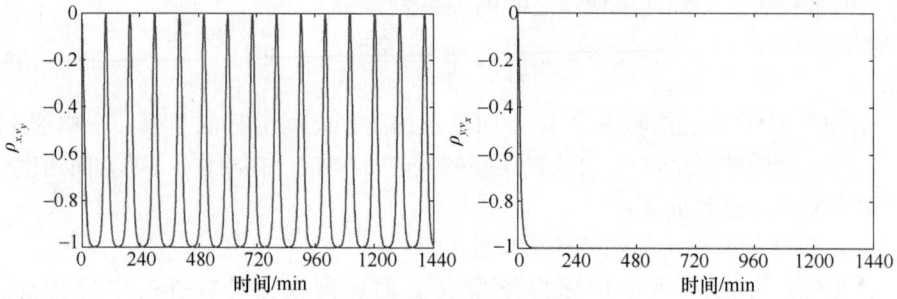

图 2.27　目标①的相关系数曲线

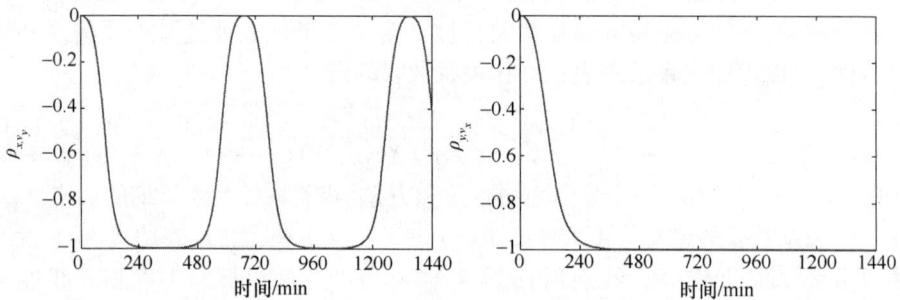

图 2.28　目标②的相关系数曲线

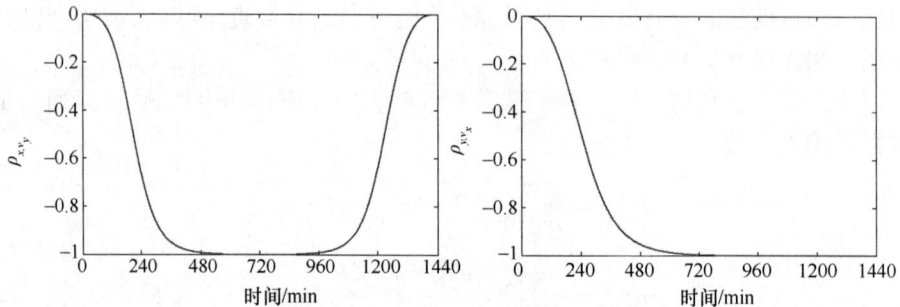

图 2.29　目标③的相关系数曲线

4. 误差负相关特性的应用

空间目标轨道误差负相关特性的应用之一是初始误差协方差矩阵的选取。下面以一个 LEO 目标的例子进行说明。历元时刻和初始轨道根数如表 2.6 所列。

表 2.6　历元时刻和初始轨道根数

历元时刻(UTC)	a/km	e	i /(°)	Ω /(°)	ω /(°)	M /(°)
2012 – 07 – 01 00:00:00.00	7068.920954	0.002805	98.141	256.737	96.061	180.974

初始协方差矩阵的选取分三种情况:①不考虑位置速度误差的相关性;②位置速度负相关,相关系数 $\rho_{x,v_y}=\rho_{y,v_x}=-0.9$;③位置速度正相关,相关系数 $\rho_{x,v_y}=\rho_{y,v_x}=0.9$。三种情况下初始位置速度协方差矩阵如表 2.7 所列。

表 2.7　初始位置速度协方差矩阵

		x	y	z	v_x	v_y	v_z
$\rho=0$	x	25					
	y		100				
	z			25			
	v_x				4×10^{-4}		
	v_y					1×10^{-4}	
	v_z						1×10^{-4}
$\rho=-0.9$	x	25				-0.045	
	y		100		-0.18		
	z			25			
	v_x		-0.18		4×10^{-4}		
	v_y	-0.045				1×10^{-4}	
	v_z						1×10^{-4}
$\rho=0.9$	x	25				0.045	
	y		100		0.18		
	z			25			
	v_x		0.18		4×10^{-4}		
	v_y	0.045				1×10^{-4}	
	v_z						1×10^{-4}

利用高精度轨道预报模型进行轨道预报和协方差预报。在三种初始协方差情况下,利用 STK/HPOP 的协方差预报模块进行初始误差协方差矩阵的预报,得到预报 1 天和 10 天 RSW 坐标系误差标准差的变化曲线如图 2.30 和图 2.31 所示。由图可见,初始协方差的选取时考虑位置和速度误差的负相关特性能明显减小初始误差的发散。

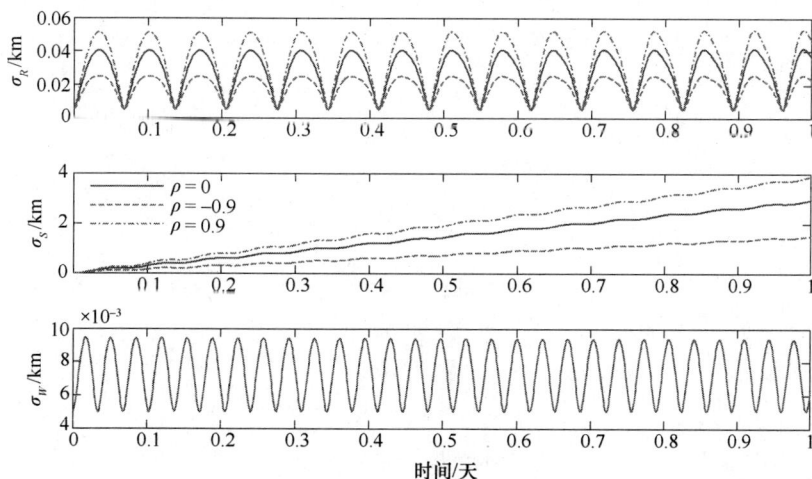

图 2.30　初始协方差的传播曲线(预报 1 天)

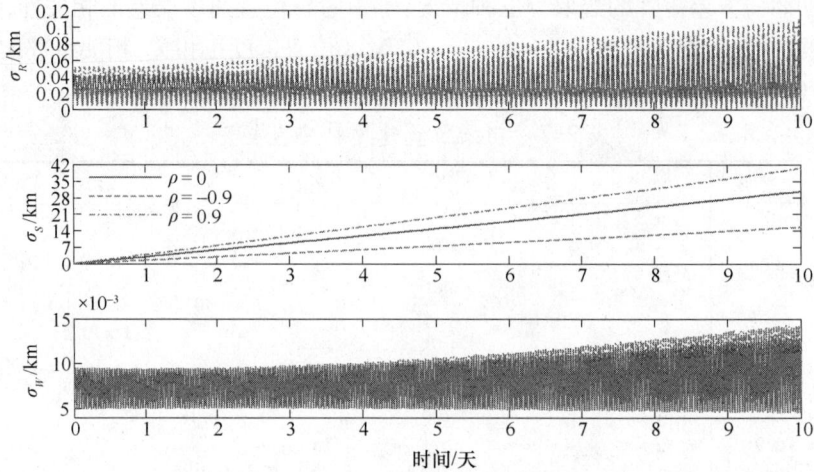

图 2.31　初始协方差的传播曲线(预报 10 天)

　　位置速度误差的相关特性是在轨道近圆且轨道根数误差为小量的前提下推导得到的。如果近圆轨道的误差不满足负相关特性,就表明轨道根数误差不为小量,这样得到的轨道预报误差发散必定严重。由于各方向位置速度误差间存在内在关系,因此在确定初始协方差矩阵时必须考虑这种关系,以确保参数自洽、合理。

第 3 章　基于历史轨道数据的误差分析

对于空间合作目标,可以利用高精度观测数据通过轨道确定理论得到初始轨道根数和初始协方差矩阵,并利用转移矩阵进行外推。对于大多数空间非合作目标,由于数量巨大且缺乏高精度的观测数据,在一般的空间目标编目中只给出对应解析模型的轨道平根数,并没有包含精度或协方差信息。对于这类目标较可行的办法是利用历史轨道数据进行误差统计分析,其中基于历史数据的协方差演化函数拟合可以直接得到误差随预报时间和在轨位置等参数的演化规律,便于在工程中使用。

本章分析轨道预报误差的周期特性,并引入泊松级数进行误差拟合。考虑到轨道数据在历元时刻附近预报精度较高,将历元时刻前后半个轨道周期内的轨道预报值作为真实轨道的近似,或称参考轨道。全轨道周期求差可以反映误差在一个轨道周期内不同轨道位置上的分布特性。以泊松级数代替多项式作为误差标准差拟合函数,可以描述误差随预报时间和在轨位置的变化特性。

当前 NORAD 的 TLE 是最常用的解析轨道根数,本章以 TLE 为例进行说明。但应当注意,本章的方法对于状态矢量是如何生成的没有要求,因此本章的方法可以用于任意其他解析的或数值的轨道模型和轨道根数。

3.1　基于历史轨道数据的误差分析与应用综述

对于大多数不能提供有效合作信息的空间非合作目标(如非己方或失效的卫星、火箭箭体和空间碎片等),由于数量巨大且缺乏高精度的观测数据,在一般的空间目标编目中都只给出轨道平根数,对应解析模型。如常用的 NORAD 的 TLE,对应 SGP4/SDP4 解析轨道模型。大多数解析的目标编目中都没有包含精度或协方差信息。因此需要一种精度高、使用方便的空间目标轨道预报误差评估方法。

对于非合作目标较可行的办法是利用历史轨道数据进行误差统计分析。基于历史数据的方法的基本思想是通过比较历元时刻附近的轨道预报状态(或通过轨道数据处理得到的状态估计)和先前轨道数据预报到该时刻的状态得到残差,利用统计分析方法得到协方差信息。这种方法的前提是该目标的编目管理是稳定的,即其对应的系列轨道根数的精度水平应大致相当。当前的大多数方法可以分为初始误差分析和误差演化分析两类。此外,利用历史数据还可以提高 TLE 的长期预报精度。

3.1.1 基于历史数据的初始协方差分析

基于历史轨道数据的初始误差分析得到每个 TLE 历元时刻的初始协方差矩阵。ESA 的 Klinkrad、Krag 和 Flohrer 等[71,72]将空间目标按照轨道特性(高度、倾角、偏心率等)进行分类,根据具有代表性的目标的误差信息来代替同类轨道上所有目标的误差。在 TLE 历元时刻附近,将由 TLE 得到的状态矢量和利用由 TLE 生成的伪观测值确定轨道并按数值方法预报得到的状态矢量进行对比,通过对星基轨道坐标系残差的统计分析得到历元时刻的协方差信息。通过查表得到特定轨道类型的初始协方差信息,该初始协方差信息通过转移矩阵进行预报得到最接近时刻协方差信息。

中国科学院空间中心的王荣兰也做了类似的工作[73]。对于近地轨道按照不同的高度、偏心率、倾角对轨道进行分类。将历史 TLE 预报到其后 TLE 的历元时刻并与此时 TLE 对应的状态对比得到误差。提出了用平均转动角速度及其时间导数来修正 B^* 的方法,可以减小长期预报的误差。

Kelso 指出[40],处于同一轨道类型上的每个目标的轨道预报误差都具有特殊的性质,少数具有高精度星历的目标并不能代表同类轨道上所有的目标,需要分别进行分析评估[40]。这种方法只包含有限的轨道类型,需要进一步研究单个目标的协方差,对于历史数据较少的目标则进行插值得到误差信息。另外,初始协方差分析只可以得到 TLE 在历元时刻的误差信息,还需要进行误差外推才可以得到所需时刻误差信息,而误差外推需要知道轨道模型,其方法较复杂,不利于快速计算。

3.1.2 基于历史数据的协方差演化函数拟合

与初始误差分析不同,基于历史数据的协方差演化函数拟合可以直接得到误差随预报时间和在轨位置等参数的演化规律,便于使用。基本方法是通过比较历元时刻附近的 TLE 预报状态和先前 TLE 传播到该时刻的状态得到残差和相应的预报时间差,用统计方法拟合得到误差随时间的演化函数。

美国 Aerospace 公司于 1999 年开始协方差生成(Covariance Generation,COVGEN)计划,其目的是只根据公开的 TLE 数据生成一般的误差信息[74]。用 14 天的 TLE 数据两两预报求差,在星基轨道坐标系计算误差残差,进行二次多项式的最小二乘拟合,计算标准差,并剔除异常值。然后进行第二次拟合,将其作为误差随时间变化函数的估计。CNES 的 Deguine 等研究了类似的方法,分别以 TLE 在历元时刻的预报状态和 CNES 的卫星星历为参考状态评估 TLE 轨道预报的精度,并用不高于四次的多项式拟合误差方差,给出其时间演化特性[75]。

美国空军大学的 Osweiler 利用轨道动力学分析了误差的特性,计算了 TLE 误差协方差矩阵,并且给出了协方差的自相关函数,自相关函数指出了 TLE 预报误差和时间之间的关系,可以表示 TLE 预报的精度[76]。Hirose 也根据历史数据分析了 TLE 预报误差的演化[77]。

美国 a. i. solutions 公司的 Duncan 等介绍了一种实用的协方差预报方法[78]。协方差的预报分初始协方差矩阵的构建、轨道预报误差特性描述、协方差增长率的校准三步。初始协方差矩阵利用状态转移矩阵和过程噪声矩阵向前传播,如果想要预报的协方差较精确地描述未来的状态不确定性,则必须考虑摄动力建模误差。因此,初始协方差矩阵和过程噪声矩阵必须利用位置误差进行经验校准。

CNES 的 Legendre 等指出用单一高斯分布来描述 TLE 预报误差太粗糙,提出了用混合高斯分布(Gaussian Mixture Distribution,GMD)来近似 TLE 轨道预报误差的方法,该方法可以更加合理地描述 TLE 误差分布[79-81]。分别分析了一维情况[79]、三维情况[80]和考虑预报时间情况下[81] GMD 分布的分析方法,通过期望最大化算法估计 GMD 的权重、均值和协方差矩阵,利用贝叶斯信息准则确定最优高斯分布律数目。考虑预报时间因素时,每个高斯函数的均值随时间线性变化,方差随时间对数线性变化。

当前广泛采用的协方差建模方法在 TLE 的历元时刻分析误差,得到的误差标准差拟合函数是关于时间的多项式。这种历元时刻"点对点"求差的方法没有考虑轨道预报误差在一个轨道周期内变化的周期特性。轨道预报误差是随时间发散的,不同预报时间对应的预报误差大小不同,即使在同一周期的不同轨道位置上的预报误差也是不同的。对于近圆轨道,在一个周期内所受的摄动力变化不大,轨道预报误差较小且均匀,误差值在一个周期内无太大变化,此时可以用历元时刻的误差代替全轨道周期的误差,而不需考虑周期内误差的发散情况。然而对于 HEO,所受摄动力复杂(包括地球非球形、大气阻力、太阳光压、三体引力等),且近地点和远地点所受的摄动力不同,在一个轨道周期内变化很大。这类轨道的预报误差较大且不均匀,误差椭球随着目标运行存在"呼吸"现象[73]。此时必须分析在一个轨道周期内预报误差随目标位置(可以用真近点角 f 或平近点角 M 来表示)变化的周期特性,以得到更加精确和合理的协方差信息。大多数 TLE 的历元时刻是过升交点时刻(纬度幅角约为 0),历元时刻空间目标在轨道上的位置是相对固定的,因此历元时刻"点对点"求差的方法无法得到轨道周期内其他点上的误差特性。

有学者在研究中注意到了轨道预报误差的周期特性。Legendre 等考虑了 TLE 预报误差与在轨位置(纬度幅角)的关系,引入了在轨位置相应的时间延迟[81]。该方法要求先得到接近事件的 TCA 和对应的目标纬度幅角,引入与纬度幅角相关的 TLE 历元时间延迟,在这些时间点上进行误差分析。由于计算量的限制,只能将误差投影到二维相遇平面内分析,因此误差估计与特定的接近几何关系关联。由于精度分析与特定的纬度幅角和接近几何关系相关联,只有先进行接近分析才能进行误差分析,这对实时分析不利。

基于历史数据的误差分析方法由于没有高精度星历作为标准,实际上给出的是轨道数据序列的一致性。通过研究具有高精度星历的目标的 TLE 精度和一致性,Kelso 指出不论是预报时间、方向还是总误差方面,TLE 的一致性分析可以很好地近似其精度分析[40]。尽管该结论不能随意推广到空间编目内的所有目标,但这种一致性分析方法是只有历史数据的空间目标的唯一可行的误差分析。随着空间目标监视能力的发展,未来情况会有所改变。

3.1.3 利用历史数据提高轨道长期预报精度

利用空间目标的历史轨道数据不仅可以进行预报误差的定量分析,还可以对轨道预报的精度进行改进。对于占空间目标绝大多数的空间碎片,难以得到高精度的轨道确定结果,可用的数据只有 TLE。直接用 TLE 数据和 SGP4 轨道模型进行轨道分析精度不够,而利用高精度数值预报模型和单个 TLE 数据同样无法提高预报精度。为了解决该问题,有学者提出了仅利用历史 TLE 数据提高 TLE 预报精度的方法。

Levit 提出了一种利用历史 TLE 数据提高轨道预报精度的方法[82]。基本思想是:将 TLE 序列的历元时刻附近的状态预报值作为伪观测值,利用高精度轨道模型和批处理最小二乘微分修正方法拟合得到精度较高的轨道,并将拟合得到的轨道用高精度模型向前预报,如图 3.1 所示。这种方法比直接用 TLE 解析模型预报的精度提高了约一个数量级,尤其适用于 TLE 长期预报误差的修正。该方法的局限是采用滤波平滑方法只能消除方差无法消除偏差,而且与大气阻力项密切相关的面质比难以估计。

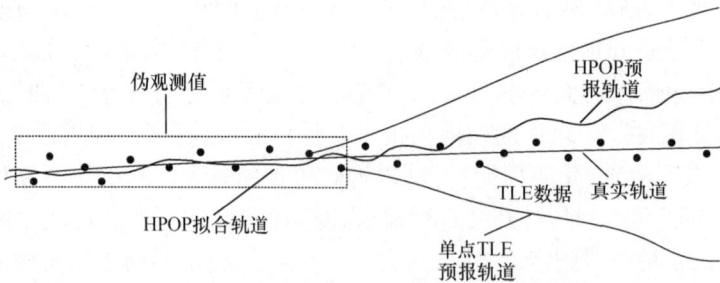

图 3.1 精度改进方法示意图

Muldoon 提出了一种基于数据驱动的轨道建模和预报方法[83]。用目标的历史数据训练拟合模型,得到包括历元时刻在内的轨道参数随 TLE 的转数变化的规律,并对未来的轨道参数进行预报。以转数为自变量,对于历元时刻拟合用多项式,对其他轨道根数的拟合用多项式和周期函数的混合。在轨道根数拟合过程中,对一些轨道根数进行了规范化以消除其不定性。该方法的局限在于拟合函数尽管内推精度较高,但外推时容易发散。

　　一般在碰撞预警中认为两目标的位置误差协方差是相互独立的。但是,所有目标在轨道运动中同时受到各种摄动力的作用。例如,大气阻力的不确定性(如太阳活动变化造成的高层大气密度的变化)是 LEO 的主要误差源,如果太阳活动上升,则两目标所受的大气阻力都增加;反之亦然。因此,空间目标的轨道预报误差就不可避免地具有一定的互相关性。Matney 等分析了不同目标的 TLE 误差尤其是受大气阻力影响较大的迹向误差的互相关特性[84]。

　　碰撞概率计算中一般假设两目标的协方差是不相关的,因此这种互相关性会影响碰撞概率的计算精度。Coppola 等分析了协方差的相关性对碰撞概率计算精度的影响,在某些条件下,互相关性会造成碰撞概率计算结果的很大变化,考虑相关性可以有效地减小虚警概率[85]。

3.2　考虑周期特性的误差数据生成

3.2.1　空间目标的选择

　　为了具有代表性,选取四个来自不同类型轨道的目标,分别为 LEO、MEO、HEO 和 GEO。所选目标的轨道参数和历史 TLE 组数如表 3.1 所列。所有的TLE 数据均来自 www. space – track. org 网站。为了方便起见,下面将目标名称以其轨道类型代替。例如,称 Cosmos – 2251 卫星为 LEO 目标,称 SLOSHSAT 卫星为 HEO 目标。

表 3.1　所选空间目标的轨道参数和 TLE 组数

轨道类型	目标编号	目标名称	倾角/(°)	近地点/km	远地点/km	TLE 组数
LEO	22675	Cosmos – 2251	74. 04	776	799	612
MEO	32711	GPS – 62	55. 55	20096	20267	679
HEO	28544	SLOSHSAT	7. 08	245	35108	508
GEO	25010	TelStar – 10	0. 06	35771	35802	821

3.2.2　误差数据的生成

　　协方差分析和拟合需要预报状态(位置和速度)与参考状态之间的误差数据。生成误差数据简单的想法是用某时刻的轨道预报状态 X_{pred} 减去此时的状态真值 X_{real} 得到预报误差,即

$$\Delta X = X_{pred} - X_{real} \tag{3.1}$$

　　然而在实际中状态真值 X_{real} 一般是未知的,只能通过某种方式来近似。一般而言,轨道数据在历元时刻附近的预报误差较小,在先前的研究中一般以历元

时刻的状态预报值作为真值的近似。由于历元时刻的相对固定和离散特性,历元时刻的误差不能反映轨道预报误差的周期特性。因此选取 TLE 在其历元时刻前后半个周期内的状态预报值为真值的近似,而用其他历元时刻的 TLE 预报到该时段的值为预报值,两者相减即得到预报误差。

为了方便下面的讨论,首先定义以下符号:

t_i——第 i 组 TLE 的历元时刻,$i=0,1,\cdots,N_{tle}-1$,N_{tle} 是总的 TLE 组数。

$t_{i,k}$——第 i 组 TLE 历元时刻前后各半个周期内的第 k 个时间点。

t_T——误差分析预报时间门限值,如 7 天、15 天、30 天等。

$\Delta t_{i/j,k}$ ——时间点 $t_{j,k}$ 与第 i 组 TLE 的历元时刻之差 $\Delta t_{i/j,k}=t_{j,k}-t_i$,其中 $i<j$,单位是天。

$X(t_i/t_{j,k})$——将第 i 组 TLE 预报到时间点 $t_{j,k}$,所得到的位置速度状态矢量 $X=(x,y,z,v_x,v_y,v_z)$,特别地,$X(t_{j,k})\triangleq X(t_j/t_{j,k})$ 表示第 j 组 TLE 在时间点 $t_{j,k}$ 所得到的位置速度状态矢量。

$\Delta X(t_i/t_{j,k})$——第 i 组 TLE 预报到时间点 $t_{j,k}$ 所得的状态矢量与第 j 组 TLE 在时间点 $t_{j,k}$ 的状态预报矢量的差矢量,即 $\Delta X(t_i/t_{j,k})=X(t_i/t_{j,k})-X(t_{j,k})$。

如图 3.2 所示,在第 j 组 TLE 的历元时刻 t_j 前后各取半个轨道周期,将一个轨道周期平均分为 n_{seg} 段,得到 $(n_{seg}+1)$ 个时间点为

$$t_{j,k}=t_j-\frac{T}{2}+k\frac{T}{n},\quad k=0,1,2,\cdots,n_{seg} \tag{3.2}$$

图 3.2 给出了 $n_{seg}=10$ 的例子。在每个时间点 $t_{j,k}$ 上分别计算第 i 组($i<j$) TLE 预报到该时间点的预报位置 $X(t_i/t_{j,k})$ 和当前(第 j 组)TLE 在该时间点参考位置 $X(t_{j,k})$,两者求差得到误差矢量 $\Delta X(t_i/t_{j,k})$ 和相应的时间差 $\Delta t_{i/j,k}$,以及此时的平近点角 $M_{j,k}$。

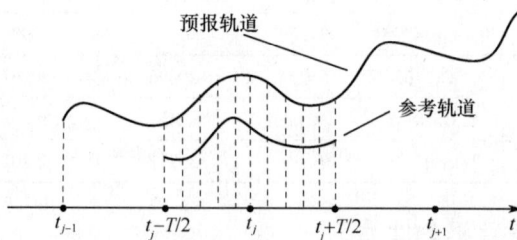

图 3.2　全轨道周期求差的误差生成方法

为了得到第 i 组 TLE 的预报误差,将其预报到其后每一组 TLE 的历元时刻前后一个周期内的时间点上,即

$$\{t_{i+1,0},t_{i+1,1},\cdots,t_{i+1,n_{seg}}\},\{t_{i+2,0},t_{i+2,1},\cdots,t_{i+2,n_{seg}}\},$$
$$\{t_{i+3,0},t_{i+3,1},\cdots,t_{i+3,n_{seg}}\},\cdots \tag{3.3}$$

分别得到状态矢量为

$$\{X(t_i/t_{i+1,0}),X(t_i/t_{i+1,1}),\cdots,X(t_i/t_{i+1,n_{seg}})\}$$
$$\{X(t_i/t_{i+2,0}),X(t_i/t_{i+2,1}),\cdots,X(t_i/t_{i+2,n_{seg}})\} \qquad (3.4)$$
$$\{X(t_i/t_{i+3,0}),X(t_i/t_{i+3,1}),\cdots,X(t_i/t_{i+3,n_{seg}})\}$$
$$\vdots$$

再计算其后每一组 TLE 在历元时刻前后各半个周期内的时间点上的预报状态矢量,即

$$\{X(t_{i+1,0}),X(t_{i+1,1}),\cdots,X(t_{i+1,n_{seg}})\}$$
$$\{X(t_{i+2,0}),X(t_{i+2,1}),\cdots,X(t_{i+2,n_{seg}})\} \qquad (3.5)$$
$$\{X(t_{i+3,0}),X(t_{i+3,1}),\cdots,X(t_{i+3,n_{seg}})\}$$
$$\vdots$$

式(3.4)和式(3.5)中相应位置数据求差可得到误差矢量,即

$$\{\Delta X(t_i/t_{i+1,0}),\Delta X(t_i/t_{i+1,1}),\cdots,\Delta X(t_i/t_{i+1,n_{seg}})\}$$
$$\{\Delta X(t_i/t_{i+2,0}),\Delta X(t_i/t_{i+2,1}),\cdots,\Delta X(t_i/t_{i+2,n_{seg}})\} \qquad (3.6)$$
$$\{\Delta X(t_i/t_{i+3,0}),\Delta X(t_i/t_{i+3,1}),\cdots,\Delta X(t_i/t_{i+3,n_{seg}})\}$$
$$\vdots$$

依次进行上面运算,直到历元时间差 $\Delta t_{i/j} > t_T$ 时为止,如图 3.3 所示。这样,就得到了第 i 组 TLE 的状态预报误差值和与之对应的预报时间差和平近点角。

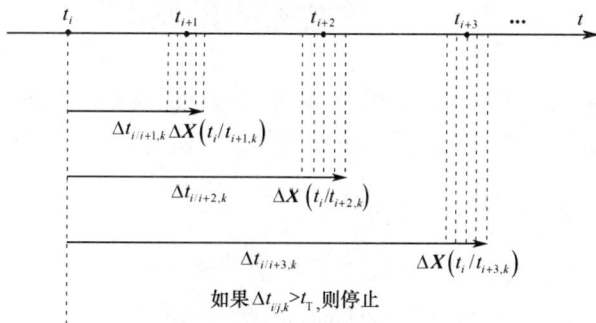

图 3.3　对每组 TLE 依次往后预报直到大于预报时间门限

从第 0 组到第$(N_{tle}-1)$组 TLE 根数,依次执行上述过程。当上述过程从第 0 个一直执行到第$(N_{tle}-1)$个之后,即可得到一系列状态误差值及其对应的时间差值和平近点角。每一组误差矢量都与一个时间参数和一个角度参数对应,即

$$\{\Delta X_1(\Delta t_1,M_1),\Delta X_2(\Delta t_2,M_2),\cdots,\Delta X_N(\Delta t_N,M_N)\} \qquad (3.7)$$

将每一组状态误差矢量转换到参考状态真值对应的 UNW 坐标系中(定义见第 2.1 节),可以生成一个($N \times 8$)的误差数据矩阵:即

$$\begin{bmatrix} \Delta t_1 & M_1 & \Delta U_1 & \Delta N_1 & \Delta W_1 & \Delta V_{U1} & \Delta V_{N1} & \Delta V_{W1} \\ \Delta t_2 & M_2 & \Delta U_2 & \Delta N_2 & \Delta W_2 & \Delta V_{U2} & \Delta V_{N2} & \Delta V_{W2} \\ \Delta t_3 & M_3 & \Delta U_3 & \Delta N_3 & \Delta W_3 & \Delta V_{U3} & \Delta V_{N3} & \Delta V_{W3} \\ \vdots & \vdots & \vdots & \vdots & \vdots & \vdots & \vdots & \vdots \\ \Delta t_N & M_N & \Delta U_N & \Delta N_N & \Delta W_N & \Delta V_{UN} & \Delta V_{NN} & \Delta V_{WN} \end{bmatrix}_{\substack{\Delta t \in [0, +\infty) \\ M \in [-\pi, +\pi]}} \qquad (3.8)$$

数据矩阵的第 1 列是预报的时间 Δt,其值不大于门限值 t_{T};第 2 列是平近点角 M,取值范围为 $[-\pi, +\pi]$;第 3~8 列分别是预报误差的 6 个分量。

式(3.8)为误差数据矩阵,以下的分析都是在该数据矩阵的基础上进行的。为了直观地看到预报误差数据随时间和平近点角的变化情况,取时间门限值 t_{T} 分别为 1 天、3 天和 7 天,$n_{\mathrm{seg}} = 20$,附录 C 中图 C.1~图 C.8 给出了四个目标的 TLE 预报误差随时间和平近点角的分布图。由图可见,不论是哪种轨道类型,预报误差的六个分量都存在周期特性。但是其中近圆轨道(LEO、MEO、GEO)的预报误差随平近点角的变化不大,而大椭圆轨道(HEO)的轨道预报误差在轨道周期内的分布很不均匀。多项式拟合函数只有一个时间变量,无法描述误差的周期特性。因此,将误差拟合函数扩展到包括多项式和三角级数的泊松级数,以描述误差随时间变化的长期特性和随在轨位置变化的周期特性。

3.3　误差数据的预处理

为了便于误差统计特性的分析,有必要对得到的误差数据进行预处理,预处理包括误差数据的二维分组和误差数据的异常值检测。

3.3.1　误差数据的二维分组

Osweiler 根据预报时间进行误差数据的一维分组[76],没有考虑 TLE 历元时刻的离散特性。认为 TLE 历元时刻是随机分布的,历元时间差可以取任意值。以天为单位计算出每个历元时间差 Δt,一般的 Δt 并非整数,取与其距离最近的整数 $n_{\Delta t}$ 作为其近似值。按照 $n_{\Delta t}$ 对数据进行分组,同一 $n_{\Delta t}$ 的误差数据为一组。

全轨道周期求差得到的误差数据有两个自变量参数,在数据分组时不仅要按照时间差 Δt 分组,还要按平近点角 M 分组。图 3.4(a)为 LEO 目标误差数据的时间差 Δt 和平近点角 M 的分布图,需要对误差数据进行二维分组。由于 TLE 历元时刻的相对固定和离散特性,历元时间差会集中在一系列离散值附近,

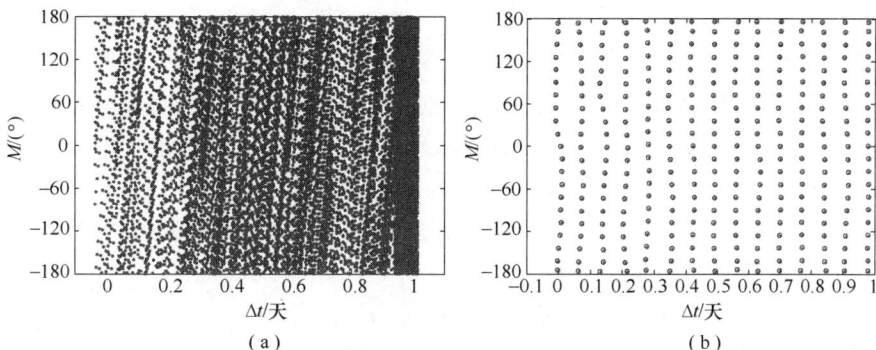

图 3.4　LEO 目标误差数据的 Δt 和 M 分布图和分组后数据均值散布图

这些离散值是轨道周期或周期的倍数。由附录 C 中的图 C.3 可以清楚地看到这个特性。根据该特性可以依据与轨道周期的比值对时间差进行分组。在计算每个历元时间差 Δt 的同时计算出此历元时间差对当前轨道周期的倍数 $n_{\Delta t/T} = \Delta t/T$，一般的 $n_{\Delta t/T}$ 并非整数，取与其距离最近的整数 $N_{\Delta t/T}$ 作为其近似值。时间参数可以根据整数 $N_{\Delta t/T}$ 进行分组。

如前所述，将一个轨道周期分为 n_{seg} 段，则每段对应的角度 $M_{bin} = 360/n_{seg}$。可以依据与段长 M_{bin} 的比值对平近点角 M 进行分组。计算出每个平近点角 M 的同时计算出其与 M_{bin} 的比值 $n_M = M/M_{bin}$，一般的 n_M 并非整数，取与其距离最近的整数 N_M 作为其近似值。这样，每组误差数据都得到了两个整数参量 $N_{\Delta t/T}$ 和 N_M。根据这两个参数进行二维分组，将 $N_{\Delta t/T}$ 和 N_M 都相等的数据分为一组。图 3.4(b) 是进行二维分组后各组的时间差和平近点角的均值的散布图。

如果误差分析预报时间门限值为 t_T（天），目标轨道周期为 T（天），则 $N_{\Delta t/T}$ 的最小值为 0，最大值为 $int(t_T/T)$；N_M 的最小值为 0，最大值为 n_{seg}。因此误差数据总组数可以表示为

$$N_{bin} = \left(int\left(\frac{t_1}{T} \right) + 1 \right)(n_{seg} + 1) \tag{3.9}$$

图 3.4 中将误差数据分为 $N_{bin} = 15 \times 21 = 315$ 组。

3.3.2　误差数据异常值检测

空间目标的 TLE 数据是根据观测数据拟合得到的，由于观测数据中会存在少量的粗大误差，因此拟合得到的 TLE 数据中也存在少量的粗大误差。由于轨道机动、TLE 粗大误差或其他原因，TLE 中不可避免地存在异常值。相应地，误差数据中也存在异常值。第 3.2 节中所述 TLE 预报误差计算的前提是空间目标不存在轨道机动，目标在自然力的作用下无控运行。在存在机动或有粗大误差的情况下，第 3.2 节得到的误差数据就不能真实反映 TLE 的预报

误差,其部分误差可能是由于轨道数据异常造成的,在统计分析中应该去掉这类误差。

采用基于马氏距离的异常值检测方法[86]。每个数据组内,如果某数据点到数据组分布中心的马氏距离 d_M 超过预设的门限值,则将该数据点视为异常值进行剔除。

进行完数据分组和异常值检测后,可以得到一系列数据组,组内各误差数据具有相近的时间差和平近点角。计算每一组数据的时间差均值 t_k、平近点角均值 M_k 和 U、N、W 方向位置误差标准差 σ_{Uk}、σ_{Nk}、σ_{Wk}。图 3.5 给出了四个目标每组数据 U 方向位置误差标准差随时间差和平近点角的散布图。由图 3.5 也可以看到预报误差的时间演化特性和周期特性,其中 HEO 目标的周期特性尤为明显。

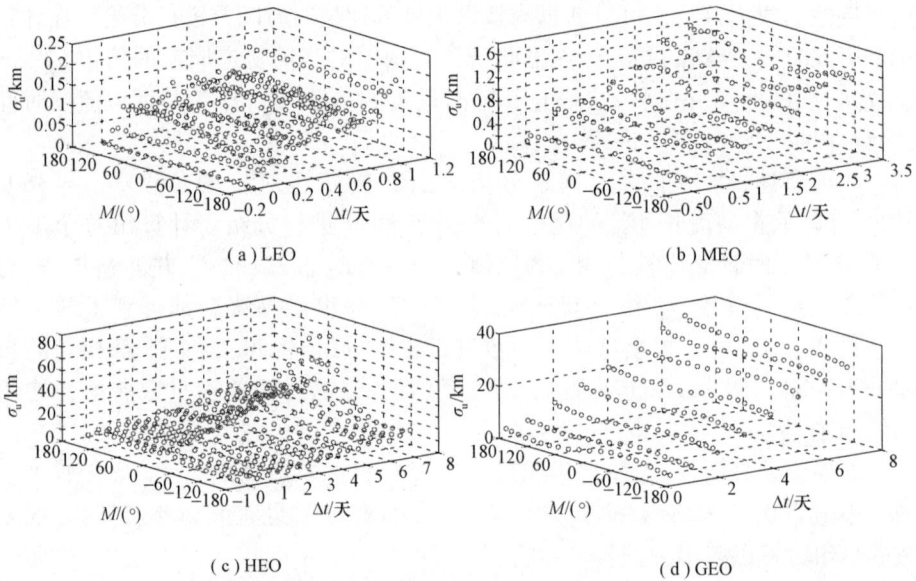

图 3.5　四个目标每组数据的 U 方向位置误差标准差

3.4　考虑周期特性的误差拟合函数形式的确定

误差拟合函数的确定分为两步:首先确定误差拟合函数的形式;其次确定误差拟合函数的系数。

3.4.1　轨道根数误差与轨道位置误差

第 2 章第 2.4.2 节给出了轨道根数误差与轨道位置速度误差的 R、S、W 分量之间的关系式。将 δa 和 δM 的表达式代入,可得

78

$$
\begin{cases}
\begin{aligned}
\delta R &= \frac{r}{a}\delta a_0 + \frac{r}{a}\delta\dot{a}\cdot\tau - a\delta e\cos f + \frac{ae\delta M_0}{\sqrt{1-e^2}}\sin f - \\
&\quad \frac{3ne\delta a_0}{2\sqrt{1-e^2}}\tau\sin f - \frac{3ne\delta\dot{a}}{4\sqrt{1-e^2}}\tau^2\sin f \\
&= C_{R1} + C_{R2}\tau + C_{R3}\cos f + C_{R4}\sin f + C_{R5}\tau\sin f + C_{R6}\tau^2\sin f \\[6pt]
\delta S &= r(\delta\omega + \cos i\delta\Omega) + \frac{a^2\sqrt{1-e^2}}{r}\delta M_0 - \frac{3na\delta a_0\sqrt{1-e^2}}{2r}\tau - \\
&\quad \frac{3na\delta\dot{a}\sqrt{1-e^2}}{4r}\tau^2 + \frac{2r\delta e}{1-e^2}\sin f + \frac{re\delta e}{2(1-e^2)}\sin 2f \\
&= C_{S1} + C_{S2}\tau + C_{S3}\tau^2 + C_{S4}\sin f + C_{S5}\sin 2f \\[6pt]
\delta W &= r(\sin\omega\delta i - \sin i\cos\omega\delta\Omega)\cos f + r(\cos\omega\delta i + \sin i\sin\omega\delta\Omega)\sin f \\
&= C_{W1}\cos f + C_{W2}\sin f
\end{aligned}
\end{cases}
$$

$$(3.10)$$

由式(3.10)可知,R、S、W 方向的误差可以统一写为预报时间 τ 的多项式与真近点角 f 的三角函数的形式,将预报时间 τ 的多项式次数取为 $n=2$,三角函数的阶数取为 $m=2$,则三个方向的误差可以写为如下统一的形式:

$$
\begin{aligned}
\delta &= A_{0,0} + A_{0,1}\cos f + B_{0,1}\sin f + A_{0,2}\cos 2f + B_{0,2}\sin 2f + \\
&\quad A_{1,0}\tau + A_{1,1}\tau\cos f + B_{1,1}\tau\sin f + A_{1,2}\tau\cos 2f + B_{1,2}\tau\sin 2f + \\
&\quad A_{2,0}\tau^2 + A_{2,1}\tau^2\cos f + B_{2,1}\tau^2\sin f + A_{2,2}\tau^2\cos 2f + B_{2,2}\tau^2\sin 2f \\
&= \sum_{i=0}^{2}\sum_{j=0}^{2}\tau^i(A_{i,j}\cos jf + B_{i,j}\sin jf)
\end{aligned}
$$

$$(3.11)$$

在下面将会讨论到,式(3.11)实际上是泊松级数的表示形式。

3.4.2　C - W 方程的误差传播结果

第 2 章得到了基于 C - W 方程的圆轨道初始协方差传播公式,给出了协方差矩阵对角线项的表达式。将表达式改写为多项式和三角函数的形式:

$$\begin{cases} \sigma_x^2 = 4\left(4\sigma_{x0}^2 + \dfrac{\sigma_{vy0}^2}{n^2}\right) - 8\left(3\sigma_{x0}^2 + \dfrac{\sigma_{vy0}^2}{n^2}\right)\cos(nt) + \\ \qquad \left(9\sigma_{x0}^2 + \dfrac{4\sigma_{vy0}^2}{n^2}\right)\cos^2(nt) + \dfrac{\sigma_{vx0}^2}{n^2}\sin^2(nt) \\[4pt] \sigma_y^2 = \left(\sigma_{y0}^2 + \dfrac{4}{n^2}\sigma_{vx0}^2\right) + 3(3\sigma_{vy0}^2 + n^2\sigma_{x0}^2)t^2 - 6\left(n\sigma_{x0}^2 + \dfrac{4}{n}\sigma_{vy0}^2\right)t\sin(nt) - \\ \qquad \dfrac{8\sigma_{vx0}^2}{n^2}\cos(nt) + \dfrac{4\sigma_{vx0}^2}{n^2}\cos^2(nt) + \left(3\sigma_{x0}^2 + \dfrac{16}{n^2}\sigma_{vy0}^2\right)\sin^2(nt) \\[4pt] \sigma_z^2 = \sigma_{z0}^2\cos^2(nt) + \dfrac{\sigma_{vz0}^2}{n^2}\sin^2(nt) \\[4pt] \sigma_{vx}^2 = (n^2\sigma_{y0}^2 + 4\sigma_{vx0}^2) + (36n^4\sigma_{x0}^2 + 9n^2\sigma_{vy0}^2)t^2 - \\ \qquad (36n^3\sigma_{x0}^2 + 12n\sigma_{vy0}^2)t\sin(nt) - \\ \qquad 4\sigma_{vx0}^2\cos(nt) + \sigma_{vx0}^2\cos^2(nt) + (9n^2\sigma_{x0}^2 + 4\sigma_{vy0}^2)\sin^2(nt) \\[4pt] \sigma_{vy}^2 = (4n^2\sigma_{x0}^2 + \sigma_{vy0}^2) - (12n^2\sigma_{x0}^2 + 4\sigma_{vy0}^2)\cos(nt) + \\ \qquad (9n^2\sigma_{x0}^2 + 4\sigma_{vy0}^2)\cos^2(nt) + \sigma_{vx0}^2\sin^2(nt) \\[4pt] \sigma_{vz}^2 = \sigma_{vz0}^2\cos^2(nt) + n^2\sigma_{z0}^2\sin^2(nt) \end{cases}$$

$$(3.12)$$

为了便于表述,将角速度用 ω 表示。引入系数可以将方差写为如下的一般形式:

$$\sigma^2(t) = c_0 + c_1 t + c_2 t^2 + c_3\cos\omega t + c_4\sin\omega t + c_5\cos^2\omega t + c_6\sin^2\omega t + c_7 t\cos\omega t + c_8 t\sin\omega t$$

$$(3.13)$$

其中三角函数的二次项可以通过倍角公式化为高频项,所以式(3.13)可以写为

$$\sigma^2(t) = c'_0 + c'_1 t + c'_2 t^2 + c'_3\cos\omega t + c'_4\sin\omega t + c'_5\cos2\omega t + c'_6\sin2\omega t + c'_7 t\cos\omega t + c'_8 t\sin\omega t \qquad (3.14)$$

由式(3.14)可见,误差方差传播函数包括三部分:

(1) 多项式项($c'_0 + c'_1 t + c'_2 t^2$),对应随时间发散的长期项。

(2) 三角函数项($\cos\omega t$,$\sin\omega t$,$\cos2\omega t$,$\sin2\omega t$),对应振幅固定的各阶周期项。

(3) 混合项($t\cos\omega t$,$t\sin\omega t$),对应振幅发散的周期项。

上述各项的系数均由轨道角速度 ω 和初始误差确定。对于 C – W 方程描述的误差传播,只有 S 方向位置误差和 R 方向速度误差有随时间发散的多项式项和混合项,且多项式最高次数为二次;其他方向的误差方差都只有常数项和三角函数项,三角函数最高阶数为二阶。

3.4.3　泊松级数

由上面的分析可知,不论是轨道预报误差还是误差方差的传播函数都是多项式和三角函数的组合,因此容易想到一种特殊的级数——泊松级数。

1.　一般形式的泊松级数

在天体力学、轨道力学、非线性力学和非线性微分方程的摄动理论研究中,经常用到多项式级数和三角级数的组合,这种级数称为泊松级数[87-97],又称多项式–三角级数。其一般形式为[87]

$$P = \sum_{i_1,\cdots,i_n} \sum_{j_1,\cdots,j_m} C_{i_1,\cdots,i_n}^{j_1,\cdots,j_m} x_1^{i_1} x_2^{i_2} \cdots x_n^{i_n} \binom{\sin}{\cos}(j_1\phi_1 + \cdots + j_m\phi_m) \tag{3.15}$$

式中:$x_1,x_2,\cdots,x_n$ 为多项式变量;$\phi_1,\phi_2,\cdots,\phi_m$ 为三角变量;$C_{i,j}$ 为系数,可以是实数或复数,复数系数对应于指数泊松级数。自变量 $x_1,x_2,\cdots,x_n$ 和 $\phi_1,\phi_2,\cdots,$ ϕ_m 为实数,$i_1,i_2,\cdots,i_n$ 和 $j_1,j_2,\cdots,j_m$ 为整数。对于所有指标值 $i_1,i_2,\cdots,i_n$ 和 $j_1,$ $j_2,\cdots,j_m$ 进行求和。

2.　单时间单角度变量(1,1)型泊松级数

式(3.15)给出的是一般形式的泊松级数。在轨道预报误差分析中,误差的传播函数中只有一个多项式变量(时间变量)和一个角度变量。因此可以将式(3.15)进行简化,得到包括一个时间变量 t 和一个角度变量 ϕ 的(1,1)型泊松级数:

$$\boldsymbol{P}(t,\phi) = \sum_{i=0}^{n} \sum_{j=0}^{m} t^i (A_{i,j}\cos j\phi + B_{i,j}\sin j\phi) \tag{3.16}$$

式中:$A_{i,j}$、$B_{i,j}$ 为泊松系数;n、m 分别为多项式项和三角函数项的阶次。由于当 $j=0$ 时正弦函数 $\sin j\phi = 0$,故系数 $B_{i,0}(i=0,\cdots,n)$ 无意义,可以定义为零,有意义的系数共有 $(n+1)(2m+1)$ 个。

将式(3.16)展开,可得

$$
\begin{aligned}
P(t,\phi) =\ & A_{0,0} + A_{0,1}\cos\phi + A_{0,2}\cos2\phi + \cdots + A_{0,m}\cos m\phi + B_{0,1}\sin\phi + \\
& B_{0,2}\sin2\phi + \cdots + B_{0,m}\sin m\phi + A_{1,0}t + A_{1,1}t\cos\phi + \\
& A_{1,2}t\cos2\phi + \cdots + A_{1,m}t\cos m\phi + B_{1,1}t\sin\phi + \\
& B_{1,2}t\sin2\phi + \cdots + B_{1,m}t\sin m\phi + A_{2,0}t^2 + A_{2,1}t^2\cos\phi + \\
& A_{2,2}t^2\cos2\phi + \cdots + A_{2,m}t^2\cos m\phi + B_{2,1}t^2\sin\phi + \\
& B_{2,2}t^2\sin2\phi + \cdots + B_{2,m}t^2\sin m\phi + \cdots + \\
& A_{n,0}t^n + A_{n,1}t^n\cos\phi + A_{n,2}t^n\cos2\phi + \cdots + A_{n,m}t^n\cos m\phi + \\
& B_{n,1}t^n\sin\phi + B_{n,2}t^n\sin2\phi + \cdots + B_{n,m}t^n\sin m\phi
\end{aligned} \tag{3.17}
$$

单时间变量 t 和单角度变量 ϕ 的$(1,1)$型泊松级数的展开式包括三部分：

(1) 多项式项,对应系数 $A_{i,0}(i=0,\cdots,n)$,式(3.17)中最左边一列。

(2) 三角函数项,对应系数 $A_{0,j}(j=1,\cdots,m)$ 和 $B_{0,j}(j=1,\cdots,m)$,式(3.17)中最上面一行(除了第一个)。

(3) 混合项,对应系数 $A_{i,j}(i=1,\cdots n;j=1,\cdots,m)$ 和 $B_{i,j}(i=1,\cdots n;j=1,\cdots,m)$,式中其余部分。

对比式(3.14)和式(3.17)可知,用泊松级数表示轨道预报误差方差是合理的。泊松级数还可以写为矢量和矩阵的形式

$$P(t,\phi) = \begin{bmatrix} 1 & t & t^2 & \cdots & t^n \end{bmatrix} \cdot$$

$$\left\{ \begin{bmatrix} A_{0,0} & A_{0,1} & \cdots & A_{0,m} \\ A_{1,0} & A_{1,1} & \cdots & A_{1,m} \\ \vdots & \vdots & & \vdots \\ A_{n,0} & A_{n,1} & \cdots & A_{n,m} \end{bmatrix} \begin{bmatrix} 1 \\ \cos\phi \\ \vdots \\ \cos m\phi \end{bmatrix} + \right.$$

$$\left. \begin{bmatrix} 0 & B_{0,1} & \cdots & B_{0,m} \\ 0 & B_{1,1} & \cdots & B_{1,m} \\ \vdots & \vdots & & \vdots \\ 0 & B_{n,1} & \cdots & B_{n,m} \end{bmatrix} \begin{bmatrix} 0 \\ \sin\phi \\ \vdots \\ \sin m\phi \end{bmatrix} \right\} \tag{3.18}$$

令 $\boldsymbol{X}$ 为多项式变量矢量,$\boldsymbol{Y}$、$\boldsymbol{Z}$ 为三角函数变量矢量,$\boldsymbol{A}$、$\boldsymbol{B}$ 为泊松系数矩阵(Poisson Coefficient Matrix,PCM),即

$$\begin{cases} \boldsymbol{X}(t) = \begin{pmatrix} 1 & t & t^2 & \cdots & t^n \end{pmatrix}^{\mathrm{T}} \\ \boldsymbol{Y}(\phi) = \begin{pmatrix} 1 & \cos\phi & \cos 2\phi & \cdots & \cos m\phi \end{pmatrix}^{\mathrm{T}} \\ \boldsymbol{Z}(\phi) = \begin{pmatrix} 0 & \sin\phi & \sin 2\phi & \cdots & \sin m\phi \end{pmatrix}^{\mathrm{T}} \\ \boldsymbol{A} = \begin{bmatrix} A_{0,0} & A_{0,1} & \cdots & A_{0,m} \\ A_{1,0} & A_{1,1} & \cdots & A_{1,m} \\ \vdots & \vdots & & \vdots \\ A_{n,0} & A_{n,1} & \cdots & A_{n,m} \end{bmatrix}, \quad \boldsymbol{B} = \begin{bmatrix} 0 & B_{0,1} & \cdots & B_{0,m} \\ 0 & B_{1,1} & \cdots & B_{1,m} \\ \vdots & \vdots & & \vdots \\ 0 & B_{n,1} & \cdots & B_{n,m} \end{bmatrix} \end{cases} \tag{3.19}$$

则$(1,1)$型泊松级数的矢量 - 矩阵形式为

$$P(t,\phi) = \boldsymbol{X}^{\mathrm{T}}(t)\left[\boldsymbol{A}\boldsymbol{Y}(\phi) + \boldsymbol{B}\boldsymbol{Z}(\phi)\right] \tag{3.20}$$

此外,泊松级数还可以写为复数形式,即

$$P(t,\phi) = \boldsymbol{X}^{\mathrm{T}}(t) \cdot \boldsymbol{C} \cdot \boldsymbol{U}(\phi)$$

$$\boldsymbol{U}(\phi) = \{\mathrm{e}^{\mathrm{i}j\phi}\}_{j=-m}^{m} = (\mathrm{e}^{-\mathrm{i}m\phi} \quad \mathrm{e}^{-\mathrm{i}(m-1)\phi} \quad \cdots \quad 1 \quad \cdots \quad \mathrm{e}^{\mathrm{i}(m-1)\phi} \quad \mathrm{e}^{\mathrm{i}m\phi})^{\mathrm{T}}$$

$$(3.21)$$

$$\boldsymbol{C} = \begin{bmatrix} C_{0,-m} & \cdots & C_{0,-1} & C_{0,0} & C_{0,1} & \cdots & C_{0,m} \\ C_{1,-m} & \cdots & C_{1,-1} & C_{1,0} & C_{1,1} & \cdots & C_{1,m} \\ \vdots & & \vdots & \vdots & \vdots & & \vdots \\ C_{n,-m} & \cdots & C_{n,-1} & C_{n,0} & C_{n,1} & \cdots & C_{n,m} \end{bmatrix}_{(n+1)\times(2m+1)}$$

其中复系数 $C_{i,j}$ 具有共轭特性 $C_{k,j} = C_{k,-j}^{*}$,独立的系数仍然为 $(n+1)(2m+1)$ 个。

3. 泊松级数的平方

泊松级数具有很多重要的性质,其中之一是泊松级数的和、差、乘积和对任一变量的微分都仍然是泊松级数[87]。下面根据 $(1,1)$ 型泊松级数的复数形式分析其平方 $P^2(t,\phi)$ 的形式。从式(3.21)可见,泊松级数 $P(t,\phi)$ 的表达式是一个双重求和的形式,可以写成一系列项之和,其中每一项都是 t 的幂和 $\mathrm{i}\phi$ 的指数形式。不失一般性,一般的求和形式可以表示为

$$S = x_1 + x_2 + \cdots + x_N = \sum_{i=1}^{N} x_i \qquad (3.22)$$

其平方可以写为

$$S^2 = (x_1 + x_2 + \cdots + x_N)(x_1 + x_2 + \cdots + x_N)$$

$$= \left(\sum_{i=1}^{N} x_i\right)\left(\sum_{i=1}^{N} x_i\right) = \sum_{i=1}^{N}\sum_{j=1}^{N} x_i x_j \qquad (3.23)$$

式(3.23)表明,求和的平方也是求和,且其每项都是原求和式中两项之乘积。泊松级数求和式(3.21)中任意两项之乘积可表示为

$$(C_{k_1,j_1} t^{k_1} \mathrm{e}^{\mathrm{i}j_1\phi}) \cdot (C_{k_2,j_2} t^{k_2} \mathrm{e}^{\mathrm{i}j_2\phi}) = C_{k_1,j_1} C_{k_2,j_2} t^{k_1+k_2} \mathrm{e}^{\mathrm{i}(j_1+j_2)\phi} \qquad (3.24)$$

泊松级数中任意两项之乘积都仍然可以表示为 t 的幂和 $\mathrm{i}\phi$ 的指数形式,只是最大阶次不同。式(3.24)中 k_1 和 k_2 的可能取值都是 $0 \leqslant k_1 \leqslant n, 0 \leqslant k_2 \leqslant n$,则 k_1+k_2 的取值范围为 $0 \leqslant k_1+k_2 \leqslant 2n$;$j_1$ 和 j_2 的可能取值都是 $-m \leqslant j_1 \leqslant m$,$-m \leqslant j_2 \leqslant m$,则 j_1+j_2 的取值范围为 $-2m \leqslant j_1+j_2 \leqslant 2m$。因此可知,泊松级数 $P(t,\phi)$ 的平方 $P^2(t,\phi)$ 仍然是泊松级数,只是多项式最高次数和三角级数最高

阶数变为 $2n$ 和 $2m$，可以写为

$$P^2(t,\phi) = \sum_{k=0}^{2n} \sum_{j=-2m}^{2m} \tilde{C}_{k,j} t^k \mathrm{e}^{\mathrm{i}j\phi} \qquad (3.25)$$

泊松级数的平方仍然是泊松级数的事实表明，误差的标准差和方差都可以表示为泊松级数的形式，只是阶次与系数矩阵不同。由于标准差的结果具有量纲简单、在碰撞概率计算中使用方便的优点，因此对标准差进行拟合。

3.5 误差系数矩阵的拟合

3.5.1 泊松级数的最小二乘拟合

为了得到泊松级数的系数矩阵，在所有可用的数据组上进行最小二乘拟合。对于每个误差分量，都有 N 组三维离散数据组 $\{t_k,\phi_k,\sigma_k\}_{k=1}^N$。最小二乘方法通过找到合适的泊松系数矩阵 $\boldsymbol{A}$ 和 $\boldsymbol{B}$，使得如下目标函数达到最小：

$$F = \sum_{k=1}^N [\sigma_k - p(t_k,\phi_k)]^2 \qquad (3.26)$$

将每一组数据写为关于未知系数的线性方程：

$$\begin{cases}
\sigma_1 = A_{0,0} + A_{0,1}\cos\phi_1 + \cdots + A_{0,m}\cos m\phi_1 + B_{0,1}\sin\phi_1 + \cdots + \\
\qquad B_{0,m}\sin m\phi_1 + \cdots + A_{n,0}t_1^n + A_{n,1}t_1^n\cos\phi_1 + \cdots + A_{n,m}t_1^n\cos m\phi_1 + \\
\qquad B_{n,1}t_1^n\sin\phi_1 + \cdots + B_{n,m}t_1^n\sin m\phi_1 + \varepsilon_1 \\
\sigma_2 = A_{0,0} + A_{0,1}\cos\phi_2 + \cdots + A_{0,m}\cos m\phi_2 + B_{0,1}\sin\phi_2 + \cdots + \\
\qquad B_{0,m}\sin m\phi_2 + \cdots + A_{n,0}t_2^n + A_{n,1}t_2^n\cos\phi_2 + \cdots + A_{n,m}t_2^n\cos m\phi_2 + \\
\qquad B_{n,1}t_2^n\sin\phi_2 + \cdots + B_{n,m}t_2^n\sin m\phi_2 + \varepsilon_2 \\
\cdots \\
\sigma_N = A_{0,0} + A_{0,1}\cos\phi_N + \cdots + A_{0,m}\cos m\phi_N + B_{0,1}\sin\phi_N + \cdots + \\
\qquad B_{0,m}\sin m\phi_N + \cdots + A_{n,0}t_N^n + A_{n,1}t_N^n\cos\phi_N + \cdots + A_{n,m}t_N^n\cos m\phi_N + \\
\qquad B_{n,1}t_N^n\sin\phi_N + \cdots + B_{n,m}t_N^n\sin m\phi_N + \varepsilon_3
\end{cases}$$

$$(3.27)$$

记

$$
\begin{cases}
\boldsymbol{S} = (\sigma_1 \quad \sigma_2 \quad \cdots \quad \sigma_N)_{N \times 1}^{\mathrm{T}}, \quad \boldsymbol{\varepsilon} = (\varepsilon_1 \quad \varepsilon_2 \quad \cdots \quad \varepsilon_N)_{N \times 1}^{\mathrm{T}} \\[6pt]
\boldsymbol{\theta} = (A_{0,0} \quad A_{0,1} \quad \cdots \quad A_{0,m} \quad B_{0,1} \quad \cdots \quad B_{0,m} \vdots \cdots \\[6pt]
\qquad \vdots A_{n,0} \quad A_{n,1} \quad \cdots \quad A_{n,m} \quad B_{n,1} \quad \cdots \quad B_{n,m})_{(n+1)(2m+1) \times 1}^{\mathrm{T}} \\[6pt]
\boldsymbol{H} = \begin{bmatrix}
1 & \cos\phi_1 & \cdots & \cos m\phi_1 & \sin\phi_1 & \cdots & \sin m\phi_1 \vdots & \cdots \\
1 & \cos\phi_2 & \cdots & \cos m\phi_2 & \sin\phi_2 & \cdots & \sin m\phi_2 \vdots & \cdots \\
\vdots & \vdots & & \vdots & \vdots & & \vdots & \\
1 & \cos\phi_N & \cdots & \cos m\phi_N & \sin\phi_N & \cdots & \sin m\phi_N \vdots & \cdots \\[6pt]
\vdots\, t_1^n & t_1^n \cos\phi_1 & \cdots & t_1^n \cos m\phi_1 & t_1^n \sin\phi_1 & \cdots & t_1^n \sin m\phi_1 \\
\vdots\, t_2^n & t_2^n \cos\phi_2 & \cdots & t_2^n \cos m\phi_2 & t_2^n \sin\phi_2 & \cdots & t_2^n \sin m\phi_2 \\
\vdots & \vdots & & \vdots & \vdots & & \vdots \\
\vdots\, t_N^n & t_N^n \cos\phi_N & \cdots & t_N^n \cos m\phi_N & t_N^n \sin\phi_N & \cdots & t_N^n \sin m\phi_N
\end{bmatrix}_{N \times (n+1)(2m+1)}
\end{cases}
\tag{3.28}
$$

则有

$$
\boldsymbol{S}_{N \times 1} = \boldsymbol{H}_{N \times (n+1)(2m+1)} \boldsymbol{\theta}_{(n+1)(2m+1) \times 1} + \boldsymbol{\varepsilon}_{N \times 1}
\tag{3.29}
$$

系数矢量 $\boldsymbol{\theta}$ 的最小二乘估计 $\hat{\boldsymbol{\theta}}$ 满足如下正则方程:

$$
\boldsymbol{H}^{\mathrm{T}} \boldsymbol{H} \hat{\boldsymbol{\theta}} = \boldsymbol{H}^{\mathrm{T}} \boldsymbol{S}
\tag{3.30}
$$

该方程是一个 $(n+1)(2m+1)$ 阶的线性方程组。当 $\boldsymbol{H}$ 列满秩,即

$$
\mathrm{rank}(\boldsymbol{H}) = (n+1)(2m+1) < N
\tag{3.31}
$$

时,矩阵 $\boldsymbol{H}^{\mathrm{T}} \boldsymbol{H}$ 满秩,$\mathrm{rank}(\boldsymbol{H}^{\mathrm{T}} \boldsymbol{H}) = (n+1)(2m+1)$,存在逆矩阵 $(\boldsymbol{H}^{\mathrm{T}} \boldsymbol{H})^{-1}$,有

$$
\dot{\boldsymbol{\theta}} = (\boldsymbol{H}^{\mathrm{T}} \boldsymbol{H})^{-1} \boldsymbol{H}^{\mathrm{T}} \boldsymbol{S}
\tag{3.32}
$$

得到了系数矢量 $\hat{\boldsymbol{\theta}}$ 的估计值,根据式(3.28)不难得到泊松系数矩阵 $\boldsymbol{A}$ 和 $\boldsymbol{B}$。

3.5.2　泊松级数阶次的确定

在最小二乘法的正则方程(3.30)中,若要矩阵 $\boldsymbol{H}^{\mathrm{T}} \boldsymbol{H}$ 满秩,必须满足式(3.31)。式(3.31)中 n 和 m 分别为泊松级数中多项式的最高次数和三角函数的最高阶数,N 等于第3.3.1节中进行数据分组后的组数 N_{bin}。将式(3.9)代入式(3.31),可得

$$
(n+1)(2m+1) < \left(\mathrm{int}\left(\frac{t_{\mathrm{T}}}{T} \right) + 1 \right) (n_{\mathrm{seg}} + 1)
\tag{3.33}
$$

只有泊松级数的阶次 n 和 m 满足式(3.33),才可以进行泊松级数的拟合。当 n 和 m 满足下式时可以满足要求:

$$n < \text{int}\left(\frac{t_\text{T}}{T}\right), \quad m < \frac{n_\text{seg}}{2} \tag{3.34}$$

在最小二乘拟合中,待定系数的维数为 $(n+1)(2m+1)$。如果只取 $n=2$,$m=2$,待定系数的维数也有 15。随着泊松级数阶次的增加,待定系数的维数和系数矩阵的阶数都增加,这不仅增大了计算量,而且得到的系数矩阵阶次过大,不便于存储和误差计算。因此,在满足式(3.34)的前提下,一般应该取 $n \leqslant 2$,$m \leqslant 4$。

3.6 结果与分析

3.6.1 位置误差的拟合结果

取 LEO 目标的预报时间门限值 t_T 为 1 天,MEO 目标为 3 天,HEO 和 GEO 目标为 7 天,段数 $n_\text{seg} = 20$,多项式和三角函数项的最大阶次分别为 $n=2$ 和 $m=4$,则泊松系数矩阵为 3×5 阶。利用最小二乘方法拟合每个方向位置误差标准差的泊松系数矩阵。四个目标 U 方向位置误差标准差的系数矩阵如表 3.2 所列。

表 3.2 四个目标 U 方向位置误差标准差的泊松系数矩阵

	LEO 目标				
$\boldsymbol{A}_U$	0.0311615712	−0.0029029078	0.0005102982	0.0004477086	0.0000482616
	0.1124245624	0.0067061297	−0.0030056393	−0.0033477243	−0.0006128871
	0.0209600339	−0.0026381835	0.0007039691	0.0020221898	0.0001487366
$\boldsymbol{B}_U$	0	0.0038191894	0.0022722895	−0.0000696655	0.0000138184
	0	−0.0020553761	−0.0040007188	−0.0015870270	0.0016054081
	0	−0.0006137858	0.0010904506	0.0009060865	−0.0005683997
	MEO 目标				
$\boldsymbol{A}_U$	0.2418092045	−0.0026798490	−0.0120973106	−0.0063728817	−0.0119340684
	0.3416823133	−0.0847030456	−0.0289816633	−0.0064566465	0.0124470628
	0.0179197673	0.0108429227	0.0067345439	0.0009171846	−0.0042677763
$\boldsymbol{B}_U$	0	0.0978250153	0.0373950962	−0.0009417343	0.0125371224
	0	−0.0255268411	−0.0227488696	0.0083173229	0.0032436791
	0	0.0170423174	0.0072646921	−0.0022797763	−0.0023141290

（续）

	HEO 目标				
A_U	3.4240982423	−0.7535455752	0.5830053208	0.5296399607	0.2080734297
	3.0063481052	2.3755155457	0.9120809048	0.3738397827	0.2566062423
	0.2344403167	0.1147006916	0.0987109446	0.0711921664	0.0525966451
B_U	0	0.5444392209	−0.0081093083	0.0409812162	0.0890144982
	0	−0.1420232095	−0.0249054348	−0.0118579123	−0.0427719359
	0	−0.0005894320	0.0015245316	0.0030240224	0.0007457061
	GEO 目标				
A_U	1.8446800637	0.0951975359	0.1527918715	−0.0066690563	0.0555656114
	4.3571671110	0.0160042137	−0.0654378953	−0.0430340728	−0.0759212314
	0.0720428147	−0.0131970730	0.0065039086	0.0060066348	0.0090739755
B_U	0	0.1893789414	−0.0802648448	−0.0245832745	−0.0171814120
	0	0.1982533435	0.0584842234	0.0315511664	−0.0243514640
	0	−0.0230226125	−0.0056849610	−0.0038554681	0.0005806607

根据泊松系数矩阵可以计算各方向标准差拟合曲面,附录 C 中图 C.9 ～ 图 C.12 给出了四个目标的 U、N、W 方向误差标准差的泊松级数拟合曲面。

3.6.2　泊松系数矩阵的影响分析

泊松系数矩阵的各部分都有明确的含义,下面以 HEO 目标为例进行说明。

1. 多项式项的作用

矩阵 A 的第 1 列表示泊松级数中多项式项的系数,描述了误差发散的长期项;矩阵 B 的第 1 列恒为零。如果只取矩阵 A 的第 1 列,将其他列及矩阵 B 的元素都置为 0,泊松级数就退化为多项式。这表明,泊松级数误差拟合方法与 Peterson[74]、Deguine[75] 和 Osweiler[76] 等提出的多项式误差拟合方法是兼容的,多项式拟合是三角函数系数为 0 时泊松级数拟合的特例。

利用退化为多项式的泊松级数计算得到 HEO 目标的 U 方向误差标准差随时间差的变化曲线如图 3.6 所示。这种情况下只能表现出误差的时间演化特性。N、W 方向误差在同一个数量级,相对较小且随时间近似线性增长;U 方向的误差远大于 N、W 方向,一般大 1 个数量级,且增长更快。

2. 三角函数项的作用

矩阵 A 和 B 的第 1 行(除第 1 个元素外)表示泊松级数中三角函数项的系数,描述误差振幅不随时间变化的周期项。将矩阵 A 和 B 中除第 1 行和第 1 列之外的元素置为 0,也即所有的混合项系数为 0,泊松级数将退化为简单的多项

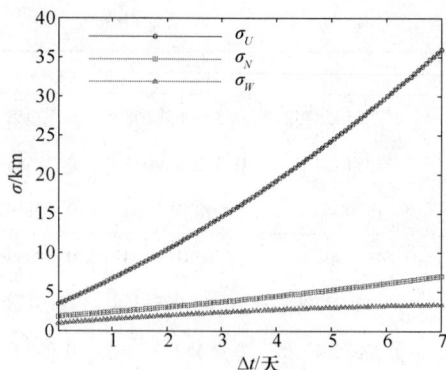

图3.6　标准差随时间变化曲线（只含多项式项）

式和三角级数之和。图3.7给出了这类泊松级数计算得到的 HEO 目标 U 方向误差标准差曲面，图3.8是曲面在 σ_U—M 平面内的投影。对比图3.7和图3.6，三角函数项的作用是在长期项的基础上叠加了一个振幅不随时间变化的周期性振荡。

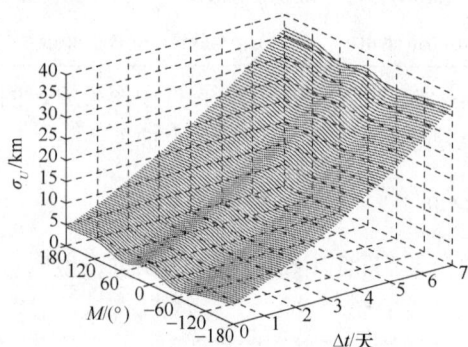

图3.7　标准差变化曲面
（含多项式和三角函数项）

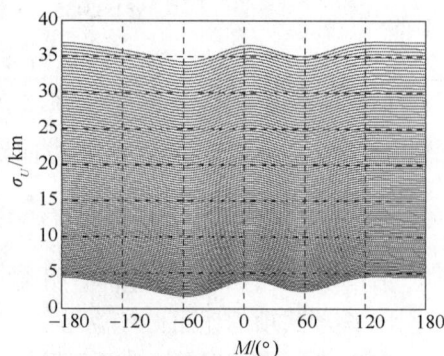

图3.8　标准差变化曲面在 $\sigma_U \sim M$
平面内的投影（含多项式和三角项）

3. 混合项的作用

矩阵 A、B 中除第1行和第1列外的其他元素表示泊松级数中混合项的系数，描述误差振幅随时间变化的周期项。综合考虑多项式项、三角函数项和混合项的误差曲面图如附录 C 中的图 C.9 ~ 图 C.12 所示。轨道预报误差的实际特性是多项式作用、三角函数项作用和混合项作用的叠加，这三种作用一起描述了预报误差随预报时间和在轨位置的变化情况。

4. 引入泊松级数的意义

为了说明用泊松级数作为拟合函数和引入平近点角为拟合自变量的意义，取历元时间差 $\Delta t = 5$ 天，画出 HEO 目标 U、N、W 方向位置误差标准差随平近点角 M 的变化曲线如图3.9所示。

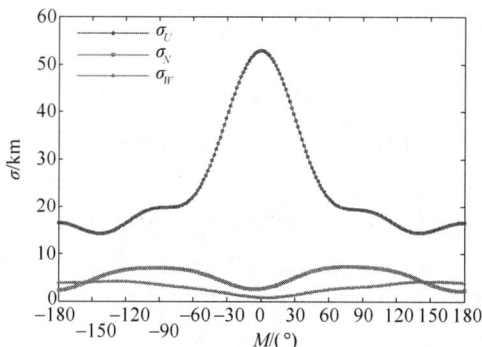

图 3.9 误差标准差随 M 的变化曲线($\Delta t = 5$ 天)

由图 3.9 可得关于误差周期特性的如下结论:

(1) U 方向位置误差大于 N、W 方向的位置误差,一般大 1 个数量级左右。

(2) U、N、W 三个方向的位置误差都有周期性变化,其中 U 方向的变化比 N、W 方向的变化更为剧烈,同一周期内不同位置上变化范围为 15 ~ 55km。由图 3.6 可知,若只考虑长期项,则 $\Delta t = 5$ 天时标准差约为 25km,与考虑周期特性的结果相差较大。

(3) U 方向位置误差在近地点附近($M \approx 0$)最大,在远地点附近($M \approx \pm 180°$)较小;N 和 W 方向的位置误差在 $M \approx \pm 90°$ 附近较大,在近地点和远地点都较小。

通过上面分析可知,在误差拟合中考虑周期特性和引入角度变量是很有意义的。特别是对于大椭圆轨道,受到的摄动因素很复杂,误差发散很严重,引入角度变量是十分重要的。

轨道误差的泊松级数拟合方法是一种新的轨道预报误差描述和拟合方法,该方法的优势体现在两个方面:一是,作为误差拟合函数,泊松级数可以描述误差随预报时间的长期变化和随在轨位置的周期变化。轨道预报误差与在轨位置(可用真近点角或平近点角表示)具有很强的依赖关系,这种依赖关系不仅仅存在于 HEO 中。当前主要的基于历史数据的轨道误差分析方法利用多项式函数进行误差拟合,不能表现误差的周期特性。周期特性分析和泊松级数拟合可以得到更精确的轨道协方差信息,提高计算得到的碰撞概率的精度。二是,与一些考虑了误差周期特性的方法相比,泊松系数矩阵可以在进行碰撞预警分析之前就得到,这对于碰撞风险评估的时效性具有很大意义。另外,泊松级数的阶次是可调整的,泊松级数是描述轨道预报误差的通用形式。轨道误差的泊松级数拟合方法与多项式拟合方法是兼容的,多项式是泊松级数在三角函数项系数为零时的一种特例。轨道误差的泊松级数拟合方法没有对轨道预报方法提出任何要求,因此可以用于任意其他解析的或数值的轨道模型和轨道根数。

3.6.3 美、俄碰撞卫星的误差分析

2009年2月发生了首次完整卫星之间的碰撞[5]，两颗卫星分别为：美国 Iridium-33卫星，近地点高度776km，远地点高度779km，轨道倾角86.4°；俄罗斯 Cosmos-2251卫星，近地点高度776km，远地点高度799km，轨道倾角 74.04°。碰撞预警分析得到的时间参数和角度参数如表3.3所列。

表3.3 美、俄碰撞卫星的时间和角度参数

卫星名称	Cosmos-2251	Iridium-33
TLE 历元时刻 t_0(UTC)	2009-02-09 11:57:36.890	2009-02-09 18:49:39.280
最接近时刻 t_{TCA}(UTC)	2009-02-10 16:55:59.796	2009-02-10 16:55:59.796
预报时间 Δt(天)	1.20720956	0.92107078
TCA 时刻平近点角 M/(°)	13.167	243.232

利用轨道预报误差的泊松级数拟合方法，对两卫星的 TLE 误差进行统计分析。泊松级数的阶次取为 $n=2, m=4$，则泊松系数矩阵为 3×5 阶。取预报时间门限 t_T 值为2天进行误差拟合得到泊松系数矩阵。根据表3.3中的预报时间 Δt 和 TCA 时刻平近点角 M，代入拟合得到的泊松系数矩阵中进行计算，可得 TCA 两卫星 U、N、W 三个方向的位置误差标准差如表3.4所列。

表3.4 两卫星各方向位置误差标准差

卫星名称	σ_U/km	σ_N/km	σ_W/km
Cosmos-2251	0.2061885	0.0231207	0.0719775
Iridium-33	0.4102069	0.0363234	0.0341134

图3.10 和图3.11 为两卫星 TCA 的 3σ 误差椭球。两卫星误差椭球主轴之比 $\sigma_U:\sigma_N:\sigma_W$ 分别为9:1:3 和12:1:1，与文献[63]中的比值10:1:2接近。

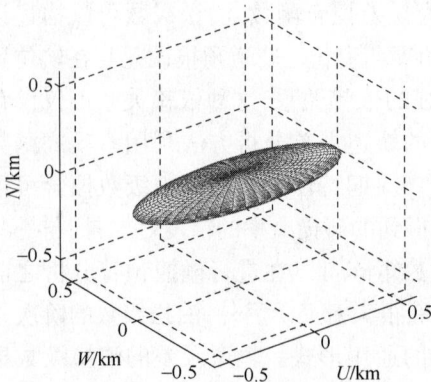

图3.10 Cosmos-2251卫星
的 3σ 误差椭球

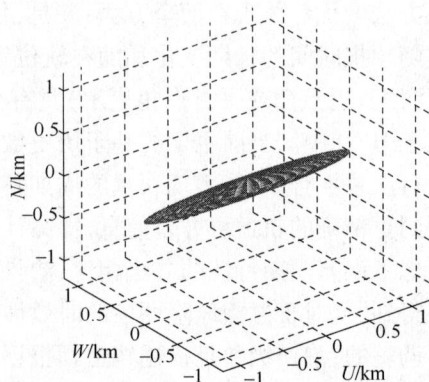

图3.11 Iridium-33卫星
的 3σ 误差椭球

这样就得到了两卫星在 TCA 的预报误差标准差,利用接近时刻的位置速度矢量和误差信息即可计算碰撞概率。

3.7　位置速度误差负相关特性的验证

为了验证第 2 章中提出的位置速度预报误差的负相关特性,本节利用 TLE 预报误差进行统计分析。因为位置速度误差的负相关特性主要涉及误差的长期变化,为了分析简化本节不考虑误差的周期特性。在误差数据生成时,仅取 TLE 历元时刻的轨道状态为参考,即每个轨道周期内的分段数 $n_{seg}=0$。取时间门限值 $t_T=20$ 天,附录 C 中图 C.13 ~ 图 C.15 为 LEO、MEO、GEO 三个近圆轨道目标的 TLE 预报误差随时间的分布图(为了清楚起见,只画到 $\Delta t=7$ 天)。

由图 C.13 ~ 图 C.15 可见,近圆轨道 U 方向位置误差和 N 方向速度误差发散趋势相反,N 方向位置误差和 U 方向速度误差的发散趋势也相反。U 方向位置误差与 N 方向速度误差的散布形状大致相同,只是绕横轴进行了反转,具有相似性。N 方向位置误差与方向速度误差也具有类似的性质。

第 2.4.2 节利用相关系数 ρ 描述这种相反关系和近似特性,并利用 C – W 方程得到的协方差传播函数给出了两个相关系数的曲线。本节将利用历史 TLE 数据对该结果进行验证。按照第 3.3.1 节给出的误差分组方法(这里只有一个时间变量,是一维分组)对误差数据进行分组,计算每组数据的 U 方向位置误差与 N 方向速度误差的相关系数 ρ_{U,V_n}、N 方向位置误差和 U 方向速度误差的相关系数 ρ_{N,V_u},图 3.12 ~ 图 3.14 是三个目标相关系数随预报时间的演化曲线。

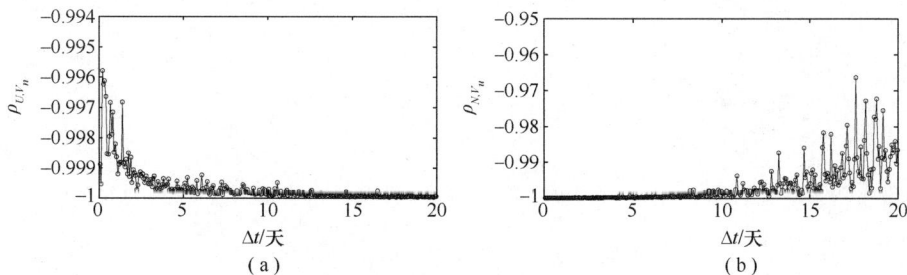

图 3.12　LEO 目标的相关系数曲线

由图 3.12 ~ 图 3.14 可以得到如下结论:

(1) U 方向位置误差和 N 方向速度误差之间的相关系数 ρ_{U,V_n} 为 – 0.97 ~ – 1,且随着预报时间的增加有减小到 – 1 的趋势。这表明 U 方向位置误差和 N 方向速度误差存在很强的负相关关系。

(2) N 方向位置误差和 U 方向速度误差之间的相关系数 ρ_{N,V_u} 为 – 0.96 ~ – 1,表明存在很强的负相关关系。但对于 LEO,随着预报时间的增加相关系数 ρ_{N,V_u}

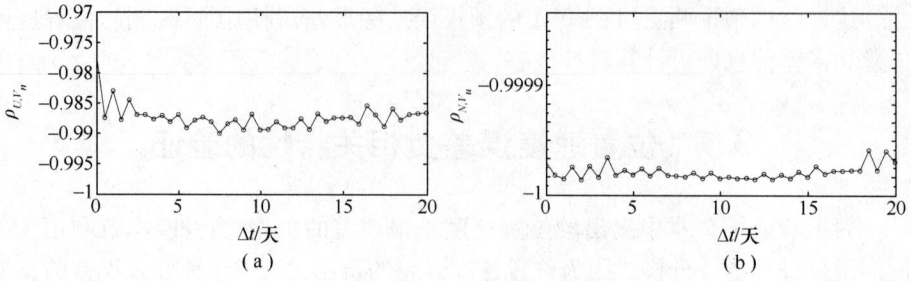

（a）　　　　　　　　　　　（b）

图 3.13　MEO 目标的相关系数曲线

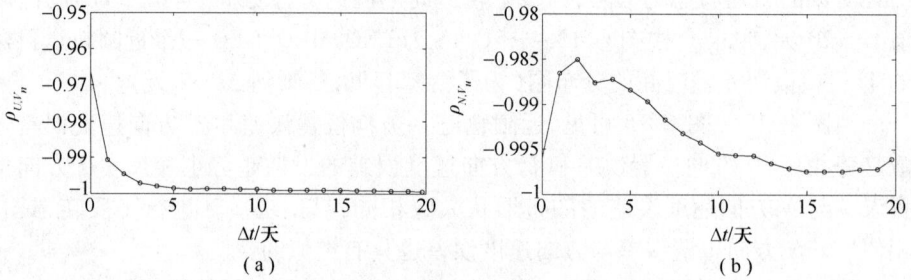

（a）　　　　　　　　　　　（b）

图 3.14　GEO 目标的相关系数曲线

向正变化的趋势。这与 LEO 受大气阻力作用较大有关,具体关系将在进一步研究中讨论。

第4章　空间目标接近分析

接近分析问题是指已知两目标的轨道数据(轨道根数或高精度轨道星历),给定接近门限值(距离门限或椭球范围)和分析起止时间,计算两目标距离小于距离门限或进入椭球范围的时间,并给出此时的相对距离及其分量、相对速度、接近角等信息。接近分析不仅可用于碰撞预警,还可用于多种空间任务分析,如天基目标成像时机确定、航天器机动重构等。

在接近分析之前首先需要进行筛选,从大量目标中快速排除与所关心航天器轨道不可能接近的目标,再进行进一步的接近分析。常用的筛选方法有近地点—远地点筛选、轨道面交线高度差筛选等[98-100]。

根据所用轨道数据和分析方法的不同,接近分析方法可以分为解析方法和数值方法两大类。解析方法以目标的轨道根数为基础,通过轨道根数几何关系的分析,利用求导等解析方法获取接近事件信息。数值方法以空间目标一段时间内一定步长的轨道星历为基础,或利用轨道模型求取指定时刻的目标位置速度信息,通过求差、插值、拟合、多项式求根等数据处理方法分析各时刻的位置速度信息以得到目标的相对位置关系和接近信息。

解析法的优点是计算速度快,物理意义明确,而且可以获得碰撞点的变化规律,为机动规避方法的选择奠定基础;缺点是对于轨道类型和轨道数据类型敏感,且由于摄动造成的漏报风险较大。数值方法的优点是程序实现简便,对轨道类型、轨道数据类型和轨道预报模型的鲁棒性较强,漏报风险较小;缺点是计算时间长。在计算机技术得到巨大发展的情况下,数值方法将是今后研究和应用的重点。

4.1　空间目标接近分析的解析方法

4.1.1　Hoots 方法

Hoots 于 1984 年提出了一种基于几何筛选的方法[100],该方法通过一系列高度筛选、轨道几何筛选和相位筛选来确定空间目标的最接近点。这种解析筛选方法是接近分析中较早、较成熟的算法,目前其他接近分析方法大多是 Hoots 方法的改进与发展[98,101]。但是该方法包括复杂的筛选算法,其中的迭代寻根算法对计算时间需求较大,由于摄动因素造成的漏报风险也不可忽视。此外,文献

[102－107]基于轨道根数,对共焦点开普勒轨道的最近距离和距离函数的临界值点求取方法进行了研究。

对航天器(称为主目标)进行碰撞预警,必须将其轨道与所有其他编目目标(称为从目标)的轨道进行对比计算。问题从确定关心的时间区间$[t_B,t_E]$和接近距离D开始。两个目标在各自的轨道上运行,二者间的相对距离可表示为

$$r_{rel} = |\mathbf{r}_p - \mathbf{r}_s| \tag{4.1}$$

式中:$\mathbf{r}$为目标的位置矢量;下标p、s分别表示主目标和从目标。

在关心的时间段内,相对距离随时间的变化如图4.1所示。要找到所有接近距离小于门限值D的接近点(如图中的t_1和t_2点)。

由于这些点是函数$r_{rel}(t)$的相对极小值点,解决该问题最容易想到的是采用数值方法。从关心的时间区间的端点开始,通过数值方法一步步计算主从目标的相对距离,当相对距离从减小变为增大时,那么就经过了一个相对极小值点。如果

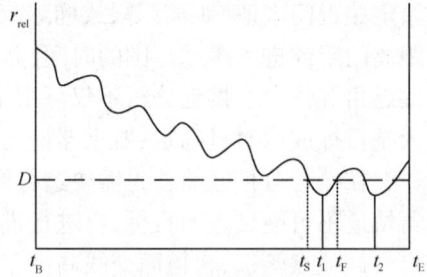

图4.1　空间目标相对
距离随时间的变化

该极小值小于D,就认为这是一个接近时刻。如此递推直到所关心时间段的终点。如果想找到与所有空间目标的接近点,该过程将要对15000多个从目标重复进行。显然,该过程要耗费大量计算时间。如果对多个主目标进行碰撞预警时,使用数值方法是困难的。

所以,为了解决该问题,需要碰撞预警的解析方法。碰撞预警问题可以分为异面和共面两种情况。在每一种情况下,可以用解析公式产生一系列待选接近点,这些点一般都非常接近实际的接近点,可以用迭代方法得到精确的接近时刻。用同样的方法可以计算两目标相对距离小于门限值D的接近区间。

在下面的讨论中,首先假设空间目标服从二体轨道,不考虑摄动。摄动对接近时刻的影响是微小的,可以作为解析方法的一种修正。

1. 几何筛选

由于有些目标椭圆轨道的相对几何关系使得不可能存在接近距离小于D的点,大多数从目标可以被排除掉而不予考虑。最简单的筛选方法是近地点—远地点筛选。令q为两目标近地点高度中的大者,Q为远地点高度中的小者,如果

$$q - Q > D \tag{4.2}$$

那么该从目标不需要再考虑。

如果从目标没有被近地点—远地点筛选排除掉,则需要进行下一步筛选。

这种几何筛选考虑两椭圆轨道在空间的相对几何关系。图 4.2 是两个任意的椭圆轨道和它们轨道平面的交线。

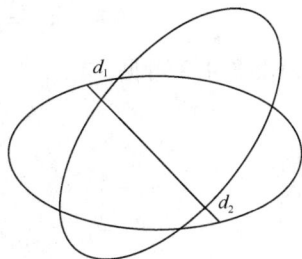

图 4.2　几何筛选

两椭圆轨道将有两个接近距离 d_1、d_2，应注意该点不一定沿着轨道面的交线。计算该距离是一个纯粹的几何计算问题，与两目标在轨道上的位置无关。如果两椭圆间的最小距离大于距离门限值 D，那么该目标不会存在近距离交会。

为了计算两轨道的最近点，令

$$K = \omega_s \times \omega_p \tag{4.3}$$

式中：ω_s、ω_p 分别为两目标轨道平面单位矢量。

这些矢量可以通过如下公式计算：

$$\omega = \sin\Omega\sin I \cdot i + \cos\Omega\sin I \cdot j + \cos I \cdot k \tag{4.4}$$

式中：Ω 为升交点赤经；I 为轨道倾角；i、j 和 k 分别为地心惯性系 X、Y 和 Z 轴的单位矢量。

矢量 K 指向两目标轨道平面的交线，并且有

$$|K| = \sin I_R \tag{4.5}$$

式中：I_R 为两轨道平面的相对轨道倾角。

应注意，一般而言 I_R 并非简单是两轨道倾角之差。如果相对轨道倾角 $I_R = 0$，几何筛选公式将不再有效，必须用共面方法来处理。

矢量 K 在每个目标轨道平面内的方向由轨道升交点到 K 的角度 Δ 表示，如图 4.3 所示，令

$$n_p = \cos\Omega_p \cdot i + \sin\Omega_p \cdot j \tag{4.6}$$

为主目标升交点单位矢量，那么

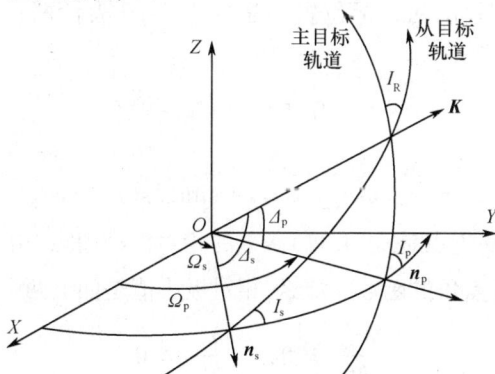

图 4.3　轨道平面的相对位置

$$\boldsymbol{K} \cdot \boldsymbol{n}_p = \sin I_p \cos I_s - \sin I_s \cos I_p \cos(\Omega_p - \Omega_s) \tag{4.7}$$

而由图 4.3 可见

$$\boldsymbol{K} \cdot \boldsymbol{n}_p = |\boldsymbol{K}| \cos \Delta_p = \sin I_R \cos \Delta_p \tag{4.8}$$

所以

$$\cos \Delta_p = \frac{1}{\sin I_R} [\sin I_p \cos I_s - \sin I_s \cos I_p \cos(\Omega_p - \Omega_s)] \tag{4.9}$$

同样,利用球面三角中的正弦定理,可得

$$\sin \Delta_p = \frac{1}{\sin I_R} \sin I_s \sin(\Omega_p - \Omega_s) \tag{4.10}$$

由式(4.9)和式(4.10),Δ_p 可以被唯一确定。同样可得

$$\cos \Delta_s = \frac{1}{\sin I_R} [\sin I_p \cos I_s \cos(\Omega_p - \Omega_s) - \sin I_s \cos I_p] $$

$$\sin \Delta_s = \frac{1}{\sin I_R} \sin I_p \sin(\Omega_p - \Omega_s) \tag{4.11}$$

令 u_R 表示轨道平面内由矢量 $\boldsymbol{K}$ 到目标位置的角度,以运动方向为正,如图 4.4 所示。

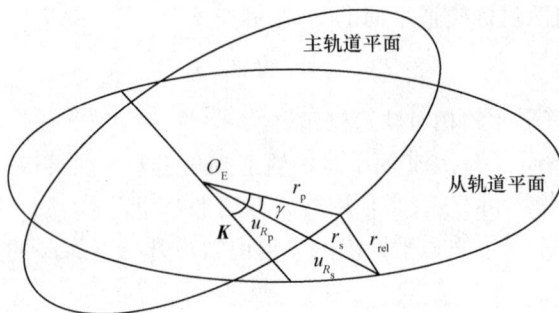

图 4.4 轨道平面内目标的位置

令 r_p 和 r_s 分别表示两目标位置矢量的大小,γ 表示两位置矢量间的夹角,故有

$$r_{rel}^2 = r_p^2 + r_s^2 - 2 r_p r_s \cos \gamma \tag{4.12}$$

由球面三角几何,得

$$\cos \gamma = \cos u_{R_p} \cos u_{R_s} + \sin u_{R_p} \sin u_{R_s} \cos I_R \tag{4.13}$$

两椭圆轨道的最近点是式(4.12)函数的相对极小值点,由式 $u_R = f + \omega - \Delta$ 可得,r_{rel}^2 是两目标真近点角的函数。那么,相对极小值是如下两个方程的联立求解:

$$\frac{\partial r_{rel}^2}{\partial f_p} = 0, \quad \frac{\partial r_{rel}^2}{\partial f_s} = 0 \tag{4.14}$$

利用式(4.13),式(4.14)可转化为

96

$$r_p e_p \sin f_p + r_s \left[\cos u_{R_s} (\sin u_{R_p} + a_{y_p}) - \sin u_{R_s} \cos I_R (\cos u_{R_p} + a_{x_p}) \right] = 0$$

$$r_s e_s \sin f_s + r_p \left[\cos u_{R_p} (\sin u_{R_s} + a_{y_s}) - \sin u_{R_p} \cos I_R (\cos u_{R_s} + a_{x_s}) \right] = 0$$

$$(4.15)$$

其中引入了两个变量

$$\begin{cases} a_x = e\cos(\omega - \Delta) \\ a_y = e\sin(\omega - \Delta) \end{cases} \tag{4.16}$$

对于两个圆轨道,式(4.15)的解为

$$\begin{cases} u_{R_p} = u_{R_s} = 0 \\ f_p = \Delta_p - \omega_p, \quad f_s = \Delta_s - \omega_s \end{cases} \tag{4.17}$$

说明对圆轨道而言,轨道面交点就是最接近点。

对于非圆轨道,求解式(4.15)的解析解是比较棘手的。然而,用牛顿迭代方法可以很好解决问题。将方程写为

$$\begin{cases} F(f_p, f_s) = 0 \\ G(f_p, f_s) = 0 \end{cases} \tag{4.18}$$

利用牛顿迭代方法可以得到如下的迭代解:

$$\begin{cases} f_{p_{i+1}} = f_{p_i} + h \\ f_{s_{i+1}} = f_{s_i} + k \end{cases} \tag{4.19}$$

式中

$$\begin{cases} h = \dfrac{F \dfrac{\partial G}{\partial f_s} - G \dfrac{\partial F}{\partial f_s}}{\dfrac{\partial F}{\partial f_s} \dfrac{\partial G}{\partial f_p} - \dfrac{\partial F}{\partial f_p} \dfrac{\partial G}{\partial f_s}}, \quad k = \dfrac{G \dfrac{\partial F}{\partial f_p} - F \dfrac{\partial G}{\partial f_p}}{\dfrac{\partial F}{\partial f_s} \dfrac{\partial G}{\partial f_p} - \dfrac{\partial F}{\partial f_p} \dfrac{\partial G}{\partial f_s}} \\[4mm] F = r_p e_p \sin f_p + r_s (A\cos u_{R_s} - B\cos I_R \sin u_{R_s}) \\[2mm] G = r_s e_s \sin f_s + r_p (C\cos u_{R_p} - D\cos I_R \sin u_{R_p}) \\[2mm] \dfrac{\partial F}{\partial f_p} = r_p e_p \cos E_p + r_s \cos\gamma \\[3mm] \dfrac{\partial F}{\partial f_s} = -\dfrac{r_s}{1 + e_s \cos f_s}(AC + BD\cos I_R) \\[3mm] \dfrac{\partial G}{\partial f_p} = -\dfrac{r_p}{1 + e_p \cos f_p}(AC + BD\cos I_R) \\[3mm] \dfrac{\partial G}{\partial f_s} = r_s e_s \cos E_s + r_p \cos\gamma \end{cases} \tag{4.20}$$

并且有

$$\begin{cases} A = \sin u_{R_p} + a_{y_p}, & B = \cos u_{R_p} + a_{x_p} \\ C = \sin u_{R_s} + a_{y_s}, & D = \cos u_{R_s} + a_{x_s} \end{cases} \quad (4.21)$$

E 表示偏近点角，$\cos\gamma$ 由式(4.13)得到。迭代的初值由式(4.17)给出。令 f_{p*} 和 f_{s*} 表示迭代的最后收敛值，这两个值代入式(4.12)可以计算两椭圆轨道的最近点。还有另外一个几何上的最接近点必须考虑，可以通过利用如下初值进行迭代计算得到

$$\begin{cases} f_{p1} = f_{p*} + \pi \\ f_{s1} = f_{s*} + \pi \end{cases} \quad (4.22)$$

计算得到的收敛值代入式(4.12)可以计算另一个最接近点。如果两个最接近点处的相对距离都大于门限值 D，则不需要再考虑该从目标。

2. 时间筛选

对于没有被几何筛选排除的从目标，还有一种方法可以进行排除。尽管两椭圆轨道可能近距离相交，只有两目标同时经过接近点才有可能发生碰撞。这样就提供了利用两目标过轨道面交线的时间来筛选的方法。

一般而言，空间目标在飞过轨道平面交线前后有一个短暂的危险时间，利用空间目标到另一目标轨道面的垂直距离 z^* 可以解析地估计该时间段。由图4.4可见，$z^* \leqslant r_{rel}$，所以进入和离开危险区域的时间的估计略为保守。由球面三角学可得垂直距离为

$$z^* = r\sin I_R \sin u_R \quad (4.23)$$

将 $z^* = D$ 代入上式，并利用 u_R 的表达式，得到 $z^* = D$ 的时刻，即

$$D = \frac{a(1 - e^2)\sin I_R \sin u_R}{1 + e\cos(u_R - \omega + \Delta)} \quad (4.24)$$

式中：a 为轨道半长轴；e 为轨道偏心率。

利用三角恒等式，得

$$D = \frac{\alpha \sin u_R}{1 + a_x \cos u_R + a_y \sin u_R} \quad (4.25)$$

式中：$\alpha = a(1 - e^2)\sin I_R$；$a_x$、$a_y$ 定义见式(4.16)。

解式(4.25)可以得到 $\cos u_R$，由代数转化，可得

$$\cos u_R = \frac{-D^2 a_x \pm (\alpha - D a_y)Q^{1/2}}{\alpha(\alpha - 2D a_y) + D^2 e^2} \quad (4.26)$$

式中

$$Q = \alpha(\alpha - 2Da_y) - (1 - e^2)D^2 \tag{4.27}$$

如果 Q 为负或式(4.26)右边的绝对值大于 1,表示主目标轨道上任意位置到从目标轨道平面的距离都小于 D,此时时间筛选不再有效,必须用共面方法来讨论。

如果式(4.26)对于主从目标的轨道根数都是确定的,则可以得到每个目标的角度窗口。得到两个角度窗口 $[u_R^{(1)}, u_R^{(2)}]$、$[u_R^{(3)}, u_R^{(4)}]$ 如图 4.5 所示。

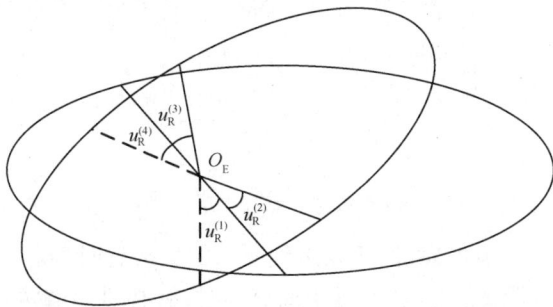

图 4.5　角度窗口

利用开普勒方程将真近点角转化为平近点角然后转化为时间,角度窗口可以转化为时间窗口。这两个时间窗口表示目标在一圈内的危险时间段,在每个时间窗口端点增加轨道周期的倍数,可以得到所关心时间段 $[t_B, t_E]$ 内的时间窗口序列。利用该方法对于主、从目标产生两个时间窗口序列,将这些窗口交叉组合看有无重叠。互相重叠的主、从目标时间窗口产生一个待选的接近时刻,取重叠部分的中点。这些待选点作为迭代计算最接近时刻的初值。迭代方法将在下面介绍。

时间筛选一般可以排除掉大量目标,对于没有排除掉的目标,所关系的时间区间缩短到一个小子集。

3. 共面情况

对于共面($I_R = 0$)或接近共面($I_R \approx 0$)的目标不能使用时间筛选,可以利用下面的方法得到待选接近点。相对距离为

$$r_{rel}^2 = r_p^2 + r_s^2 - 2\boldsymbol{r}_p \cdot \boldsymbol{r}_s \tag{4.28}$$

该函数的时间变化率为

$$R = r_p \dot{r}_p + r_s \dot{r}_s - \dot{\boldsymbol{r}}_p \cdot \boldsymbol{r}_s - \boldsymbol{r}_p \cdot \dot{\boldsymbol{r}}_s \tag{4.29}$$

这里的 R 与图 4.1 中曲线的斜率成比例,要想得到曲线的相对极小值点,可以从所关心时间区间的起点开始对主目标和从目标的轨道一步步计算,找到 R 的符号从负变为正的点,如果符号变化出现在两步中间,可以通过线性插值得到最近时刻的待选点。由于只需要找到函数符号变化的点,则可以取目标轨道周

期的比较大的分数作为时间步长。事实证明,两目标轨道中周期较小一个周期的 1/5 已足够。

对于少数处于共面状态的空间目标,这种方法提供了一个得到最接近时刻待选点的有效途径。

4. 最接近点和接近区间

不论是通过时间窗口方法还是共面方法得到的待选时刻都非常接近实际的最接近点。因此,这两种方法为牛顿迭代方法计算函数 R 的零点提供了初值。迭代式为

$$t_{i+1} = t_i - \frac{R}{\dot{R}} \tag{4.30}$$

式中

$$\dot{R} = \ddot{r}_p^2 + r_p \ddot{r}_p + \ddot{r}_s^2 + r_s \ddot{r}_s - \ddot{r}_p \cdot r_s - 2\dot{r}_p \cdot \dot{r}_s - r_p \cdot \ddot{r}_s \tag{4.31}$$

对于该问题牛顿方法很可靠,快速收敛到所求的最接近时刻。

当两目标存在距离小于 D 的近距离交会时,有必要知道两者距离小于 D 的时间段的开始和结束时刻(如图 4.1 中的 t_S 和 t_F)。即找到如下函数 H 的两个零点:

$$H = r_{rel}^2 - D^2 \tag{4.32}$$

这两个零点均位于最接近时刻的邻域,由式(4.28)和(4.29)可得 $\dot{H} = 2R$,由牛顿方法可得

$$t_{i+1} = t_i - \frac{H}{2R} \tag{4.33}$$

区间起点的迭代初值可以取为最接近时刻前几分钟,区间终点的迭代初值可取为最接近时刻后几分钟即可。

4.1.2 基于轨道长期项的碰撞检测算法

由于空间目标轨道运动受到各种摄动力的影响,并不是一种简单的周期运动,本节将讨论一种考虑长期项影响的接近分析解析方法。此算法与 Hoots 算法的区别在于考虑了长期项影响,这点可以有效应用于机动规避设计。

1. SGP4/SDP4 模型长期项精度分析

碰撞预警方法的基础是轨道预报。预警范围也由相应的轨道预报模型决定。图 4.6 给出了预警区域 ρ 的示意范围。

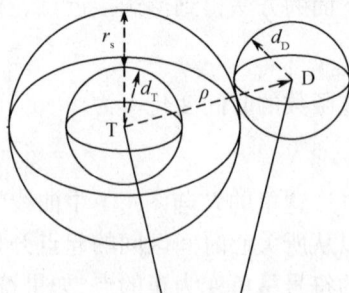

图 4.6 预警区域的选择

设航天器为 T,空间碎片为 D,航天器的轨道预报模型精度为 d_T,空间碎片的轨道预报模型精度为 d_D,安全距离取为 r_S,则

$$\rho = d_T + r_S + d_D \tag{4.34}$$

由式(4.34)可知,模型的预报精度直接影响最小预警区域的选取。

SGP4/SDP4 模型综合考虑了摄动力对轨道的长期项、长周期项和短周期项影响。从模型可知,长期项可以利用多项式和初等函数组成的公式直接求取,而长周期项和短周期项需要利用迭代求取。因此,从碰撞检测的解析法需要快速准确公式计算的角度来看,必须在计算过程中忽略长周期项和短周期项的影响。本节利用仿真分析来获取长周期项和短周期项对空间目标轨道计算精度的影响。

选取典型轨道目标(参数见表4.1),计算 SGP4/SDP4 模型忽略周期项影响时带来的残差,仿真3天,结果如图4.7和图4.8所示。

表4.1　目标轨道类型及参数

目标编号	轨道类型	倾角 $i/(°)$	偏心率	近地点距/km	远地点距/km
23560	太阳同步轨道	98.5690	0.0000917	781.777	799.058
28883	低地轨道	42.471	0.002161	294.720	324.018
25030	中高轨道	56.277	0.010179	19914.860	20452.619
29260	大椭圆轨道	63.7889	0.6804348	2120.177	38276.472
26038	地球静止轨道	0.068	0.000036	35786.059	35790.681
07578	地球同步轨道	14.4139	0.0002164	35865.438	35880.355

由图4.7和图4.8可以看出:

(1)残差随时间振荡主要受短周期的影响。短周期影响一般在轨道周期量级或小于轨道周期,因此近地目标轨道的残差振荡周期小于深空目标轨道。

(2)对于低地轨道目标28883,大气阻尼影响主要在长期项中体现,因此忽略周期项影响时预报3天残差在大约10km的范围内振荡。太阳同步轨道目标23560的倾角接近 $90°$,SGP4模型周期项摄动包含 $\sin i$ 和 $(1-\cos^2 i)$ 所带来的影响比目标28883大。

(3)大椭圆轨道目标29260因为偏心率 $e=0.68$,轨道倾角 $i=63.8°$,SDP4模型周期项中 e 和 i 相关项的影响增大,且在近地点附近残差剧烈改变。

(4)静止轨道的倾角和偏心率都接近于0,公式的周期项中 e 和 i 相关项的影响很小,残差很小为米量级;地球同步轨道目标07578的倾角已漂移至 $14°$,轨道倾角造成的周期项摄动远大于静止轨道,残差也达到千米量级。

(5)预报3天忽略周期项带来的残差均在30km范围内,表明在接近检测

（a）低地轨道目标28883(1天)

（b）低地轨道目标28883(3天)

（c）太阳同步轨道目标23560(3天)

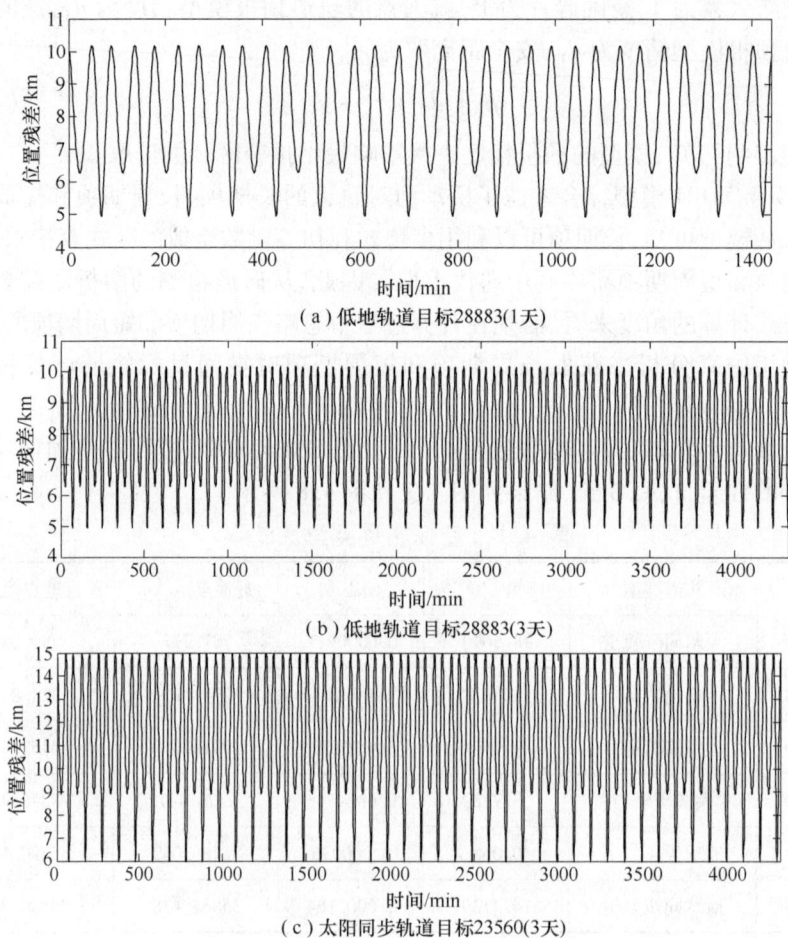

图 4.7　SGP4 模型长期项残差

的初期筛选可以只考虑长期项影响,能够满足有效性和快速性。

2. 碰撞检测解析算法

基于 SGP4/SDP4 长期项的碰撞检测解析算法主要用来判断航天器是否存在碰撞的可能性。因此它的门限可以适当放宽。

算法分为两部分:首先分析两个空间目标轨道面球面投影的交点情况;然后在确认两空间目标过交点的时间相近的情况下,分析两空间目标在交点处的高度是否相近,以判断这两个空间目标是否存在碰撞的可能性。

对于空间目标,空间运行轨道的球面投影可以近似认为是一个大圆。球面上两个大圆之间必然存在两个交点。在北半球的点称为北点,记为 P_N,在南半球的点称为南点,记为 P_S。图 4.9 显示了这两个交点在天球上的关系,它们在相位上相差 $180°$。这些交点会周期出现,由于摄动影响,每次交点出现会有一

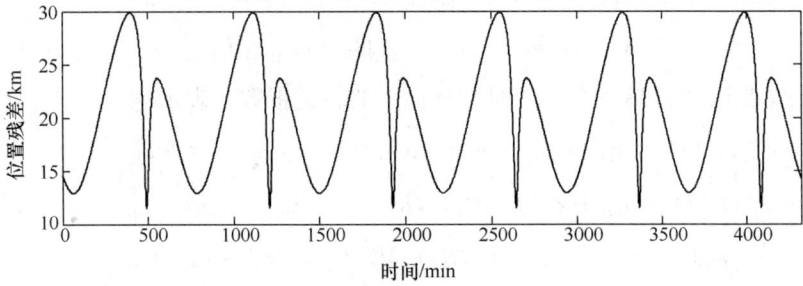

（a）大椭圆轨道轨道目标29260

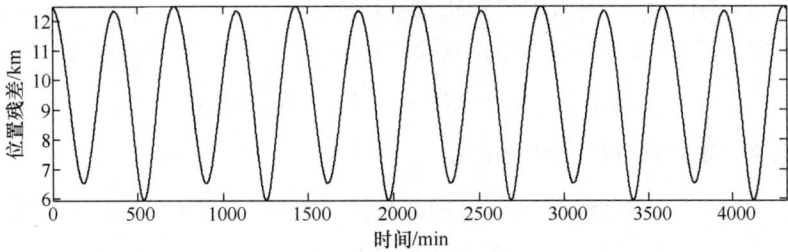

（b）中高轨道目标25030

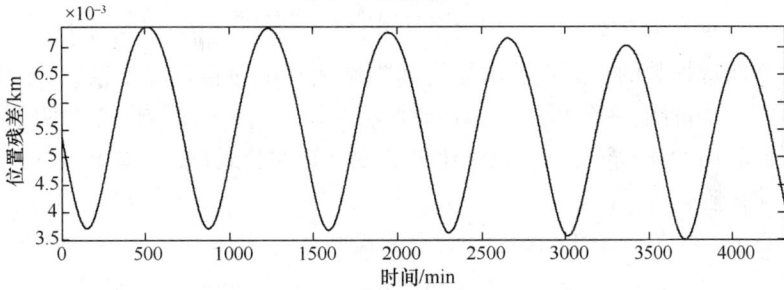

（c）静止轨道目标26038

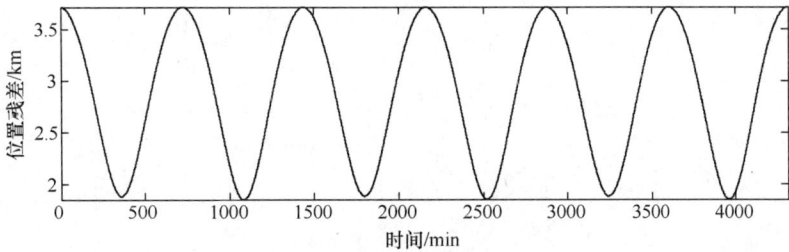

（d）地球同步轨道目标07578

图 4.8　SDP4 模型长期项残差

定的调整,有时会导致上一周期的北点、南点在本周期滑动为南点、北点。如果
两个空间目标相撞,则其必然在这两个交点处碰撞。本节首先分析两空间目标
过交点的情况,给出变化规律。

设存在两个空间目标,第 1 个空间目标在 t_{01} 时刻的平根数为

$$X_{01} = \begin{bmatrix} a_{01} & e_{01} & i_{01} & \Omega_{01} & \omega_{01} & M_{01} \end{bmatrix}^{\mathrm{T}} \qquad (4.35)$$

则根据文献[100,108],在任意时刻目标 1 的轨道根数可表示为

$$\begin{cases} a_1(t) = a_{01} + g_{a1}(t - t_{01}), e_1(t) = e_{01} + g_{e1}(t - t_{01}) \\ i_1(t) = i_{01} + g_{i1}(t - t_{01}), \Omega_1(t) = \Omega_{01} + g_{\Omega 1}(t - t_{01}) \\ \omega_1(t) = \omega_{01} + g_{\omega 1}(t - t_{01}), M_1(t) = M_{01} + g_{M1}(t - t_{01}) \end{cases} \qquad (4.36)$$

式中:$g_{a1}(t - t_{01})$、$g_{e1}(t - t_{01})$、$g_{i1}(t - t_{01})$、$g_{\Omega 1}(t - t_{01})$、$g_{\omega 1}(t - t_{01})$、$g_{M1}(t - t_{01})$ 分别为时间 t 的函数,代表摄动项对轨道根数的影响。

同理,设目标 2 在 t_{02} 时刻的平根数为

$$X_{02} = \begin{bmatrix} a_{02} & e_{02} & i_{02} & \Omega_{02} & \omega_{02} & M_{02} \end{bmatrix}^{\mathrm{T}} \qquad (4.37)$$

则在任意时刻其轨道根数可表示为

$$\begin{cases} a_2(t) = a_{02} + g_{a2}(t - t_{02}), e_2(t) = e_{02} + g_{e2}(t - t_{02}) \\ i_2(t) = i_{02} + g_{i2}(t - t_{02}), \Omega_2(t) = \Omega_{02} + g_{\Omega 2}(t - t_{02}) \\ \omega_2(t) = \omega_{02} + g_{\omega 2}(t - t_{02}), M_2(t) = M_{02} + g_{M2}(t - t_{02}) \end{cases} \qquad (4.38)$$

由于轨道根数的长周期项和短周期项影响有限而且计算复杂,为了使问题的分析进一步清晰,在分析中忽略长周期项和短周期项的影响,只考虑长期项影响。下面利用 SGP4 轨道预报模型中的长期项影响公式(见附录 B)进行交点分析和影响矩阵推导。

北点 P_N 的情况如图 4.10 所示,由下式可得 u_{n1} 和 u_{n2}:

$$\begin{cases} u_{n1} = \operatorname{arccot} \dfrac{\cos\Delta\Omega\cos i_{n1} - \sin i_{n1}\cot i_{n2}}{\sin\Delta\Omega} \\ u_{n2} = \operatorname{arccot} \dfrac{-\cos\Delta\Omega\cos i_{n2} + \sin i_{n2}\cot i_{n1}}{\sin\Delta\Omega} \\ \Delta\Omega = \Omega_{n2} - \Omega_{n1} \end{cases} \qquad (4.39)$$

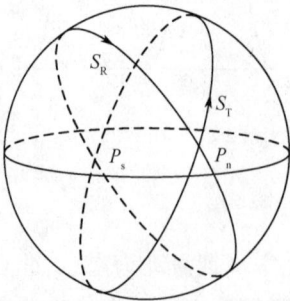

图 4.9　轨道面天球截面的交点

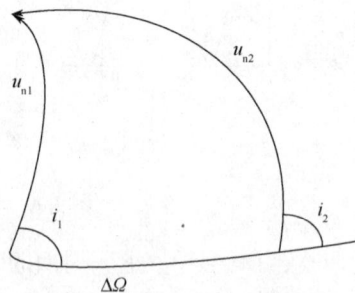

图 4.10　轨道的球面投影

此处的 Ω_{n1}、i_{n1}、Ω_{n2}、i_{n2} 分别为过该点的空间目标 S_1、S_2 轨道根数。

$$\begin{cases} f_{n1} = u_{n1} - \omega_{n1} \\ \tan\dfrac{E_{n1}}{2} = \sqrt{\dfrac{1-e_{n1}}{1+e_{n1}}} \cdot \tan\dfrac{f_{n1}}{2} \\ M_{n1} = E_{n1} - e_{n1} \cdot \sin E_{n1} \end{cases} \tag{4.40}$$

取

$$\kappa_{n1}(X_{01}, X_{02}, t) = M_{n1} - M_1 = M_{n1} - M_{01} - g_{M1}(t - t_{01}) \tag{4.41}$$

当 $\kappa_{n1}(X_{01}, X_{02}, t) = 0$ 时，所对应的时刻 t_{N1} 即为 S_1 过北点 P_N 的时刻。同理可得

$$\kappa_{n2}(X_{01}, X_{02}, t) = M_{n2} - M_2 = M_{n2} - M_{02} - g_{M2}(t - t_{01}) \tag{4.42}$$

当 $\kappa_{n2}(X_{01}, X_{02}, t) = 0$ 时，所对应的时刻 t_{N2} 即为 S_2 过北点 P_N 的时刻。

令 $\Delta t_N = t_{N2} - t_{N1}$，为空间目标 S_1 与 S_2 过北点的时间差。需要指出的是，Δt_N 一般情况下不为 0。当 $\Delta t_N = 0$ 时，S_1 与 S_2 同时通过北点 P_N，如果此时两目标的地心距相同，则空间目标 S_1 与 S_2 在北点 P_N 处相碰。

南点 P_S 处的计算方法与北点 P_N 类似，只是公式需要改为

$$\begin{cases} u_{s1} = \text{arccot}\left(\dfrac{\cos\Delta\Omega\cos i_{s1} - \sin i_{s1}\cot i_{s2}}{\sin\Delta\Omega}\right) + \pi \\ u_{s2} = \text{arccot}\left(\dfrac{-\cos\Delta\Omega\cos i_{s2} + \sin i_{s2}\cot i_{s1}}{\sin\Delta\Omega}\right) + \pi \\ \Delta\Omega = \Omega_{s2} - \Omega_{s1} \end{cases} \tag{4.43}$$

此外以下为特殊情况，需单独考虑：

(1) $i_1 > i_2 > 0$，$\Delta\Omega = \Omega_2 - \Omega_1 = 0$ 或 $\pm\pi$ 时，两航天器轨迹投影在升、降交点处相交，需求二者过升、降交点的时刻。

(2) $i_1 > i_2 = 0$，需求航天器 1 的升、降交点时刻。

(3) $i_1 = i_2$，$\Delta\Omega = \Omega_2 - \Omega_1 = 0$ 或 $\pm\pi$ 时，两轨道共面，此时可按共面方法预警。

如果 $|t_1 - t_2| \leqslant \varepsilon_t$，则需要判断

$$\begin{cases} r_1 = a_1(1 + e_1\cos E_1) \\ r_2 = a_2(1 + e_2\cos E_2) \end{cases} \tag{4.44}$$

如果 $|r_1 - r_2| \leqslant \varepsilon_r$，则需要给出预警信息。

以文献[4]所述的碰撞事件为例，利用 NORAD 提供的 TLE(表 4.2)对空间目标过相对升、降交点的时间和轨道根数变化进行分析。计算起始时间为 2005 年 1 月 13 日 12:00:00，预警分析时间长度为 4 天。

表 4.2　空间目标的 TLE

目标	TLE
S_R	1 26207U　99057CV　05012.01348642　.00000774　00000 - 0　27275 - 3 0　606 2 26207　98.2173　32.2878　0124063　79.0395　282.4771　14.33127993251122
S_T	1 07219U　74015B　05005.94102452　.00000041　00000 - 0　37371 - 4 0　3267 2 07219　99.0916　339.3105　0066266　134.9684　225.6893　14.24160453598108

两目标 S_R 与 S_T 各次过轨道面交点的时间差如图 4.11 所示,由图中可以看出,两目标过轨道交点的时间差是非连续单调变化的。如果机动策略使两目标过相对升、降交点的时间差跨越零点,则可有效避免碰撞。在图 4.11 中两目标过相对降交点的时间差存在零点,即两目标在该点处发生了碰撞。同时为了避免在机动后短时期内再次发生碰撞或导致提前碰撞,在机动策略的设计时必须注意使相对升、降交点以及前、后点的时间差均不为 0。图 4.12 则显示了 4 天中两目标轨道面交点位置的变化情况。

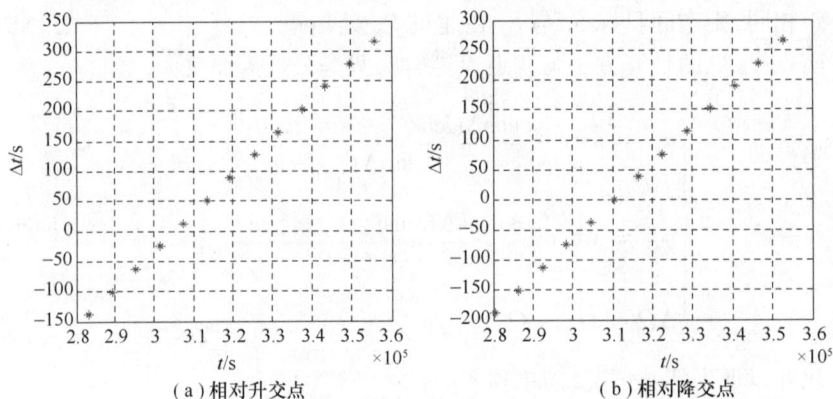

（a）相对升交点　　　　　（b）相对降交点

图 4.11　两目标过轨道交点的时间差

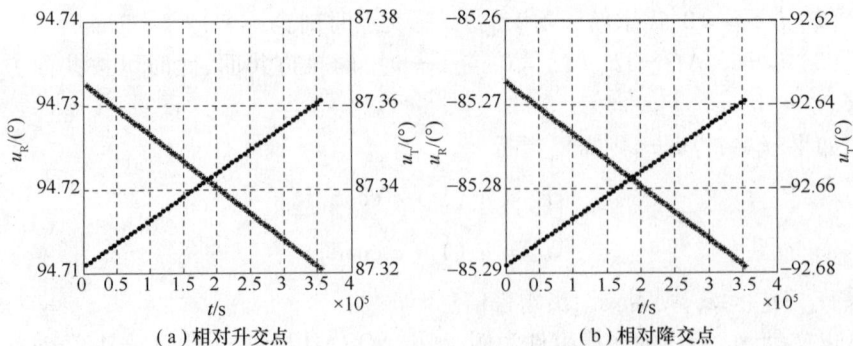

（a）相对升交点　　　　　（b）相对降交点

注:" * "代表 S_R ; " ● "代表 S_T 。

图 4.12　两目标轨道交点变化

以目标 26207 作为待检对象,采用基于长期项的接近检测解析法检测有可能与之发生碰撞的危险目标,得到的危险目标信息与基于固定时间推进的数值搜索法一致,且耗时少;与 07219 的最近交会时刻也符合实际碰撞情况。

这种方法从平根的角度探讨两个空间物体的相对关系。仿真表明:可以有效提高碰撞预警的检测效率,同时为基于平根的航天器机动控制策略奠定了良好的基础,可获得较好的基于平根的航天器机动控制策略。

4.2　空间目标接近分析的数值方法

数值方法以空间目标一段时间内一定步长的轨道星历为基础,或利用轨道模型求取指定时刻的目标位置速度信息,通过求差、插值、拟合、多项式求根等数据处理方法分析各时刻的位置速度信息以得到目标的相对位置关系和接近信息。

Alfano 和 Negron 提出了一种空间目标接近数值分析算法(A - N 算法)[109,110]。A - N 算法的基本思路是:引入相对距离函数和椭球函数,用低次多项式对相对距离函数和椭球函数进行分段插值,然后利用分段插值多项式进行求极小值和求根运算得到最接近点和椭球区域进出时刻。相对距离的极小值点通过利用多项式函数近似的相对距离变率的零点得到,进出椭球区域时刻的求解问题均转化为插值多项式求根问题。A - N 方法可以确定两条任意轨道上的接近事件,适用于任意轨道预报模型,其速度和精度是可选的,且不需要迭代,与传统几何方法和数值方法相比具有优势。A - N 算法在判断三次多项式根的存在性、筛选合理实根时存在缺陷,可能导致多余计算。由 A - N 算法提出的准则不能直接计算插值时间步长并可能导致丢根。针对 A - N 方法的不足,李鉴等[111]对 A - N 算法进行了改进,完善了其在多项式求根时存在的缺陷,根据多项式插值误差理论提出了一种自适应的插值时间步长选取方法。

Alarcon - Rodriguez 等提出了一种运动学筛选算法[112,113]。该方法包括初始高度筛选、 步粗略距离筛选(基于最大可能相对速度)和三步细致距离筛选(实际距离、最大相对加速度和实际相对速度),最后进行距离变率求根以确定最接近时刻。由于其简便性和鲁棒性,这种方法与传统解析方法相比计算效率较高,对接近事件的检测能力也较强。汪灏等结合了接近分析的运动学筛选算法和 A - N 算法[114],大大提高了计算效率和稳定性。Faulds 和 Spencer 提出了一种基于遗传算法和并行处理的空间目标接近分析方法,利用遗传算法得到空间目标间的接近距离[115]。

4.2.1　接近分析的 A - R 算法

作为碰撞风险评估的一部分,首先应确定编目空间目标间的近距离接近事件。假设卫星历元时刻 t_0 的轨道可以通过轨道确定得到,结果轨道文件包括时间段某一时间段内的拟合和预报状态。下面将运行的卫星表示为"主目标"(用下标 t 表示),根据近期的轨道 TLE 数据,将潜在的交会目标从编目数据中筛选出来。将这些 TLE 数据通过 SGP4/SDP4 理论得到一阶密切状态,将接近目标称为"危险目标"(用下标 r 表示)。

Hoots 的接近事件的检测方法包括复杂的筛选算法,其中的迭代寻根算法对 CPU 计算时间需求很大,由于摄动因素造成的漏报风险也不可忽视。随着计算机计算能力的不断增加,可以考虑用数值方法进行接近事件检测。下面的筛选算法已经在 ESA 的 CRASS 软件中得到了应用。

作为筛选的第 1 步,仍然对两目标轨道进行高度筛选。接下来,在预报区间(如 $t \in [t_0, t_0 + 7d]$)内等距的时间点上对主目标位置 $\boldsymbol{r}_t(t)$ 和危险目标位置 $\boldsymbol{r}_r(t)$ 之间的相对位置矢量随时间的变化 $\boldsymbol{\rho}(t)$ 进行分析。在每个时间步,检测相对位置矢量的分量与调整过的安全距离 $R_{c,1}$ 之间的关系

$$R_{c,1} = R_c + v_e \Delta t \qquad (4.45)$$

式中:$v_e = \sqrt{2\mu/r}$ 为逃逸速度。

如果 $\rho_X > R_{c,1}$ 或 $\rho_Y > R_{c,1}$ 或 $\rho_Z > R_{c,1}$ 或 $\rho > R_{c,1}$(以这种顺序进行),那么在时间段 Δt 内的不可能存在接近事件。对于通过了这一步的轨道,如果没有穿透经过曲率调整的安全距离 $R_{c,2} = R_c + g\Delta t^2$(其中,$g$ 为地球引力加速度),则不能进入主目标周围半径为 R_c 的参考控制体积。这符合下面情况:

$$R_{c,2} = R_c + g\Delta t^2 < \sqrt{\Delta r^2 - (\Delta \boldsymbol{r} \cdot \Delta \boldsymbol{v}/\Delta v)^2} \qquad (4.46)$$

如果考虑实际的相对速度而不是逃逸速度,门限 $R_{c,1}$ 还可以更进一步精确,得

$$R_{c,3} = R_{c,2} + \frac{1}{2}|\Delta \boldsymbol{v} \cdot \Delta \boldsymbol{r}/\Delta r|\Delta t \qquad (4.47)$$

对于通过了前面距离筛选的轨道,开始计算最接近时刻。通过计算距离变化率的零点,可以得到相对距离 Δr_{tca} 为最小 ρ_{tca} 的时刻 t_{tca},即

$$\Delta \boldsymbol{v}_{tca} \cdot \Delta \boldsymbol{r}_{tca}/\Delta r_{tca} = \dot{\rho}_{tca} = 0.0 \quad \rightarrow \quad t_{tca} \qquad (4.48)$$

对每一个识别的接近事件都进行最终测试以确定 $\Delta r_{tca} \leqslant R_c$。在最接近时刻 t_{tca},根据目标状态矢量 $\boldsymbol{x}_t = (\boldsymbol{r}_t, \boldsymbol{v}_t)$ 可以确定轨道坐标系的坐标轴 $\boldsymbol{U}_t$、$\boldsymbol{V}_t$ 和 $\boldsymbol{W}_t$。利用坐标轴矢量可以得到坐标转移矩阵 $R_{t,UVW}$,通过它可以将相对位置矢量 $\Delta \boldsymbol{r}_{tca}$ 和接近速度 $\Delta \boldsymbol{v}_{tca}$ 从 XYZ 坐标系投影到 UVW 坐标系,即

$$\begin{cases} (\Delta \boldsymbol{r}_{tca})_{U,V,W} = (\Delta \boldsymbol{r}_t)_{U,V,W} = (\boldsymbol{R}_t)_{U,V,W}(\Delta \boldsymbol{r}_{tca})_{X,Y,Z} \\ (\Delta \boldsymbol{v}_{tca})_{U,V,W} = (\Delta \boldsymbol{v}_t)_{U,V,W} = (\boldsymbol{R}_t)_{U,V,W}(\Delta \boldsymbol{v}_{tca})_{X,Y,Z} \end{cases} \qquad (4.49)$$

式中

$$
\begin{aligned}
(\Delta \boldsymbol{r}_{\text{tca}})_{X,Y,Z} &= (\boldsymbol{r}_{\text{r}}(t_{\text{tca}}) - \boldsymbol{r}_{\text{t}}(t_{\text{tca}}))_{X,Y,Z} \\
(\Delta \boldsymbol{v}_{\text{tca}})_{X,Y,Z} &= (\boldsymbol{v}_{\text{r}}(t_{\text{tca}}) - \boldsymbol{v}_{\text{t}}(t_{\text{tca}}))_{X,Y,Z}
\end{aligned}
\tag{4.50}
$$

$(\Delta \boldsymbol{r}_{\text{tca}})_{U,V,W}$ 可以表示为交会时刻的相对距离 Δr_{tca}、方位角 $A_{r,\text{tca}}$ 和高低角 $h_{r,\text{tca}}$。相应地,危险目标的接近速度 $(\Delta \boldsymbol{v}_{\text{tca}})_{U,V,W}$ 可以表示为速度大小 Δv_{tca} 和危险目标接近方向的方位角 $A_{v,\text{tca}}^* = A_{v,\text{tca}} + \pi$ 和高低角 $h_{v,\text{tca}}^* = -h_{v,\text{tca}}$。

到目前为止,在主目标的周围设定了球形门限区域。由于大气阻力摄动对轨道的长期作用,会使得沿迹方向的位置误差占主导作用,这有助于定义椭球形的门限区域,椭球的长轴位于沿迹方向。CRASS 软件利用与坐标轴 $\boldsymbol{U}_{\text{t}}$、$\boldsymbol{V}_{\text{t}}$ 和 $\boldsymbol{W}_{\text{t}}$ 相连的椭球,尺度为 $R_{\text{c},U} = 10\text{km}$,$R_{\text{c},V} = 25\text{km}$,$R_{\text{c},W} = 10\text{km}$,筛选算法中的球形门限区域半径 $R_{\text{c}} \geqslant \max(R_{\text{c},U}, R_{\text{c},V}, R_{\text{c},W})$。令

$$
k_{\text{c}}^2 = \left(\frac{\Delta r_U}{R_{\text{c},U}}\right)^2 + \left(\frac{\Delta r_V}{R_{\text{c},V}}\right)^2 + \left(\frac{\Delta r_W}{R_{\text{c},W}}\right)^2
\tag{4.51}
$$

如果 $k_{\text{c}}^2 \leqslant 1$,则接近事件落在椭球形控制区域内;否则,在以后的分析中不再考虑将该事件。

如果分析的时间步长过小,会频繁地调用筛选算法,接近事件筛选的计算机运行时间会增加;如果分析的时间步长过大,只有极少轨道会被初始筛选步筛选掉,计算时间也会增大。在这两种极端情况之间,可以找到最优的时间步长,其量级 $\Delta t \approx 180\text{s}$(ERS – 2 和欧洲环境卫星轨道周期的 3%)。

上面介绍的筛选算法与传统的基于轨道高度筛选、轨道平面交线、轨道相位和最小接近距离的筛选方法相比,在 CPU 时间效率和接近事件检测能力方面具有优势。

4.2.2 接近分析的 A – N 算法

接近分析的 A – N 算法可以确定两条任意轨道上的接近事件,与传统几何方法和数值方法相比具有优势。ANCAS 利用相对距离函数,它的每一点及其斜率都与多项式函数相匹配,主要的目的是确定两个目标的相对距离。这种方法适用于任意轨道预报模型,其速度和精度是可选的,最终得到的是闭合形式的解,且不需要迭代。

接近分析的第一步仍然是近地点—远地点筛选。地心惯性系中,t 时刻主目标和从目标的位置矢量分别为 $\boldsymbol{r}_{\text{p}}$、$\boldsymbol{r}_{\text{s}}$。相对距离矢量 $\boldsymbol{r}_{\text{d}}$ 及其对时间的导数为

$$
\begin{cases}
\boldsymbol{r}_{\text{d}} = \boldsymbol{r}_{\text{s}} - \boldsymbol{r}_{\text{p}} \\
\dot{\boldsymbol{r}}_{\text{d}} = \dot{\boldsymbol{r}}_{\text{s}} - \dot{\boldsymbol{r}}_{\text{p}} \\
\ddot{\boldsymbol{r}}_{\text{d}} = \ddot{\boldsymbol{r}}_{\text{s}} - \ddot{\boldsymbol{r}}_{\text{p}}
\end{cases}
\tag{4.52}
$$

可以用任意轨道预报方法计算主、从目标的星历。由于样条技术可以在预报器中采用较大的时间步长。如果目标的加速度矢量无法得到,则可以用下式近似加速度的分量:

$$a = -\frac{\mu}{r^3}r + a_{\text{nonspherical}} + a_{\text{drag}} + a_{3-body} + a_{\text{SR}} + a_{\text{tides}} + a_{\text{other}} \quad (4.53)$$

但是近似简化中只保留 J_2 摄动项。用点乘定义距离函数 $f_{\text{d}}(t)$ 及其时间导数。定义距离函数为相对距离的平方,因此不需计算平方根。

$$\begin{cases} f_{\text{d}}(t) = r_{\text{d}} \cdot r_{\text{d}} \\ \dot{f}_{\text{d}}(t) = 2(\dot{r}_{\text{d}} \cdot r_{\text{d}}) \\ \ddot{f}_{\text{d}}(t) = 2(\ddot{r}_{\text{d}} \cdot r_{\text{d}} + \dot{r}_{\text{d}} \cdot \dot{r}_{\text{d}}) \end{cases} \quad (4.54)$$

求这些方程的值得到一组时间序列,直到发现两个相邻的时间(包含一个最小值)。当 $f_{\text{d}}(t)$ 达到相对极小值点时两目标为一次接近,此时 $\dot{f}_{\text{d}}(t) = 0$ 且 $\ddot{f}_{\text{d}}(t) > 0$。后一条件表示两目标在轨道的同一半平面。为了确定这些接近时刻,计算与 $\dot{f}_{\text{d}}(t)$ 对应的距离变率三次多项式方程 $P_{\text{cd}}(\tau)$ 的导数函数的系数 α_{cd}。下标 d 表示的是距离函数。

$$\begin{cases} P_{\text{c}}(\tau) = \alpha_{c3}\tau^3 + \alpha_{c2}\tau^2 + \alpha_{c1}\tau + \alpha_{c0} \\ \alpha_{c0} = f(t_n) \\ \alpha_{c1} = \dot{f}(t_n)\Delta t \\ \alpha_{c2} = -3f(t_n) - 2\dot{f}(t_n)\Delta t + 3f(t_{n+1}) - \dot{f}(t_{n+1})\Delta t \\ \alpha_{c3} = 2f(t_n) + \dot{f}(t_n)\Delta t - 2f(t_{n+1}) + \dot{f}(t_{n+1})\Delta t \\ \Delta t = t_{n+1} - t_n \end{cases} \quad (4.55)$$

式中:τ 为归一化的时间,$0.0 < \tau < 1.0$。

如果利用函数的导数,三次样条函数仍然可用,只需要用一阶导数、二阶导数代替原函数和一阶导数。这里的归一化时间 τ 的取值范围是 $0 \sim 1$。现在计算方程 $P_{\text{cd}}(\tau)$ 在 $0.0 \sim 1.0$ 之间的根 τ_{droot},这是为了区别椭球函数的结果必需的。如果

$$\frac{\text{d}P_{\text{cd}}(\tau)}{\text{d}\tau}\bigg|_{\tau = \tau_{\text{droot}}} > 0 \quad (4.56)$$

则存在距离的相对极小值。还需要计算 τ_{droot} 对应的时间和距离

$$t_{\text{CA}}(\tau_{\text{droot}}) = t_n + \tau_{\text{droot}}\Delta t \quad (4.57)$$

一旦有了备选的接近事件,必须在主目标周围指定误差椭球以确定安全区域。之所以需要该区域,是因为预报和差分修正方法会在轨道中引入误差。误差椭球的主轴与主目标的速度矢量 $\boldsymbol{v}_\mathrm{p}$ 在同一直线上,这坐标系就是 NTW 坐标系。速度方向误差一般是最大的。

必须定义一个函数用于确定从目标进入和退出主目标椭球的条件。我们只关心二维结果,所以如果将 $\boldsymbol{r}_\mathrm{d}$ 投影到椭球主轴,可以得到椭圆的一般形式(a 和 b 分别为椭圆的长轴和短轴)

$$\frac{T^2}{a^2} + \frac{N^2}{b^2} = 1 \tag{4.58}$$

式中

$$\begin{cases} T = \dfrac{\boldsymbol{r}_\mathrm{d} \cdot \boldsymbol{v}_\mathrm{p}}{|\boldsymbol{v}_\mathrm{p}|} \\ N^2 = \boldsymbol{r}_\mathrm{d} \cdot \boldsymbol{r}_\mathrm{d} - T^2 \end{cases}$$

将 T、N 代入椭圆方程,得到椭球函数为

$$f_\mathrm{e}(\tau) = \frac{\dfrac{(\boldsymbol{r}_\mathrm{d} \cdot \boldsymbol{v}_\mathrm{p})^2}{(\boldsymbol{v}_\mathrm{p} \cdot \boldsymbol{v}_\mathrm{p})}}{a^2} + \frac{(\boldsymbol{r}_\mathrm{d} \cdot \boldsymbol{r}_\mathrm{d}) - \dfrac{(\boldsymbol{r}_\mathrm{d} \cdot \boldsymbol{v}_\mathrm{p})^2}{(\boldsymbol{v}_\mathrm{p} \cdot \boldsymbol{v}_\mathrm{p})}}{b^2} - 1 \tag{4.59}$$

有三种可能性:如果 $f_\mathrm{e}(\tau) > 0$,则从目标在椭球区域之外;如果 $f_\mathrm{e}(\tau) = 0$,则表示从目标进入或退出椭球区域;如果 $f_\mathrm{e}(\tau) < 0$,则表示从目标在椭球区域之内。只需主目标的速度矢量来确定 NTW 坐标系。对于球形区域,长轴和短轴相等,椭球函数为

$$f_\mathrm{e}(\tau) = \frac{\boldsymbol{r}_\mathrm{d} \cdot \boldsymbol{r}_\mathrm{d}}{a^2} - 1 \tag{4.60}$$

下面推导椭球区域的进出点。为了确定进出椭球区域的时间,需要根据式(4.61)四点三次插值计算三次多项式方程 $P_\mathrm{ce}(\tau)$ 的系数 α_ce。需要每个区间的两个端点 p_1、p_4 和两个中间点 p_2、p_3。

$$\begin{cases} \alpha_{c0} = p_1 \\ \alpha_{c1} = \dfrac{(\tau_2^3 - \tau_2^2)(p_2 - p_1) + (\tau_1^2 - \tau_1^3)(p_3 - p_1) + (\tau_1^3\tau_2^2 - \tau_1^2\tau_2^3)(p_4 - p_1)}{\mathrm{DET}} \\ \alpha_{c2} = \dfrac{(\tau_2 - \tau_2^3)(p_2 - p_1) + (\tau_1^3 - \tau_1)(p_3 - p_1) + (\tau_1\tau_2^3 - \tau_1^3\tau_2)(p_4 - p_1)}{\mathrm{DET}} \\ \alpha_{c3} = \dfrac{(\tau_2^2 - \tau_2)(p_2 - p_1) + (\tau_1 - \tau_1^2)(p_3 - p_1) + (\tau_1^2\tau_2 - \tau_1\tau_2^2)(p_4 - p_1)}{\mathrm{DET}} \\ \mathrm{DET} = \tau_1^3\tau_2^2 + \tau_1^2\tau_2 + \tau_1\tau_2^3 - \tau_1^3\tau_2 - \tau_1^2\tau_2^3 - \tau_1\tau_2^2 \end{cases}$$

$$\tag{4.61}$$

两个端点分别为

$$\begin{cases} p_1 = f_e(0), & t = t_n \\ p_4 = f_e(1), & t = t_{n+1} \end{cases} \tag{4.62}$$

两个中间点分别为

$$\begin{cases} p_2 = f_e(\tau_1), & \tau_1 = 1/3 \\ p_3 = f_e(\tau_2), & \tau_2 = 2/3 \end{cases} \tag{4.63}$$

这样 τ_1、τ_2 均匀地分布在区间内。计算 $P_{ce}(\tau)$ 在区间 $[0.0, 1.0]$ 内的实根 τ_{eroot}。如果实根存在,则分析进出时间。进出时间为

$$t_{EE}(\tau_{eroot}) = t_n + \tau_{eroot}\Delta t, \quad \Delta t = t_{n+1} - t_n \tag{4.64}$$

如果

$$\left. \frac{dP_{ce}(\tau)}{d\tau} \right|_{\tau = \tau_{eroot}} > 0 \tag{4.65}$$

则为出椭球时间;否则,为进椭球时间。

通过作者对 A – N 算法的验证发现,如果不引入加速度信息,仅利用位置速度信息进行两点三次多项式插值,难以得到正确的结果。已利用美、俄卫星碰撞实例进行验证。因此必须引入加速度信息,利用两点五次多项式插值方法。此外,距离必须用平方形式,不能直接用距离;否则,存在小分母情况,不利于稳定计算。至于加速度信息,如果所给的星历中没有,则根据位置数据利用二体假设粗略计算加速度,摄动加速度可以忽略不计。

第5章 碰撞概率的计算方法

碰撞预警是利用预报得到的轨道状态和误差协方差信息,进行风险评估得到各种碰撞风险参数,根据一定的准则判断风险参数是否处于危险区域。基于碰撞概率的空间目标碰撞预警是当前国际上主要应用的预警分析方法。

经过多年研究,碰撞概率计算方法已经比较成熟,可以得到满意精度的碰撞概率。但是一般的方法并没有给出碰撞概率与碰撞参数之间的直接和显式的联系,难以得到碰撞概率与其影响因素之间的关系。碰撞概率与影响因素之间的关系在最大碰撞概率分析、碰撞概率灵敏度分析、虚警漏警分析和基于碰撞概率的规避机动策略研究中十分重要。

本章将在一定的假设条件下,通过接近距离的分解,推导圆轨道情形和一般轨道情形下几种碰撞概率的显式表达式,将碰撞概率表示为接近距离或接近几何关系的显式函数,并分析显式表达式的误差和适用范围。

5.1 碰撞概率计算方法及简化

5.1.1 碰撞概率计算方法综述

空间目标碰撞风险分析评估中,碰撞概率的计算是基础之一。空间目标的碰撞概率是航天器进行空间目标碰撞预警和规避机动的基础。碰撞概率问题的一般提法为:已知主目标在其初始时刻 t_{10} 的状态估计值 $\bar{X}_1(t_{10})$ 和误差协方差矩阵 $P_1(t_{10})$,从目标在其初始时刻 t_{20} 的状态估计值 $\bar{X}_2(t_{20})$ 和误差协方差矩阵 $P_2(t_{20})$,其中状态矢量 $X=(r,v)$ 和协方差矩阵 P 可能在相同的坐标系描述(如 ECI 坐标系),也可能在两目标各自的轨道坐标系内描述。按照各自的轨道预报模型和协方差预报模型,两目标的状态矢量和协方差矩阵向前预报。通过合适的接近分析算法,确定在未来某一时刻两目标距离达到最近,最接近时刻为 t_{tca}。此时两目标的状态矢量和协方差的预报值分别为 $\bar{X}_1(t_{tca})$、$P_1(t_{tca})$ 和 $\bar{X}_2(t_{tca})$、$P_2(t_{tca})$。两目标安全半径分别为 R_1、R_1,根据 $\bar{X}_1(t_{tca})$、$P_1(t_{tca})$ 和 $\bar{X}_2(t_{tca})$、$P_2(t_{tca})$ 计算两目标发生碰撞的概率。该过程如图 5.1 所示。

根据接近分析和轨道预报误差分析得到的 TCA 两目标位置速度信息和误差协方差信息,可以计算两目标的碰撞概率。针对两种不同的接近几何关系,碰撞概率的计算可以分为线性相对运动和非线性相对运动两种情况。

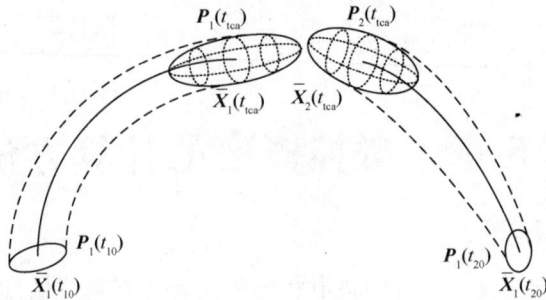

图 5.1　碰撞概率问题的一般提法

1. 线性相对运动情况

　　对于两目标接近时的相对速度较大的事件,两目标之间是短时间接近,这种情况下可以认为接近期间两目标的相对运动为线性相对运动。线性相对运动假设认为:已知两目标接近期间某时刻在惯性系中的位置速度矢量,两目标均等效为半径已知的球体;在接近期间两目标的运动都是匀速直线运动,而且速度没有不确定性,位置误差椭球在接近期间大小和形状保持不变;两目标的位置误差都服从三维高斯分布,可以由分布中心和位置误差协方差矩阵描述。当两目标间的距离小于其等效半径之和时认为发生碰撞,所以碰撞概率定义为两目标间的最小距离小于它们等效半径之和的概率。

　　由该假设条件可推知,空间目标在距离最接近时的相对位置矢量与相对速度矢量垂直,两目标位于垂直于相对速度的平面上,定义这个平面为相遇平面。由于两目标的预报误差互不相关,可以联合起来形成联合误差椭球,将等效半径联合起来形成联合球体,投影到相遇平面上就分别为联合误差椭圆和联合碰撞圆域。以相遇平面为基准平面,以相对速度矢量为基准方向定义相遇坐标系,可以把计算碰撞概率的问题转化为计算二维概率密度函数(Probability Density Function,PDF)在圆域内的积分问题。该二重积分求解析解困难,找到一种精度高、速度快的积分计算方法是解决碰撞概率计算问题的关键。

　　Foster 在相遇平面内进行极坐标变换,将关于直角坐标的二重积分化为关于极坐标的二重积分,然后按照一定的步长进行数值求解[116]。Aerospace 公司的 Patera 提出了一种等效的数值积分模型,通过坐标旋转变化和极坐标变换将二维面积分转化为围绕积分区域周长进行的一维曲线积分,积分式中只包含指数函数。该方法无需假设两目标为球形,可以对任意不规则形状的目标进行概率计算[117-120]。CSSI 的 Alfano 推导了一种用误差函数和指数函数表示的级数表达式,并且得到了最小级数项数的表达式[121-124]。Aerospace 公司的 Chan 基于具有代表性的实际接近和误差参数,利用等效面积的概念,将二维高斯分布PDF 转化为一维 Rician 分布 PDF,推导了二重积分的近似解析表达式[63,125-127]。这些方法的不同之处就在于求解相遇平面内二重积分的方法,Foster、Patera 和

Alfano 的方法实质上是数值方法,Chan 的方法是解析法。

Alfano 利用不同参数的算例对上述方法进行了比较[128]。Chan 的方法由于是解析表达式计算速度最快,同时对参数的限制也最严格,适合于碰撞概率的快速计算。Patera 的方法计算结果精度较高且适用于不规则目标形状,Alfano 的方法可以根据不同的计算实例确定级数的项数,这两种方法适合于在规避机动决策时精确计算碰撞概率。Foster 的方法计算速度最慢,可以通过增加步长来提速。空间数据系统咨询委员会(Consultative Committee for Space Data Systems,CCSDS)的交会数据信息(Conjunction Data Message,CDM)推荐标准为交会信息交换格式建立了通用框架并提供通用基础,其中碰撞概率的计算方法提供四个选项,分别是 Foster 方法、Chan 方法、Patera 方法和 Alfano 方法[31]。

国内方面,国防科学技术大学的王华[129-134],中国科学院空间科学与应用研究中心刘静团队的程陶[135,136]、冯昊[137]、杨旭[138],哈尔滨工业大学的张明选[139],解放军信息工程大学的吴波[140]等对碰撞概率计算方法也进行了研究。

2. 非线性相对运动情况

在线性相对运动假设下,可以将碰撞概率的计算问题由三维积分转化为相遇平面内的二维积分。如果接近时相对速度较小,目标之间会长时间接近,接近期间相对速度的大小和方向都会发生变化,目标之间是非线性相对运动。例如,卫星编队伴飞或交会对接过程,以及轨道平面比较接近的圆轨道(如地球静止轨道)卫星,目标之间的相对运动速度很低,处于复杂的非线性相对运动状态。此时线性相对运动假设的碰撞概率的描述方法和计算方法都不再适用。

非线性相对运动情况下碰撞概率的计算较线性情况下复杂:首先,在接近期间碰撞概率是变化的,这与线性相对运动情况碰撞概率保持不变不同;其次,不能将问题转化为二维积分,需要研究碰撞危险性的描述指标和计算方法。

Chan 分析了线性相对运动假设成立的条件[141],并讨论了非线性相对运动碰撞概率的计算方法[142]。Patera 通过变换将相对位置误差协方差矩阵转换成三维空间中对称的形式,此时平行于相对速度的一维就可以和其他两维相互解耦,然后得到某一小段时间内的碰撞概率分量,在整个时间间隔内对其积分就可以得到非线性碰撞概率值[143,144]。Slater 讨论了编队飞行卫星的碰撞概率计算方法和规避机动策略[145]。Alfano 提出了两种计算非线性相对运动情况下碰撞概率的方法:一种是对线性碰撞概率计算方法进行了拓展,将碰撞管道分割为一系列相邻的圆柱体,在圆柱体内运动是近似线性的,计算每段对应的碰撞概率,然后求和;另一种是将碰撞管道在马氏空间内进行体积有限元划分,表示为在马氏空间中建立体积有限元网格,计算每个有限元网格内的概率并求和[146]。McKinley 通过建立积分坐标系,在此坐标系中积分得到碰撞概率[147]。紫金山天文台的许晓丽通过对 McKinley 方法的重新整理和验证得到了正确可行的计算方法[148]。大连理工大学的张戈对卫星编队飞行碰撞概率预测与避撞措施进行了研究[149]。

针对交会对接任务的安全性问题,国防科学技术大学的罗亚中[150]和梁立波[151-154]提出了考虑偏差的交会轨迹安全性的定量评价指标及其计算方法,给出了安全性最优交会轨迹设计思想,进行了安全性最优交会轨迹的特性分析。

3. 碰撞概率的显式表达式

通过上述碰撞概率计算方法可以得到满意精度的碰撞概率。但是这些方法并没有给出碰撞概率与碰撞参数之间的直接的和显式的联系,难以得到碰撞概率与其影响因素(如交会几何关系和位置误差协方差)之间的关系。碰撞概率与影响因素之间的关系在最大碰撞概率分析、碰撞概率灵敏度分析、置信度分析和基于碰撞概率的规避机动策略研究中十分重要。

接近距离(相对位置矢量及其分量)和碰撞概率是空间目标碰撞预警中两类重要的碰撞风险评估准则,分别对应于 Box 方法和 P_c 方法两类碰撞风险评估方法。碰撞概率综合考虑了接近几何关系、位置误差协方差和目标大小,是比较全面的风险评估参数。同时,接近分析得到的接近距离、相对位置、相对速度、接近角度等信息也是重要的风险评估指标。碰撞概率计算是基于位置速度状态和协方差信息的碰撞风险点估计。作为碰撞风险评估参数,碰撞概率比接近距离更加精细,但是容易受到协方差不确定性的影响。在某些情况下(如误差协方差信息不可用时)基于接近距离的 Box 方法是更加可靠但是更加保守的方法。接近距离门限值在接近事件筛选过程中也很重要,需要理解概率门限值和距离门限值之间的关系。

在这种情况下,了解碰撞概率和接近距离及其他交会几何之间的关系,对于更加深刻理解这两类指标,并在碰撞预警工程中合理应用具有重要意义。由于碰撞概率和交会几何都是碰撞风险的表现,具有内在一致性,因此可以分析它们之间的关系。

在空间目标碰撞预警中一般会同时给出这两类风险评估参数,通过与预设门限值的比较确定是否需要采取措施。JSpOC 的 CSM 的交会详细信息部分包括接近事件的基本信息,包括:TCA,接近距离,相对速度,相对位置矢量的 R、S、W 分量,相对速度矢量的 R、S、W 分量等[155]。CCSDS 的 CDM 基本交会信息包括 TCA、接近距离、相对速度大小、TCA 相对位置和速度在 RSW 坐标系的分量,以及碰撞概率、碰撞概率的计算方法等。

Alfriend 等提出了一种确定碰撞概率上限和通过参数分析确定碰撞概率对接近几何关系与协方差的灵敏度的方法[64]。为了得到影响碰撞概率的主要影响因素提出了简化的方法。假设误差协方差椭球的主轴与 RSW 坐标系重合,目标位于近圆轨道上,两目标的速度大小相等。TCA 的相对位置矢量可以分解为径向和水平两个分量。接近距离的水平分量可以通过两目标到轨道面交线的距离和轨道面夹角得到。基于接近距离的分解,给出了用径向距离、水平距离、轨道面夹角和误差缩放因子表示的碰撞概率积分表达式。通过假设概率密度在碰撞圆域内为常值可以得到碰撞概率的近似值。

Chan 构建了两个垂直于速度公垂线的平行平面,两平面分明包含两目标的速度矢量,并将从目标的速度投影到主目标速度平面内。通过接近距离的分析,两目标间的最小接近距离可以分解为两平面间的距离和平面内的最小距离。基于协方差椭球的主轴与速度坐标系重合的简化模型,给出了相遇平面内接近矢量与协方差椭圆主轴之间夹角的表达式[63,126]。

Alfriend 和 Chan 都将接近距离分解为两个分量。对于圆轨道的情形,Alfriend 的径向距离和水平距离实质上就是 Chan 的平面间高度与平面内最近距离。Alfriend 并没有给出接近距离两个分量的计算方法,Chan 讨论了利用初始条件计算距离分量的方法。该计算方法和结果过于复杂,不利于实际应用。另外,Alfriend 的碰撞概率表达式仍然是包含误差函数的一维积分形式。Chan 在文献[63]的分析中没有考虑接近距离的分解特性,没有给出接近距离的分量与碰撞概率之间的显式关系。

5.1.2　碰撞概率计算方法的简化

本书仅考虑线性相对运动情况下的碰撞概率问题。由线性相对运动假设条件可推知,计算碰撞概率的问题可以转化为计算二维 PDF 在圆域内的积分问题。碰撞概率可表示为

$$P_c = \iint\limits_{(x-\mu_x)^2+(y-\mu_y)^2 \leq r_A^2} \frac{1}{2\pi\sigma_x\sigma_y}\exp\left[-\frac{1}{2}\left(\frac{x^2}{\sigma_x^2}+\frac{y^2}{\sigma_y^2}\right)\right]\mathrm{d}x\mathrm{d}y \qquad (5.1)$$

式中:参数组 $\{\mu_x,\mu_y,\sigma_x,\sigma_y,r_A\}$ 为相遇平面内的碰撞概率计算参数,如图 5.2 所示。

对于积分式(5.1),Chan 基于具有代表性的碰撞概率计算参数,利用等效面积的概念,将二维高斯分布 PDF 转化为一维 Rician 分布 PDF,推导了二重积分的近似解析表达式。在相遇平面内,通过尺度变换将二维不等方差 PDF 转化为等方差 PDF,将积分圆域转化为椭圆域。将转化后的积分椭圆域用面积相等的圆域近似,化为二维等方差 PDF 在圆域内的积分。该积分可以用一维 Rician 分布的积分来代

图 5.2　相遇坐标系内的碰撞概率计算参数

替,表示为一个收敛的无穷级数。对于大多数实际的碰撞概率计算参数,只保留无穷级数的第一项或前两项碰撞概率的相对误差不超过 0.4%。

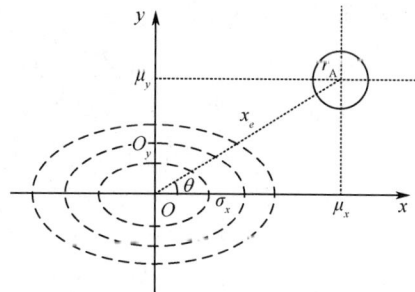

作者在文献[156,157]中也独立地做了类似的工作,得到了近似的结果。对于二维不等方差 PDF 在圆域内的积分,先通过空间压缩将不等方差 PDF 在圆域内的积分化为等方差 PDF 在椭圆区域内的积分,然后将椭圆区域用与其面积相等的圆区域近似,化为等方差 PDF 在圆域内的积分。该积分通过分部积分化为无穷级数的形式,可以取级数前任意项作为概率积分的近似。与 Chan 直接给出无穷级数的无限项求和表达式不同,作者给出了无穷级数首项和各项间的递推公式,便于编程计算。这里给出作者得到的结果。

对于式(5.1),定义无量纲变量 v 和 u 分别为

$$\begin{cases} v = \dfrac{1}{2}\left(\dfrac{\mu_x^2}{\sigma_x^2} + \dfrac{\mu_y^2}{\sigma_y^2}\right) \\[3mm] u = \dfrac{r_A^2}{2\sigma_x\sigma_y} \end{cases} \tag{5.2}$$

无穷级数的首项为

$$P_0 = \mathrm{e}^{-v}(1 - \mathrm{e}^{-u}) \tag{5.3}$$

第 k 项与第 $k-1$ 项之间的递推关系为

$$P_k = \frac{v}{k}P_{k-1} - \frac{u^k v^k}{k!k!}\mathrm{e}^{-(v+u)}, \quad k \geqslant 1 \tag{5.4}$$

令

$$\begin{cases} a_k = \dfrac{v}{k} \\[3mm] b_k = \dfrac{u^k v^k}{k!k!}\mathrm{e}^{-(v+u)} \end{cases}, \quad k \geqslant 1 \tag{5.5}$$

则递推关系式可写为

$$P_k = a_k P_{k-1} - b_k, \quad k \geqslant 1 \tag{5.6}$$

由首项和递推公式可求出无穷级数的任意项 $P_k(k \geqslant 1)$。在碰撞概率计算过程中,只需取前若干项作为近似,如果取前 $n+1$ 项求和作为无穷级数的近似,即

$$P_c \approx P_0 + P_1 + \cdots + P_n = \sum_{k=0}^{n} P_k \tag{5.7}$$

则截断误差 S_n 满足

$$S_n < \frac{1}{n!(n+1)!}u^{n+1}v^n\mathrm{e}^{-v}\mathrm{e}^{uv} \tag{5.8}$$

由文献[157]可知,取无穷级数首项 P_0 作为概率积分的近似时,相对截断

误差 S_1/P 的量级为 10^{-5} 或更小;当取无穷级数前两项 $P = P_0 + P_1$ 作为概率积分的近似时,相对截断误差 S_2/P 的量级小到 10^{-9}。因此,即使只取首项,截断误差也将小到可忽略不计。这种近似方法精度高,计算量小,实现简单。

在近似分析时,可以取无穷级数首项作为概率积分的近似,碰撞概率为

$$P_{\mathrm{c}} = \exp\Big[-\frac{1}{2}\Big(\frac{\mu_x^2}{\sigma_x^2} + \frac{\mu_y^2}{\sigma_y^2}\Big)\Big]\Big[1 - \exp\Big(-\frac{r_{\mathrm{A}}^2}{2\sigma_x\sigma_y}\Big)\Big] \qquad (5.9)$$

式(5.9)将作为下面分析计算碰撞概率的基本公式。

5.2　圆轨道情形下碰撞概率的显式表达式

大多数空间目标运行在圆轨道或近圆轨道上,如 LEO、MEO 和 GEO 等,因此推导圆轨道情形下碰撞概率的显式表达式是很有意义的。

由轨道运动特性决定,空间目标之间的接近或碰撞总是发生在两轨道最接近点附近,如图 5.3 所示。

两个圆轨道之间的最接近点在其轨道面交线上。对于圆轨道上的空间目标,如图 5.4 所示,作如下假设:

(1) 两目标轨道均为圆轨道,速度矢量与位置矢量互相垂直,速度倾角为 0°。

(2) 两目标轨道高度近似相等,因此两目标的速度大小也近似相等。

(3) 两目标速度夹角与轨道面夹角相等,此角度即接近角度。

本节在近圆轨道情形下推导用接近距离的 RSW 分量和接近几何关系表示的碰撞概率显式表达式。

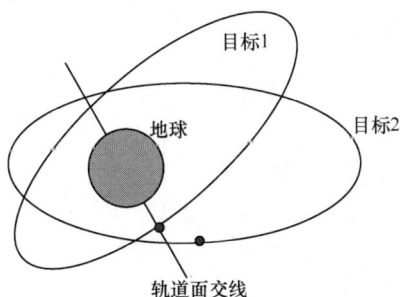

图 5.3　碰撞总发生在轨道面交线附近　　图 5.4　圆轨道假设与接近几何关系

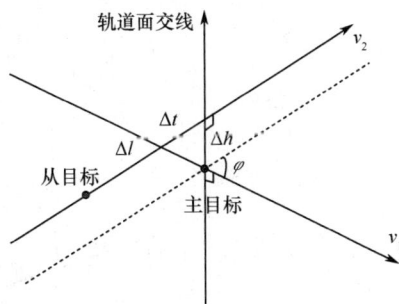

5.2.1　接近几何关系和接近距离的分解

两个空间目标 TCA 的相对位置和速度关系可以有两种表示方法:一是用相对位置速度的分量表示;二是用过轨道面交线的高度差和时间差等表示。相应

地,碰撞概率既可以用TCA接近距离及其分量表示,也可以用过交线高度差时间差等接近几何关系表示。下面分别推导相对位置和速度关系的两种表示方法。

1. 接近距离的分解

两目标TCA的相对位置矢量 Δr_{tca} 与相对速度矢量 Δv 垂直,两目标位于与相对速度矢量 Δv 垂直的相遇平面内,这一点在以前的研究中已经得到。是轨道间接近距离和目标间接近距离的示意图,其中虚线矩形所表示的平面与相对速度矢量垂直,是相遇平面。两目标距离最近时位于该矩形的对角顶点上。

因此,如图 5.5 所示,TCA 的接近矢量 Δr_{tca} 可以分解为两个分量:速度公垂线方向的轨道间最近距离矢量 Δr_{rad}(对于圆轨道该方向是径向)和速度平面内最近距离矢量 Δr_{vel}(对于圆轨道该平面即当地水平面)。它们有如下关系

$$\Delta r_{tca} = \Delta r_{rad} + \Delta r_{vel} \tag{5.10}$$

式中: Δr_{rad} 和 Δr_{vel} 是相互垂直的。所以接近距离可以表示为

$$\Delta r_{tca}^2 = \Delta r_{rad}^2 + \Delta r_{vel}^2 \tag{5.11}$$

根据对接近距离的分解,可以定义相遇坐标系 $o-xyz$。原点 o 位于接近时刻主目标的质心,z 轴指向相对速度矢量 Δv 方向,x 轴指向轨道最近点矢量 Δr_{rad} 方向(也即轨道面交线方向,对于圆轨道即径向),y 轴在速度平面内与速度平面内最近距离矢量 Δr_{vel} 在同一直线上,x、y、z 轴构成右手直角坐标系。垂直于相对速度的 $x-y$ 平面即相遇平面,如图 5.6 所示。TCA 从目标在相遇坐标系中坐标为

$$\begin{cases} \mu_x = \Delta r_{rad} \\ \mu_y = \Delta r_{vel} \end{cases} \tag{5.12}$$

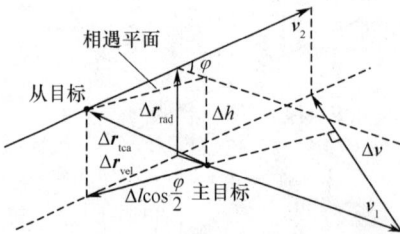

图 5.5　轨道间最近距离和目标间最近距离　　图 5.6　相遇坐标系的定义

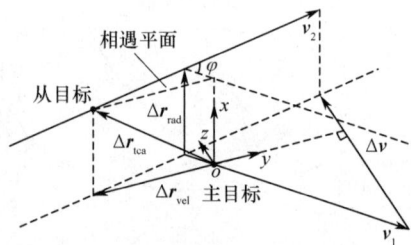

定义主目标的星基 RSW 坐标系,原点位于主目标质心,R 轴从地心指向主目标质心,S 轴在轨道平面内与 R 轴垂直,指向运动方向,W 轴指向轨道面法向。在圆轨道情形下,S 轴与速度矢量重合,如图 5.7 所示。

在 TCA,相对位置在 RSW 坐标系的分量为 R、S、W,最近距离为 $\Delta r_{tca}^2 = R^2 +$

$S^2 + W^2$。由图 5.7 可知,RSW 坐标系的 R 轴与相遇坐标系的 x 轴是一致的。从目标在相遇坐标系中的 x 坐标为 R,水平面内的接近距离由 S 和 W 共同确定,如图 5.8 所示。从目标在相遇坐标系内的坐标可以用相对位置的分量表示为

$$\begin{cases} \mu_x = R \\ \mu_y = \sqrt{S^2 + W^2} \end{cases} \tag{5.13}$$

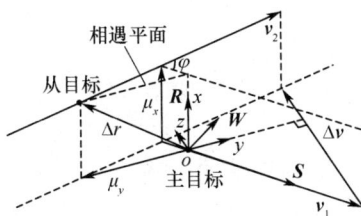

图 5.7 主目标星基 RSW 坐标系

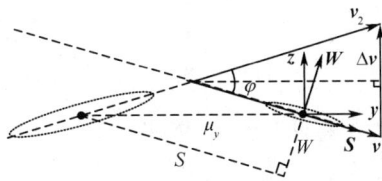

图 5.8 水平面内的接近距离

2. 接近几何关系

轨道面交线高度差时间差筛选是常用的接近分析筛选方法[98-100]。圆轨道情形下的接近几何关系包括过交线高度差 Δh、过交线时间差 Δt、轨道面夹角 φ 等,如图 5.4 所示。两目标在其轨道面交线附近接近,两目标通过交线处的高度差为 Δh,设当主目标到达交线时从目标与交线尚有 Δl 的距离,这段距离是由两目标通过交线的时间差造成的,假设过交线时间差为 Δt,则有 $\Delta l = v \cdot \Delta t$。由圆轨道假设可知,速度 v_1 和 v_2 都与轨道面交线矢量 r 垂直,相对速度 Δv 也与轨道面交线垂直,如图 5.8 所示。图 5.5 中相遇平面内虚线矩形两边长分别为 Δh 和 $\Delta l\cos(\phi/2)$,接近距离即该矩形对角线的长度为

$$\Delta r_{\text{tca}} = \sqrt{\Delta h^2 + \Delta l^2 \cos^2(\varphi/2)} = \sqrt{\Delta h^2 + v^2\cos^2(\varphi/2)\Delta t^2} \tag{5.14}$$

因此,TCA 相遇坐标系中从目标的位置坐标为

$$\begin{cases} \mu_x = \Delta h \\ \mu_y = \Delta l\cos\dfrac{\varphi}{2} = v\cos(\varphi/2)\Delta t \end{cases} \tag{5.15}$$

式(5.13)和式(5.15)分别给出了用接近距离的 RSW 分量和接近几何关系表示的概率积分参数 (μ_x, μ_y)。

5.2.2 误差协方差的转换和投影

近圆轨道目标的位置误差协方差矩阵一般在其 RSW 坐标系描述,如图 5.9 所示。Chan[63] 和 Alfriend[64] 都做过协方差椭球的主轴与 RSW 坐标轴一致的假设,该假设在保持误差基本特性的同时可以大大简化分析。

设两目标在 RSW 坐标系中的位置误差协方差矩阵 $\boldsymbol{P}_{1RSW}$ 和 $\boldsymbol{P}_{2RSW}$ 都是对角阵,即

$$
\begin{cases}
\boldsymbol{P}_{1RSW} = \begin{bmatrix} \sigma_{1R}^2 & 0 & 0 \\ 0 & \sigma_{1S}^2 & 0 \\ 0 & 0 & \sigma_{1W}^2 \end{bmatrix} \\[2em]
\boldsymbol{P}_{2RSW} = \begin{bmatrix} \sigma_{2R}^2 & 0 & 0 \\ 0 & \sigma_{2S}^2 & 0 \\ 0 & 0 & \sigma_{2W}^2 \end{bmatrix}
\end{cases}
\tag{5.16}
$$

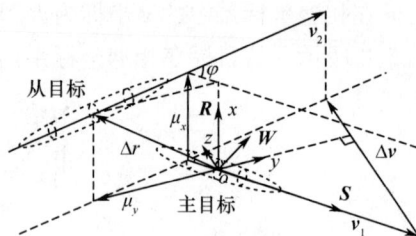

图 5.9 两目标的位置误差协方差椭球

为了将两目标 RSW 坐标系协方差矩阵转换到相遇坐标系,需要知道 RSW 坐标系到相遇坐标系的转换矩阵。显然,RSW 坐标系的 R 轴与相遇坐标系的 x 轴是一致的,因此只需要将两目标的 RSW 坐标系分别绕其 R 轴旋转 $\varphi/2$ 和 $-\varphi/2$ 角度即可得到相遇坐标系(图 5.8)。坐标转换矩阵为

$$
\begin{cases}
\boldsymbol{M}_{1RSW \to xyz} = M_1\left(\dfrac{\varphi}{2}\right) \\[1.5em]
\boldsymbol{M}_{2RSW \to xyz} = M_1\left(-\dfrac{\varphi}{2}\right)
\end{cases}
\tag{5.17}
$$

式中:$M_1(\cdot)$ 为绕第一轴旋转的基本转换矩阵。

分别将两目标 RSW 坐标系的误差协方差矩阵 $\boldsymbol{P}_{1RSW}$ 和 $\boldsymbol{P}_{2RSW}$ 转换到相遇坐标系,得

$$
\begin{aligned}
\boldsymbol{P}_1 &= \boldsymbol{M}_{1RSW \to xyz} \boldsymbol{P}_{1RSW} \boldsymbol{M}_{1RSW \to xyz}^{\mathrm{T}} \\
&= \begin{bmatrix}
\sigma_{1R}^2 & 0 & 0 \\[1em]
0 & \sigma_{1S}^2\cos^2\dfrac{\varphi}{2} + \sigma_{1W}^2\sin^2\dfrac{\varphi}{2} & \dfrac{\sigma_{1W}^2 - \sigma_{1S}^2}{2}\sin\varphi \\[1.5em]
0 & \dfrac{\sigma_{1W}^2 - \sigma_{1S}^2}{2}\sin\varphi & \sigma_{1S}^2\sin^2\dfrac{\varphi}{2} + \sigma_{1W}^2\cos^2\dfrac{\varphi}{2}
\end{bmatrix}
\end{aligned}
\tag{5.18}
$$

$$
\begin{aligned}
\boldsymbol{P}_2 &= \boldsymbol{M}_{2RSW \to xyz} \boldsymbol{P}_{2RSW} \boldsymbol{M}_{2RSW \to xyz}^{\mathrm{T}} \\
&= \begin{bmatrix}
\sigma_{2R}^2 & 0 & 0 \\[1em]
0 & \sigma_{2S}^2\cos^2\dfrac{\varphi}{2} + \sigma_{2W}^2\sin^2\dfrac{\varphi}{2} & \dfrac{\sigma_{2S}^2 - \sigma_{2W}^2}{2}\sin\varphi \\[1.5em]
0 & \dfrac{\sigma_{2S}^2 - \sigma_{2W}^2}{2}\sin\varphi & \sigma_{2S}^2\sin^2\dfrac{\varphi}{2} + \sigma_{2W}^2\cos^2\dfrac{\varphi}{2}
\end{bmatrix}
\end{aligned}
\tag{5.19}
$$

假设两目标的协方差矩阵不相关,联合协方差矩阵可以通过直接将两目标的协方差矩阵相加得到。只需要考虑相遇平面内的两个分量,将两个协方差矩

阵相加得到二维联合协方差矩阵为

$$P = \begin{bmatrix} \sigma_{1R}^2 + \sigma_{2R}^2 & 0 \\ 0 & (\sigma_{1S}^2 + \sigma_{2S}^2)\cos^2\dfrac{\varphi}{2} + (\sigma_{1W}^2 + \sigma_{2W}^2)\sin^2\dfrac{\varphi}{2} \end{bmatrix} \quad (5.20)$$

式(5.20)说明相遇平面内的联合协方差矩阵已经是对角阵, R、S、W 方向的联合方差分别为

$$\begin{cases} \sigma_R^2 = \sigma_{1R}^2 + \sigma_{2R}^2 \\ \sigma_S^2 = \sigma_{1S}^2 + \sigma_{2S}^2 \\ \sigma_W^2 = \sigma_{1W}^2 + \sigma_{2W}^2 \end{cases} \quad (5.21)$$

由式(5.20)可知, R 方向的误差与 S 和 W 方向的误差是解耦的,可以直接将两目标的方差相加得到联合方差。而 S 和 W 方向的误差是通过轨道面夹角耦合的,定义水平面内的联合误差方差为

$$\sigma_{SW}^2 = \sigma_S^2\cos^2\frac{\varphi}{2} + \sigma_W^2\sin^2\frac{\varphi}{2} \quad (5.22)$$

相遇平面内 x 和 y 方向的联合误差方差分别为

$$\begin{cases} \sigma_x^2 = \sigma_R^2 = \sigma_{1R}^2 + \sigma_{2R}^2 \\ \sigma_y^2 = \sigma_{SW}^2 = \sigma_S^2\cos^2\dfrac{\varphi}{2} + \sigma_W^2\sin^2\dfrac{\varphi}{2} \end{cases} \quad (5.23)$$

至此得到了碰撞概率积分参数 μ_x、μ_y、σ_x、σ_y 的显式表达式。

5.2.3 碰撞概率的显式表达式

碰撞概率的显式表达式有接近距离分量表示和接近几何关系表示两种形式。将式(5.13)和式(5.23)代入式(5.9),可以得到碰撞概率用 TCA 接近距离的 R、S、W 分量和 RSW 坐标系的联合误差方差表示的显式表达式为

$$P_c = \exp\left[-\frac{1}{2}\left(\frac{R^2}{\sigma_R^2} + \frac{S^2 + W^2}{\sigma_{SW}^2}\right)\right] \cdot \left[1 - \exp\left(-\frac{r_A^2}{2\sigma_R\sigma_{SW}}\right)\right] \quad (5.24)$$

将式(5.15)和式(5.23)代入式(5.9),可以得到碰撞概率用两目标过轨道面交线高度差和时间差以及 RSW 坐标系的联合误差方差表示的显式表达式为

$$P_c = \exp\left[-\frac{1}{2}\left(\frac{\Delta h^2}{\sigma_R^2} + \frac{v^2\cos^2\dfrac{\varphi}{2}\Delta t^2}{\sigma_{SW}^2}\right)\right]\left[1 - \exp\left(-\frac{r_A^2}{2\sigma_R\sigma_{SW}}\right)\right] \quad (5.25)$$

123

由式(5.24)和式(5.25)可知,碰撞概率的显式表达式包括两项距离相关项:一是与径向相对距离 R(或过交线高度差 Δh)相关的项 R^2/σ_R^2(或 $\Delta h^2/\sigma_R^2$);二是与水平相对距离 S、W(或过交线时间差 Δt)相关的项

$$
\begin{cases}
\dfrac{S^2+W^2}{\sigma_{SW}^2} = \dfrac{S^2+W^2}{\sigma_S^2\cos^2\dfrac{\varphi}{2}+\sigma_W^2\sin^2\dfrac{\varphi}{2}} \\[4mm]
\dfrac{v^2\cos^2\dfrac{\varphi}{2}\Delta t^2}{\sigma_{SW}^2} = \dfrac{v^2\cos^2\dfrac{\varphi}{2}\Delta t^2}{\sigma_S^2\cos^2\dfrac{\varphi}{2}+\sigma_W^2\sin^2\dfrac{\varphi}{2}}
\end{cases}
\tag{5.26}
$$

从碰撞概率的显式表达式可以得到如下结论:

(1)两空间目标 R、S、W 三个方向联合误差方差可以通过每个目标相应方向的误差方差相加得到,这样就使问题得到了简化,把误差的投影和转化简化为直接相加,使分析问题更加方便。

(2)水平面内两个方向(S 和 W 方向)的误差通过轨道面夹角 φ 相互耦合,与水平面内的相对位置 S 和 W(或过交线时间差 Δt)相关联;R 方向的误差方差与水平面内的误差方差解耦,与径向相对位置 R(或过交线高度差 Δh)关联。可以将碰撞概率表示为两个互相独立的方差 σ_R^2 和 σ_{SW}^2 的函数。

在讨论径向相对距离对碰撞概率的影响与确定碰撞预警的高度差门限值时,只需考虑径向误差大小;在讨论迹向和法向相对距离对碰撞概率的影响与确定时间差门限值时,需考虑水平面内联合误差方差的大小。

碰撞概率的显式表达式的两种形式各有应用:用接近距离分量表示的碰撞概率显式表达式可用于分析概率和距离两类风险指标的关系,式(5.24)对于了解碰撞概率 P_c 和接近距离的分量及其他接近几何之间的关系具有重要意义;接近几何关系表示的显式表达式可用于规避机动分析,增大过交线高度差和时间差是航天器进行碰撞规避机动的主要策略,式(5.25)对于基于碰撞概率的规避机动策略选择以及轨道预报系统误差对碰撞概率的影响具有重要的意义。

5.2.4 算例分析

本节利用美、俄卫星碰撞实例对圆轨道情形下碰撞概率显式表达式进行验证。根据两卫星碰撞前的 TLE 数据,通过接近分析可得 TCA 为 2009 - 02 - 10 16:55:59.7958 UTC,TCA 两目标在 ECI 坐标系中的位置速度坐标如表 5.1 所列。两目标的轨道都为近圆轨道,偏心率分别为 $e_1 = 0.001174$ 和 $e_2 = 0.000660$。

表 5.1　ECI 坐标系位置速度(美、俄卫星碰撞实例的 TCA)

	X/km	Y/km	Z/km	$V_x/(km/s)$	$V_y/(km/s)$	$V_z/(km/s)$
主目标	−1457.273246	1589.568484	6814.189959	−7.001731	−2.439512	−0.926209
从目标	−1457.532155	1588.932671	6814.316188	3.578705	−6.172896	2.200215

通过计算得到 TCA 的相对位置和接近几何关系如表 5.2 所列。

表 5.2　相对位置和接近几何关系(美、俄卫星碰撞实例)

量和单位	数值	量和单位	数值
接近距离/km	0.698011	侧向距离 W/km	0.543785
过交线高度差 Δh/km	0.031765	水平面内距离 $\sqrt{S^2+W^2}$/km	0.697294
过交线时间差 Δt/s	0.149075	轨道面夹角 φ/(°)	102.458
径向距离 R/km	0.031731	主目标速度倾角 θ_1/(°)	0.0153
迹向距离 S/km	0.436476	从目标速度倾角 θ_2/(°)	−0.0338

第 3 章利用泊松级数拟合方法得到了两卫星 U、N、W 方向的位置误差标准差。对于圆轨道,UNW 坐标系与 RSW 坐标系的方向是一致的。因此这里给出两卫星 R、S、W 方向误差标准差,并利用式(5.21)和式(5.22)计算得到每个方向的联合误差标准差和水平面内的联合误差标准差,结果如表 5.3 所列。

表 5.3　各方向的位置误差标准差及联合误差(美、俄卫星碰撞实例)

	σ_R/km	σ_S/km	σ_W/km
主目标	0.0231207	0.2061885	0.0719775
从目标	0.0363234	0.4102069	0.0341134
联合	0.0430576	0.4591115	0.0796523
径向/水平向	0.0430576	0.2941297	

联合误差椭球各主轴之比 $\sigma_R:\sigma_S:\sigma_W=1:10:1.8$,图 5.10 为两目标 TCA 的 3σ 联合误差椭球,图 5.11 为相遇平面内的误差椭圆和联合碰撞圆域。

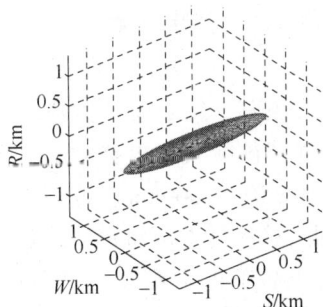

图 5.10　3σ 联合误差椭球　图 5.11　相遇平面内联合误差椭圆和联合碰撞圆域

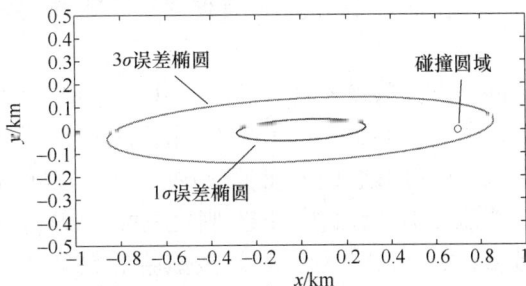

令两目标的等效半径都为5m,联合半径 $r_A = 10m$。按照表5.1~表5.3给出的条件,分别利用第5.1节的碰撞概率计算一般方法和第5.2节圆轨道情形下碰撞概率的两种显式表达式计算碰撞概率,结果如表5.4所列。计算得到的碰撞概率值超过了一般定义的规避机动红色门限值(10^{-4})。

表5.4 碰撞概率计算结果(美、俄卫星碰撞实例)

一般方法	显式表达(接近几何关系表示)	显式表达式(RSW 分量表示)
1.814826×10^{-4}	1.806946×10^{-4}	1.807975×10^{-4}

两类显式表达式与一般方法的相对误差分别为0.4342%和0.3775%,表明显式表达式的精度对于碰撞风险评估是足够的。

利用表5.2给出的接近几何关系,计算碰撞概率随协方差大小的变化情况。协方差的大小由协方差缩放因子 k 表示。图5.12给出了三种方法计算得到的碰撞概率随缩放因子 k 的变化曲线。图5.12说明,在近圆轨道情形下,接近几何关系表示的显式表达式的结果(用 P_{c1} 表示)和 RSW 分量表示的显式表达式的结果(用 P_{c2} 表示)与一般方法计算得到的结果(用 P_{c0} 表示)吻合很好,三条曲线很接近。

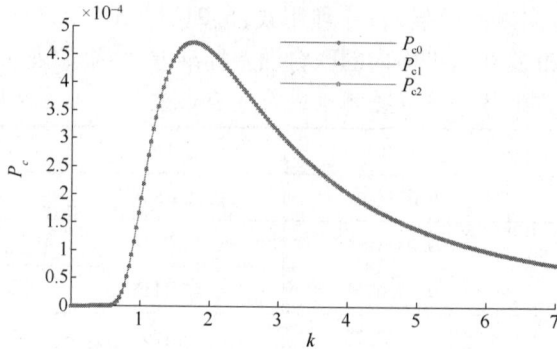

图5.12 P_c 随误差缩放因子 k 的变化曲线(美、俄卫星碰撞实例)

5.3 一般轨道情形下碰撞概率的显式表达式

除了大多数近圆轨道(LEO、MEO、GEO)目标外,还有一定数量的大椭圆轨道(HEO)空间目标。HEO目标对于载人航天器的碰撞预警具有重要意义。载人航天器(空间站、载人飞船)一般运行在较低的轨道(300~500km),该高度上的圆轨道如不进行高度维持,则轨道寿命较短。因此,该高度上圆轨道空间目标的数量较少,对载人航天器造成威胁的大多是近地点较低的大椭圆轨道目标。这种情况下基于圆轨道假设推导的碰撞概率显式表达式的误差较大,不适合使用。因此,有必要推导和分析任意轨道形状下碰撞概率的显式表达式。

5.3.1 接近几何关系表示的碰撞概率显式表达式

1. 一般轨道情形下的接近几何关系

空间目标之间的碰撞总是发生在它们轨道接近点附近。两椭圆轨道有两个接近距离。在圆轨道的假设条件下,两目标轨道的最接近点位于它们轨道面的交线上。在一般轨道形状的条件下该结论不成立,此时两目标轨道的最近点并不是轨道面交线,而是在轨道面交线附近[100],如图 5.3 所示。

1) 轨道间最近距离

两个空间目标在各自的轨道上运行,位置和速度矢量分别为 r_1、v_1 和 r_2、v_2。轨道间的最近距离,实质上是不考虑时间同步性的两目标间的最近距离。不考虑时间同步性是指在分析中两目标的时间自变量取不同的值,或者说两目标在各自的轨道上的位置是任意的,没有约束。这样得到的两目标最近距离就是两条轨道的最近距离。

设主目标的运动状态为 $[r_1(t_1), v_1(t_1)]$,从目标的运动状态为 $[r_2(t_2), v_2(t_2)]$,注意这里的 t_1 和 t_2 是不同的量。则相对位置矢量为

$$\Delta r(t_1, t_2) = r_2(t_2) - r_1(t_1) \tag{5.27}$$

相对距离的平方为

$$\Delta r^2 = \Delta r(t_1, t_2) \cdot \Delta r(t_1, t_2) = r_2(t_2) \cdot r_2(t_2) - $$
$$2r_1(t_1) \cdot r_2(t_2) + r_1(t_1) \cdot r_1(t_1) \tag{5.28}$$

相对距离的平方对时间参数 t_1 和 t_2 的偏导数为

$$\begin{cases} \dfrac{\partial \Delta r^2}{\partial t_1} = 2r_1(t_1) \cdot v_1(t_1) - 2r_2(t_2) \cdot v_1(t_1) \\ \dfrac{\partial \Delta r^2}{\partial t_2} = 2r_2(t_2) \cdot v_2(t_2) - 2r_1(t_1) \cdot v_2(t_2) \end{cases} \tag{5.29}$$

令偏导数为 0,可得

$$\begin{cases} [r_1(t_1) - r_2(t_2)] \cdot v_1(t_1) = 0 \\ [r_1(t_1) - r_2(t_2)] \cdot v_2(t_2) = 0 \end{cases} \tag{5.30}$$

因此,最小相对位置矢量满足

$$\begin{cases} \Delta r_{\min}(t_1, t_2) \cdot v_1(t_1) = 0 \\ \Delta r_{\min}(t_1, t_2) \cdot v_2(t_2) = 0 \end{cases} \tag{5.31}$$

这说明两目标轨道距离最近的必要条件是此时两轨道相应位置的连线矢量与两目标此时的速度矢量都垂直,即相对位置矢量位于两轨道速度的公垂线上,如图 5.13 所示。两轨道间的最近距离 $\Delta r_{\min}$ 是两目标可能的最近距离,实际的

最接近距离 Δr_{tca} 总是不小于轨道间最近距离 Δr_{min}。

2）目标间最近距离

考虑到两目标在各自轨道上的实际位置，才可以计算两目标间的最小距离。此时只有一个时间变量 t。相对位置矢量为

$$\Delta \boldsymbol{r}(t) = \boldsymbol{r}_2(t) - \boldsymbol{r}_1(t) \tag{5.32}$$

相对距离的平方为

$$\Delta r^2 = \Delta \boldsymbol{r}(t) \cdot \Delta \boldsymbol{r}(t) = \boldsymbol{r}_2(t) \cdot \boldsymbol{r}_2(t) - 2\boldsymbol{r}_1(t) \cdot \boldsymbol{r}_2(t) + \boldsymbol{r}_1(t) \cdot \boldsymbol{r}_1(t) \tag{5.33}$$

相对距离的平方对时间 t 的偏导数为

$$\frac{\mathrm{d}\Delta r^2}{\mathrm{d}t} = 2(\boldsymbol{r}_1 \cdot \boldsymbol{v}_1 + \boldsymbol{r}_2 \cdot \boldsymbol{v}_2 - \boldsymbol{r}_1 \cdot \boldsymbol{v}_2 - \boldsymbol{r}_2 \cdot \boldsymbol{v}_1) \tag{5.34}$$

令偏导数为 0，可得

$$(\boldsymbol{r}_2 - \boldsymbol{r}_1) \cdot (\boldsymbol{v}_2 - \boldsymbol{v}_1) = 0, \quad \Delta \boldsymbol{r} \cdot \Delta \boldsymbol{v} = 0 \tag{5.35}$$

这说明两目标 TCA 的相对位置矢量 $\Delta \boldsymbol{r}$ 与相对速度矢量 $\Delta \boldsymbol{v}$ 垂直，这一点在以前的研究中已经得到。图 5.14 是轨道间最近距离和目标间最近距离的示意图。因此 TCA 的接近矢量 $\Delta \boldsymbol{r}_{tca}$ 可以分解为速度公垂线方向的轨道间最近距离矢量 $\Delta \boldsymbol{r}_{min}$ 和速度平面内最近距离矢量 $\Delta \boldsymbol{r}_{vel}$ 两个分量，即

$$\Delta \boldsymbol{r}_{tca} = \Delta \boldsymbol{r}_{min} + \Delta \boldsymbol{r}_{vel} \tag{5.36}$$

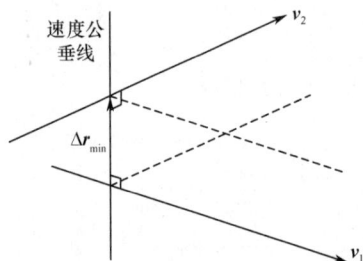

图 5.13　轨道间的最近距离　　　图 5.14　轨道间最近距离和目标间最近距离

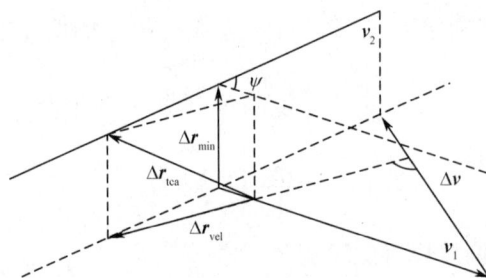

式中 $\Delta \boldsymbol{r}_{min}$ 和 $\Delta \boldsymbol{r}_{vel}$ 是相互垂直的，所以接近距离可以表示为

$$\Delta r_{tca}^2 = \Delta r_{min}^2 + \Delta r_{vel}^2 \tag{5.37}$$

通过上面分析可知，空间目标最接近时的相对位置可以分解为轨道间最近距离和过速度公垂线时间差两部分，即过速度公垂线高度差和时间差。该结论对任意轨道的空间目标接近事件都是适用的。第 5.2.1 节在圆轨道的假设下提出了相似的结论，只是将最接近距离分解为过轨道面交线的高度差和时间差，这是本节结论在圆轨道情形下的推论。

3）线性运动假设下最接近点的计算

在两目标相对速度较大的短期接近过程中，一般都基于线性运动假设进行碰撞概率分析。在线性运动假设下，接近期间两目标可看作沿着两条直线运动，这两条直线的最近点是它们公共垂线与两条轨道的交点。已知接近期间两目标的位置速度矢量，可以推导轨道最近距离和目标最近距离的计算公式，得到类似于圆轨道情形中的过交线高度差和过交线时间差的量。

已知 ECI 坐标系中两目标的位置速度矢量 $\boldsymbol{r}_{10}$、$\boldsymbol{v}_1$ 和 $\boldsymbol{r}_{20}$、$\boldsymbol{v}_2$，计算 $\Delta r_{\min}$、Δr_{vel} 和 ψ。首先，容易得到速度之间的夹角为

$$\psi = \arccos \frac{\boldsymbol{v}_1 \cdot \boldsymbol{v}_2}{|\boldsymbol{v}_1||\boldsymbol{v}_2|} \tag{5.38}$$

两直线轨迹的参数方程为

$$\begin{cases} \boldsymbol{r}_1(t_1) = \boldsymbol{r}_{10} + \boldsymbol{v}_1 t_1 \\ \boldsymbol{r}_2(t_2) = \boldsymbol{r}_{20} + \boldsymbol{v}_2 t_2 \end{cases} \tag{5.39}$$

相对位置矢量可表示为

$$\begin{aligned} \Delta \boldsymbol{r}(t_1, t_2) &= \boldsymbol{r}_2(t_2) - \boldsymbol{r}_1(t_1) = \boldsymbol{r}_{20} - \boldsymbol{r}_{10} + \boldsymbol{v}_2 t_2 - \boldsymbol{v}_1 t_1 \\ &= \Delta \boldsymbol{r}_0 + \boldsymbol{v}_2 t_2 - \boldsymbol{v}_1 t_1 \end{aligned} \tag{5.40}$$

相对距离的平方为

$$\begin{aligned} \Delta r^2 &= (\Delta \boldsymbol{r}_0 \cdot \Delta \boldsymbol{r}_0) + 2(\Delta \boldsymbol{r}_0 \cdot \boldsymbol{v}_2)t_2 - 2(\Delta \boldsymbol{r}_0 \cdot \boldsymbol{v}_1)t_1 + (\boldsymbol{v}_2 \cdot \boldsymbol{v}_2)t_2^2 - \\ &\quad 2(\boldsymbol{v}_1 \cdot \boldsymbol{v}_2)t_1 t_2 + (\boldsymbol{v}_1 \cdot \boldsymbol{v}_1)t_1^2 \end{aligned} \tag{5.41}$$

对时间参数求偏导，令其分别为 0，得

$$\begin{cases} \dfrac{\partial \Delta r^2}{\partial t_1} = -(\Delta \boldsymbol{r}_0 \cdot \boldsymbol{v}_1) - (\boldsymbol{v}_1 \cdot \boldsymbol{v}_2)t_2 + (\boldsymbol{v}_1 \cdot \boldsymbol{v}_1)t_1 = 0 \\ \dfrac{\partial \Delta r^2}{\partial t_2} = (\Delta \boldsymbol{r}_0 \cdot \boldsymbol{v}_2) + (\boldsymbol{v}_2 \cdot \boldsymbol{v}_2)t_2 - (\boldsymbol{v}_1 \cdot \boldsymbol{v}_2)t_1 = 0 \end{cases} \tag{5.42}$$

解式（5.42），可得

$$\begin{cases} \begin{aligned} t_{1\min} &= \dfrac{(\boldsymbol{v}_2 \cdot \boldsymbol{v}_2)(\Delta \boldsymbol{r}_0 \cdot \boldsymbol{v}_1) - (\boldsymbol{v}_1 \cdot \boldsymbol{v}_2)(\Delta \boldsymbol{r}_0 \cdot \boldsymbol{v}_2)}{(\boldsymbol{v}_1 \cdot \boldsymbol{v}_1)(\boldsymbol{v}_2 \cdot \boldsymbol{v}_2) - (\boldsymbol{v}_1 \cdot \boldsymbol{v}_2)(\boldsymbol{v}_1 \cdot \boldsymbol{v}_2)} \\ &= \dfrac{\dfrac{v_2}{v_1}(\Delta \boldsymbol{r}_0 \cdot \boldsymbol{v}_1) - \cos\psi(\Delta \boldsymbol{r}_0 \cdot \boldsymbol{v}_2)}{v_1 v_2 \sin^2\psi} \end{aligned} \\ \begin{aligned} t_{2\min} &= \dfrac{(\boldsymbol{v}_1 \cdot \boldsymbol{v}_2)(\Delta \boldsymbol{r}_0 \cdot \boldsymbol{v}_1) - (\boldsymbol{v}_1 \cdot \boldsymbol{v}_1)(\Delta \boldsymbol{r}_0 \cdot \boldsymbol{v}_2)}{(\boldsymbol{v}_1 \cdot \boldsymbol{v}_1)(\boldsymbol{v}_2 \cdot \boldsymbol{v}_2) - (\boldsymbol{v}_1 \cdot \boldsymbol{v}_2)(\boldsymbol{v}_1 \cdot \boldsymbol{v}_2)} \\ &= \dfrac{\cos\psi(\Delta \boldsymbol{r}_0 \cdot \boldsymbol{v}_1) - \dfrac{v_1}{v_2}(\Delta \boldsymbol{r}_0 \cdot \boldsymbol{v}_2)}{v_1 v_2 \sin^2\psi} \end{aligned} \end{cases} \tag{5.43}$$

令两目标的速度大小之比为

$$\eta \triangleq \frac{v_2}{v_1} \tag{5.44}$$

则式(5.43)可以写为

$$\begin{cases} t_{1\min} = \dfrac{\eta(\Delta \boldsymbol{r}_0 \cdot \boldsymbol{v}_1) - \cos\psi(\Delta \boldsymbol{r}_0 \cdot \boldsymbol{v}_2)}{v_1 v_2 \sin^2\psi} \\[3mm] t_{2\min} = \dfrac{\cos\psi(\Delta \boldsymbol{r}_0 \cdot \boldsymbol{v}_1) - (\Delta \boldsymbol{r}_0 \cdot \boldsymbol{v}_2)/\eta}{v_1 v_2 \sin^2\psi} \end{cases} \tag{5.45}$$

所以,距离最近时相对位置矢量为

$$\Delta \boldsymbol{r}_{\min} = \Delta \boldsymbol{r}_0 + \boldsymbol{v}_2 t_{2\min} - \boldsymbol{v}_1 t_{1\min} \tag{5.46}$$

由式(5.45)可得,主目标和从目标从当前位置到速度公垂线交点所需的时间分别为 $t_{1\min}$、$t_{2\min}$,则当主目标到达速度公垂线交点时,从目标还需要运动时间 $\Delta t_2 = t_{2\min} - t_{1\min}$ 才到达,对应从目标到交点的距离 $\Delta l_2 = \Delta t_2 \cdot v_2$。同样可得,当从目标到达速度公垂线交点时,主目标还需要运动时间 $\Delta t_1 = t_{1\min} - t_{2\min} = -\Delta t_2$ 方可到达,对应主目标到交点的距离 $\Delta l_1 = \Delta t_1 \cdot v_1$。令两目标过速度公垂线的时间差 $\Delta t = |\Delta t_1| = |\Delta t_2|$,有

$$\Delta t = \frac{|(\cos\psi - \eta)(\Delta \boldsymbol{r}_0 \cdot \boldsymbol{v}_1) + (\cos\psi - 1/\eta)(\Delta \boldsymbol{r}_0 \cdot \boldsymbol{v}_2)|}{v_1 v_2 \sin^2\psi} \tag{5.47}$$

速度平面内的最近距离 Δr_{vel} 是由两目标过速度公垂线的时间差 Δt,两目标的速度大小 v_1、v_2,以及速度夹角 ψ 共同决定的。定义角度 ψ_1 和 ψ_2 如图5.15所示。速度平面内的接近距离可表示为

$$\Delta r_{\text{vel}} = \Delta l_1 \cos\psi_1 = \Delta l_2 \cos\psi_2 \tag{5.48}$$

由几何学可推得角度 ψ_1 和 ψ_2 与速度大小之比 η 和速度夹角 ψ 的关系为

$$\begin{cases} \tan\psi_1 = \dfrac{1 - \eta\cos\psi}{\eta\sin\psi}, \cos\psi_1 = \dfrac{\eta\sin\psi}{\sqrt{1 + \eta^2 - 2\eta\cos\psi}}, \\[4mm] \sin\psi_1 = \dfrac{1 - \eta\cos\psi}{\sqrt{1 + \eta^2 - 2\eta\cos\psi}} \\[4mm] \tan\psi_2 = \dfrac{\eta - \cos\psi}{\sin\psi}, \cos\psi_2 = \dfrac{\sin\psi}{\sqrt{1 + \eta^2 - 2\eta\cos\psi}}, \\[4mm] \sin\psi_2 = \dfrac{\eta - \cos\psi}{\sqrt{1 + \eta^2 - 2\eta\cos\psi}} \end{cases} \tag{5.49}$$

因此,式(5.48)可以写为

$$\Delta r_{\text{vel}} = \frac{v_2 \sin\psi \Delta t}{\sqrt{1 + \eta^2 - 2\eta\cos\psi}} \tag{5.50}$$

所以,两目标 TCA 的最近距离为

$$\Delta r_{\text{tca}} = \sqrt{\Delta r_{\min}^2 + \Delta r_{\text{vel}}^2} \tag{5.51}$$

这样就得到了接近距离在速度公垂线方向和速度平面内的两个分量。

2. 相遇坐标系的定义和误差投影

根据接近距离的分解,可以定义相遇坐标系 $o-xyz$。原点 o 为接近时刻主目标的质心,z 轴指向相对速度矢量 Δv 方向,x 轴指向轨道最近点矢量 $\Delta r_{\min}$ 方向,y 轴与速度平面内最近距离矢量 Δr_{vel} 在同一直线上,x、y、z 轴构成右手直角坐标系,如图 5.16 所示。

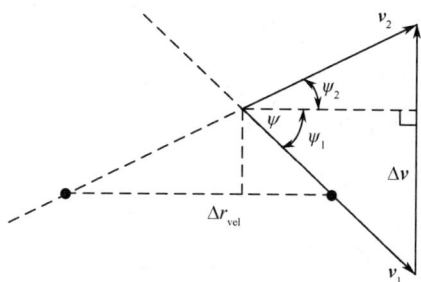

图 5.15　速度平面内的接近距离　　　图 5.16　相遇坐标系的定义和
两目标的误差椭球

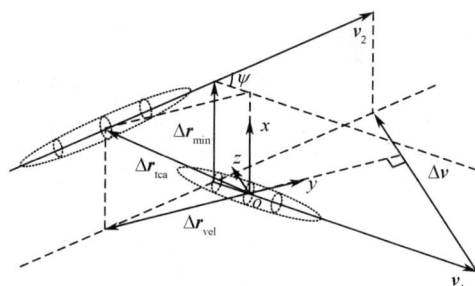

显然,TCA 从目标的分布中心在相遇坐标系中坐标为

$$\begin{cases} \mu_x = \Delta r_{\min} \\ \mu_y = \Delta r_{\text{vel}} = \dfrac{v_2 \sin\psi \Delta t}{\sqrt{1 + \eta^2 - 2\eta\cos\psi}} \end{cases} \tag{5.52}$$

在圆轨道情形中,空间目标的位置误差协方差矩阵在 RSW 坐标系中描述。本节分析任意轨道形状,位置误差协方差矩阵在 NTW 坐标系中描述更合适。下面推导两目标 NTW 坐标系到相遇坐标系的转换关系。一般情况下 N 轴与 $\Delta r_{\min}$ 方向并不一致,但是比较接近。近似认为它们的方向一致,则两目标的 NTW 坐标系只需分别绕 N 轴旋转 ψ_1 和 $-\psi_2$ 角度之后即得到相遇坐标系,坐标旋转矩阵分别为

$$\begin{cases} M_{1NTW\to xyz} = M_1(\psi_1) \\ M_{2NTW\to xyz} = M_1(-\psi_2) \end{cases} \tag{5.53}$$

两目标在各自 NTW 坐标系中的位置误差协方差矩阵 P_{1NTW} 和 P_{2NTW} 都为对

角阵,分别为

$$
\begin{cases}
\boldsymbol{P}_{1NTW} = \begin{bmatrix} \sigma_{1N}^2 & 0 & 0 \\ 0 & \sigma_{1T}^2 & 0 \\ 0 & 0 & \sigma_{1W}^2 \end{bmatrix} \\[4mm]
\boldsymbol{P}_{2NTW} = \begin{bmatrix} \sigma_{2N}^2 & 0 & 0 \\ 0 & \sigma_{2T}^2 & 0 \\ 0 & 0 & \sigma_{2W}^2 \end{bmatrix}
\end{cases}
\tag{5.54}
$$

利用式(5.53)分别将两目标的位置误差协方差阵转换到相遇坐标系为

$$
\begin{aligned}
\boldsymbol{P}_1 &= \boldsymbol{M}_{1NTW\to xyz}\boldsymbol{P}_{1NTW}\boldsymbol{M}_{1NTW\to xyz}^{\mathrm{T}} \\
&= \begin{bmatrix} \sigma_{1N}^2 & 0 & 0 \\ 0 & \sigma_{1T}^2\cos^2\psi_1 + \sigma_{1W}^2\sin^2\psi_1 & (\sigma_{1W}^2 - \sigma_{1T}^2)\sin\psi_1\cos\psi_1 \\ 0 & (\sigma_{1W}^2 - \sigma_{1T}^2)\sin\psi_1\cos\psi_1 & \sigma_{1T}^2\sin^2\psi_1 + \sigma_{1W}^2\cos^2\psi_1 \end{bmatrix}
\end{aligned}
\tag{5.55}
$$

$$
\begin{aligned}
\boldsymbol{P}_2 &= \boldsymbol{M}_{2NTW\to xyz}\boldsymbol{P}_{2NTW}\boldsymbol{M}_{2NTW\to xyz}^{\mathrm{T}} \\
&= \begin{bmatrix} \sigma_{2N}^2 & 0 & 0 \\ 0 & \sigma_{2T}^2\cos^2\psi_2 + \sigma_{2W}^2\sin^2\psi_2 & (\sigma_{2T}^2 - \sigma_{2W}^2)\sin\psi_2\cos\psi_2 \\ 0 & (\sigma_{2T}^2 - \sigma_{2W}^2)\sin\psi_2\cos\psi_2 & \sigma_{2T}^2\sin^2\psi_2 + \sigma_{2W}^2\cos^2\psi_2 \end{bmatrix}
\end{aligned}
\tag{5.56}
$$

只考虑相遇平面内两个方向,将两矩阵相加,可得相遇平面内的二维联合协方差矩阵为

$$
\boldsymbol{P} = \begin{bmatrix} \sigma_{1N}^2 + \sigma_{2N}^2 & 0 \\ 0 & \sigma_{1T}^2\cos^2\psi_1 + \sigma_{1W}^2\sin^2\psi_1 + \sigma_{2T}^2\cos^2\psi_2 + \sigma_{2W}^2\sin^2\psi_2 \end{bmatrix}
\tag{5.57}
$$

将 ψ_1 和 ψ_2 的表达式(5.49)代入式(5.57),可得

$$
\boldsymbol{P} = \begin{bmatrix} \sigma_{1N}^2 + \sigma_{2N}^2 & 0 \\ 0 & \dfrac{\sigma_{1T}^2\eta^2\sin^2\psi + (1-\eta\cos\psi)^2\sigma_{1W}^2 + \sigma_{2T}^2\sin^2\psi + (\eta-\cos\psi)^2\sigma_{2W}^2}{1 + \eta^2 - 2\eta\cos\psi} \end{bmatrix}
\tag{5.58}
$$

可见,在相遇坐标系中联合协方差矩阵也是对角阵,可以直接在相遇坐标系中求碰撞概率积分。联合误差方差分别为

$$
\begin{cases}
\sigma_x^2 = \sigma_{1N}^2 + \sigma_{2N}^2 \\[2mm]
\sigma_y^2 = \dfrac{\sigma_{1T}^2\eta^2\sin^2\psi + (1-\eta\cos\psi)^2\sigma_{1W}^2 + \sigma_{2T}^2\sin^2\psi + (\eta-\cos\psi)^2\sigma_{2W}^2}{1 + \eta^2 - 2\eta\cos\psi}
\end{cases}
\tag{5.59}
$$

3. 碰撞概率的显式表达式

将式(5.52)和式(5.59)代入式(5.9),可以得到碰撞概率的显式表达式为

$$P_c = \exp\left[-\frac{1}{2}\left(\frac{\mu_x^2}{\sigma_x^2} + \frac{\mu_y^2}{\sigma_y^2}\right)\right]\left[1 - \exp\left(-\frac{r_A^2}{2\sigma_x\sigma_y}\right)\right] \tag{5.60}$$

式中

$$\begin{cases} \mu_x = \Delta r_{\min} \\ \mu_y = \dfrac{v_2\sin\psi\,\Delta t}{\sqrt{1+\eta^2-2\eta\cos\psi}} \\ \sigma_x^2 = \sigma_{1N}^2 + \sigma_{2N}^2 \\ \sigma_y^2 = \dfrac{\sigma_{1T}^2\eta^2\sin^2\psi + (1-\eta\cos\psi)^2\sigma_{1W}^2 + \sigma_{2T}^2\sin^2\psi + (\eta-\cos\psi)^2\sigma_{2W}^2}{1+\eta^2-2\eta\cos\psi} \end{cases}$$

其中:$\Delta r_{\min}$ 为轨道间最近距离;Δt 为过两目标速度公垂线时间差;ψ 为两目标速度夹角;v_1、v_2 为两目标速度速度大小;η 为两目标速度大小之比;σ_{1N}^2、σ_{1T}^2、σ_{1W}^2 和 σ_{2N}^2、σ_{2T}^2、σ_{2W}^2 为两目标 NTW 坐标系位置误差方差;r_A 为两目标等效半径之和。

由式(5.60)可知,两空间目标 N 方向的位置误差与 T、W 方向的位置误差是解耦的,N 方向联合误差方差 σ_N^2 可以通过两目标误差方差相加得到,而 T、W 方向的误差方差 σ_{TW}^2 通过两目标的速度与相对速度的关系相互耦合。可以将碰撞概率表示为两个相互独立的方差的函数,这两个方差分别与轨道间最近距离和过速度公垂线时间差有关。

上面推导过程中,引入了 N 轴与 $\Delta r_{\min}$ 方向一致的假设。尽管它们比较接近,但是仍然会引入一定的误差。用接近距离的 N、T、W 分量表示的碰撞概率显式表达式可以较好地解决这个问题。

5.3.2　接近距离的 N、T、W 分量表示的碰撞概率显式表达式

圆轨道情形下碰撞概率用接近距离的 R、S、W 分量表示的显式表达式具有简单紧凑的形式,给出了碰撞概率和接近距离之间的直接关系。但是圆轨道假设限制了其应用,有必要进行修正。在圆轨道情形下显式表达式的推导过程中,圆轨道假设有两个主要的推论:一是两目标的位置矢量与速度矢量垂直,即速度倾角为 0°;二是两目标的速度大小相等。因此,要对显式表达式进行修正以适应一般轨道,必须引入非零速度倾角和不相等的速度大小这两个因素。

1. 坐标系的定义与转换

一般轨道情形下两目标在其轨道面交线附近的几何关系如图 5.17 所示。轨道面夹角为 φ,速度倾角分别为 θ_1、θ_2,速度大小分别为 v_1、v_2。可以定义 5 个坐标系如图 5.17 所示。这 5 个坐标系都固连在惯性空间,不随目标运动。

(1) 主目标 NTW 坐标系 $o_1 - N_1T_1W_1$:原点位于 TCA 主目标质心,T_1 轴与

主目标轨道相切指向速度方向, N_1 轴在轨道面内垂直于速度矢量指向上, W_1 轴指向轨道面法向。

（2）从目标 NTW 坐标系 $o_2 - N_2 T_2 W_2$: 原点位于 TCA 从目标质心, T_2 轴与从目标轨道相切指向速度方向, N_2 轴在轨道面内垂直于速度矢量指向上, W_2 轴指向轨道面法向。

（3）修正的主目标 NTW 坐标系 $o_1' - N_1' T_1' W_1'$: 原点位于速度公垂线和主目标轨道的交点, T_1' 轴与主目标轨道相切指向速度方向, N_1' 指向速度公垂线方向。

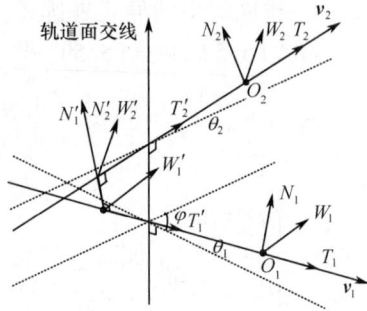

图 5.17　接近几何关系与坐标系

（4）修正的从目标 NTW 坐标系 $o_2' - N_2' T_2' W_2'$: 原点位于速度公垂线和从目标轨道的交点, T_2' 轴与从目标轨道相切指向速度方向, N_2' 指向速度公垂线方向。

（5）相遇坐标系 $o - xyz$: 原点位于速度公垂线和主目标轨道的交点, 也即修正的主目标 NTW 坐标系 $o_1' - N_1' T_1' W_1'$ 的原点, x 轴指向速度公垂线方向, z 轴指向相对速度矢量, 垂直于相对速度的 $x - y$ 平面是相遇平面。图 5.17 中没有画出该坐标系。

主目标 NTW 坐标系 $o_1 - N_1 T_1 W_1$ 的 T_1 轴与修正的主目标 NTW 坐标系 $o_1' - N_1' T_1' W_1'$ 的 T_1' 轴是一致的, 因此只需将 $o_1 - N_1 T_1 W_1$ 坐标系绕其 T_1 轴旋转一个角度 φ_1 即可得到 $o_1' - N_1' T_1' W_1'$ 坐标系:

$$\boldsymbol{M}_{N_1 T_1 W_1 \to N_1' T_1' W_1'} = \boldsymbol{M}_2(\varphi_1) \tag{5.61}$$

修正的主目标 NTW 坐标系 $o_1' - N_1' T_1' W_1'$ 的 N_1' 轴和相遇坐标系的 x 轴是一致的, 因此只需将 $o_1' - N_1' T_1' W_1'$ 坐标系绕其 N_1' 轴旋转一个角度 ψ_1 即可得到相遇坐标系:

$$\boldsymbol{M}_{N_1' T_1' W_1' \to xyz} = \boldsymbol{M}_1(\psi_1) \tag{5.62}$$

因此, 主目标 NTW 坐标系到相遇坐标系的坐标转移矩阵为

$$
\begin{aligned}
\boldsymbol{M}_{N_1 T_1 W_1 \to xyz} &= \boldsymbol{M}_{N_1' T_1' W_1' \to xyz} \boldsymbol{M}_{N_1 T_1 W_1 \to N_1' T_1' W_1'} \\
&= \begin{bmatrix} \cos\phi_1 & 0 & -\sin\phi_1 \\ \sin\psi_1 \sin\phi_1 & \cos\psi_1 & \sin\psi_1 \cos\phi_1 \\ \cos\psi_1 \sin\phi_1 & -\sin\psi_1 & \cos\psi_1 \cos\phi_1 \end{bmatrix}
\end{aligned} \tag{5.63}
$$

同样地, 从目标 NTW 坐标系到相遇坐标系的坐标转换矩阵为

$$
\begin{aligned}
\boldsymbol{M}_{N_2 T_2 W_2 \to xyz} &= \boldsymbol{M}_{N_2' T_2' W_2' \to xyz} \boldsymbol{M}_{N_2 T_2 W_2 \to N_2' T_2' W_2'} \\
&= \begin{bmatrix} \cos\phi_2 & 0 & -\sin\phi_2 \\ \sin\psi_2 \sin\phi_2 & \cos\psi_2 & \sin\psi_2 \cos\phi_2 \\ \cos\psi_2 \sin\phi_2 & -\sin\psi_2 & \cos\psi_2 \cos\phi_2 \end{bmatrix}
\end{aligned} \tag{5.64}
$$

每个目标的 NTW 坐标系与相遇坐标系之间的转换由 ϕ 和 ψ 两个角确定，这两个角的计算方法将在下面讨论。

2. 相遇坐标系中的相对位置矢量和协方差

设 TCA 主目标 NTW 坐标系中表示的相对位置矢量为

$$\Delta \boldsymbol{r}_{N_1 T_1 W_1} = \begin{bmatrix} N & T & W \end{bmatrix}^{\mathrm{T}} \tag{5.65}$$

即接近距离的三个分量分别为 N、T、W，则相遇平面内表示的相对位置矢量为

$$\Delta \boldsymbol{r}_{xyz} = \boldsymbol{M}_{N_1 T_1 W_1 \to xyz} \Delta \boldsymbol{r}_{N_1 T_1 W_1} = \begin{bmatrix} N\cos\phi_1 - W\sin\phi_1 \\ N\sin\psi_1\sin\phi_1 + T\cos\psi_1 + W\sin\psi_1\cos\phi_1 \\ N\cos\psi_1\sin\phi_1 - T\sin\psi_1 + W\cos\psi_1\cos\phi_1 \end{bmatrix} \tag{5.66}$$

两目标在各自 NTW 坐标系中的位置误差协方差矩阵 $\boldsymbol{P}_{1NTW}$ 和 $\boldsymbol{P}_{2NTW}$ 都为对角阵，如式（5.54）所示。利用坐标转换矩阵将 $\boldsymbol{P}_{1NTW}$ 和 $\boldsymbol{P}_{2NTW}$ 转换到相遇坐标系，得

$$\boldsymbol{P}_1 = \boldsymbol{M}_{N_1 T_1 W_1 \to xyz} \boldsymbol{P}_{1NTW} \boldsymbol{M}_{N_1 T_1 W_1 \to xyz}^{\mathrm{T}}$$

$$= \begin{bmatrix} \sigma_{1N}^2\cos^2\phi_1 + \sigma_{1W}^2\sin^2\phi_1 & \dfrac{\sigma_{1N}^2 - \sigma_{1W}^2}{2}\sin\psi_1\sin2\phi_1 \\[2ex] \dfrac{\sigma_{1N}^2 - \sigma_{1W}^2}{2}\sin\psi_1\sin2\phi_1 & (\sigma_{1N}^2\sin^2\phi_1 + \sigma_{1W}^2\cos^2\phi_1)\sin^2\psi_1 + \sigma_{1T}^2\cos^2\psi_1 \\[2ex] \dfrac{\sigma_{1N}^2 - \sigma_{1W}^2}{2}\cos\psi_1\sin2\phi_1 & \dfrac{\sin2\psi_1}{2}(\sigma_{1N}^2\sin^2\phi_1 - \sigma_{1T}^2 + \sigma_{1W}^2\cos^2\phi_1) \end{bmatrix}$$

$$\dfrac{\sigma_{1N}^2 - \sigma_{1W}^2}{2}\cos\psi_1\sin2\phi_1$$

$$\dfrac{\sin2\psi_1}{2}(\sigma_{1N}^2\sin^2\phi_1 - \sigma_{1T}^2 + \sigma_{1W}^2\cos^2\phi_1)$$

$$(\sigma_{1N}^2\sin^2\phi_1 + \sigma_{1W}^2\cos^2\phi_1)\cos^2\psi_1 + \sigma_{1T}^2\sin^2\psi_1$$

$$\boldsymbol{P}_2 = \boldsymbol{M}_{N_2 T_2 W_2 \to xyz} \boldsymbol{P}_{2NTW} \boldsymbol{M}_{N_2 T_2 W_2 \to xyz}^{\mathrm{T}}$$

$$= \begin{bmatrix} \sigma_{2N}^2\cos^2\phi_2 + \sigma_{2W}^2\sin^2\phi_2 & \dfrac{\sigma_{2N}^2 - \sigma_{2W}^2}{2}\sin\psi_2\sin2\phi_2 \\[2ex] \dfrac{\sigma_{2N}^2 - \sigma_{2W}^2}{2}\sin\psi_2\sin2\phi_2 & (\sigma_{2N}^2\sin^2\phi_2 + \sigma_{2W}^2\cos^2\phi_2)\sin^2\psi_2 + \sigma_{2T}^2\cos^2\psi_2 \\[2ex] \dfrac{\sigma_{2N}^2 - \sigma_{2W}^2}{2}\cos\psi_2\sin2\phi_2 & \dfrac{\sin2\psi_2}{2}(\sigma_{2N}^2\sin^2\phi_2 - \sigma_{2T}^2 + \sigma_{2W}^2\cos^2\phi_2) \end{bmatrix}$$

$$\left.\begin{array}{c} \dfrac{\sigma_{2N}^2 - \sigma_{2W}^2}{2}\cos\psi_2\sin2\phi_2 \\[2ex] \dfrac{\sin2\psi_2}{2}(\sigma_{2N}^2\sin^2\phi_2 - \sigma_{2T}^2 + \sigma_{2W}^2\cos^2\phi_2) \\[2ex] (\sigma_{2N}^2\sin^2\phi_2 + \sigma_{2W}^2\cos^2\phi_2)\cos^2\psi_2 + \sigma_{2T}^2\sin^2\psi_2 \end{array}\right] \tag{5.67}$$

只考虑相遇平面内两个方向,将两矩阵相加,可得相遇平面内的二维联合协方差矩阵 $\boldsymbol{P} = \boldsymbol{P}_1 + \boldsymbol{P}_2$ 的四个元素分别为

$$\begin{cases} P_{11} = \sigma_{1N}^2\cos^2\phi_1 + \sigma_{2N}^2\cos^2\phi_2 + \sigma_{1W}^2\sin^2\phi_1 + \sigma_{2W}^2\sin^2\phi_2 \\[2ex] P_{12} = P_{21} = \dfrac{\sigma_{1N}^2 - \sigma_{1W}^2}{2}\sin\psi_1\sin2\phi_1 + \dfrac{\sigma_{2N}^2 - \sigma_{2W}^2}{2}\sin\psi_2\sin2\phi_2 \\[2ex] P_{22} = (\sigma_{1N}^2\sin^2\phi_1 + \sigma_{1W}^2\cos^2\phi_1)\sin^2\psi_1 + \sigma_{1T}^2\cos^2\psi_1 + \\[1ex] \qquad\quad (\sigma_{2N}^2\sin^2\phi_2 + \sigma_{2W}^2\cos^2\phi_2)\sin^2\psi_2 + \sigma_{2T}^2\cos^2\psi_2 \end{cases} \tag{5.68}$$

一般情况下,N 方向和 W 方向的误差比较接近且与 T 方向相比较小。假设 N 方向和 W 方向的误差近似相等,即 $\sigma_{1N}^2 \approx \sigma_{1W}^2$,$\sigma_{2N}^2 \approx \sigma_{2W}^2$,此时式(5.68)的非对角线项 P_{12} 和 P_{21} 与对角线项相比可忽略,在以下的分析中认为非对角线项为 0。

因此,可以将碰撞概率表示为

$$P_{\mathrm{c}} = \exp\left[-\frac{1}{2}\left(\frac{\mu_x^2}{\sigma_x^2} + \frac{\mu_y^2}{\sigma_y^2}\right)\right]\left[1 - \exp\left(-\frac{r_A^2}{2\sigma_x\sigma_y}\right)\right] \tag{5.69}$$

式中

$$\begin{cases} \mu_x = N\cos\phi_1 - W\sin\phi_1 \\[1ex] \mu_y = N\sin\psi_1\sin\phi_1 + T\cos\psi_1 + W\sin\psi_1\cos\phi_1 \\[1ex] \sigma_x^2 = \sigma_{1N}^2\cos^2\phi_1 + \sigma_{2N}^2\cos^2\phi_2 + \sigma_{1W}^2\sin^2\phi_1 + \sigma_{2W}^2\sin^2\phi_2 \\[1ex] \sigma_y^2 = (\sigma_{1N}^2\sin^2\phi_1 + \sigma_{1W}^2\cos^2\phi_1)\sin^2\psi_1 + \sigma_{1T}^2\cos^2\psi_1 + \\[1ex] \qquad\quad (\sigma_{2N}^2\sin^2\phi_2 + \sigma_{2W}^2\cos^2\phi_2)\sin^2\psi_2 + \sigma_{2T}^2\cos^2\psi_2 \end{cases}$$

另外,如果将式(5.69)中的积分参数代入式(5.7),则可以得到精度更高的结果。

3. 旋转角的表达式

两目标的速度夹角 ψ 可由两目标的速度倾角 θ_1、θ_2 和轨道面夹角 φ 表示为

$$\psi = \arccos(\sin\theta_1\sin\theta_2 + \cos\theta_1\cos\theta_2\cos\varphi) \tag{5.70}$$

图 5.18 给出了速度平面内修正的 NTW 坐标系和相遇坐标系之间的关系,其中 ψ_1、ψ_2 是两目标的速度矢量(也即 T_1' 轴和 T_2' 轴)与相遇坐标系的 y 轴之间的夹角。这两个角度可以通过速度夹角 ψ 和两目标速度大小之比 $\eta = v_2/v_1$ 由式(5.49)得到。主、从目标的 NTW 坐标系到对应的修正 NTW 坐标系的旋转角

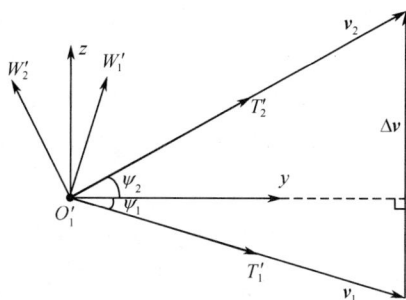

图 5.18　修正的 NTW 坐标系和相遇坐标系

度 ϕ_1 和 ϕ_2，可以由轨道面夹角 φ 和两目标速度倾角 θ_1、θ_2 确定，即

$$\begin{cases} \tan\phi_1 = \dfrac{\cos\theta_1\sin\theta_2 - \sin\theta_1\cos\theta_2\cos\varphi}{\cos\theta_2\sin\varphi} \\[4mm] \tan\phi_2 = \dfrac{\cos\theta_2\sin\theta_1 - \sin\theta_2\cos\theta_1\cos\varphi}{\cos\theta_1\sin\varphi} \end{cases} \tag{5.71}$$

总之，式(5.70)、式(5.49)和式(5.71)给出了旋转角度(ϕ_1、ϕ_2、ψ_1、ψ_2)与接近几何(轨道面夹角 φ，速度倾角 θ_1、θ_2，速度大小之比 η)之间的关系。这三式与式(5.69)一同，将一般轨道情形下碰撞概率表示为接近距离的 N、T、W 分量，轨道面夹角 φ，速度倾角 θ_1、θ_2，速度大小之比 η 等接近几何关系的解析公式。该解析表达式对轨道形状或偏心率没有限制，因此使用范围更广。

进一步，如果两目标都在圆轨道运行，即速度倾角为零($\theta_1 = \theta_2 = 0°$)且速度大小相等($\eta = 1$)，旋转角度将退化为

$$\psi = \varphi, \quad \psi_1 = \psi_2 = \frac{\varphi}{2}, \quad \phi_1 = \phi_2 = 0 \tag{5.72}$$

式(5.69)可以写为

$$P_c = \exp\left[-\frac{1}{2}\left(\frac{\mu_x^2}{\sigma_x^2} + \frac{\mu_y^2}{\sigma_y^2}\right)\right]\left[1 - \exp\left(-\frac{r_A^2}{2\sigma_x\sigma_y}\right)\right] \tag{5.73}$$

式中

$$\begin{cases} \mu_x = N, \quad \mu_y = T^2 + W^2 \\[2mm] \sigma_x^2 = \sigma_{1N}^2 + \sigma_{2N}^2, \quad \sigma_y^2 = (\upsilon_{1T}^2 + \upsilon_{2T}^2)\cos^2\dfrac{\varphi}{2} + (\sigma_{1W}^2 + \sigma_{2W}^2)\sin^2\dfrac{\varphi}{2} \end{cases}$$

式(5.73)与圆轨道情形下用接近距离的 R、S、W 分量表示的显式表达式是一致的。

5.3.3　算例分析

2009 年 3 月 12 日，一块空间碎片与国际空间站(International Space Station，

ISS)擦肩而过,由于没有足够时间进行碰撞规避机动,全体宇航员临时撤退到 Soyuz TMA – 13 飞船内[158],如果不幸发生碰撞将尽快离开。ISS 运行在高约 355km 的近圆轨道上。碎片来自美国 Delta 2 火箭第三级,SSN 编号 25090,国际编号 1993 – 032D,运行在近地点高度 145km、远地点高度 4230km 的椭圆轨道上,直径约为 13cm。

根据 ISS 和碎片接近前的 TLE 数据,通过接近分析可得 TCA 为 2009 – 03 – 12 16:39:40.978 UTC,TCA 两目标在 ECI 坐标系中的位置速度坐标如表 5.5 所列。ISS 和碎片的偏心率分别为 $e_1 = 0.001300$ 和 $e_2 = 0.238283$。

表 5.5　ECI 坐标系位置速度(ISS 乘员规避实例的 TCA)

	X/km	Y/km	Z/km	V_x/(km/s)	V_y/(km/s)	V_z/(km/s)
主目标	3126.0188	5227.1461	– 2891.3029	– 3.2980	4.7587	5.0543
从目标	3124.3685	5226.0042	– 2889.9446	– 7.7726	1.9308	– 2.7580

通过计算得到 TCA 的相对位置和接近几何关系如表 5.6 所列。

表 5.6　相对位置和接近几何关系(ISS 乘员规避实例)

量和单位	数值	量和单位	数值
接近距离/km	2.423292	侧向距离 W/km	– 0.299533
过速度公垂线高度差 Δr_{min}/km	2.182973	轨道面夹角 ϕ/(°)	71.179
过速度公垂线时间差 Δt/s	0.161021	主目标速度倾角 θ_1/(°)	– 0.0538
法向距离 N/km	– 2.232155	从目标速度倾角 θ_2/(°)	– 6.258
迹向距离 T/km	0.894487	速度大小之比 η	1.102111

利用第 3 章泊松级数拟合方法得到两卫星 N、T、W 方向误差标准差,并利用式(5.69)计算得到联合误差标准差,结果如表 5.7 所列。

表 5.7　各方向的位置误差标准差及联合误差(ISS 乘员规避实例)

	σ_N/km	σ_T/km	σ_W/km
主目标	0.5548968	6.185655	1.9433925
从目标	0.8717616	12.306207	0.9210618
联合	1.055317	10.9156858	

令 ISS 和碎片的等效半径分别为 100m、0.13m,联合半径 $r_A = 100.13$m。按照表 5.5 ~ 表 5.7 给出的条件,分别利用 5.2 节的碰撞概率计算一般方法和本节一般轨道情形下碰撞概率的两种显式表达式计算碰撞概率,结果如表 5.8 所列。

表 5.8　碰撞概率计算结果(ISS 乘员规避实例)

一般方法	显式表达式(接近几何关系表示)	显式表达式(N、T、W 分量表示)
5.080119×10^{-5}	4.749411×10^{-5}	5.097559×10^{-5}

两类显式表达式与一般方法的相对误差分别为 6.51% 和 0.3433% 。利用表 5.6 给出的接近几何关系,计算碰撞概率随协方差大小的变化情况。协方差的大小由协方差缩放因子 k 表示。图 5.19 给出了三种方法计算得到的碰撞概率随缩放因子 k 的变化曲线。图 5.19 中接近距离的 N、T、W 分量表示的显式表达式的结果曲线(用 P_{c2} 表示)与一般方法计算得到的结果曲线(用 P_{c0} 表示)吻合很好,而接近几何关系表示的显式表达式的结果曲线(用 P_{c1} 表示)与前两者略有分离。

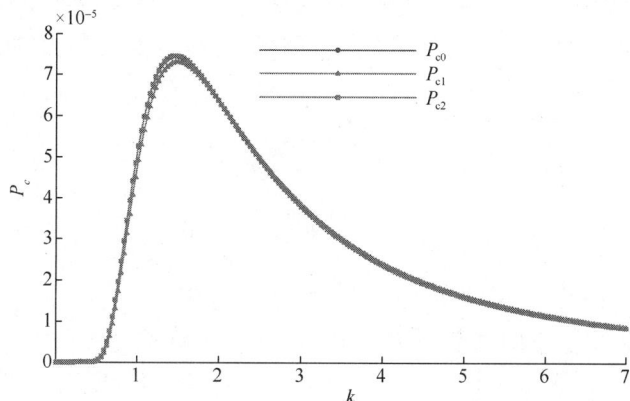

图 5.19　P_c 随误差缩放因子 k 的变化曲线(ISS 乘员规避实例)

由表 5.8 和图 5.19 可知,接近几何关系表示的显式表达式的误差稍大,这是由于引入了 N 轴与 $\Delta r_{\min}$ 方向一致的假设。由图 5.17 可知,该假设实质上是认为两目标的 NTW 坐标系与各自的修正 NTW 坐标系是一致的,忽略了旋转角度 ϕ_1 和 ϕ_2。接近距离的 N、T、W 分量表示的显式表达式在推导过程中引入了旋转角度 ϕ_1 和 ϕ_2,因而相对误差很小。两种显式表达式的结果精度对于碰撞风险评估是足够的(相对误差不超过 7%)。

5.4　适用圆轨道假设的偏心率范围

圆轨道情形下碰撞概率用接近距离的 R、S、W 分量表示的显式表达式具有简单紧凑的形式,给出了碰撞概率和接近距离之间的直接关系,但是圆轨道假设限制了其应用。为了在碰撞风险评估中合理地使用,有必要分析适用圆轨道假设的偏心率范围。

5.4.1　椭圆轨道的速度倾角和速度大小

在圆轨道情形下碰撞概率的显式表达式的推导过程中,圆轨道假设的两个主要推论为零速度倾角和速度大小相等。对于椭圆轨道,速度倾角 θ 及其在轨

道上的最大值的表达式为[30]

$$\begin{cases} \tan\theta = \dfrac{e\sin f}{1 + e\cos f} \\ \theta_{\max} = \pm \arcsin e, \quad \cos f = -e, \quad f = \pm\left(\dfrac{\pi}{2} + \arcsin e\right) \end{cases} \tag{5.74}$$

式中：e 为轨道偏心率；f 为真近点角。

式(5.74)给出了速度倾角与偏心率和真近点角的关系。

定义无量纲参数 η 为椭圆轨道目标速度大小 v 与所在位置同高度圆轨道速度大小 v_c 之比(以下简称速度大小比)。同样，可得 η 及其最大/最小值的表达式为

$$\begin{cases} \eta^2 = \dfrac{1 + 2e\cos f + e^2}{1 + e\cos f} \\ \eta_{\max} = \sqrt{1 + e}, \quad f = 0 \\ \eta_{\min} = \sqrt{1 - e}, \quad f = \pi \end{cases} \tag{5.75}$$

图 5.20 给出了当偏心率 $e = 0.7$ 时速度倾角 θ 和速度大小比 η 随真近点角 f 的变化曲线。由图 5.20 可以看出一个有用的特性：当速度大小比 η 为最大或最小时(近地点或远地点)，速度倾角 θ 等于 0；当速度倾角 θ 为最大时速度大小比 η 等于 0。这个特性表明，速度倾角非零和速度大小不等对碰撞概率显式表达式的影响是不同步的，一个因素的影响最大时另一个的影响为零，该特性可以使分析得到简化。

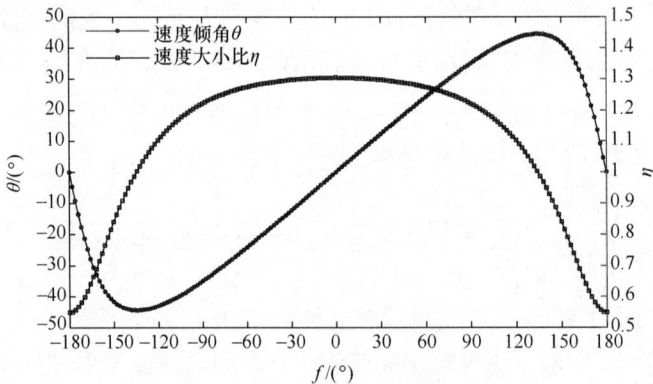

图 5.20　速度倾角 θ 和速度大小比 η 随 f 的变化曲线($e = 0.7$)

将圆轨道情形下的碰撞概率显式表达式用于椭圆轨道时，非零的速度倾角和不等的速度大小是主要的误差来源。考虑到椭圆轨道速度倾角和速度大小的上述特性，可以对显式表达式适用的偏心率范围进行讨论。本节利用实例对圆轨道显式表达式应用于椭圆轨道时的误差进行分析。在上面给出算例中，假设

两目标接近时刻的位置坐标不变,但是从目标的速度倾角和速度大小是可变的。

由于速度倾角非零和速度大小不等对碰撞概率显式表达式的影响是不同步的,首先用美、俄卫星碰撞实例分别分析两者的影响,然后用美俄卫星碰撞实例和 ISS 乘员规避实例分析二者的综合影响。

5.4.2　速度倾角非零和速度大小不等的影响

椭圆轨道的近地点和远地点处速度倾角为零,此时速度大小不等的影响达到最大。假设主目标为圆轨道,从目标轨道的偏心率从 0 变化到 0.7,图 5.21给出了如果接近发生在从目标的近地点和远地点,圆轨道情形显式表达式和一般轨道情形下显式表达式得到的碰撞概率。

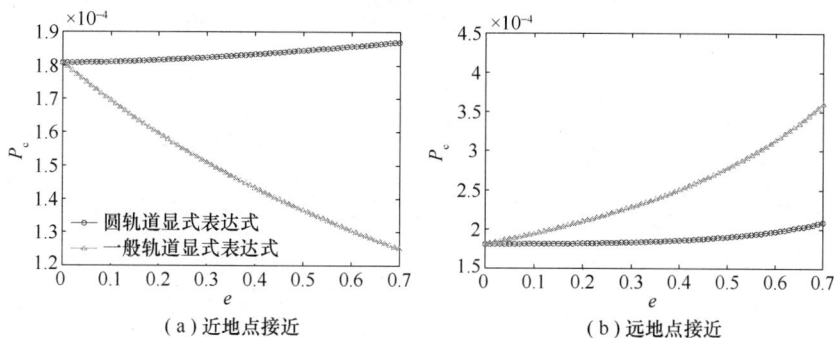

图 5.21　从目标的近地点和远地点接近时两类显式表达式得到的碰撞概率

椭圆轨道上当速度倾角达到最大值 $\theta_{\max} = \pm\arcsin e$ 时速度大小比 $\eta = 1$。假设主目标为圆轨道,从目标轨道的偏心率从 0 变化到 0.7。图 5.22 给出了如果接近发生在从目标轨道上 $\theta = \arcsin e$ 和 $\theta = -\arcsin e$ 对应的位置时,圆轨道情形显式表达式和一般轨道情形下显式表达式得到的碰撞概率。

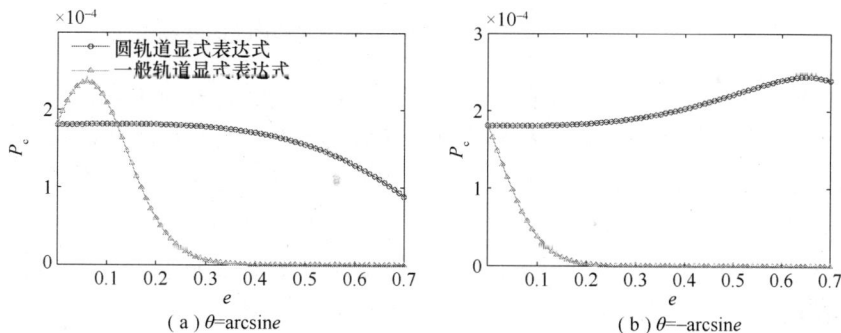

图 5.22　从目标在 $\theta = \pm\arcsin e$ 接近时两类显式表达式得到的碰撞概率

图 5.21 和图 5.22 表明,由速度倾角非零造成的误差远大于速度大小不等造成的误差,速度倾角非零是误差的决定性因素。

5.4.3 椭圆轨道的综合影响

仍假设主目标为圆轨道、从目标为椭圆轨道,从目标的偏心率取 0.001、0.01、0.1、0.2、0.3、0.4、0.5、0.6、0.7 等一系列值。不同真近点角 f 对应的速度倾角 θ 和速度大小比 η 可由式(5.74)、式(5.75)计算得到。图 5.23 给出两种显式表达式计算得到的碰撞概率之差随真近点角 f 的变化曲线。

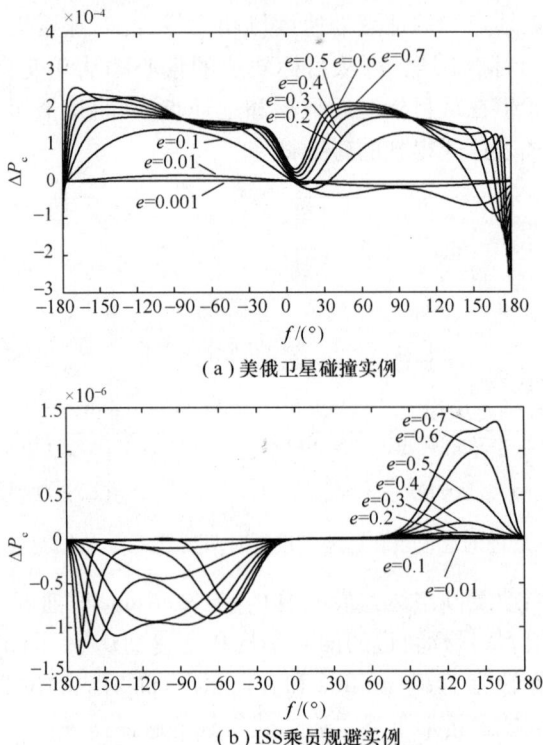

(a)美俄卫星碰撞实例

(b)ISS乘员规避实例

图 5.23 两种显式表达式得到的碰撞概率之差随 f 的变化曲线

如前所述,在轨道的近地点和远地点处速度倾角为零,速度大小比达到最大或最小。由于速度倾角非零是误差的决定性因素,故近地点和远地点附近误差相对较小,如图 5.23 所示。但是应当注意误差最小的点并不正好就在近地点和远地点处。另外,对于轨道上大多数位置,偏心率越小,误差越小。

LEO 区域是空间中最拥挤的区域,也是碰撞预警重点关注的区域。碰撞概率的显式表达式主要用于评估该区域的接近事件。

截至 2013 年 1 月在轨空间目标的总数为 16686 个,其中 12043 个目标位于 LEO 区域(远地点高度低于 5000km)。图 5.24 给出了这 12043 个 LEO 目标偏心率的概率分布函数。由图 5.24 可知偏心率小于 0.1 的目标占所有 LEO 目标的 98.8%,偏心率小于 0.03、0.02、0.01 的目标分别占 90%、82% 和 62%。

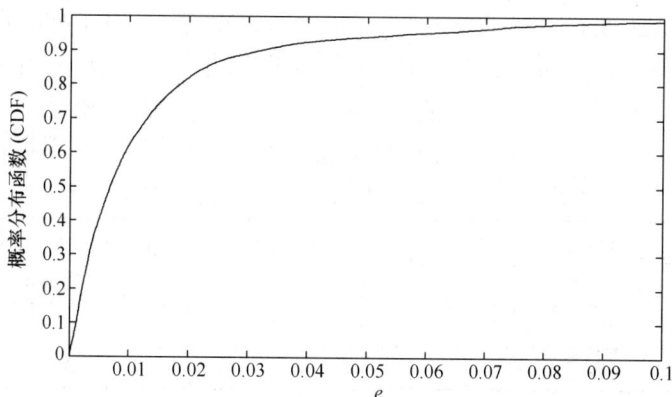

图 5.24　LEO 目标($h_a < 5000\text{km}$)偏心率的概率分布函数

图 5.25 给出了当偏心率为 0.03、0.02、0.01 和 0.001 时,通过两种显式表达式得到碰撞概率的相对误差随真近点角 f 的变化曲线。

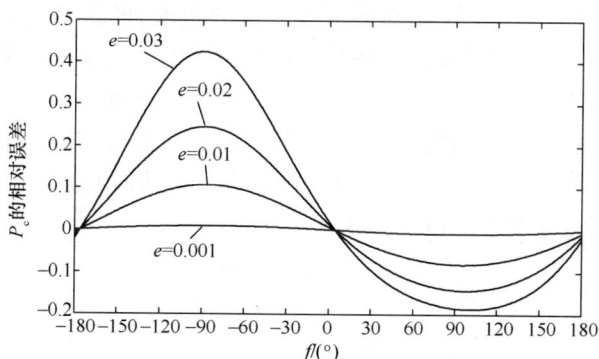

(a)美、俄卫星碰撞实例

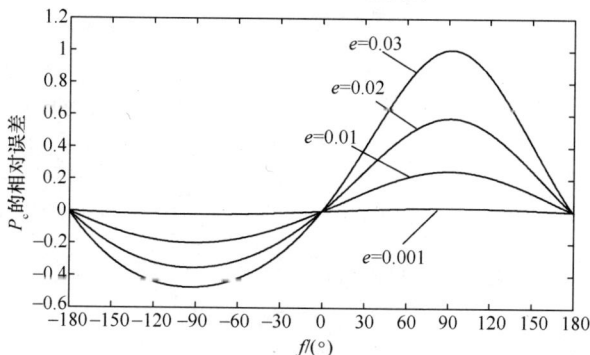

(b)ISS 乘员规避实例

图 5.25　两种显式表达式的相对误差随 f 的变化曲线

图 5.25 表明,对于偏心率小于 0.01 的目标(占 LEO 目标的 62%),两个实例中圆轨道情形碰撞概率的显式表达式的相对误差分别小于 0.107、0.252。两

个实例相对误差更详细的结果见表 5.9。图 5.25 还表明，对于高风险接近事件（美、俄卫星碰撞实例的碰撞概率 $P_c = 1.8 \times 10^{-4}$）相对误差较小，而对于较低风险接近事件（ISS 乘员规避实例的碰撞概率 $P_c = 9.7 \times 10^{-7}$）相对误差较大。该特性说明圆轨道情形下碰撞概率的显式表达式在碰撞预警实际中是有效的。

表 5.9　不同偏心率情况下两个实例的相对误差

e	占 LEO 目标	相对误差（美、俄卫星实例）	相对误差（ISS 规避实例）
<0.03	90%	0.425	1.006
<0.02	82%	0.246	0.579
<0.01	62%	0.107	0.252

　　应注意，在碰撞风险评估中真正关心的是碰撞概率的量级，而不是其具体数值。例如，碰撞概率值 2×10^{-6} 对 1×10^{-6} 的相对误差为 100%，但二者表示的碰撞风险水平是大体一致的。因此，对于大多数 LEO 目标，圆轨道情形下碰撞概率显式表达式的精度对于碰撞风险评估和预警决策而言是足够的。

　　Chan 的碰撞概率计算方法对参数有一定的要求，即接近距离、目标尺寸与误差标准差相比较小。Chan 的方法是本章碰撞概率显式表达式的基础，因此该限制同样适用于显式表达式。结合 TLE 误差分析结果可知 Chan 的方法和显式表达式一般是适用于 TLE 数据的。对于某些预报误差较小的特殊情况，在 Chan 的方法和显式表达式分析的基础上，可以利用数值积分方法（如 Patera 方法[117-120]）进行碰撞概率的精确计算。

第6章 碰撞概率的应用研究

6.1 碰撞概率灵敏度分析

碰撞概率分析包括碰撞概率计算和碰撞概率灵敏度分析[20]。由于计算碰撞概率的参数都具有不确定性,因此在基于碰撞概率进行碰撞预警决策时应当小心谨慎,需要确定计算得到的碰撞概率对参数变化的灵敏度[85]。碰撞概率灵敏度分析是指研究碰撞概率的诸影响因素(接近几何参数、位置误差协方差和目标大小等)的变化对碰撞概率的影响作用。对接近几何关系的灵敏度进行分析可以决定如何选择规避机动策略以及分析轨道预报系统误差对碰撞概率的影响。对轨道预报误差的灵敏度分析可用于最大碰撞概率分析、误警率分析和概率冲淡分析。

灵敏度分析有解析方法和数值方法两种基本方法。解析方法是根据因变量的解析表达式,求其对自变量的偏导数,得到灵敏度的解析表达式。数值方法针对一些较复杂的难以得到解析表达式的函数关系,通过改变自变量的取值,得到因变量取值的变化,并通过数值方法得到灵敏度。数值方法难以得到灵敏度的解析表达式,无法得到灵敏度的变化规律。

Jenkin分析了轨道数据质量对碰撞风险管理可行性的影响[159]。Newman等将碰撞概率灵敏度分析与碰撞概率计算模块合为一体[160]。Frigm等通过描点的方法画出碰撞概率随联合球体和联合误差协方差变化的曲面,直观地显示了联合球休半径和联合误差协方差的变化对碰撞概率的影响,根据曲面判断碰撞概率的灵敏度[161]。Alfriend等根据碰撞概率计算的一维积分方法,通过画图分析了碰撞概率对协方差大小、接近距离、轨道面夹角等因素的灵敏度[64]。然而,这种二维或三维的画图方式不能完全表征碰撞概率随每一个影响因素的变化情况。另外,碰撞概率曲面使用不方便,仅能得到灵敏度定性的认识,无法得到关于灵敏度定量的评价。

碰撞概率的显式表达式是连接碰撞概率与接近参数和误差参数的桥梁,以碰撞概率的显式表达式为基础可以对碰撞概率灵敏度进行解析分析,包括碰撞概率对接近几何关系、轨道误差协方差和目标大小等参数的灵敏度。轨道预报误差是影响碰撞概率的主要因素,在碰撞概率灵敏度分析的基础上,可以对轨道预报误差对碰撞概率的影响进行深入研究。

6.1.1 碰撞概率灵敏度的定义

灵敏度表征随着自变量的变化,因变量的变化剧烈程度。设有一个 n 元函数

$$y = f(x_1, x_2, \cdots, x_n) \tag{6.1}$$

共有 n 个自变量,在其定义域的一个点 $(x_1, x_2, \cdots, x_n)$ 上函数的取值为 y。设第 i 个自变量 x_i 的值有一微小变化 Δx_i,相应的函数值的变化为 Δy。

因变量 y 对自变量 x_i 的灵敏度可以有两种定义方法:

(1) 根据自变量和因变量的绝对变化量,灵敏度 S_{1x_i} 定义为因变量的变化值与自变量变化值的比值,即

$$S_{1x_i} = \frac{\Delta y}{\Delta x_i} \tag{6.2}$$

当变化值趋向于 0 时,用偏导数代替微商,得

$$S_{1x_i}(x_1, \cdots, x_n) = \frac{\partial y}{\partial x_i} \tag{6.3}$$

(2) 根据自变量和因变量的相对变化量,灵敏度 S_{2x_i} 定义为因变量的相对变化率与自变量的相对变化率的比值,即

$$S_{2x_i} = \frac{\Delta y / y}{\Delta x_i / x_i} \tag{6.4}$$

当变化值趋向于 0 时,用偏导数代替微商,得

$$S_{2x_i}(x_1, \cdots, x_n) = \frac{\partial y / y}{\partial x_i / x_i} = \frac{x_i}{y} \cdot \frac{\partial y}{\partial x_i} \tag{6.5}$$

灵敏度 S_{2x_i} 是个无量纲量。定义的两种灵敏度 S_{1x_i} 和 S_{2x_i} 与 $f(\,\cdot\,)$ 一样也是自变量 $(x_1, x_2, \cdots, x_n)$ 的函数,表示在定义域中该点上某个自变量的变化引起因变量变化的剧烈程度。

6.1.2 基于显式表达式的碰撞概率灵敏度推导

在第 5 章已经得到了圆轨道与一般轨道情形下用接近几何关系和接近距离的分量表示的碰撞概率显式表达式,其中圆轨道情形下用接近距离的 R、S、W 分量表示的碰撞概率显式表达式形式简单、意义明确,便于分析。本章以圆轨道情形下接近距离的 R、S、W 分量表示的碰撞概率显式表达式为例进行碰撞概率灵敏度分析。其他形式的显式表达式也可以进行类似的灵敏度分析,不再一一列举。

接近距离的 R、S、W 分量表示的显式表达式的形式为

$$P_c = P_c(R, S, W, \varphi, \sigma_R, \sigma_S, \sigma_W, r_A)$$

$$= \exp\left[-\frac{1}{2}\left(\frac{R^2}{\sigma_R^2} + \frac{S^2 + W^2}{\sigma_S^2\cos^2\dfrac{\varphi}{2} + \sigma_W^2\sin^2\dfrac{\varphi}{2}} \right) \right] \cdot$$

$$\left[1 - \exp\left(-\frac{r_A^2}{2\sigma_R\sqrt{\sigma_S^2\cos^2\dfrac{\varphi}{2} + \sigma_W^2\sin^2\dfrac{\varphi}{2}}} \right) \right] \quad (6.6)$$

为方便推导,将碰撞概率写成如下简洁形式:

$$P_c = \exp\left[-\frac{1}{2}\left(\frac{x^2}{\sigma_x^2} + \frac{y^2}{\sigma_y^2} \right) \right] \cdot \left[1 - \exp\left(-\frac{r_A^2}{2\sigma_x\sigma_y} \right) \right] \quad (6.7)$$

式中

$$\begin{cases} x = R, \quad y = \sqrt{S^2 + W^2} \\ \sigma_x^2 = \sigma_R^2, \quad \sigma_y^2 = \sigma_S^2\cos^2\dfrac{\varphi}{2} + \sigma_W^2\sin^2\dfrac{\varphi}{2} \end{cases}$$

下面根据式(6.7)推导碰撞概率对接近距离的 R、S、W 分量,接近角度 φ,位置误差标准差 $\sigma_{R,S,W}$、等效半径 r_A 等影响因素的灵敏度。

1. 对接近距离 R、S、W 分量的灵敏度

式(6.7)分别对 R、S 和 W 求偏导数,可得

$$\begin{cases} \dfrac{\partial P_c}{\partial R} = \dfrac{\partial P_c}{\partial x}\dfrac{\partial x}{\partial R} = -P_c\dfrac{R}{\sigma_R^2} \\[3mm] \dfrac{\partial P_c}{\partial S} = \dfrac{\partial P_c}{\partial y}\dfrac{\partial y}{\partial S} = -P_c\dfrac{S}{\sigma_S^2\cos^2\dfrac{\varphi}{2} + \sigma_W^2\sin^2\dfrac{\varphi}{2}} \\[3mm] \dfrac{\partial P_c}{\partial W} = \dfrac{\partial P_c}{\partial y}\dfrac{\partial y}{\partial W} = -P_c\dfrac{W}{\sigma_S^2\cos^2\dfrac{\varphi}{2} + \sigma_W^2\sin^2\dfrac{\varphi}{2}} \end{cases} \quad (6.8)$$

因此,碰撞概率 P_c 对接近距离的 R、S、W 分量的两类灵敏度如表6.1所列。

表6.1　碰撞概率对接近距离的 R、S、W 分量的两类灵敏度

灵敏度	R	S	W
第一类 S_1	$-P_c\dfrac{R}{\sigma_R^2}$	$-P_c\dfrac{S}{\sigma_S^2\cos^2\dfrac{\varphi}{2} + \sigma_W^2\sin^2\dfrac{\varphi}{2}}$	$-P_c\dfrac{W}{\sigma_S^2\cos^2\dfrac{\varphi}{2} + \sigma_W^2\sin^2\dfrac{\varphi}{2}}$
第二类 S_2	$-\dfrac{R^2}{\sigma_R^2}$	$-\dfrac{S^2}{\sigma_S^2\cos^2\dfrac{\varphi}{2} + \sigma_W^2\sin^2\dfrac{\varphi}{2}}$	$-\dfrac{W^2}{\sigma_S^2\cos^2\dfrac{\varphi}{2} + \sigma_W^2\sin^2\dfrac{\varphi}{2}}$
注:灵敏度的负号"$-$"表示随着 R、S、W 距离的增大碰撞概率 P_c 会单调减小			

2. 对轨道误差标准差的灵敏度

函数 $P_c = P_c(\sigma_x, \sigma_y)$ 对 σ_x、σ_y 的偏导数的表达式分别为

$$
\begin{cases}
\dfrac{\partial P_c}{\partial \sigma_x} = \mathrm{e}^{-\frac{1}{2}\left(\frac{x^2}{\sigma_x^2}+\frac{y^2}{\sigma_y^2}\right)}\left(1-\mathrm{e}^{-\frac{r_A^2}{2\sigma_x\sigma_y}}\right)\dfrac{x^2}{\sigma_x^3} - \mathrm{e}^{-\frac{1}{2}\left(\frac{x^2}{\sigma_x^2}+\frac{y^2}{\sigma_y^2}\right)}\mathrm{e}^{-\frac{r_A^2}{2\sigma_x\sigma_y}}\dfrac{r_A^2}{2\sigma_x^2\sigma_y} \\[4mm]
\dfrac{\partial P_c}{\partial \sigma_y} = \mathrm{e}^{-\frac{1}{2}\left(\frac{x^2}{\sigma_x^2}+\frac{y^2}{\sigma_y^2}\right)}\left(1-\mathrm{e}^{-\frac{r_A^2}{2\sigma_x\sigma_y}}\right)\dfrac{y^2}{\sigma_y^3} - \mathrm{e}^{-\frac{1}{2}\left(\frac{x^2}{\sigma_x^2}+\frac{y^2}{\sigma_y^2}\right)}\mathrm{e}^{-\frac{r_A^2}{2\sigma_x\sigma_y}}\dfrac{r_A^2}{2\sigma_x\sigma_y^2}
\end{cases}
\tag{6.9}
$$

在式(6.9)中代入碰撞概率的表达式,可得

$$
\begin{cases}
\dfrac{\partial P_c}{\partial \sigma_x} = \dfrac{P_c}{\sigma_x}\left(\dfrac{x^2}{\sigma_x^2} + \dfrac{r_A^2}{2\sigma_x\sigma_y}\left(1 - \dfrac{1}{1-\mathrm{e}^{-\frac{r_A^2}{2\sigma_x\sigma_y}}}\right)\right) \\[6mm]
\dfrac{\partial P_c}{\partial \sigma_y} = \dfrac{P_c}{\sigma_y}\left(\dfrac{y^2}{\sigma_y^2} + \dfrac{r_A^2}{2\sigma_x\sigma_y}\left(1 - \dfrac{1}{1-\mathrm{e}^{-\frac{r_A^2}{2\sigma_x\sigma_y}}}\right)\right)
\end{cases}
\tag{6.10}
$$

令无量纲变量 A_R 和 A_{SW} 分别为

$$
\begin{cases}
A_R = \dfrac{x^2}{\sigma_x^2} + \dfrac{r_A^2}{2\sigma_x\sigma_y}\left(1 - \dfrac{1}{1-\mathrm{e}^{-\frac{r_A^2}{2\sigma_x\sigma_y}}}\right) \\[6mm]
A_{SW} = \dfrac{y^2}{\sigma_y^2} + \dfrac{r_A^2}{2\sigma_x\sigma_y}\left(1 - \dfrac{1}{1-\mathrm{e}^{-\frac{r_A^2}{2\sigma_x\sigma_y}}}\right)
\end{cases}
\tag{6.11}
$$

因此,碰撞概率对 R 方向联合误差标准差 σ_R 的灵敏度可表示为

$$
S_{1\sigma_R} = \dfrac{P_c}{\sigma_R}A_R, \quad S_{2\sigma_R} = A_R
\tag{6.12}
$$

下面推导 P_c 对 S、W 方向误差标准差 σ_S 和 σ_W 的灵敏度。由式(6.7)可得

$$
\begin{cases}
\dfrac{\partial \sigma_y}{\partial \sigma_S} = \dfrac{\sigma_S}{\sigma_y}\cos^2\dfrac{\varphi}{2} \\[4mm]
\dfrac{\partial \sigma_y}{\partial \sigma_W} = \dfrac{\sigma_W}{\sigma_y}\sin^2\dfrac{\varphi}{2}
\end{cases}
\tag{6.13}
$$

故有

$$
\begin{cases}
\dfrac{\partial P_c}{\partial \sigma_S} = \dfrac{\partial P_c}{\partial \sigma_y}\cdot\dfrac{\partial P_y}{\partial \sigma_S} = A_{SW}P_c\dfrac{\sigma_S}{\sigma_y^2}\cos^2\dfrac{\varphi}{2} \\[4mm]
\dfrac{\partial P_c}{\partial \sigma_W} = \dfrac{\partial P_c}{\partial \sigma_y}\cdot\dfrac{\partial P_y}{\partial \sigma_W} = A_{SW}P_c\dfrac{\sigma_W}{\sigma_y^2}\sin^2\dfrac{\varphi}{2}
\end{cases}
\tag{6.14}
$$

因此,可得碰撞概率 P_c 对 R、S、W 方向误差标准差的灵敏度如表6.2所列。

148

表 6.2　碰撞概率对 R、S、W 方向误差标准差的两类灵敏度

灵敏度	σ_R	σ_S	σ_W
第一类 S_1	$A_R \dfrac{P_c}{\sigma_R}$	$A_{SW}P_c\dfrac{\sigma_S}{\sigma_y^2}\cos^2\dfrac{\varphi}{2}$	$A_{SW}P_c\dfrac{\sigma_W}{\sigma_y^2}\sin^2\dfrac{\varphi}{2}$
第二类 S_2	A_R	$A_{SW}\dfrac{\sigma_S^2}{\sigma_y^2}\cos^2\dfrac{\varphi}{2}$	$A_{SW}\dfrac{\sigma_W^2}{\sigma_y^2}\sin^2\dfrac{\varphi}{2}$

碰撞概率对误差标准差的灵敏度的正、负号由 A_R 和 A_{SW} 的正、负号决定。对于接近距离很小的接近事件,随着协方差的增大碰撞概率会变小;对于接近距离较大的接近事件,随着协方差的增大碰撞概率会变大。灵敏度可以表征是否处于概率冲淡状态:若灵敏度为正,则不是概率冲淡;若灵敏度为负,则为概率冲淡;若灵敏度为 0,即最大碰撞概率。

3. 对接近角度的灵敏度

接近角度是通过影响水平面内联合误差方差来影响碰撞概率的。由式(6.7)可得 σ_y 对接近角度 φ 的偏导数为

$$\frac{\partial \sigma_y}{\partial \varphi} = \frac{\sigma_W^2 - \sigma_S^2}{4\sigma_y}\sin\varphi \tag{6.15}$$

故碰撞概率 P_c 对接近角度 φ 的偏导数为

$$\frac{\partial P_c}{\partial \varphi} = \frac{\partial P_c}{\partial \sigma_y} \cdot \frac{\partial \sigma_y}{\partial \varphi} = A_{SW}P_c\frac{\sigma_W^2 - \sigma_S^2}{4\sigma_y^2}\sin\varphi \tag{6.16}$$

因此,可得碰撞概率 P_c 对接近角度 φ 的灵敏度如表 6.3 所列。

表 6.3　碰撞概率对接近角度的两类灵敏度

灵敏度	φ
第一类 S_1	$A_{SW}P_c\dfrac{\sigma_W^2 - \sigma_S^2}{4\sigma_y^2}\sin\varphi$
第二类 S_2	$A_{SW}\varphi\dfrac{\sigma_W^2 - \sigma_S^2}{4\sigma_y^2}\sin\varphi$

作者在文献[66,162]中基于碰撞概率的显式表达式分析了碰撞概率的诸影响因素,其中关于轨道面夹角对碰撞概率的影响的结论是:轨道面夹角 φ 对碰撞概率的影响因联合误差椭球形状的不同而不同。一般情况下,空间目标 S 方向预报误差大于 W 方向预报误差。此时,随着轨道面夹角 φ 从 0 增大到 π,碰撞概率逐渐增大。如果空间目标 S 方向预报误差小于 W 方向误差时,随着轨道面夹角 φ 从 0 增大到 π,碰撞概率逐渐减小。这个结论是不全面的,实际上接近角度 φ 对碰撞概率的影响因联合误差椭球形状和大小的不同而不同。下面根据灵敏度表达式分析更为全面的结论。

碰撞概率 P_c 对接近角度 φ 的灵敏度由两项组成:第一项是无量纲变量 A_{sw},即碰撞概率对水平方向联合误差的灵敏度,该参数由误差与接近距离的相对大小确定,表征是否处于概率冲淡状态;第二项是 $(\sigma_w^2 - \sigma_s^2)$,其符号表征 S 和 W 方向误差的相对大小。

首先讨论水平面内联合方差的特性。水平面内联合方差可以写为

$$\sigma_{sw}^2 = \sigma_s^2 \cos^2 \frac{\varphi}{2} + \sigma_w^2 \sin^2 \frac{\varphi}{2} = \sigma_s^2 + (\sigma_w^2 - \sigma_s^2) \sin^2 \frac{\varphi}{2} \quad (6.17)$$

由式(6.17)可知,当空间目标 S 方向预报误差大于 W 方向预报误差($\sigma_s^2 > \sigma_w^2$)时,$\sigma_w^2 - \sigma_s^2 < 0$,随着接近角度 φ 从 0 增大到 π,水平面内联合误差 σ_{sw}^2 会减小。当 S 方向预报误差小于 W 方向预报误差($\sigma_s^2 < \sigma_w^2$)时,$\sigma_w^2 - \sigma_s^2 > 0$,随着接近角度从 0 增大到 π,水平面内联合误差 σ_{sw}^2 会增大。对于绝大多数空间目标,一般情况下都有 $\sigma_s^2 > \sigma_w^2$,因此水平面内联合方差随接近角度 φ 的增大而减小。

图 6.1 给出了两种情况下水平面内联合误差标准差 σ_{sw} 随轨道面夹角 φ 变化的情况:第一种情况为 $\sigma_s = 100$(距离单位),$\sigma_w = 20$;第二种情况为 $\sigma_s = 20$,$\sigma_w = 100$。图 6.1 说明当 $\sigma_s > \sigma_w$ 时联合误差标准差 σ_{sw} 会随着轨道面夹角的增大而减小,现实中一般为这种情况。当 $\sigma_s < \sigma_w$ 这种少见情形下,联合误差标准差 σ_{sw} 会随着轨道面夹角的增大而增大。

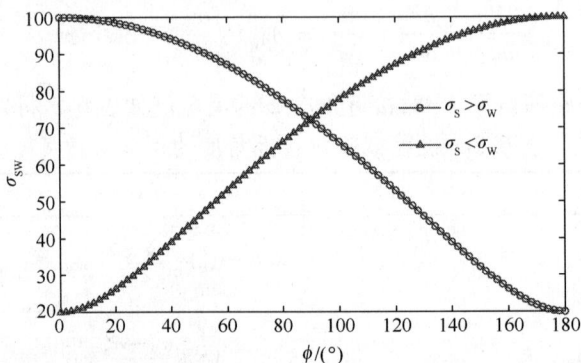

图 6.1 两种情况下水平面内联合误差随轨道面夹角的变化曲线

下面分两种情况分析碰撞概率对接近角度的灵敏度:

(1)常见情况。常见情况为 S 方向预报误差大于 W 方向预报误差,随着接近角度的增大水平面内联合误差会减小。因此,如果水平面内误差不处于概率冲淡状态(即 $A_{sw} > 0$),随着接近角度 φ 的增大,水平面内联合误差方差减小,碰撞概率也减小,碰撞概率对接近角度 φ 的灵敏度为负。如果水平面内误差处于概率冲淡状态(即 $A_{sw} < 0$),随着接近角度 φ 的增大,水平面内联合误差方差减小,碰撞概率会增大,碰撞概率对接近角度 φ 的灵敏度为正。

（2）不常见情况。不常见情况为 S 方向预报误差小于 W 方向预报误差,随着接近角度的增大水平面内联合误差会增大。因此,如果水平面内误差不处于概率冲淡状态(即 $A_{SW}>0$),随着接近角度 φ 的增大,水平面内联合误差方差增大,碰撞概率也增大,碰撞概率对接近角度 φ 的灵敏度为正。如果水平面内误差处于概率冲淡状态(即 $A_{SW}<0$),随着接近角度 φ 的增大,水平面内联合误差方差增大,碰撞概率会减小,碰撞概率对接近角度 φ 的灵敏度为负。

表 6.4 给出了碰撞概率对接近角度灵敏度符号的确定方法。由表 6.4 可知,文献[66,162]给出的结论是发生概率冲淡情况下的特例。

表 6.4　碰撞概率对接近角度灵敏度符号的确定

	$\sigma_S^2 > \sigma_W^2$(常见)	$\sigma_S^2 < \sigma_W^2$(不常见)
$A_{SW}>0$(无概率冲淡)	负（－）	正（＋）
$A_{SW}<0$(概率冲淡)	正（＋）	负（－）

4. 对目标大小的灵敏度

碰撞概率 P_c 对目标联合半径 r_A 求偏导数,得

$$\frac{\partial P_c}{\partial r_A} = e^{-\frac{1}{2}\left(\frac{x^2}{\sigma_x^2}+\frac{y^2}{\sigma_y^2}\right)} \cdot e^{-\frac{r_A^2}{2\sigma_x\sigma_y}} \cdot \frac{r_A}{\sigma_x\sigma_y} = \frac{P_c r_A}{\sigma_x\sigma_y}\left(\frac{1}{1-e^{-\frac{r_A^2}{2\sigma_x\sigma_y}}}-1\right)$$

$$\approx \frac{P_c}{r_A}\left(2-\frac{r_A^2}{\sigma_x\sigma_y}\right) \tag{6.18}$$

对于一般的接近事件有 $r_A \ll \sigma_x, \sigma_y$,故 $r_A^2/(\sigma_x\sigma_y)\to 0$,是小量,此时近似有

$$\frac{\partial P_c}{\partial r_A} \approx \frac{P_c}{r_A}\left(2-\frac{r_A^2}{\sigma_x\sigma_y}\right) \tag{6.19}$$

因此碰撞概率 P_c 对目标联合半径 r_A 的灵敏度为

$$\begin{cases} S_{1r_A} = \dfrac{P_c}{r_A}\left(2-\dfrac{r_A^2}{\sigma_x\sigma_y}\right) \\ S_{2r_A} = 2-\dfrac{r_A^2}{\sigma_x\sigma_y} \end{cases} \tag{6.20}$$

式(6.20)说明,碰撞概率对目标联合半径 r_A 的第二种灵敏度近似为常值 2。

至此,基于圆轨道情形下用接近距离的 RSW 分量表示的碰撞概率显式表达式,已经得到了碰撞概率 P_c 对接近距离的 RSW 分量、接近角度 φ、RSW 坐标系两目标联合误差标准差 $\sigma_{R,S,W}$、两目标联合半径 r_A 的灵敏度的表达式。表 6.5 列出了这些灵敏度的表达式。

151

表 6.5　碰撞概率对各影响因素灵敏度的表达式

影响因素	第一类灵敏度	第二类灵敏度
R	$-P_c \dfrac{R}{\sigma_R^2}$	$-\dfrac{R^2}{\sigma_R^2}$
S	$-P_c \dfrac{S}{\sigma_S^2 \cos^2 \dfrac{\varphi}{2} + \sigma_W^2 \sin^2 \dfrac{\varphi}{2}}$	$-\dfrac{S^2}{\sigma_S^2 \cos^2 \dfrac{\varphi}{2} + \sigma_W^2 \sin^2 \dfrac{\varphi}{2}}$
W	$-P_c \dfrac{W}{\sigma_S^2 \cos^2 \dfrac{\varphi}{2} + \sigma_W^2 \sin^2 \dfrac{\varphi}{2}}$	$-\dfrac{W^2}{\sigma_S^2 \cos^2 \dfrac{\varphi}{2} + \sigma_W^2 \sin^2 \dfrac{\varphi}{2}}$
σ_R	$A_R \dfrac{P_c}{\sigma_R}$	A_R
σ_S	$A_{SW} P_c \dfrac{\sigma_S}{\sigma_y^2} \cos^2 \dfrac{\varphi}{2}$	$A_{SW} \dfrac{\sigma_S^2}{\sigma_y^2} \cos^2 \dfrac{\varphi}{2}$
σ_W	$A_{SW} P_c \dfrac{\sigma_W}{\sigma_y^2} \sin^2 \dfrac{\varphi}{2}$	$A_{SW} \dfrac{\sigma_W^2}{\sigma_y^2} \sin^2 \dfrac{\varphi}{2}$
φ	$A_{SW} P_c \dfrac{\sigma_W^2 - \sigma_S^2}{4\sigma_y^2} \sin\varphi$	$A_{SW} \varphi \dfrac{\sigma_W^2 - \sigma_S^2}{4\sigma_y^2} \sin\varphi$
r_A	$\dfrac{P_c}{r_A} \left(2 - \dfrac{r_A^2}{\sigma_x \sigma_y} \right)$	$2 - \dfrac{r_A^2}{\sigma_x \sigma_y}$

6.1.3　算例分析

以美、俄卫星碰撞事件为算例进行碰撞概率灵敏度的分析。第 5.2.4 节已经给出了两卫星 TCA 的接近几何关系(接近距离、相对位置的分量、速度夹角等)和位置误差标准差。根据接近几何参数和位置误差标准差,利用显式表达式和灵敏度公式可以计算碰撞概率及其对各种影响因素的灵敏度。

1. 对接近距离 RSW 分量的灵敏度

为了分析灵敏度随 R 方向接近距离的变化情况,固定其他条件,使 R 方向接近距离从 0 变化到 0.2km,分别计算碰撞概率 P_c 及其对 R 的灵敏度 S_{1R}、S_{2R},结果曲线如图 6.2 所示。同样,可得碰撞概率 P_c 和灵敏度随 S 和 W 的变化曲线如图 6.3、图 6.4 所示。

由图 6.2 ~ 图 6.4 可见,碰撞概率随 R、S、W 方向接近距离的增大而减小,事实上增大相对距离是航天器进行碰撞规避机动采取的主要措施。碰撞概率对 R、S、W 方向接近距离的灵敏度均恒为负值,随着接近距离从 0 开始增大,第一类灵敏度的绝对值都经过先变大后变小到接近于 0 的过程。当 R、S、W 方向接

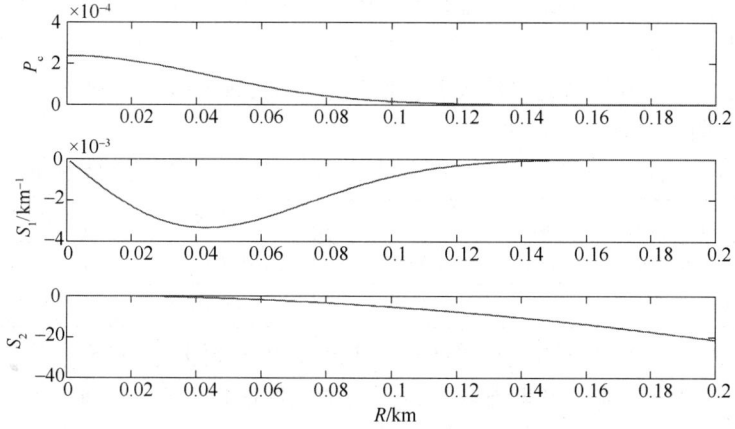

图 6.2 碰撞概率及其灵敏度随 R 方向接近距离的变化曲线

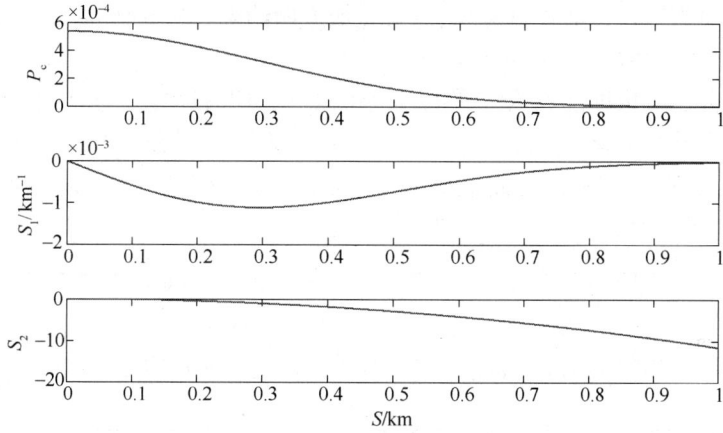

图 6.3 碰撞概率及其灵敏度随 S 方向接近距离的变化曲线

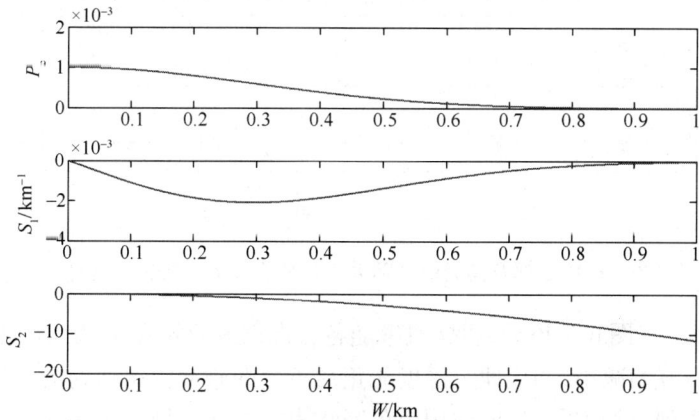

图 6.4 碰撞概率及其灵敏度随 W 方向接近距离的变化曲线

近距离位于图6.2~图6.4中灵敏度曲线的谷底时其变化对碰撞概率的减小作用最明显。

在第5.2.4节的接近参数和误差取值条件下,碰撞概率对 R、S、W 方向接近距离的灵敏度如表6.6所列。

表6.6　碰撞概率对接近距离的 R、S、W 分量的灵敏度数值

灵敏度	R	S	W
第一类 S_1/km^{-1}	-0.00309429	-0.000908098	-0.00113967
第二类 S_2	-0.543051	-2.18255	-3.437644

由表6.6可见,在美、俄卫星接近的几何条件和误差条件下,从绝对灵敏度 S_1 来看,碰撞概率对 S 和 W 方向接近距离的灵敏度接近于 -0.001,对 R 方向接近距离的灵敏度为 -0.003,R 方向距离的灵敏度较大。这表明,仅从减小碰撞概率的角度考虑,采取增大 R 方向距离的策略更加合理。当然,实际工程中如何选择还应当综合考虑任务需求、冲量施加方向约束、剩余时间等多种因素。

2. 对轨道误差标准差的灵敏度

为了分析灵敏度随联合误差标准差的变化情况,固定其他条件,分别使 R 方向联合误差标准差 σ_R 从0变化到0.2km,S、W 方向联合误差标准差 σ_S 和 σ_W 从0变化到5km,分别计算碰撞概率 P_c 及其对 σ_R、σ_S 和 σ_W 的灵敏度,结果如图6.5~图6.7所示。

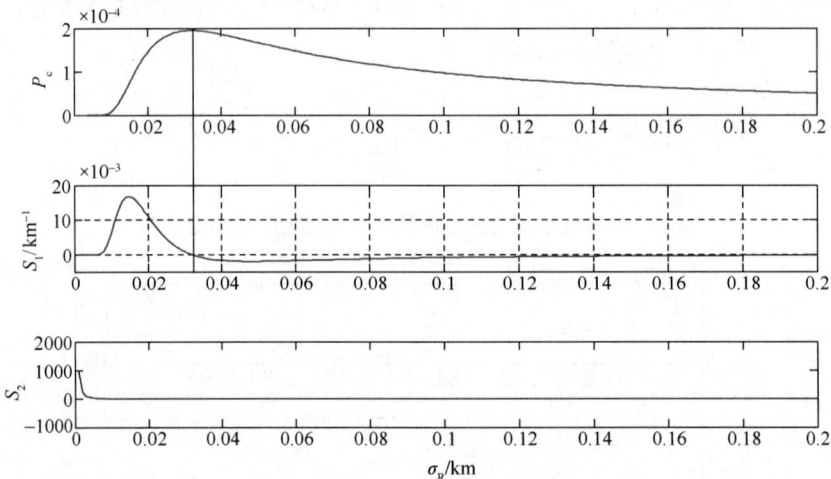

图6.5　碰撞概率及其灵敏度随 R 方向联合误差标准差的变化曲线

由图6.5~图6.7可见,碰撞概率随各方向误差标准差的增大先增大,达到最大值之后开始减小,相应地灵敏度先正后负。在碰撞概率达到极大值时,灵敏度曲线由正到负经过零点,图中用黑色竖线表示。在灵敏度为正的部分,灵敏度先增大后减小到零,在灵敏度的极大值处,误差标准差的增大会使碰撞概率最快

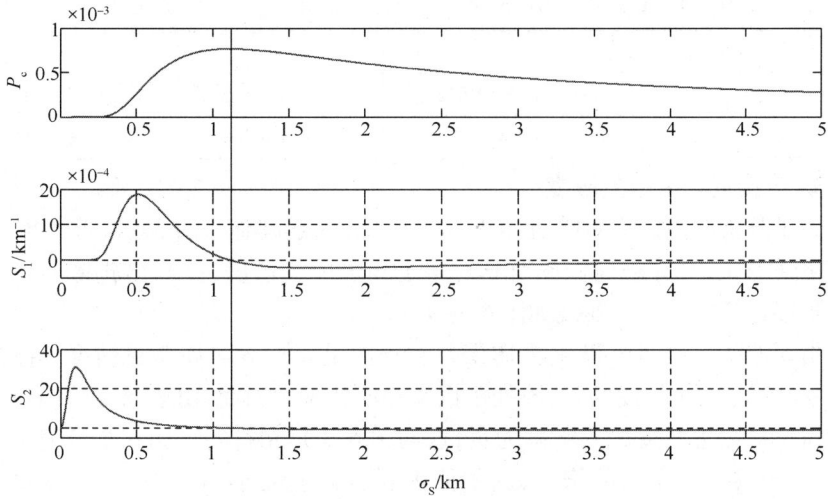

图 6.6　碰撞概率及其灵敏度随 S 方向联合误差标准差的变化曲线

的增大。在灵敏度为负的部分,其绝对值增大到极大值后缓慢减小到零。灵敏度为负的部分即所谓的概率冲淡区域,此时随着误差的增大碰撞概率会减小。灵敏度可以描述概率冲淡作用的大小。碰撞概率对 σ_S 和 σ_W 的变化曲线及灵敏度曲线形状相近,这是由水平面内误差方差的耦合特性决定的。

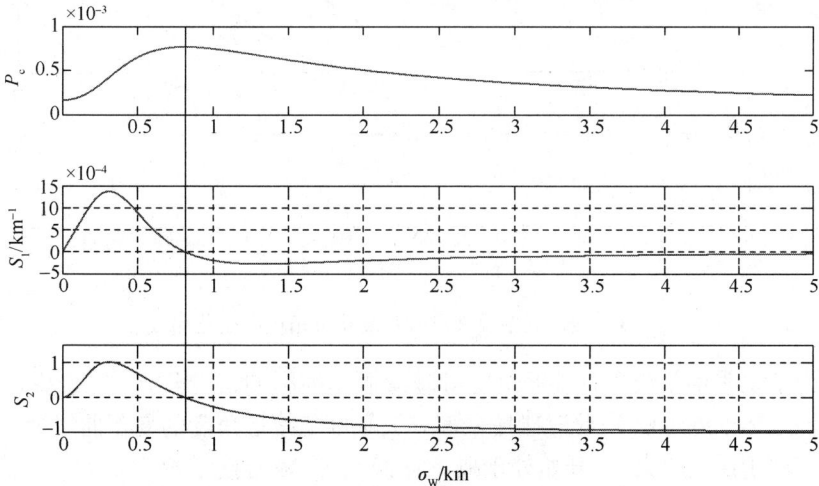

图 6.7　碰撞概率及其灵敏度随 W 方向联合误差标准差的变化曲线

在第 5.2.4 节的接近参数和误差取值条件下,碰撞概率对三个方向联合误差标准差的灵敏度如表 6.7 所列。表中碰撞概率对 σ_R 的灵敏度为负,而对 σ_S 和 σ_W 的灵敏度为正,表示 σ_R 已处于概率冲淡区域。从绝对值来看,碰撞概率对 σ_S 的灵敏度大于对 σ_W 的灵敏度。

表 6.7　碰撞概率对 R、S、W 方向联合误差标准差的灵敏度数值

灵敏度	σ_R	σ_S	σ_W
第一类 S_1/km^{-1}	-0.00191042	0.00173905	0.000467691
第二类 S_2	-0.454976	4.416125	0.206047

3. 对接近角度的灵敏度

为了分析碰撞概率对接近角度的灵敏度,固定其他条件,使接近角度 φ 从 $0°$ 变化到 $180°$,计算碰撞概率及其对接近角度的灵敏度,并画出碰撞概率和灵敏度随接近角度的变化曲线如图 6.8 所示。

由误差条件可知 S 和 W 方向误差大小满足 $\sigma_S^2 > \sigma_W^2$,属常见情况。碰撞概率对 σ_S 和 σ_W 的灵敏度为正,不处于概率冲淡状态。因此,由表 6.4 的结论可知碰撞概率对接近角度的灵敏度为负,这与图 6.8 是相符的。图 6.8 说明当前误差较小,随着接近角度的增大,水平面内联合误差变小,始终不处于概率冲淡状态。

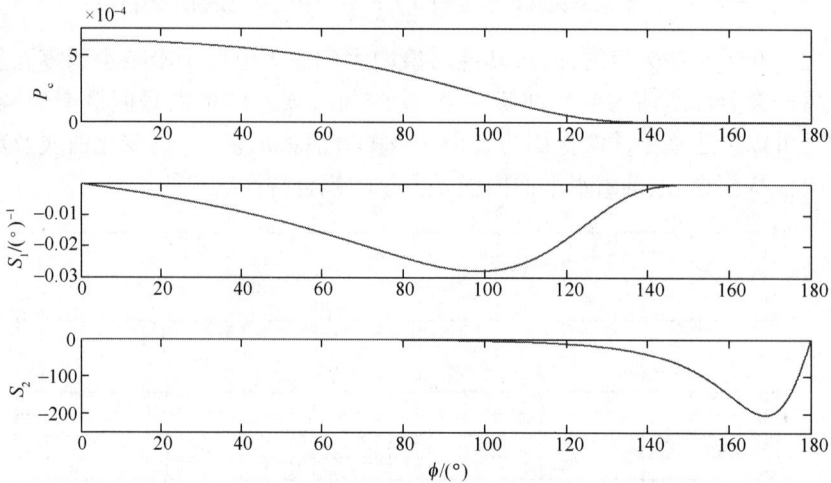

图 6.8　碰撞概率及其灵敏度随接近角度的变化曲线

为了说明误差较大时接近角度对碰撞概率的影响,在当前误差的基础上各方向误差标准差乘以 5,此时碰撞概率和灵敏度随接近角度的变化曲线如图 6.9 所示。由于误差较大,一开始处于概率冲淡状态,随着接近角度增大,碰撞概率增大。随着接近角度进一步增大,水平面内联合误差逐渐变小,进入非概率冲淡状态,随着接近角度增大,碰撞概率减小。碰撞概率对接近角度的灵敏度经历了由正变负的过程。

在当前误差的基础上各方向误差标准差乘以 10,此时碰撞概率和灵敏度随接近角度的变化曲线如图 6.10 所示。由于误差较大,一直处于概率冲淡状态,随着接近角度的增大,水平面内误差减小,碰撞概率一直增大,碰撞概率对接近

156

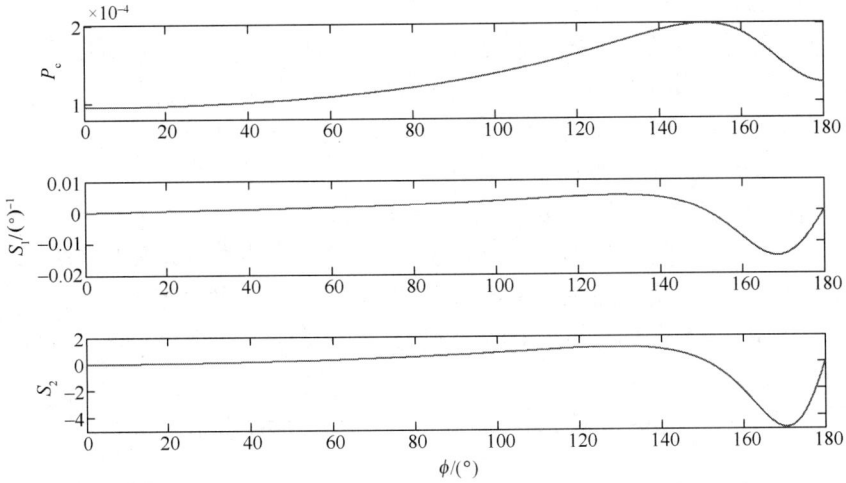

图 6.9　碰撞概率及其灵敏度随接近角度的变化曲线($\sigma \times 5$)

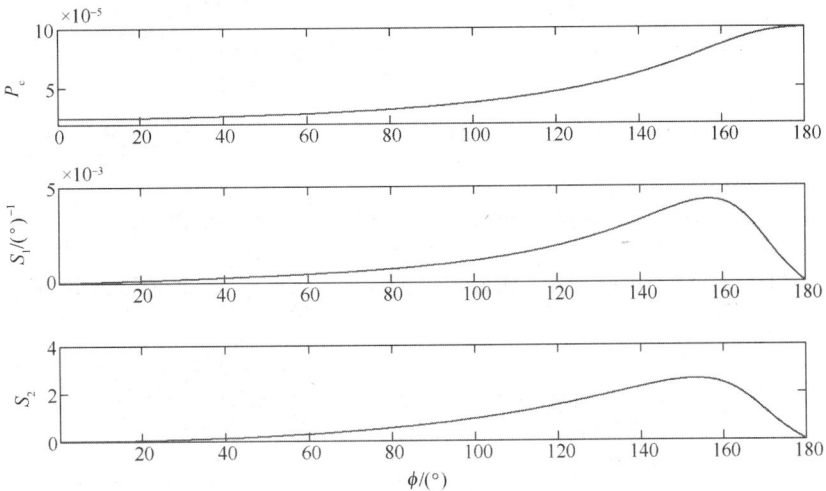

图 6.10　碰撞概率及其灵敏度随接近角度的变化曲线($\sigma \times 10$)

角度的灵敏度一直为正。

在第 5.2.4 节的接近参数和误差取值条件下,碰撞概率对接近角度的灵敏度如表 6.8 所列,表中碰撞概率对接近角度的灵敏度为负。

表 6.8　碰撞概率对接近角度的灵敏度数值

灵敏度	φ
第一类 $S_1/(°)^{-1}$	-0.0276207
第二类 S_2	-4.768093

4. 对目标大小的灵敏度

由于碰撞概率的显式表达式适用的条件是目标大小远小于接近距离和误差标准差,因此对目标大小的灵敏度只分析目标较小的部分。固定其他条件,使两目标联合半径 r_A 从 0 变化到 50m,计算碰撞概率及其对目标大小的灵敏度,并画出碰撞概率和灵敏度随 r_A 的变化曲线如图 6.11 所示。

碰撞概率随着目标联合半径变大而变大,碰撞概率对目标大小的灵敏度恒为正,且第二类灵敏度(相对灵敏度)约为定值 2。第二类灵敏度为 2 表示联合半径与碰撞概率的变化是平方关系。这与前面理论分析的结果是一致的。

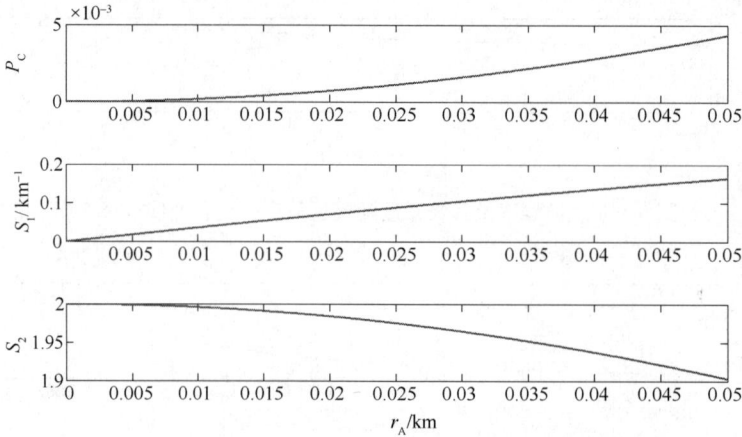

图 6.11 碰撞概率及其灵敏度随联合半径 r_A 的变化曲线

在第 5.2.4 节的接近参数和误差取值条件下,碰撞概率对目标联合半径的灵敏度如表 6.9 所列。

表 6.9 碰撞概率对目标联合半径的灵敏度数值

灵敏度	r_A
第一类 S_1/km^{-1}	0.0360880
第二类 S_2	1.996054

6.2 最大碰撞概率分析

对于一定的接近几何条件和目标大小,随着误差椭球形状和大小的变化,存在一个最大碰撞概率 P_{cmax}[163,164]。最大碰撞概率的计算在碰撞预警工程中具有重要的意义,这是因为:

(1)某些情况下目标的实际协方差阵是未知的,或者只知道误差椭球的形状而无法得到误差椭球的实际大小。此时难以计算实际的碰撞概率值,只能通过计算最大碰撞概率来确定最坏的情况下的碰撞风险,为预警决策提供依据。

（2）最大碰撞概率可以用于危险目标的预筛选。对于接近事件可以首先快速计算其最大碰撞概率，如果最大概率小于某个预设的门限值，则认为该目标不会对所关心的航天器构成威胁，不需要进一步的考虑。利用最大概率还可以确定危险目标筛选时的距离门限值。

（3）最大碰撞概率及相应的方差取值可以确定碰撞预警所需的轨道预报精度，以免发生概率冲淡问题[163-166]。位置误差远大于接近距离时计算得到的碰撞概率会很小，尽管这在数学上是正确的，但这种低的碰撞概率实际上表明轨道预报的精度不足以产生有意义的结果[165]。利用最大碰撞概率及其相应的方差取值可以分析何时处于概率冲淡状态。如果计算得到的碰撞概率处于冲淡区域，那么必须综合考虑计算得到的碰撞概率与最大碰撞概率[166]。

对于最大碰撞概率的计算方法有学者进行了初步研究[163-166]。现有的方法主要有以下三种：

（1）在不同的目标大小、接近几何关系和误差椭球的大小和形状的情况下计算碰撞概率，分析各种情况下的最大概率，画出最大碰撞概率曲线[163]。该方法是比较精确的最大概率计算方法。但存在的问题是曲线的生成所需计算量大，而且曲线中不可能包含所有的可能的接近条件，只是一些离散的条件。另外，图表曲线的使用也不方便。

（2）引入较大简化，通过确定最坏情况下协方差的参数推导最大碰撞概率的近似表达式[164]。该方法得到的是解析结果，使用较方便。但由于过于简化，得到的最大概率偏大，精度不够。

（3）假设 PDF 在碰撞球内为常数得到碰撞概率的近似表达式，基于近似式推导任意接近几何关系下的最大概率[64]。这种方法得到的也是解析结果，与方法（2）相比精度有所提高。然而 PDF 在碰撞球内为常数的假设在两目标接近距离较近的情况下不成立，故这种方法的适用范围有限。

本节将利用碰撞概率显式表达式对最大概率进行分析。首先在两目标位置误差椭球形状确定且两目标误差大小之比为定值的条件下，分析最大碰撞概率的解析表达式以及此时对应的两目标协方差的取值。然后进一步分析误差椭球形状不定且两目标误差比不定的情况下最大碰撞概率的表达式以及对应的误差椭球形状和大小。以显式表达式分析最大碰撞概率，可以得到最大概率的高精度快速评估方法，克服已有方法用时长、精度低的问题。

6.2.1　误差椭球形状固定时的最大碰撞概率

在工程实际中可能无法得到空间目标位置预报误差的准确值，但往往可以通过误差传播分析知道误差椭球的形状，在这种情况下虽然无法计算碰撞概率，但是可以计算最大碰撞概率。假设两空间目标的误差椭球形状均已知，且两目标误差椭球大小的比值也已知。

1. 最大碰撞概率及误差缩放因子的推导

为了表征协方差大小的等比例变化,将两目标的位置误差标准差都乘以缩放因子 k,此时两目标的协方差矩阵为

$$
\begin{cases}
\boldsymbol{P}_{1\mathrm{RSW}}(k) = k^2 \begin{bmatrix} \sigma_{1\mathrm{R}}^2 & 0 & 0 \\ 0 & \sigma_{1\mathrm{S}}^2 & 0 \\ 0 & 0 & \sigma_{1\mathrm{W}}^2 \end{bmatrix} \\
\boldsymbol{P}_{2\mathrm{RSW}}(k) = k^2 \begin{bmatrix} \sigma_{2\mathrm{R}}^2 & 0 & 0 \\ 0 & \sigma_{2\mathrm{S}}^2 & 0 \\ 0 & 0 & \sigma_{2\mathrm{W}}^2 \end{bmatrix}
\end{cases} \tag{6.21}
$$

缩放因子 k 可以为任意正实数。将式(6.21)代入碰撞概率的表达式,可得

$$
P_c(k) = \exp\left[-\frac{1}{2k^2}\left(\frac{\mu_x^2}{\sigma_x^2} + \frac{\mu_y^2}{\sigma_y^2}\right)\right] \cdot \left[1 - \exp\left(-\frac{r_A^2}{2k^2\sigma_x\sigma_y}\right)\right] \tag{6.22}
$$

因此,碰撞概率可以表示为缩放因子 k 的一元函数,即

$$
P_c(k) = \mathrm{e}^{-\frac{X^2}{2k^2}}\left(1 - \mathrm{e}^{-\frac{Y^2}{2k^2}}\right) \tag{6.23}
$$

式中

$$
\begin{cases}
X^2 = \dfrac{\mu_x^2}{\sigma_x^2} + \dfrac{\mu_y^2}{\sigma_y^2} \\
Y^2 = \dfrac{r_A^2}{\sigma_x\sigma_y}
\end{cases} \tag{6.24}
$$

X 可以看作考虑了误差非球形分布的等效最近距离,Y 可认为是目标联合等效半径。X 和 Y 的表达式中没有未知参数。

将一元函数式(6.23)对 k^2 求导数,并令导数为零,得

$$
\frac{\partial P_c(k)}{\partial k^2} = \frac{X^2}{2k^4}\mathrm{e}^{-\frac{X^2}{2k^2}} - \frac{X^2+Y^2}{2k^4}\mathrm{e}^{-\frac{X^2+Y^2}{2k^2}} = 0 \tag{6.25}
$$

最大碰撞概率对应的缩放因子 k 应当为式(6.25)的解。解之,可得

$$
k^2 = \frac{Y^2}{2\ln\left(1 + \dfrac{Y^2}{X^2}\right)} \tag{6.26}
$$

将式(6.26)代入式(6.23),可得对应的最大碰撞概率为

$$
P_{c\max} = \left(\frac{X^2}{X^2+Y^2}\right)^{\frac{X^2}{Y^2}}\left(\frac{Y^2}{X^2+Y^2}\right) = \left(\frac{\dfrac{X^2}{Y^2}}{1+\dfrac{X^2}{Y^2}}\right)^{\frac{X^2}{Y^2}}\left(\frac{1}{1+\dfrac{X^2}{Y^2}}\right) \tag{6.27}
$$

定义无量纲变量 λ 为

$$\lambda \triangleq \frac{X^2}{Y^2} \tag{6.28}$$

最大碰撞概率和相应的误差缩放因子为

$$P_{\text{cmax}} = \frac{\lambda^{\lambda}}{(1+\lambda)^{1+\lambda}}, \quad k^2 = \frac{Y^2}{2\ln(1+1/\lambda)} \tag{6.29}$$

如前所述,X 可以看作考虑误差非球形分布的等效最近距离,Y 可认为是目标联合等效半径,比值 Y/X 为小量,$1/\lambda = Y^2/X^2$ 为高阶小量,此时近似有

$$\begin{cases} k^2 \rightarrow \dfrac{X^2}{2} \\ P_{\text{cmax}} \rightarrow \dfrac{1}{e\lambda} \end{cases} \quad \lambda \rightarrow \infty \tag{6.30}$$

这样就得到了最大碰撞概率和相应的误差缩放因子的简单表达式,可以用于快速分析。

将第 5 章推导得到的 4 种碰撞概率的显式表达式的结果代入式(6.28)~式(6.30),可以得到用接近几何关系表示的最大碰撞概率及对应的误差缩放因子的显式表达式。由于一般轨道情形下表达式较复杂,因此这里只给出圆轨道情形下的碰撞概率显式表达式的无量纲变量 X^2、Y^2、λ,最大碰撞概率时对应的误差缩放因子 k,最大碰撞概率及其近似值等,如表 6.10 所列。

表 6.10 圆轨道情形下最大碰撞概率 P_{cmax} 及对应的误差缩放因子 k

	接近距离表示	接近几何表示
X^2	$\dfrac{R^2}{\sigma_{\text{R}}^2} + \dfrac{S^2 + W^2}{\sigma_{\text{SW}}^2}$	$\dfrac{\Delta h^2}{\sigma_{\text{R}}^2} + \dfrac{v^2\cos^2\dfrac{\varphi}{2}\Delta t^2}{\sigma_{\text{SW}}^2}$
Y^2	\multicolumn{2}{c}{$\dfrac{r_{\text{A}}^2}{\sigma_{\text{R}}\sigma_{\text{SW}}}$}
λ	$\dfrac{\sigma_{\text{SW}}^2 R^2 + \sigma_{\text{R}}^2(S^2 + W^2)}{\sigma_{\text{R}}\sigma_{\text{SW}} r_{\text{A}}^2}$	$\dfrac{\sigma_{\text{SW}}^2 \Delta h^2 + \sigma_{\text{R}}^2 v^2\cos^2\dfrac{\varphi}{2}\Delta t^2}{\sigma_{\text{R}}\sigma_{\text{SW}} r_{\text{A}}^2}$
k^2	\multicolumn{2}{c}{$\dfrac{r_{\text{A}}^2}{2\sigma_{\text{R}}\sigma_{\text{SW}}\ln(1+1/\lambda)}$}
$k^2 \rightarrow$	$\dfrac{1}{2}\left(\dfrac{R^2}{\sigma_{\text{R}}^2} + \dfrac{S^2 + W^2}{\sigma_{\text{SW}}^2}\right)$	$\dfrac{1}{2}\left(\dfrac{\Delta h^2}{\sigma_{\text{R}}^2} + \dfrac{v^2\cos^2\dfrac{\varphi}{2}\Delta t^2}{\sigma_{\text{SW}}^2}\right)$
P_{cmax}	\multicolumn{2}{c}{$\dfrac{\lambda^{\lambda}}{(1+\lambda)^{1+\lambda}}$}
$P_{\text{cmax}} \rightarrow$	$\dfrac{\sigma_{\text{R}}\sigma_{\text{SW}} r_{\text{A}}^2/e}{\sigma_{\text{SW}}^2 R^2 + \sigma_{\text{R}}^2(S^2 + W^2)}$	$\dfrac{\sigma_{\text{R}}\sigma_{\text{SW}} r_{\text{A}}^2/e}{\sigma_{\text{SW}}^2 \Delta h^2 + \sigma_{\text{R}}^2 v^2\cos^2\dfrac{\varphi}{2}\Delta t^2}$

2. 概率冲淡问题分析

得到了最大碰撞概率对应的误差缩放因子 k，可以根据 k 与 1 的大小关系确定是否存在概率冲淡现象。图 6.12 给出了碰撞概率随误差缩放因子的变化曲线。碰撞概率会随着误差的增大先增大，达到最大碰撞概率后，随着误差的增大减小。$k=1$ 即表示当前的误差状态。如果最大碰撞概率对应的缩放因子 $k<1$（图 6.12(a)），说明当前的误差比最大碰撞概率对应的误差大，处于概率冲淡状态，随着误差的增大碰撞概率会减小。如果最大碰撞概率对应的缩放因子 $k>1$（图 6.12(b)），说明当前的误差比最大碰撞概率对应的误差小，不存在概率冲淡，随着误差的增大碰撞概率会增大。

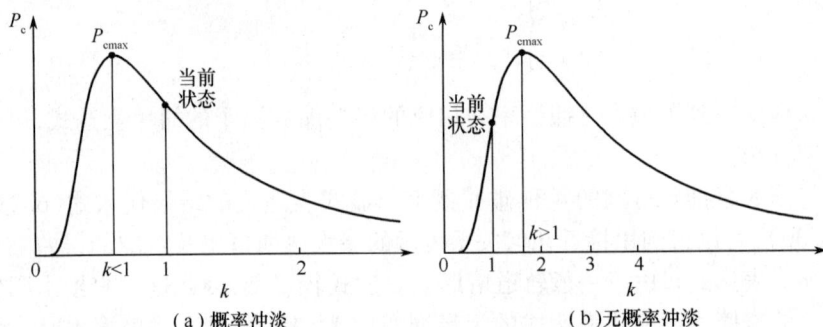

（a）概率冲淡   （b）无概率冲淡

图 6.12　碰撞概率冲淡和无概率冲淡现象示意图

6.2.2　误差椭球形状不定时的最大碰撞概率

位置误差椭球形状固定时，计算最大碰撞概率及相应的误差缩放因子实际上是一元函数求极大值的问题。下面讨论误差椭球形状任意时最大概率及相应的协方差计算方法，这属于多元函数求极值的问题。碰撞概率的显式表达式中联合方差是两目标各自方差的简单相加，为了简化分析以两目标联合方差为自变量。圆轨道情形下，水平面内两个方向的方差通过轨道面夹角相互耦合，并得到了以径向联合方差 σ_R^2 和水平方向联合方差 σ_{SW}^2 表示的碰撞概率。碰撞概率 $P_c = P_c(\sigma_R, \sigma_{SW})$ 依赖于两个独立的变量 σ_R^2 和 σ_{SW}^2，求二元函数的极大值和相应的 σ_R^2 和 σ_{SW}^2 的取值。σ_R^2 和 σ_{SW}^2 取该值的方差组合都可以使碰撞概率达到最大。

1. 二元函数极值的计算

在碰撞概率对轨道误差标准差的灵敏度分析中，已经得到了函数 $P_c = P_c(\sigma_x, \sigma_y)$ 对 σ_x 和 σ_y 的偏导数，如式（6.9）。图 6.13 是 $\mu_x=10$，$\mu_y=20$，$r_A=0.01$ 时（长度单位统一即可）函数 $P_c = P_c(\sigma_x, \sigma_y)$ 的三维曲面图从不同角度观察的结果，横坐标分别为 σ_x、σ_y，纵坐标为 P_c。由图 6.13 可知，函数 $P_c = P_c(\sigma_x, \sigma_y)$ 在其定义域 $R^+ \times R^+$ 内存在唯一极大值点。

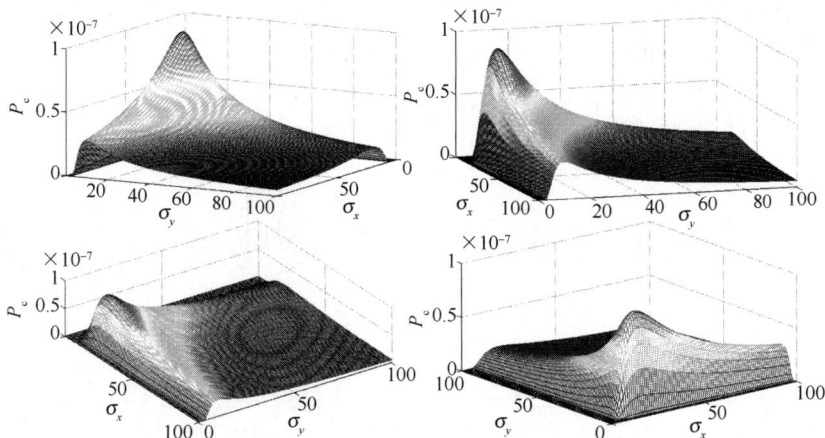

图 6.13　函数 $P_c = P_c(\sigma_x, \sigma_y)$ 的三维曲面图

函数 $P_c = P_c(\sigma_x, \sigma_y)$ 取极值的必要条件是两个偏导数同时为 0，即

$$\frac{\partial P_c}{\partial \sigma_x} = \frac{\partial P_c}{\partial \sigma_y} = 0 \tag{6.31}$$

要得到最大碰撞概率对应的 σ_x 和 σ_y，需要解式(6.31)对应的两个非线性方程。将式(6.9)代入式(6.31)，整理后得

$$\begin{cases} \dfrac{\mu_x^2}{\sigma_x} \mathrm{e}^{\frac{r_A^2}{2\sigma_x \sigma_y}} = \dfrac{\mu_x^2}{\sigma_x} + \dfrac{r_A^2}{2\sigma_y} \\[3mm] \dfrac{\mu_y^2}{\sigma_y} \mathrm{e}^{\frac{r_A^2}{2\sigma_x \sigma_y}} = \dfrac{\mu_y^2}{\sigma_y} + \dfrac{r_A^2}{2\sigma_x} \end{cases} \tag{6.32}$$

由上式中的第二式，可得

$$\mathrm{e}^{\frac{r_A^2}{2\sigma_x \sigma_y}} = 1 + \frac{r_A^2 \sigma_y}{2\mu_y^2 \sigma_x} \tag{6.33}$$

将式(6.33)代入式(6.32)中的第一式，可以得到 σ_x 和 σ_y 之间的关系为

$$\frac{\sigma_x^2}{\sigma_y^2} = \frac{\mu_x^2}{\mu_y^2}, \quad \sigma_y = \frac{|\mu_y|}{|\mu_x|} \sigma_x \tag{6.34}$$

式(6.34)表明，最大碰撞概率对应的 σ_x 和 σ_y 位于相遇平面内经过最接近点的直线上。将式(6.34)代入式(6.32)中，可得

$$\begin{cases} \dfrac{1}{\sigma_x^2} = \dfrac{2|\mu_y|}{r_A^2 |\mu_x|} \ln\left(1 + \dfrac{r_A^2}{2|\mu_x||\mu_y|} \right) \\[3mm] \dfrac{1}{\sigma_y^2} = \dfrac{2|\mu_x|}{r_A^2 |\mu_y|} \ln\left(1 + \dfrac{r_A^2}{2|\mu_x||\mu_y|} \right) \end{cases} \tag{6.35}$$

式(6.35)给出了用参数 μ_x、μ_y 和 r_A 表示的最大碰撞概率对应的 σ_x 和 σ_y 的显式表达式。将式(6.35)代入式(6.7),可得

$$P_{cmax} = \exp\left[-\frac{2|\mu_x||\mu_y|}{r_A^2}\ln\left(1 + \frac{r_A^2}{2|\mu_x||\mu_y|}\right) \right]$$

$$\left[1 - \exp\left(-\ln\left(1 + \frac{r_A^2}{2|\mu_x||\mu_y|}\right) \right) \right]$$

$$= \left(1 + \frac{r_A^2}{2|\mu_x||\mu_y|}\right)^{-\frac{2|\mu_x||\mu_y|}{r_A^2}} \left(\frac{\frac{r_A^2}{2|\mu_x||\mu_y|}}{1 + \frac{r_A^2}{2|\mu_x||\mu_y|}} \right) \tag{6.36}$$

定义无量纲变量 λ 为

$$\lambda \triangleq \frac{2|\mu_x||\mu_y|}{r_A^2} \tag{6.37}$$

可以得到最大碰撞概率的紧凑形式为

$$P_{cmax} = \frac{\lambda^\lambda}{(1+\lambda)^{1+\lambda}} \tag{6.38}$$

最大碰撞概率对应的 σ_x 和 σ_y 分别为

$$\begin{cases} \sigma_x^2 = \dfrac{\mu_x^2}{\lambda\ln(1 + 1/\lambda)} \\ \sigma_y^2 = \dfrac{\mu_y^2}{\lambda\ln(1 + 1/\lambda)} \end{cases} \tag{6.39}$$

由于函数 $P_c = P_c(\sigma_x, \sigma_y)$ 在定义域 $R^+ \times R^+$ 内存在唯一极值大点,所以计算得到的极大值就是最大碰撞概率。

为了验证公式的正确性,取图 6.13 的例子,在 r_A 取不同值时,用式(6.38)和式(6.39)计算极大值及相应的自变量取值,并与数值计算寻找最大值的结果比较,结果如表 6.11 所列。解析公式计算结果与数值结果符合,证明了该方法的正确性。

表 6.11　数值结果与解析结果的比较

r_A	数值寻优结果			解析公式计算结果		
	P_{cmax}	σ_x	σ_y	P_{cmax}	σ_x	σ_y
0.001	9.19699×10^{-10}	10	20	9.19699×10^{-10}	10.00000	20.00000
0.01	9.19698×10^{-8}	10	20	9.19698×10^{-8}	10.00000	20.00000
0.1	9.19687×10^{-6}	10	20	9.19687×10^{-6}	10.00006	20.00012

（续）

r_A	数值寻优结果			解析公式计算结果		
	P_{cmax}	σ_x	σ_y	P_{cmax}	σ_x	σ_y
1	9.18550×10^{-4}	10	20	9.18551×10^{-4}	10.00625	20.01249
10	8.19196×10^{-2}	10.6	21.2	8.19200×10^{-2}	10.58468	21.16936
20	2.49999×10^{-1}	12	24	2.50000×10^{-1}	12.01122	24.02245
50	6.27895×10^{-1}	17.8	35.5	6.27896×10^{-1}	17.76223	35.52447

最大碰撞概率由一个综合考虑了接近几何关系的参数 λ 表示,对于一次确定的接近事件,由接近几何关系利用上式可以很方便地求出最大碰撞概率。误差椭球形状不定和椭球形状固定时最大概率的表达式具有相同的形式,只是参数 λ 的定义不同。误差椭球形状不定时的最大碰撞概率是碰撞概率的理论上限,在一般情况下难以达到。

由于 λ 是个比较大的量,$1/\lambda$ 是小量。令 $\lambda \to \infty$,有

$$\begin{cases} \sigma_x = \dfrac{|\mu_x|}{\sqrt{\lambda \ln(1+1/\lambda)}} \to |\mu_x| \\ \sigma_y = \dfrac{|\mu_y|}{\sqrt{\lambda \ln(1+1/\lambda)}} \to |\mu_y| \end{cases}, \quad \lambda \to \infty \qquad (6.40)$$

同样,可以得到当 $\lambda \to \infty$ 时最大碰撞概率的表达式为

$$P_{cmax} = \frac{\lambda^\lambda}{(1+\lambda)^{1+\lambda}} \to \frac{1}{e\lambda} = \frac{r_A^2}{2e|\mu_x||\mu_y|}, \quad \lambda \to \infty \qquad (6.41)$$

式(6.40)和式(6.41)可用于最大碰撞概率和对应的误差取值的初步分析。最大碰撞概率 P_{cmax} 是 λ 的减函数。图 6.14 是当 $r_A = 10m$ 时最大碰撞概率的对数 $\lg P_{cmax}$ 随 μ_x 和 μ_y 的二维分布和三维曲面图。

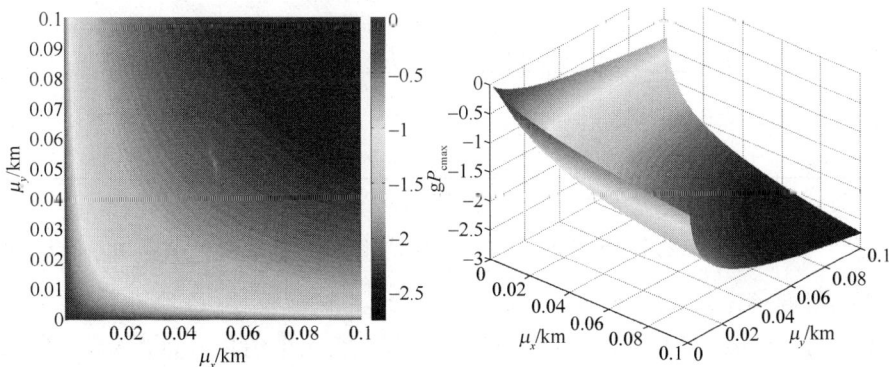

图 6.14　最大碰撞概率的对数的二维分布和三维曲面图

由式(6.41)可见,当等效半径与接近距离相比很小时,最大碰撞概率 P_{cmax} 与等效半径 r_A 的平方成正比,与 $|\mu_x|$ 和 $|\mu_y|$ 的乘积成反比,该乘积看作接近距离的平方。该结论可以由表 6.11 得到验证,r_A 从 0.001 变化到 1 的过程中,r_A 每变大 10 倍则 P_{cmax} 变大 100 倍。该近似式可以用于最大概率的快速估算。

2. 代入显式表达式得最大碰撞概率

将第 5 章推导得到的 4 种碰撞概率的显式表达式的结果代入式(6.37)~式(6.39),可以得到用接近几何关系表示的最大碰撞概率及对应的误差标准差取值的显式表达式。各种情形下无量纲变量 λ、碰撞概率为最大时对应的误差标准差及其近似值、最大碰撞概率及其近似值如表 6.12 所列。由于一般轨道情形下接近距离表示的显式表达式较复杂,表中没有列出。

表 6.12　接近几何关系表示的最大碰撞概率及对应的误差取值

	圆轨道情形		一般轨道情形
	接近距离表示	接近几何表示	接近几何表示
λ	$\dfrac{2\mid R\mid\sqrt{S^2+W^2}}{r_A^2}$	$\dfrac{2\Delta h\Delta t}{r_A^2}v\cos\dfrac{\varphi}{2}$	$\dfrac{2\Delta r_{min}v_2\sin\psi\Delta t}{r_A^2}\dfrac{1}{\sqrt{1+\eta^2-2\eta\cos\psi}}$
σ	$\sigma_R=\dfrac{\mid R\mid}{\sqrt{\lambda\ln(1+1/\lambda)}}$	$\sigma_R=\dfrac{\Delta h}{\sqrt{\lambda\ln(1+1/\lambda)}}$	$\sigma_N=\dfrac{\Delta r_{min}}{\sqrt{\lambda\ln(1+1/\lambda)}}$
	$\sigma_{SW}=\dfrac{\sqrt{S^2+W^2}}{\sqrt{\lambda\ln(1+1/\lambda)}}$	$\sigma_{SW}=\dfrac{v\cos\dfrac{\varphi}{2}\Delta t}{\sqrt{\lambda\ln(1+1/\lambda)}}$	$\sigma_{TW}=\dfrac{v_2\sin\psi\Delta t}{\sqrt{\lambda\ln(1+1/\lambda)}(1+\eta^2-2\eta\cos\psi)}$
$\sigma\rightarrow$	$\sigma_R\rightarrow\mid R\mid$	$\sigma_R\rightarrow\Delta h$	$\sigma_N\rightarrow\Delta r_{min}$
	$\sigma_{SW}\rightarrow\sqrt{S^2+W^2}$	$\sigma_{SW}\rightarrow v\cos\dfrac{\varphi}{2}\Delta t$	$\sigma_{TW}\rightarrow\dfrac{v_2\sin\psi\Delta t}{\sqrt{1+\eta^2-2\eta\cos\psi}}$
P_{cmax}	$\dfrac{\lambda^\lambda}{(1+\lambda)^{1+\lambda}}$		
$P_{cmax}\rightarrow$	$\dfrac{r_A^2}{2e\mid R\mid\sqrt{S^2+W^2}}$	$\dfrac{r_A^2}{2e\Delta hv\cos\dfrac{\varphi}{2}\Delta t}$	$\dfrac{r_A^2}{2e\Delta r_{min}v_2\sin\psi\Delta t}\sqrt{1+\eta^2-2\eta\cos\psi}$

表 6.12 给出了用接近几何关系表示的最大碰撞概率及误差的取值。由表中最后一行用 RSW 接近距离表示的最大碰撞概率的近似表达式可知,最大碰撞概率与等效半径 r_A 的平方成正比,与 $\mid R\mid\sqrt{S^2+W^2}$ 成反比,该项可看作接近距离的平方。令 $r_A=20$(距离单位),利用不同的 R、S、W 值用式(6.38)计算最大碰撞概率,结果如表 6.13 所列。从表 6.13 可知,接近距离每增大 1 个量级,碰撞概率近似减小 2 个量级,该结果很好地支持了最大碰撞概率与接近距离的平

方成反比的结论。

表 6.13 不同接近距离分量计算得到的最大碰撞概率

R	S	W	P_{cmax}
0.1	3	0.3	2.4395×10^{-4}
1	30	3	2.4404×10^{-6}
2	60	6	6.1009×10^{-7}
5	150	15	9.7614×10^{-8}
10	300	30	2.4404×10^{-8}
20	600	60	6.1009×10^{-9}
50	1500	150	9.7614×10^{-10}
100	3000	300	2.4404×10^{-10}

6.2.3 特殊情况

1. 存在的问题

第 6.2.2 节的分析中没有考虑当 μ_x 和 μ_y 之一为 0 的特殊情况。由于式 (6.37) 和式 (6.39) 中 μ_x、μ_y 具有对称性,因此只需要讨论 $\mu_x \neq 0, \mu_y = 0$ 的情况。另一种情况具有类似的结论。图 6.15 是当 $\mu_x \neq 0, \mu_y = 0$ 时相遇平面内的联合误差椭圆和碰撞圆域的示意图。

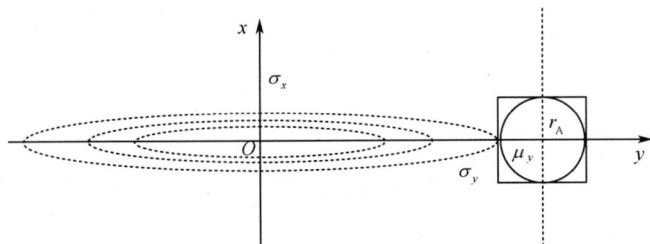

图 6.15 当 $\mu_x \neq 0, \mu_y = 0$ 时相遇平面内联合误差椭圆和碰撞圆域

在 $\mu_x \neq 0, \mu_y = 0$ 的情况下,无量纲参数 λ 等于 0。当 $\lambda = 0$ 时,式 (6.38) 和式 (6.39) 的右边是不定的。可以得到当 μ_y 趋向于 0(相应的有 $\lambda \to 0$)时 P_{cmax}、σ_x^2 和 σ_y^2 的极限值为

$$\begin{cases} \lim_{\mu_y \to 0} \sigma_x^2 = +\infty \\ \lim_{\mu_y \to 0} \sigma_y^2 = 0 \\ \lim_{\lambda \to 0} P_{cmax} = 1 \end{cases} \qquad (6.42)$$

式 (6.42) 说明,在 $\mu_y \to 0$ 的情况下利用式 (6.38) 和式 (6.39) 可以得到

$P_{cmax} \rightarrow 1$ 的结论。显而易见,当且仅当 $\mu_x^2 + \mu_y^2 \leqslant r_A^2$,即相遇坐标系的原点在碰撞圆域以内时,随着误差椭圆大小和形状的变化最大碰撞概率 P_{cmax} 才为 1,此时相应的误差标准差为 $\sigma_x = \sigma_y \rightarrow 0$。因此,式(6.38)和式(6.39)在 $\mu_x \neq 0, \mu_y = 0$ 或 $\mu_x = 0, \mu_y \neq 0$ 时是不成立的。

2. 特殊情况下的最大碰撞概率

从碰撞概率的初始表达式来分析这种特殊情况下的最大碰撞概率。在碰撞概率的定义式中令 $\mu_y = 0$,可得

$$P_c = \iint\limits_{(x-\mu_x)^2+y^2 \leqslant r_A^2} \frac{1}{2\pi\sigma_x\sigma_y} \exp\left[-\frac{1}{2}\left(\frac{x^2}{\sigma_x^2} + \frac{y^2}{\sigma_y^2} \right) \right] dxdy \tag{6.43}$$

将积分圆域近似为边长为 r_A 的正方形,如图 6.15 所示,此时式(6.43)可以写为

$$P_c = \int_{\frac{\mu_x-r_A}{\sigma_x}}^{\frac{\mu_x+r_A}{\sigma_x}} \frac{1}{\sqrt{2\pi}} e^{-\frac{x^2}{2}} dx \cdot \int_{-\frac{r_A}{\sigma_y}}^{\frac{r_A}{\sigma_y}} \frac{1}{\sqrt{2\pi}} e^{-\frac{y^2}{2}} dy = P_{cx}(\sigma_x) \cdot P_{cy}(\sigma_y) \tag{6.44}$$

这种特殊情况下,碰撞概率可以分解为两个方向碰撞概率的乘积。碰撞概率最大意味着 $P_{cx}(\sigma_x)$ 和 $P_{cy}(\sigma_y)$ 同时最大。$P_{cy}(\sigma_y)$ 可写为

$$P_{cy}(\sigma_y) = \int_{-\frac{r_A}{\sigma_y}}^{\frac{r_A}{\sigma_y}} \frac{1}{\sqrt{2\pi}} e^{-\frac{y^2}{2}} dy = \Phi\left(\frac{r_A}{\sigma_y} \right) - \Phi\left(-\frac{r_A}{\sigma_y} \right) = 2\Phi\left(\frac{r_A}{\sigma_y} \right) - 1 \tag{6.45}$$

$P_{cy}(\sigma_y)$ 对 σ_y 的导数为

$$\frac{dP_{cy}(\sigma_y)}{d\sigma_y} = -2\varphi\left(\frac{r_A}{\sigma_y} \right) \frac{r_A}{\sigma_y^2} < 0 \tag{6.46}$$

式中:$\Phi(\cdot)$、$\varphi(\cdot)$ 分别为标准高斯分布的概率分布函数和概率密度函数,可表示成

$$\begin{cases} \Phi(x) = \int_{-\infty}^{x} \frac{1}{\sqrt{2\pi}} e^{-\frac{t^2}{2}} dt \\ \varphi(x) = \frac{1}{\sqrt{2\pi}} e^{-\frac{x^2}{2}} \end{cases} \tag{6.47}$$

由于 $P_{cy}(\sigma_y)$ 对 σ_y 的导数恒为负,故 $P_{cy}(\sigma_y)$ 是 σ_y 的减函数,当 $\sigma_y \rightarrow 0$ 时 $P_{cy}(\sigma_y)$ 的最大值为 1。

$P_{cx}(\sigma_x)$ 可写为

$$P_{cx}(\sigma_x) = \int_{\frac{\mu_x-r_A}{\sigma_x}}^{\frac{\mu_x+r_A}{\sigma_x}} \frac{1}{\sqrt{2\pi}} e^{-\frac{x^2}{2}} dx = \Phi\left(\frac{\mu_x + r_A}{\sigma_x} \right) - \Phi\left(\frac{\mu_x - r_A}{\sigma_x} \right) \tag{6.48}$$

令 $P_{cx}(\sigma_x)$ 对 σ_x 的导数为 0,即

$$\frac{\mathrm{d}P_{cx}(\sigma_x)}{\mathrm{d}\sigma_x} = -\varphi\left(\frac{\mu_x + r_A}{\sigma_x}\right)\frac{\mu_x + r_A}{\sigma_x^2} + \varphi\left(\frac{\mu_x - r_A}{\sigma_x}\right)\frac{\mu_x - r_A}{\sigma_x^2} = 0 \quad (6.49)$$

可得

$$\sigma_x^2 = \frac{2\mu_x r_A}{\ln\dfrac{\mu_x + r_A}{\mu_x - r_A}} \quad\quad (6.50)$$

令 $\beta = r_A / |\mu_x|$, β 一般情况下为小量, 则式(6.50)可写为

$$\sigma_x^2 = \mu_x^2 \frac{2\beta}{\ln\left(1 + \dfrac{2\beta}{1-\beta}\right)} \rightarrow \mu_x^2(1-\beta) = \mu_x(\mu_x - r_A), \quad \beta \rightarrow 0 \quad (6.51)$$

将式(6.51)代入式(6.48), 可得

$$P_{cx}(\sigma_x) = \Phi\left(\frac{1+\beta}{\sqrt{1-\beta}}\right) - \Phi\left(\frac{1-\beta}{\sqrt{1-\beta}}\right) \approx \frac{2\beta}{\sqrt{2\pi(1-\beta)}}\mathrm{e}^{-\frac{1}{2(1-\beta)}} \quad (6.52)$$

因此, 对于 $\mu_x \neq 0, \mu_y = 0$ 的情况, 最大碰撞概率和对应的位置误差标准差为

$$\begin{cases} P_{c\max} = \dfrac{2\beta}{\sqrt{2\pi(1-\beta)}}\mathrm{e}^{-\frac{1}{2(1-\beta)}} \\ \sigma_x = |\mu_x|\sqrt{1-\beta}, \quad \sigma_y \rightarrow 0 \end{cases} \quad (6.53)$$

3. 计算最大碰撞概率的完整步骤

图 6.16 给出了误差椭球形状不定时计算最大碰撞概率及相应误差标准差的完整过程。

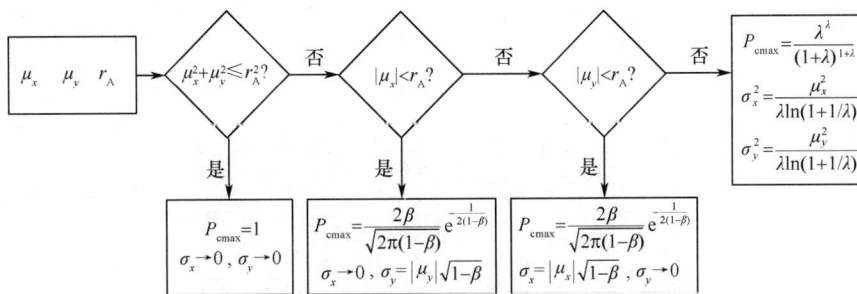

图 6.16　计算最大碰撞概率的完整步骤

6.2.4　算例分析

以第 5.2.4 节的美、俄卫星碰撞实例为算例, 进行最大碰撞概率方法的验证。TCA 位置速度坐标、接近几何关系和误差标准差等信息已知。

1. 误差椭球形状固定

误差椭球形状固定的情况下,利用式(6.29)计算最大碰撞概率和相应的误差缩放因子,结果如表6.14所列。

表6.14 最大碰撞概率及对应的误差和误差缩放因子

目标	σ_R/km	σ_S/km	σ_W/km
主目标	0.040600	0.362071	0.126394
从目标	0.063785	0.720332	0.059904
误差缩放因子 k	1.756021		
最大碰撞概率 P_{cmax}	$4.710070759 \times 10^{-4}$		

还可以通过第5.2.4节得到最大碰撞概率和误差缩放因子分别为 $P_{cmax} = 4.710070758 \times 10^{-4}$ 和 $k = 1.756000$。这说明最大碰撞概率解析表达式的精度是足够的。

最大碰撞概率对应的误差缩放因子 $k = 1.756 > 1$,由图6.12可知,当前的误差协方差(对应于 $k = 1$)小于最大碰撞概率对应的误差,不存在概率冲淡现象,碰撞概率会随着误差增大而变大。

2. 误差椭球形状不定

在误差椭球形状不定的情况下,利用图6.16所示的完整步骤分析最大碰撞概率。首先判断接近距离是否小于等效半径 r_A,不满足则判断 R 或 $\sqrt{S^2 + W^2}$ 是否小于等效半径 r_A,也不满足则利用式(6.38)和式(6.39)计算最大碰撞概率及对应的联合误差标准差。最大碰撞概率和对应的联合误差标准差为

$$\begin{cases} P_{cmax} = 8.304292520 \times 10^{-4} \\ \sigma_R = 0.031748 \text{km}, \quad \sigma_{SW} = 0.697688 \text{km} \end{cases} \tag{6.54}$$

为了验证最大碰撞概率和相应的误差标准差,画出碰撞概率随误差标准差 σ_R 和 σ_{SW} 变化的二维碰撞概率分布如图6.17所示,颜色表示碰撞概率的大小。由图6.17可以通过数值方法得到最大碰撞概率和对应的误差标准差如表6.15所列。

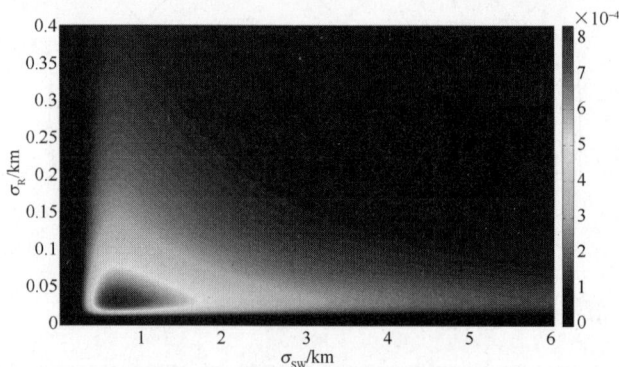

图6.17 二维碰撞概率分布,颜色表示碰撞概率的大小

由第 5. 3. 4 节可知 $R = 0.031730\text{km}$ 和 $\sqrt{S^2 + W^2} = 0.697294\text{km}$,这说明联合误差标准差的近似表达式(6.40)是正确的。还可以利用近似式(6.41)计算得到最大碰撞概率 $P_{c\max} = 8.313674152 \times 10^{-4}$,该结果与式(6.54)的结果符合得很好。

表 6. 15　不同接近距离分量计算得到的最大碰撞概率

方法	$P_{c\max}$	σ_R/km	σ_{SW}/km
数值方法	$8.304291873 \times 10^{-4}$	0.031750	0.697500
显式表达式	$8.304292520 \times 10^{-4}$	0.031748	0.697688
近似表达式	$8.313674152 \times 10^{-4}$	0.031730	0.697294

表 6. 15 比较了不同方法计算得到的最大碰撞概率和对应的误差标准差。所有方法得到的误差标准差到三位有效数字是一致的。数值方法和显式表达式的最大碰撞概率结果到六位有效数字是一致的,近似表达式的结果到两位有效数字一致。

6.3　碰撞预警的漏警概率和虚警概率分析

碰撞概率是空间目标碰撞风险评估的主要指标之一。碰撞概率的计算方法与应用已经得到了较充分的研究。碰撞概率与空间目标接近时刻位置速度矢量、位置误差协方差以及目标等效半径等参数密切相关。这些参数都是通过测量、估计或计算得到的,不可避免地带有误差,输入参数的准确性会影响碰撞风险评估的置信度。碰撞概率计算的目的是进行风险评估,并提供给碰撞预警决策者进行决策。如何在实际工程中正确应用碰撞概率进行预警决策也是一个重要问题。因此,在碰撞风险评估中,仅计算得到接近距离、碰撞概率等风险评估参数是不够的,需要在碰撞概率计算的基础上进行碰撞风险的综合评估,提高风险评估的有效性和置信度。

本节首先给出碰撞预警的安全区域和危险区域的概念,在此基础上对碰撞预警的漏警概率和虚警概率进行分析。

6.3.1　碰撞预警的实质和误判

空间目标碰撞预警是利用预报得到的轨道状态和协方差信息,进行碰撞风险评估得到各种碰撞风险参数(最近距离、碰撞概率、最大碰撞概率等),根据一定的准则判断风险参数是否处在危险区域(如接近距离小于距离门限、碰撞概率大于概率门限等),如果在危险区域则发出碰撞预警,需要采取相应的措施;如果在安全区域则认为是安全的。因此碰撞预警实质上是判别分析问题。根据各种风险参数和品质参数,得到"危险"或"安全",以及"机动"或"不机动"的判别。

基于碰撞概率的碰撞预警判别准则为：如果计算得到的碰撞概率 P_c 大于预先设定的碰撞概率门限值 $P_T(P_c > P_T)$，则判定为"危险"；如果碰撞概率 P_c 小于门限值 $P_T(P_c < P_T)$，则判定为"安全"。

空间目标碰撞预警的实质是判别分析问题。根据各种风险参数和品质参数，得到"危险"或"安全"，以及"机动"或"不机动"的判别。作为一个判别问题，总是存在两类误判：漏警和虚警。漏警是指实际上会发生碰撞而判别为安全；虚警是指实际上不会发生碰撞而判别为危险。对应地存在两类概率：漏警概率(P_m)和虚警概率(P_{fa})：漏警和虚警会影响碰撞预警的置信度。

在判别分析中误判概率的计算与估计是一个重要的问题。漏警概率和虚警概率都是需要控制的，而这两者是矛盾的。在雷达目标检测中，漏警概率、虚警概率和信噪比 α 之间的关系为：虚警概率一定时，信噪比越大，漏警概率越小；当信噪比一定时，虚警概率越小则漏警概率越大，虚警概率越大则漏警概率越小。

邱月明[168]针对空间交会对接的安全性问题对误判率问题进行过研究。引入安全集和非安全集的概念，提出了主观性检验准则，将测量过程中的主观随机性与轨迹安全准则的制定关联起来。由概率冲淡问题引出了误判率的概念，从真实运动测量判断的全过程视角出发研究安全准则的误判问题。研究了利用碰撞概率准则判定轨迹安全性时的误判率，建立了误判率与规避预警门限的关系。由于交会对接轨迹安全问题中对安全的要求很高，因此将误判率定义为实际发生碰撞而判定为安全的概率，实质上是漏警率。

碰撞预警过程受到各种因素的影响，碰撞预警决策是在存在各种误差的情况下得到的，因此必然存在漏警和虚警。虚警和漏警都会影响碰撞预警的置信度。下面首先给出碰撞预警的安全区域和危险区域的概念，在此基础上对碰撞预警的漏警概率和虚警概率进行分析。

6.3.2 碰撞预警的安全区域和危险区域

如前所述，碰撞预警中的虚警是实际上不会发生碰撞但风险参数处在危险区域而导致报警和机动，漏警是实际上会发生碰撞但风险参数处在安全区域而没有报警和机动。在基于碰撞概率的碰撞预警中，用于碰撞概率计算的 TCA 状态(位置和速度)预报值并不是状态真值，实际上状态真值以很高的概率落在以预报值为中心的由协方差矩阵确定的多维椭球内。对于一次接近事件，状态真值是确定的未知的，而通过不同观测数据或不同方法得到的状态预报值在真值周围以一定规律分布。基于这种理解，可以确定碰撞预警的安全区域和危险区域，进而分析漏警概率和虚警概率。

假设相遇平面内接近距离的两个分量的真值为(x_{true}, y_{true})，其预报值为

$(x_{\text{pred}}, y_{\text{pred}})$，预报值在真值周围服从高斯分布

$$\begin{cases} x_{\text{pred}} \sim N(x_{\text{true}}, \sigma_x^2) \\ y_{\text{pred}} \sim N(y_{\text{true}}, \sigma_y^2) \end{cases} \tag{6.55}$$

碰撞概率的计算是以预报值 $(x_{\text{pred}}, y_{\text{pred}})$ 为中心的，碰撞概率可表示为

$$P_c = \exp\left[-\frac{1}{2}\left(\frac{x_{\text{pred}}^2}{\sigma_x^2} + \frac{y_{\text{pred}}^2}{\sigma_y^2} \right) \right] \left[1 - \exp\left(-\frac{r_A^2}{2\sigma_x\sigma_y} \right) \right] \tag{6.56}$$

预报值 $(x_{\text{pred}}, y_{\text{pred}})$ 是随机变量，因此计算得到的碰撞概率 P_c 也是随机变量。

由式(6.56)可以得到如图 6.18 所示的等碰撞概率椭圆，等概率椭圆可以表示为

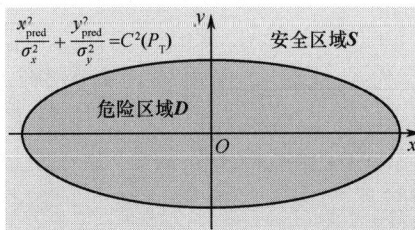

$$\frac{x_{\text{pred}}^2}{\sigma_x^2} + \frac{y_{\text{pred}}^2}{\sigma_y^2} = C^2 \tag{6.57}$$

当预报值 $(x_{\text{pred}}, y_{\text{pred}})$ 位于该等碰撞概率椭圆上时碰撞概率是不变的。

设定碰撞概率门限值为 P_T，则碰撞预警的安全区域 S 和危险区域 D 分别为

$$\begin{cases} S: \{ (x_{\text{pred}}, y_{\text{pred}}) \mid P_c(x_{\text{pred}}, y_{\text{pred}}) < P_T \} \\ D: \{ (x_{\text{pred}}, y_{\text{pred}}) \mid P_c(x_{\text{pred}}, y_{\text{pred}}) \geqslant P_T \} \end{cases} \tag{6.58}$$

进行如下推导：

$$P_c = \exp\left[-\frac{1}{2}\left(\frac{x_{\text{pred}}^2}{\sigma_x^2} + \frac{y_{\text{pred}}^2}{\sigma_y^2} \right) \right] \left[1 - \exp\left(-\frac{r_A^2}{2\sigma_x\sigma_y} \right) \right] < P_T$$

$$\Leftrightarrow \frac{x_{\text{pred}}^2}{\sigma_x^2} + \frac{y_{\text{pred}}^2}{\sigma_y^2} > 2\left[\ln\left(1 - e^{-\frac{r_A^2}{2\sigma_x\sigma_y}} \right) - \ln P_T \right] \tag{6.59}$$

令

$$C^2(P_T) = 2\left[\ln\left(1 - e^{-\frac{r_A^2}{2\sigma_x\sigma_y}} \right) - \ln P_T \right] \tag{6.60}$$

则当碰撞概率门限值为 P_T 时，碰撞预警的安全区域 S 位于如下椭圆区域以外（图 6.19 中浅色无限大区域）：

$$\frac{x_{\text{pred}}^2}{\sigma_x^2} + \frac{y_{\text{pred}}^2}{\sigma_y^2} = C^2(P_T) \tag{6.61}$$

危险区域 D 位于该椭圆区域以内（图 6.19 中深色椭圆区域）。

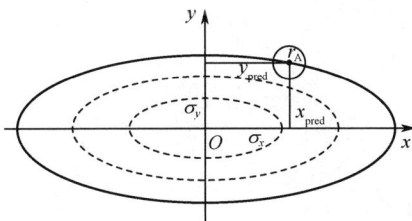

图 6.18　等碰撞概率椭圆　　　图 6.19　碰撞预警的安全区域和危险区域

安全区域 S 和危险区域 D 可以分别表示为

$$\begin{cases} S: \left\{ (x_{\text{pred}}, y_{\text{pred}}) \,\middle|\, \dfrac{x_{\text{pred}}^2}{\sigma_x^2} + \dfrac{y_{\text{pred}}^2}{\sigma_y^2} > C^2(P_{\text{T}}) \right\} \\[3mm] D: \left\{ (x_{\text{pred}}, y_{\text{pred}}) \,\middle|\, \dfrac{x_{\text{pred}}^2}{\sigma_x^2} + \dfrac{y_{\text{pred}}^2}{\sigma_y^2} \leqslant C^2(P_{\text{T}}) \right\} \end{cases} \tag{6.62}$$

由式(6.61)可知,安全和危险区域分界椭圆的大小与碰撞概率门限值 P_{T} 有关。碰撞概率门限值 P_{T} 越大,分界椭圆越小,安全区域 S 越大;碰撞概率门限值 P_{T} 越小,分界椭圆越大,安全区域 S 越小。

假设 $r_{\text{A}} = 20$,$\sigma_x = 1000$,$\sigma_y = 100$(距离单位),图 6.20 画出分界椭圆大小 C 随碰撞概率门限值 P_{T} 的变化曲线。当碰撞概率门限值大于一定值后,分界椭圆大小 $C = 0$,这表示危险区域退化为坐标原点,整个二维相遇平面都是安全区域。此时的碰撞概率门限值大于最大碰撞概率,碰撞概率无论如何都无法大于该门限值,总是判定为安全。

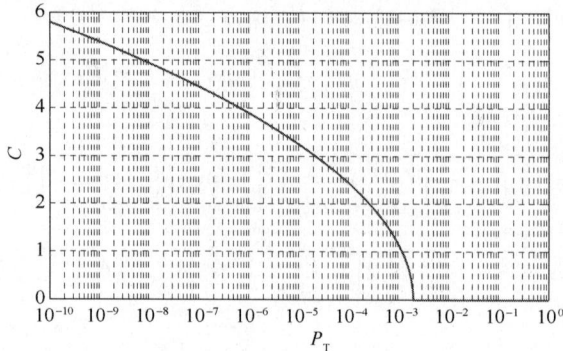

图 6.20　分界椭圆大小 C 随碰撞概率门限值 P_{T} 的变化曲线

6.3.3　漏警概率的计算

漏警概率是实际上会发生碰撞,但判为安全的概率。即当 $x_{\text{true}}^2 + y_{\text{true}}^2 \leqslant r_{\text{A}}^2$ 时,$(x_{\text{pred}}, y_{\text{pred}})$ 落在安全区域 S 内的概率,可表示为

$$P_{\text{m}} = P\big((x_{\text{pred}}, y_{\text{pred}}) \in S \,\big|\, x_{\text{true}}^2 + y_{\text{true}}^2 \leqslant r_{\text{A}}^2 \big) \tag{6.63}$$

如图 6.21 所示,真值 $(x_{\text{true}}, y_{\text{true}})$ 落在以 r_{A} 为半径的碰撞圆域以内,预报值 $(x_{\text{pred}}, y_{\text{pred}})$ 在真值 $(x_{\text{true}}, y_{\text{true}})$ 周围服从高斯分布,图中虚线椭圆为其 3σ 误差椭圆。图中斜线区域即为漏警区域的示意图。注意,此时的漏警区域实际上是整个安全区域,但是为了表征漏警区域的性质,只

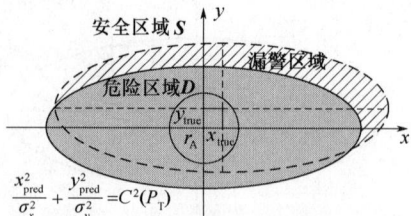

图 6.21　碰撞预警的漏警区域

174

给出了 3σ 误差椭圆内的漏警区域。

由式(6.55)可得$(x_{\mathrm{pred}}^2/\sigma_x^2) + (y_{\mathrm{pred}}^2/\sigma_y^2)$服从自由度为2、非中心参数为 δ 的非中心 χ^2 分布,即

$$\frac{x_{\mathrm{pred}}^2}{\sigma_x^2} + \frac{y_{\mathrm{pred}}^2}{\sigma_y^2} \sim \chi^2(2,\delta), \quad \delta = \sqrt{\frac{x_{\mathrm{true}}^2}{\sigma_x^2} + \frac{y_{\mathrm{true}}^2}{\sigma_y^2}} \tag{6.64}$$

设自由度为2、非中心参数为 δ 的非中心 χ^2 分布的概率分布函数为 $F(x\mid 2,\delta)$,则漏警概率可表示为

$$P_{\mathrm{m}} = 1 - F(C^2\mid 2,\delta), \quad \delta = \sqrt{\frac{x_{\mathrm{true}}^2}{\sigma_x^2} + \frac{y_{\mathrm{true}}^2}{\sigma_y^2}}, \quad x_{\mathrm{true}}^2 + y_{\mathrm{true}}^2 \leqslant r_{\mathrm{A}}^2 \tag{6.65}$$

由式(6.65)可知,漏警概率除与分界椭圆大小 C(也即 P_{T})有关外,还与真值在碰撞圆域内的位置(即$(x_{\mathrm{true}}, y_{\mathrm{true}})$的位置)有关。假设 $r_{\mathrm{A}} = 20, \sigma_x = 1000,$ $\sigma_y = 100$(距离单位),$P_{\mathrm{T}} = 10^{-4}$,可以得到分界椭圆大小 $C = 2.447$。图 6.22 给出漏警概率 P_{m} 随真值$(x_{\mathrm{true}}, y_{\mathrm{true}})$在碰撞圆域内的二维位置不同的变化曲面。

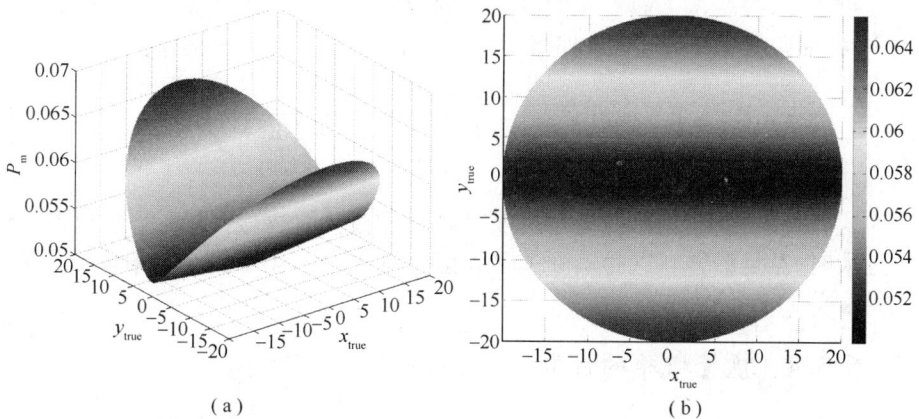

图 6.22　漏警概率 P_{m} 随$(x_{\mathrm{true}}, y_{\mathrm{true}})$在碰撞圆域内不同位置的变化曲面

由图 6.22 可知,真值$(x_{\mathrm{true}}, y_{\mathrm{true}})$在碰撞圆域内位于误差椭圆短轴方向(即本例中 y 方向)的两端时漏警概率最大,本例中即位于$(0,20)$和$(0,-20)$两个点时,漏警概率最大,为 $P_{\mathrm{m,max}} = 0.0654$。因此可以得到最大漏警概率的表达式为

$$P_{\mathrm{m,max}} = 1 - F(C^2\mid 2,\delta), \quad \delta = \frac{r_{\mathrm{A}}}{\sigma_y} \tag{6.66}$$

若碰撞概率门限值取为 $P_{\mathrm{T}} = 10^{-4}$,则由图 6.20 可知分界椭圆大小 $C = 2.447$,这表示分界椭圆实际上就是 2.447σ 误差椭圆。碰撞圆域相对于分界椭圆很小,此时可以近似认为真值就在坐标原点,即假设 $x_{\mathrm{true}} = y_{\mathrm{true}} = 0$,如图 6.23 所示,此时的漏警区域就是一个环状。这种情况下的漏警概率为

$$P_{\mathrm{m}} = \frac{P_{\mathrm{T}}}{1 - \exp\left(-\dfrac{r_{\mathrm{A}}^2}{2\sigma_x \sigma_y}\right)} \tag{6.67}$$

假设 $r_{\mathrm{A}} = 20$，$\sigma_x = 1000$，$\sigma_y = 100$（距离单位），$P_{\mathrm{T}} = 10^{-4}$，并代入式（6.67），可得漏警概率 $P_{\mathrm{m}} = 0.05005$，这与图6.22中原点位置对应的漏警概率是完全一致的。由图6.22可知，该点对应的是最小漏警概率。由于碰撞圆域很小，故最大漏警概率和最小漏警概率差别不大，在初步分析中，可以用式（6.67）当做漏警概率的近似表达式。

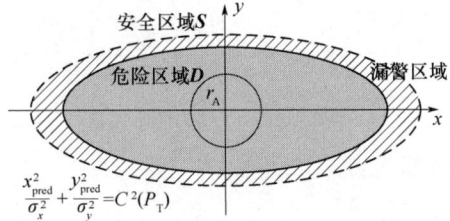

图6.23 假设真值在原点的漏警区域

下面对漏警概率进行简单分析。当不等式

$$\frac{P_{\mathrm{T}}}{1 - \exp\left(-\dfrac{r_{\mathrm{A}}^2}{2\sigma_x \sigma_y}\right)} > 1 \tag{6.68}$$

成立时，漏警概率 $P_{\mathrm{m}} = 1$。也即当

$$P_{\mathrm{T}} > 1 - \exp\left(-\frac{r_{\mathrm{A}}^2}{2\sigma_x \sigma_y}\right), \quad \sigma_x \sigma_y > \frac{r_{\mathrm{A}}^2}{-2\ln(1 - P_{\mathrm{T}})} \tag{6.69}$$

时，漏警概率 $P_{\mathrm{m}} = 1$。

式（6.69）说明，当碰撞概率门限值 P_{T} 取得过大时，总是漏警；当轨道预报误差过大时，总是漏警。这时实际上最大碰撞概率 P_{cmax} 小于概率门限值 P_{T}，所以总是漏警。

6.3.4 虚警概率的计算

虚警概率是实际上不会发生碰撞，但判为危险的概率。也即当 $x_{\mathrm{true}}^2 + y_{\mathrm{true}}^2 > r_{\mathrm{A}}^2$ 时，$(x_{\mathrm{pred}}, y_{\mathrm{pred}})$ 落在危险区域 D 内的概率，可表示为

$$P_{\mathrm{fa}} = P\left((x_{\mathrm{pred}}, y_{\mathrm{pred}}) \in D \mid x_{\mathrm{true}}^2 + y_{\mathrm{true}}^2 > r_{\mathrm{A}}^2\right) \tag{6.70}$$

如图6.24所示，真值 $(x_{\mathrm{true}}, y_{\mathrm{true}})$ 落在以 r_{A} 为半径的碰撞圆域以外，预报值在真值周围服从高斯分布，图中虚线椭圆为其 3σ 误差椭圆。图中斜线区域即为虚警区域的示意图。注意，此时的虚警区域实际上是整个危险区域，但是为了表征虚警区域的性质，只给出了 3σ 误差椭圆内的虚警区域。

与漏警概率类似，虚警概率可以由自由度为2、非中心参数为 δ 的非中心 χ^2 分布的概率分布函数 $F(x \mid 2, \delta)$ 表示为

$$P_{\mathrm{fa}} = F(C^2 \mid 2, \delta), \quad \delta = \sqrt{\frac{x_{\mathrm{true}}^2}{\sigma_x^2} + \frac{y_{\mathrm{true}}^2}{\sigma_y^2}}, \quad x_{\mathrm{true}}^2 + y_{\mathrm{true}}^2 > r_{\mathrm{A}}^2 \tag{6.71}$$

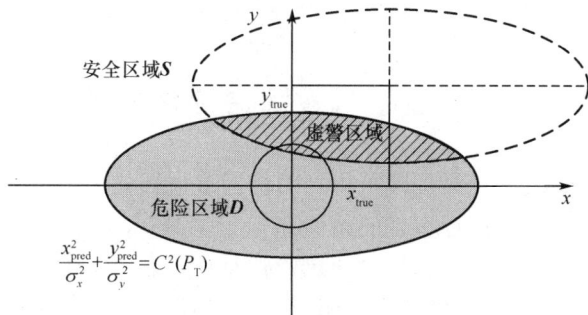

图 6.24　碰撞预警的虚警区域

由式(6.71)可知,虚警概率 P_{fa} 除与分界椭圆大小 C(也即 P_T)有关外,还与真值的位置(即 (x_{true}, y_{true}))的位置)有关。假设 $r_A = 20, \sigma_x = 1000, \sigma_y = 100$(距离单位), $P_T = 10^{-4}$,可以得到分界椭圆大小 $C = 2.447$。图 6.25 给出虚警概率 P_{fa} 随真值 (x_{true}, y_{true}) 在碰撞圆域外的二维平面位置不同的变化曲面。碰撞圆域外的区域是无限大区域,图 6.25 中画出直到 $\sqrt{x_{true}^2 + y_{true}^2} = 2000$ 的区域。

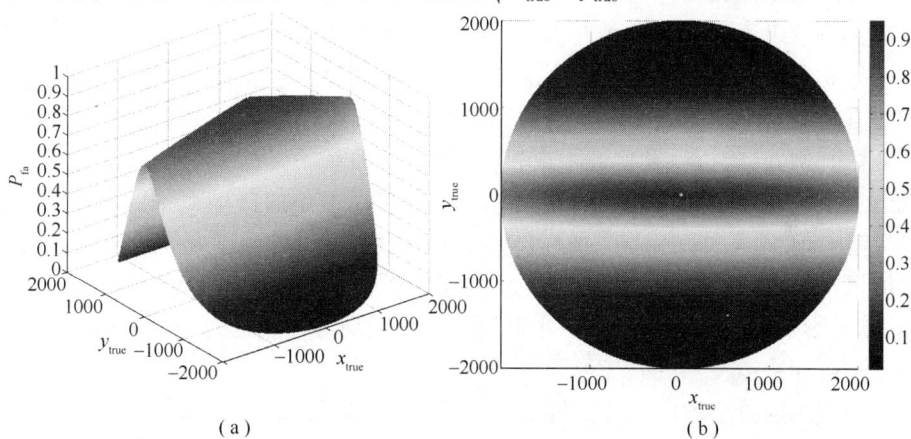

图 6.25　虚警概率 P_{fa} 随 (x_{true}, y_{true}) 在碰撞圆域外不同位置的变化曲面

由图 6.25 可知,真值 (x_{true}, y_{true}) 在碰撞圆域外位于误差椭圆长轴方向(即本例中 x 方向)上最接近碰撞圆域的两端点时虚警概率最大,本例中即位于 $(-20,0)$ 和 $(20,0)$ 两个点时,虚警概率最大,为 $P_{fa,max} = 0.9484$。因此可以得到最大虚警概率的表达式为

$$P_{fa,max} = F(C^2 | 2, \delta), \quad \delta = \frac{r_A}{\sigma_x} \tag{6.72}$$

由图 6.25 还可知,真值 (x_{true}, y_{true}) 在相遇平面内沿误差椭圆长轴方向变化时,虚警概率缓慢变小,到 $(\pm 2000, 0)$ 时虚警概率仍然有 0.77。而当真值 (x_{true}, y_{true}) 沿误差椭圆短轴方向变化时,虚警概率快速减小,到 $(0, \pm 2000)$ 时虚警概

率仅为 0.0148。

6.4 碰撞风险综合评估方法

碰撞风险评估实质上是把预报得到的接近参数转化为可以在工程中应用的风险信息。该过程是对接近事件的风险进行定量分析,并确定该定量的风险有多大的置信度。目前在空间目标碰撞风险评估中广泛采用碰撞概率、最小接近距离等评价指标,并据此评估风险等级。单一的评价指标无法全面反映空间目标接近过程中的风险大小。在风险评价指标计算过程中不可避免地会受到误差影响,接近时刻位置速度矢量、位置误差方差等输入参数的准确性直接影响到碰撞风险评估的置信度。因此,需要在碰撞概率计算的基础上进行碰撞风险的综合评估,提高风险评估的有效性和置信度,用于指导航天器碰撞规避。对于一次接近事件,碰撞风险评估需要综合考虑的因素包括接近几何关系、碰撞概率、轨道确定品质、演化和趋势等多个方面。

可以将碰撞风险评估参数分为风险评估参数和品质评估参数两大类。风险评估参数是用于描述一次接近事件的碰撞风险大小的量,如接近距离和碰撞概率。品质评估参数是描述预报这次接近事件的轨道信息精度的量,如预报时间和协方差等。单独用碰撞风险参数和轨道品质参数难以对碰撞风险大小进行总体评估。例如,分析得到接近距离较小,但碰撞概率不大时是否进行规避机动;轨道预报误差较小和误差较大时会计算得到相同大小的碰撞概率,两种情况碰撞风险有何不同。采用多个指标虽然有足够的信息量,但不易确定风险大小。碰撞风险综合评估针对该问题,通过将碰撞概率、最小接近距离等不同类型指标,以及影响指标计算结果的轨道观测与预报品质等信息进行综合和精炼,得到易于理解和决策使用的碰撞风险评估指标。

碰撞风险分析的区域方法通过在航天器周围定义警戒区域和规避区域,判断航天器与空间目标之间的距离是否已经构成碰撞危险。当目标进入预先划定的区域以内时,认为是危险;当目标没有进入该区域时,认为是安全。这实质上是一种把碰撞风险简化为"1"和"0"的做法。区域方法的优点是具有普适性,能够方便地用于各种航天器,最小接近距离是碰撞风险的唯一判据。

与区域方法相比,碰撞概率方法是一种具有更高精度的碰撞风险评估方法。但从碰撞概率的计算过程可以知道,碰撞概率是空间目标接近时刻位置速度矢量、位置误差方差和等效半径之和的函数。这些参数都是通过测量、估计或计算得到的,不可避免地带有误差,输入参数的准确性会影响碰撞概率的置信度。概率冲淡现象说明,仅应用碰撞概率方法是有一定缺陷的。

无论是基于最小接近距离的评估方法还是基于碰撞概率的评估方法,都没有对碰撞风险的影响因素进行全面考虑,因而无法得到真实可信的碰撞风险。

对于一次检测出的接近事件,碰撞风险评估需要综合考虑的因素包括风险评估参数和品质评估参数。风险评估参数是用于描述一次接近事件的碰撞风险大小的量,如接近距离和碰撞概率。品质评估参数是描述用来预报这次接近事件的轨道确定精度的量,如当前时刻距 TCA 时间、最近观测时刻距 TCA 时间和协方差矩阵等。

NASA GSFC 的 Frigm 引入一个单一的碰撞风险评估参数 F 值来描述碰撞风险水平的高低[167]。F 值的概念是模糊集合理论和模糊逻辑的拓展。基于模糊集合理论,将风险评估参数和品质评估参数通过隶属函数映射为每个参数的 f 值。对所有风险评估参数的 f 值进行加权求平均,即可得到风险的 F 值。这种只考虑风险参数的 F 值称为未修正 F 值。品质参数的 f 值取值范围为 $0 \sim 1$,对每个 f 值进行加权求平均可以得到修正因子,用修正因子乘以未修正 F 值即可得到修正的 F 值。这种通过数据融合得到单个碰撞风险参数的方法在计算上较简单并易于实现,并且方便碰撞风险的通报。该方法解决了碰撞风险评估中难以进行综合评价的难题,为进一步的研究提供了思路。

F 值的计算模型如式(6.73)所示,各风险评估参数之间和各品质评估参数之间分别采用加权平均方式进行综合,而两类参数间采用乘积方式综合。

$$F = \left(\frac{1}{m} \sum_{i=1}^{m} a_i f_i \right) \cdot \left(\frac{1}{n} \sum_{j=1}^{n} b_j f_j \right) \tag{6.73}$$

式中:m 为风险评估参数数目;n 为品质评估参数数目;f 为经过隶属函数映射后的各参数 f 值;a、b 为各参数加权系数。

这种通过信息融合得到单个碰撞风险指标的方法在计算上较简单并易于实现,同时具有一定灵活性,可通过历史接近事件对 F 值的计算模型进行改进,这种改进包括评估参数的选取、隶属函数的选取和各评估参数加权系数的修正。

基于 F 值的碰撞风险综合评估方法具体内容包括:确定风险评估参数和品质参数;确定各评估参数与 f 值的映射关系;确定和修正各参数加权系数。下面分别对这几个问题进行进一步探讨。

6.4.1　风险评估参数和品质评估参数

风险评估参数包括碰撞概率、最小接近距离等。最小接近距离可以用 TCA 两空间目标中心距离表示,也可以用 R、S、W 三个方向接近距离表示。在 Frigm 提出的 F 值评估理论中将两种方式同时进行考虑[167],而实际上前者可以用后者进行表示,两者具有密切相关性。如果同时考虑无疑是加大了最接近距离在风险评估参数中的比重。因此,在最小接近距离方面只考虑 R、S、W 三个方向的接近距离,再加上碰撞概率,共四个风险评估参数。

品质评估参数包括时间的影响和轨道确定精度的影响。Frigm 认为,品质评估参数包括当前时刻距 TCA 时间、最近观测时刻距 TCA 时间和协方差矩阵的行列式。由于在进行碰撞概率计算时已经考虑了协方差矩阵的影响,同时协方差矩阵的行列式也无法完全反映定轨精度,因此,所考虑的品质评估参数包括当前时刻距 TCA 时间、最近观测时刻距 TCA 时间和定轨质量。其中定轨质量既考虑观测数据精度也考虑定轨模型精度,由专家通过打分的方式评定,其取值范围为 0 ~ 10,0 最差,10 最好。这样,基于 F 值的综合评估方法的示意图如图 6.26 所示。

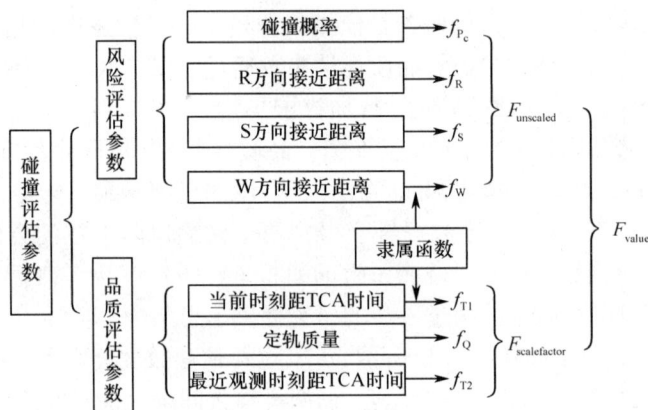

图 6.26   基于 F 值的碰撞风险综合评估方法

6.4.2   评估参数的隶属函数

下面确定各参数与 f 值的映射关系或称隶属函数。这些评估参数在量纲和数值上都存在很大差异,例如碰撞概率的取值一般在 10^{-3} 以下,接近距离可能是几十米到几千米,当前时刻距 TCA 时间和最近观测时刻距 TCA 时间可能是几天到几十天,定轨质量是 0 ~ 10 之间的打分值,它们一般不具有直接的可比性和可加性,因此需要通过关系映射对其进行统一。这里采用模糊集理论中的隶属函数来表示这些映射关系。在隶属函数中最为常用的是直线型,此外,根据对象特点还可以采用梯型和正态型。风险评估参数的 f 值取值范围为 0 ~ 10,品质评估参数的 f 取值范围为 0 ~ 1。

1. 接近距离的隶属函数

接近距离的隶属函数采用直线型。以 D 表示接近距离分量(R、S、W)的绝对值,隶属函数可统一表示为

$$f_D = \begin{cases} \dfrac{10(L_D - D)}{L_D} & ,0 \leqslant D \leqslant L_D \\ 0 & ,D > L_D \end{cases} \quad (6.74)$$

对于三个方向的接近距离分量,参数 L_D 取不同的值。由第 5 章碰撞概率显

180

式表达式结果可知,水平面内(S 和 W 方向)的误差相互耦合,与水平面内的相对位置 S 和 W 相关联,径向 R 的误差方差与水平面内的误差解耦,与径向相对位置 R 关联。R 方向轨道预报误差一般较小,故参数 L_R 也应该较小;S 和 W 方向距离是耦合的,故 L_S 和 L_W 取值应该相等且较大。因此,取 $L_R = 1\,\mathrm{km}$, $L_S = L_W =$ $10\,\mathrm{km}$。接近距离 R、S、W 分量的隶属函数曲线如图 6.27 所示。

2. 碰撞概率的隶属函数

碰撞概率的隶属函数采用曲线型,可表示为

$$f_{P_c} = \begin{cases} 10e^{-k(\log P_c)^4} & ,L_{P_c} \leqslant P_c \leqslant 1 \\ 0 & ,P_c < L_{P_c} \end{cases} \tag{6.75}$$

取 $k = 0.00125$, $L_{P_c} = 10^{-10}$,碰撞概率的隶属函数曲线如图 6.28 所示。这种形式的隶属函数一开始(P_c 为 10^{-10}、10^{-9} 量级时)缓慢增大,然后快速增大(P_c 为 10^{-6}、10^{-5}、10^{-4} 量级时),之后又缓慢增大到 1。

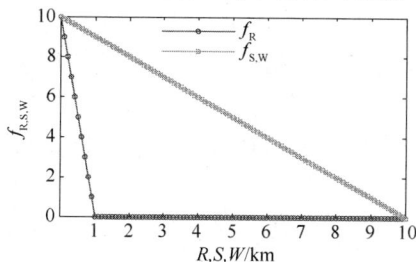

图 6.27　接近距离的隶属函数曲线　　　图 6.28　碰撞概率的隶属函数曲线

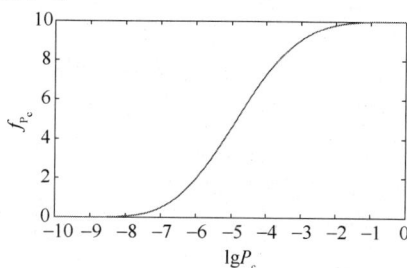

3. 距 TCA 时间的隶属函数

距 TCA 时间包括当前时刻距 TCA 的时间(用 T_1 表示)和最近观测时刻距 TCA 的时间(用 T_2 表示)。为了便于进行趋势分析,这两个时间都以负数表示。距 TCA 时间的隶属函数采用曲线型,曲线形状与碰撞概率的隶属函数类似,可统一表示为

$$f_T = \begin{cases} e^{-kT^4} & ,L_T \leqslant T \leqslant 0 \\ 0 & ,T < L_T \end{cases} \tag{6.76}$$

对于当前时刻距 TCA 时间,取 $k_1 = 0.005$, $L_1 = -7$ 天;对于最近观测距 TCA 时间,取 $k_2 = 0.00125$, $L_2 = -10$ 天。当前时刻和最近观测时刻距 TCA 时间的隶属函数曲线如图 6.29 所示。

4. 定轨质量的隶属函数

定轨质量 Q 既考虑观测数据精度也考虑定轨模型精度,由专家通过打分的方式评定,其取值范围为 $0 \sim 10$。定轨质量的隶属函数采用直线型将 $0 \sim 10$ 之

间的打分值映射到 0 ~ 1 之间,可表示为

$$f_Q = \frac{Q}{10}, \quad 0 \leqslant Q \leqslant 10 \tag{6.77}$$

定轨质量的隶属函数曲线如图 6.30 所示。

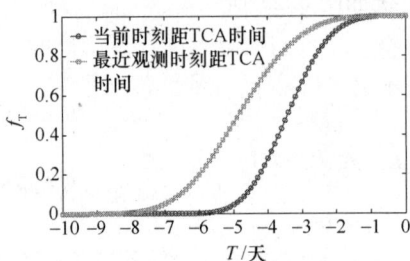

图 6.29 距 TCA 时间的隶属函数曲线　　图 6.30 定轨质量的隶属函数曲线

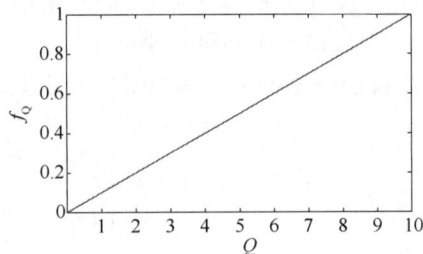

6.4.3 评估参数的加权系数

下面给出各参数权系数确定方法。采用层次分析法计算评估参数权重,层次分析法是一种定性与定量相结合的分析评价方法[169],它依照效能评估指标体系,通过两两比较的方式确定各因素的相对重要性,按标度建立判断矩阵,通过计算判断矩阵的最大特征值及其相应的特征矢量,得到各层次因素对上层要素的重要性次序,从而确定权重矢量。层次分析法确定评估参数权重矢量 $\boldsymbol{\omega}$ 的步骤如下:

(1) 判断矩阵构造。层次分析法要求决策者对每一层各元素的相对重要性给出判断,根据 1 ~ 9 标度法构造判断矩阵 $\boldsymbol{A}$ 为

$$\boldsymbol{A} = \begin{bmatrix} a_{11} & a_{12} & \cdots & a_{1m} \\ a_{21} & a_{22} & \cdots & a_{2m} \\ \vdots & \vdots & & \vdots \\ a_{m1} & a_{m2} & \cdots & a_{mm} \end{bmatrix} \tag{6.78}$$

式中: a_{ij} 表示指标 u_i 相对于指标 u_j 的重要程度。

矩阵 $\boldsymbol{A}$ 具有互反性和基本一致性,矩阵中的元素由专家给出,通常 a_{ij} 取 1 ~ 9 及它们的倒数,其含义为: $a_{ij} = 1$,表示 u_i 与 u_j 一样重要; $a_{ij} = 3$,表示 u_i 比 u_j 稍微重要; $a_{ij} = 5$,表示 u_i 比 u_j 明显重要; $a_{ij} = 7$,表示 u_i 比 u_j 强烈重要; $a_{ij} = 9$,表示 u_i 比 u_j 绝对重要。它们之间的数 2、4、6、8 及各数的倒数具有类似的意义。

(2) 权重计算。权重计算实质是计算判断矩阵 $\boldsymbol{A}$ 的最大特征根及相应的特征矢量,即对判断矩阵 $\boldsymbol{A}$,计算满足 $\boldsymbol{A}\boldsymbol{\omega} = \lambda_{max}\boldsymbol{\omega}$ 的特征根和特征矢量, $\boldsymbol{\omega}$ 的分量即为相应指标权重。

（3）一致性检验。由于综合评价涉及因素众多，为消除专家对指标重要性判断逻辑上的不一致性，需对判断矩阵作一致性检验。一致性检验指标（CI）为

$$\mathrm{CI} = \frac{1}{m-1}(\lambda_{\max} - m) \qquad (6.79)$$

当判断矩阵具有完全一致性时，CI = 0。CI 越大，表示判断矩阵一致性越差。为检验判断矩阵是否具有满意一致性，需将 CI 与随机一致性指标（RI）进行比较。定义随机一致性比率 CR = CI/RI，若 CR < 0.1 则认为矩阵 **A** 具有满意一致性，权矢量 **ω** 合理；否则重新构造判断矩阵，直至满足一致性为止。

R 方向对碰撞风险的影响较大，S、W 方向距离对碰撞风险的影响相同，碰撞概率的重要性介于它们之间。当前时刻距 TCA 的时间和最近观测时刻距 TCA 的时间同样重要，定轨质量比二者重要。基于此，对四个风险评估参数和三个品质评估参数的相对重要性形成的判断矩阵如表 6.16 和表 6.17 所列。

表 6.16　风险评估参数的判断矩阵

	P_c	R	S	W
P_c	1	1/3	2	2
R	3	1	2	2
S	1/2	1/2	1	1
W	1/2	1/2	1	1

表 6.17　品质评估参数的判断矩阵

	T_1	T_2	Q
T_1	1	1	1/3
T_2	1	1	1/3
Q	3	3	1

通过计算，可得各参数的权系数如表 6.18 所列。

表 6.18　各参数的权系数

风险评估参数				品质评估参数		
P_c	R	S	W	T_1	T_2	Q
0.247	0.436	0.158	0.158	0.2	0.2	0.6

6.4.4　算例分析

利用空间目标碰撞风险综合评估方法对美、俄卫星碰撞事件进行分析。表 6.19 给出了利用发生碰撞前 9 组数据进行碰撞预警分析得到的风险评估参数和品质评估参数。

表 6.19　美俄卫星碰撞事件的风险评估参数和品质评估参数

T_1/天	T_2/天	d_M/km	R/km	S/km	W/km	P_c	Q
-1.2072	-1.3397	0.5838	0.0403	0.3647	-0.4541	6.2×10^{-4}	9
-1.8978	-2.1858	0.8414	0.0497	0.5257	-0.6551	3.9×10^{-4}	8
-2.0374	-2.2557	0.9836	0.0446	0.6152	-0.7662	3.5×10^{-4}	7
-2.8048	-2.8150	0.8231	0.0697	0.5133	-0.6396	2.7×10^{-4}	9

（续）

T_1/天	T_2/天	d_M/km	R/km	S/km	W/km	P_c	Q
− 3.2234	− 3.5839	0.6881	0.1016	0.4260	− 0.5308	1.2×10^{-4}	8
− 3.7936	− 3.9211	0.9894	0.0761	0.6174	− 0.7694	1.8×10^{-4}	7
− 5.3165	− 5.7509	0.1170	0.1127	− 0.0196	0.0243	6.3×10^{-5}	6
− 5.8165	− 6.2402	0.1259	0.1246	0.0115	− 0.0143	4.8×10^{-5}	7
− 8.3165	− 8.3373	0.7578	0.2056	0.4565	− 0.5689	2.3×10^{-5}	8

图 6.31 和图 6.32 分别为美、俄卫星碰撞事件的接近距离分量和碰撞概率随距 TCA 时间的演化曲线。根据第 6.4.2 节和第 6.4.3 节所述的隶属函数和加权系数,分别计算各参数的 f 值。图 6.33 和图 6.34 分别为品质评估参数和风险评估参数的 f 值的演化曲线。将各参数的 f 值和表 6.18 所列的权系数代入式(6.73)可得每组数据对应的 F 值。图 6.34 中也给出了综合评估参数 F 值的演化曲线。

这些演化曲线对碰撞风险的综合评估有很大帮助。由图 6.34 可见,随着时间越来越接近 TCA,碰撞风险综合评估指标 F 值逐渐变大到接近 9,这表明碰撞风险是稳定变大的,这是一次危险的接近事件。

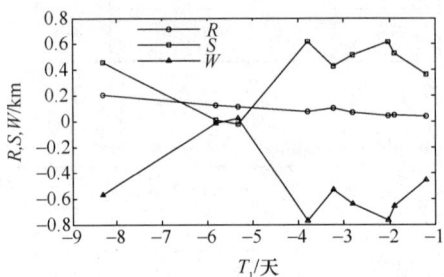

图 6.31　接近距离分量演化曲线

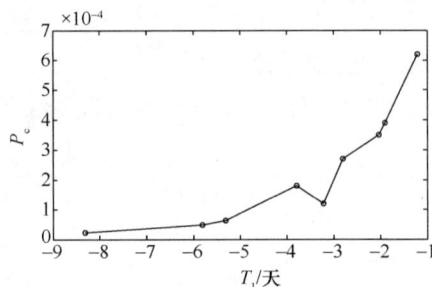

图 6.32　碰撞概率演化曲线

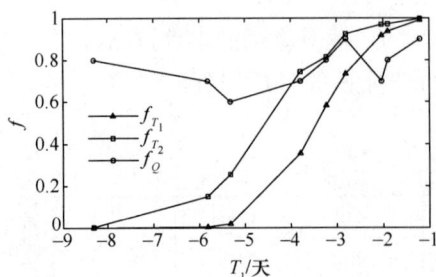

图 6.33　品质评估参数的 f 值演化曲线

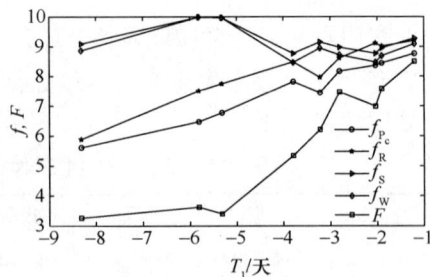

图 6.34　风险评估参数的 f 值和
　　　　　F 值演化曲线

第7章 轨道异常与空间事件分析

7.1 概 述

7.1.1 轨道异常与空间事件

空间事件包括航天器机动,在轨碰撞、爆炸、解体,弹道系数和空间环境的突变等,这些事件都会引起空间目标的轨道异常。空间事件的原因主要有两种:一种是人为控制的,如航天器轨道机动;另一种是非人为控制的,如碰撞、爆炸、解体和空间环境的变化等。

空间事件检测是空间监视和空间态势感知的重要内容,及时的空间事件的感知对航天器所有者和操作者来说越来越重要。需要知道何时发生了什么空间事件,以便进行风险评估或采取相应的措施。

空间事件检测有两个目的[170]:一是,近实时地检测新目标的出现、目标机动、目标解体等空间事件对于任何空间态势感知系统都是不可缺少的功能;二是,为了支持近实时空间事件检测和一般分析,常需要给出历史空间事件清单。

非人为控制的轨道异常中,在轨碰撞、爆炸和解体会产生对其他运行的航天器构成碰撞威胁的空间碎片,空间环境的突变会对航天器空间任务和轨道运动产生较大影响,及时准确地发现这类空间事件有助于对可能引起异常的因素进行分析,并采取相应的对应措施。

人为控制的轨道异常中,对航天器尤其是非己方航天器的机动进行检测与识别,有助于精确的轨道跟踪和确定,可以判断航天器是否正常工作而没有失效,还可以对机动的意图和目的进行分析以判断是否对己方不利,并分析机动后的轨道是否会对其他航天器造成碰撞风险等。未知的机动还会使接近分析和碰撞预警复杂化。

GEO 位置特殊,资源紧缺,是空间目标集中的区域。由于摄动影响,CEO 卫星需要频繁进行位置保持机动。对 GEO 目标进行轨道异常检测具有特殊重要的意义。

1. 基于轨道异常的航天器工作状态分析

在轨航天器中,处于工作状态的并不多,大多数是已经失效的航天器。在航天力量对世界政治、经济、军事的影响日益加大的情况下,对非己方航天器的工作状态进行评估成为空间监视的重要任务,完整的空间事件检测系统可以分析何时发生了空间事件及发生了什么空间事件以便采取相应的措施。对非己方航天器的工作状态和异常进行评估是空间态势感知的重要任务。

处于正常工作状态的航天器具有轨道控制能力,为了完成相应的任务必须进行轨道机动、轨道维持、姿态调整、交会对接等轨道控制行为,因此其轨道根数会有比较剧烈的变化。失效航天器的轨道是无控的,仅在地球引力及各种摄动力的作用下在空间沿轨道自由飞行。在不发生在轨碰撞、爆炸及解体的情况下其轨道参数(如轨道根数及其他导出参数等)的变化是较为平滑的连续变化。根据这种正常工作航天器和失效航天器在轨道特性上的区别,可以对航天器的工作状态进行判断。

2. 基于轨道异常的空间天气异常分析

空间态势异常包括空间天气异常、空间目标轨道异常等。空间天气异常会对在轨卫星造成影响,及时感知具有军事企图的航天器机动,可以为己方提供预警和反应时间,对在轨碰撞和解体的发现便于采取相应的规避措施。

对轨道有较大影响作用的空间天气因素包括太阳活动和地球磁场等。太阳活动会增加地球高层大气中的高能粒子的数量并提高其能量,使得高层大气的温度升高。太阳日冕质量抛射会影响地球的磁场,引起地磁活动,并使高层大气加热。高层大气温度的升高会造成体积的膨胀,增大高空的大气密度,使近地轨道目标所受的大气阻力增大,影响近地轨道目标的轨道能量衰减率,并使轨道预报的不确定性增大。太阳活动和地磁活动造成的高层大气密度的变化会直接影响航天器的轨道,造成轨道能量衰减率的突变。因此,在掌握太阳活动、地磁活动等的变化对航天器轨道的影响作用的基础上,可以研究航天器轨道异常变化与空间天气事件之间的关联性。

7.1.2 基于历史数据的轨道异常分析方法

利用空间目标的历史轨道数据检测空间事件是最为常用的方法。对于难以得到详细信息的航天器以及火箭箭体和空间碎片等非活动目标,利用轨道根数进行空间事件检测是可行的选择。根据轨道数据检测轨道异常,需要动态轨道数据库。空间态势感知系统可以提供空间目标的历史和当前轨道根数。同一空间目标的历史轨道数据是一组与历元时刻对应的轨道根数序列。对历史轨道根数序列进行分析可以得到空间目标的轨道参数变化情况,并从中发现轨道的异常。基于历史轨道数据的空间目标轨道异常检测,是在空间态势感知信息和通用空间态势图的基础上进行的,需要从空间态势信息中获得历史的和实时的空间目标轨道根数与对应的历元时间。

基于历史轨道数据的空间事件检测方法可以分两类:一是统计学方法,对于某个目标的轨道根数序列进行统计分析,找出何时轨道根数相对于历史序列成为异常值,如 Patera 方法[171]、Kelecy 方法[172];二是利用轨道根数或状态矢量的预报确定后续星历是否为之前星历的自然传播,如 Hujsak 方法[173]。对于地球同步轨道,有专用的基于轨道特性演化的卫星机动检测方法,如 Flohrer方法[174]。

由于各种原因,空间目标的 TLE 根数序列中总是存在异常值。轨道根数在各种摄动力的作用下随时间变化的同时,会有少量根数明显地与正常状态有偏离。轨道根数异常的来源可能是多方面的。在统计学中,异常值可能是由于试验条件改变、尚不为人们所致的新现象的突然出现以及系统误差等因素造成的,也可能是由于随机误差引起的测定值极端波动而产生的极值。在空间目标的TLE 根数序列中,异常值主要是由于空间事件造成的轨道根数突变和 TLE 拟合时的粗大残差两个原因造成的。

基于轨道根数对轨道异常进行分析是空间事件检测的基本方法,利用选取的特征轨道根数的变化特性对轨道异常进行检测,其基础是数据拟合、异常值检测等数据处理方法。目前主要的方法有移动窗口曲线拟合技术、二元搜索方法和扩展卡尔曼滤波方法等。

国内外有学者分析了基于历史数据的空间事件或轨道异常检测方法。美国Aerospace 公司的 Patera 提出了一种基于移动窗口曲线拟合(Moving Window Curve Fitting,MWCF)技术的空间事件检测方法[171]。该方法在一定长度的窗口内对数据进行多项式拟合,利用编目值和拟合值相减得到偏差,通过窗口的移动得到偏差数据序列。通过统计偏差数据的标准差设定检测门限,当参数与其期望值的偏差超过检测门限时,表示出现空间事件。该方法不需要轨道状态的推衍和预报,计算效率较高。

美国波音公司的 Kelecy 等提出了利用历史 TLE 数据检测卫星机动的方法及其局限性[172,175],所用方法与 Patera 的方法类似。选择一定长度的两相邻数据段,在相邻的两个数据段中分别进行多项式拟合平滑,在两段的外推时间中点计算预报值之差。通过数据段的移动得到偏差数据序列,利用异常值检测方法确定轨道参数的异常变化。Kelecy 等还利用目标的雷达观测数据对速度增量为厘米每秒量级的小推力机动检测方法进行了研究[175]。

美国 Aerospace Corporation 的 Swartz 等提出了一种基于快速空间事件标记技术(Space Incident Flagging Technique,SIFT)的空间事件检测方法[176]。这是一种用于监视卫星星历并与历史正常行为进行对比以检测变化的方法。该方法的基础仍然是 Patera 的方法,改进是将处理分为两步,将中间结果即偏差(或导数)也存入数据库,通过数据库存储中间数据缩短计算时间。SIFT 方法在空间态势监视实验室中已经得到了应用[177]。文献[176]描述了 SIFT 在空间态势监视实验室中的应用,讨论实际应用中的问题,并给出改进和修正以满足更加及时的卫星异常检测。

国际上,欧洲[178,179]和美国[180,181]都建立了可进行空间目标轨道异常检测的空间态势感知应用系统,方法得到了实用。

国内方面,北京航空航天大学的董云峰等提出了利用小波分析识别和检测空间目标轨道机动的方法[182,183]。空间目标的轨道机动是与机械能的变化联系在一起的。机械能无法直接测量,只能通过空间目标的位置与速度计算。通过地面雷达可以得到空间目标的测距与测角信息,将其转为位置信息。空间目标的速度也不易直接测量,需要根据位置信息,通过微分平滑处理获得。由于测量噪声的影响,机动引起的机械能的变化淹没在噪声中不容易识别。小波变换具有多分辨率分析能力,小波分析可以在一定程度上将淹没在噪声中的机械能变化揭示出来,提高轨道机动的识别能力。利用二进小波在不同尺度下分析机械能随时间的变化,尺度由小至大时真实信号含量增加,噪声含量受到抑制。观察小波系数曲线随小波分析尺度的变化趋势可以快速判定是否存在轨道机动。该方法只需利用地面站对空间目标的测距和测角信息即可完成对轨道机动的识别。

国防科学技术大学的强胜给出了一种基于天基监视系统观测的空间目标变轨识别融合算法[184]。一个空间目标监视系统,除具有搜索、捕获、跟踪、数据处理、轨道确定、目标识别等能力外,目标变轨后的重新跟踪能力也是一项十分重要的功能。对非已控目标(非合作目标),能及时掌握其变轨的时间及变轨过程中轨道变化的规律,是有重要的现实意义的。通过研究分析,可以了解轨道机动的具体目的,这是空间监视由被动转向主动的一个关键。

中国科学院空间中心的杨旭等提出了一种利用 TLE 数据分析 LEO 卫星轨道异常的综合判据法[185],指出引起在轨卫星轨道异常的原因主要有两种:一种是人为控制的轨道机动;另一种是非人为控制的轨道变化,如卫星被空间碎片撞击或燃料泄漏等引起的轨道变化。及时准确地发现在轨卫星的轨道异常意义重大,尤其是对于非人为控制的轨道异常,发现异常后可以立即对可能引起异常的因素进行分析。空间中心的王荣兰等也提出了基于半长轴变化的简单有效的轨道异常检测方法[186,187]。

以上方法实质上都是移动窗口曲线拟合方法,这是一种数据处理的数学方法,没有考虑轨道模型和预报特性,对于各种轨道类型都是适用的。GEO 区域空间目标十分集中,是空间监视和空间态势感知的重点关注区域[188]。

Aaron[189] 和 Folcik[190] 基于比较密集的观测数据给出了三种 GEO 目标机动检测方法,分别为二分搜索算法、自适应扩展半解析卡尔曼滤波和微分修正 - 扩展半解析卡尔曼滤波混合算法,其中混合算法最好。这三种方法都不适用于基于 TLE 数据的轨道异常检测,因为 TLE 数据比较稀疏,无法用基于微分修正或滤波的方法来进行。

美国麻省理工学院林肯实验室的 Abbot 和 Wallace 综合利用卫星的轨道信息和特征信息,对 GEO 卫星的机动检测方法进行了介绍[191]。卫星的特征信息包括光学望远镜的图像信息和雷达的 RCS 信息,利用自动信息融合技术将目标的特征信息和轨道信息结合起来,并将数据输入贝叶斯置信网络检测 GEO 卫星的状态变化,进行非合作 GEO 卫星的状态监视。

7.1.3　轨道异常检测方法的基本步骤

本章进行空间目标轨道异常检测基于这样一个观点:系统异常是系统的某个参数的实际值与预期值间的偏差较大,到达不可信的程度。参数的预期值一般是通过系统模型推算或根据参数历史信息外推得到的,涉及系统模型预报和历史数据拟合外推等问题。参数的实际值一般是通过观测或观测值的换算得到的,存在不可避免的误差,涉及噪声消除和野值剔除等问题。

将上述观点用于空间目标轨道异常检测,则轨道异常是轨道某些特征参数的实际值与预期值间的偏差过大。基于这种思想,轨道异常检测方法应当包括以下基本步骤:

(1) 特征轨道参数的选择。首先确定能充分反映空间目标轨道特性的特征轨道参数。不同的轨道参数对空间事件或轨道异常的反映不同。确定能反映空间目标轨道特性的特征轨道参数。特征轨道参数是一个或多个轨道根数或导出参数,其变化可以充分反映空间目标的轨道异常,并可以从中分析轨道异常的原因。不同轨道类型的特征轨道参数应当是不同的。

(2) 实际值与预期值的偏差生成。实际值与预期值偏差的生成需要特征轨道参数足够精度的预期值和实际值。预期值的生成需要通过轨道模型或历史信息得到,实际值通过观测得到,本章中参数的实际值通过 TLE 数据分析计算得到。实际值与预期值相比可得到特征轨道参数的偏差。

(3) 偏差值的异常检测由于模型和数据的误差,无论是否有轨道异常,轨道参数的实际值与预期值总是存在偏差。因此,在得到偏差数据之后,还要根据一定的准则确定是否可将其视为异常。这是数据的异常值检测问题。选取的特征轨道参数可能不止一个,因此在进行异常值检测时必须综合考虑多个特征参数的偏差数据,需要利用多维数据异常值检测方法对偏差数据的多个分量进行联合异常值检测。

(4) 异常检测方法的评估。轨道异常检测的可靠性取决于实际值和预期值的精度,以及检测方法的配置参数,需要对这些因素进行分析。轨谊异常检测实质上是一个判别分析问题,总是存在虚警和漏警,在判别分析中误判概率的计算与估计也是一个重要的问题。

(5) 异常原因分析。在检测得到轨道异常后需要进行异常原因分析,不同的原因造成的轨道异常的表现不同。由于各种原因,轨道根数序列中总是存在少量野值,轨道异常原因分析还应当分析轨道异常是否是野值造成的。

根据以上分析思路,本章对基于历史轨道数据序列的空间目标轨道异常检测方法进行了研究,分别进行了基于历史轨道数据的 LEO 和 GEO 目标轨道异常检测,介绍和提出了移动窗口曲线拟合方法、轨道长期项偏差方法和漂移率偏差方法三种轨道异常检测的方法。这三种方法对各种目标编目格式是通用的,移动窗口曲线拟合方法和轨道长期项偏差方法理论上对任意轨道类型都是适用的,而漂移率偏差方法只适用于地球静止轨道。三种方法的不同之处在于,特征轨道参数的选择和偏差数据的生成方法不同。图 7.1 是三种轨道异常检测方法的基本步骤示意图。

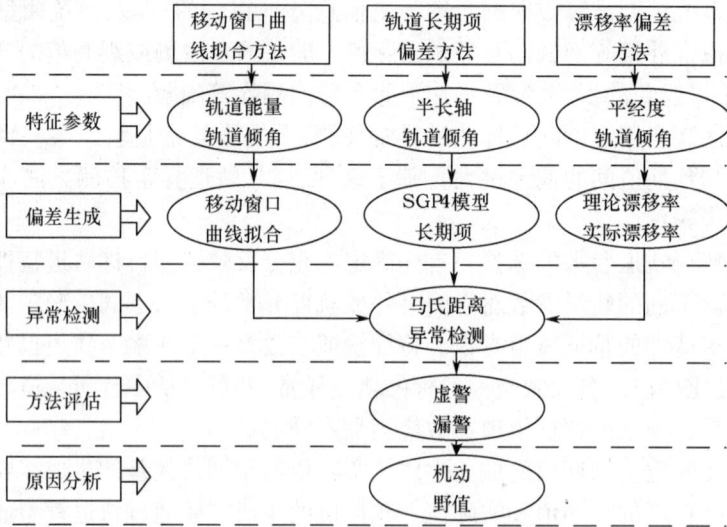

图 7.1　轨道异常检测方法基本步骤

首先,关于特征参数的选择,需要考虑不同轨道类型的特点和航天器进行轨道机动方式。考虑到空间事件(机动、碰撞、爆炸、空间天气突变等)主要改变轨道的能量和倾角,移动窗口曲线拟合方法选取轨道总能量(动能和势能之和)和轨道倾角为特征轨道参数,轨道长期项偏差方法选取轨道半长轴和倾角为轨道参数。考虑到 GEO 的定点位置和倾角漂移,GEO 漂移率偏差方法选取星下点平经度和轨道倾角作为特征轨道参数,通过分析平经度和倾角的漂移率信息得到偏差数据。

其次,关于偏差数据的生成。偏差数据的生成方法实质上是理论和实际参数值的计算方法。移动窗口曲线拟合方法中的参数理论值是通过数据窗口进行多项式拟合得到的,参数实际值取每个窗口最后一个数据点的 TLE 计算值,与该时刻的拟合值相减得到轨道能量和倾角的偏差数据。轨道长期项偏差方法中参数理论值是由前一个或前几个历元时刻的 TLE 通过仅考虑长期项的 SGP4 模型外推到当前时刻得到的,参数实际值为当前时刻 TLE 计算值,实际值和理论值之差除以历元时间差得到轨道参数的变化率,该变化率即作为偏差数据。

GEO 漂移率偏差方法中特征参数是漂移率,理论漂移率根据当前时刻轨道根数计算得到,实际漂移率根据历史数据用数据拟合或平滑的方法得到,理论和实际漂移率的差作为偏差数据。

通过上面两个步骤得到轨道参数实际值和理论值的偏差,由于特征参数不止一个,因此偏差数据是与时间对应的多维偏差矢量。需要根据一定的准则确定是否可将其视为异常,利用多维数据异常值检测方法对偏差数据的多个分量进行联合异常值检测。本章选用马氏距离作为每个样本到其分布中心距离的度量,如果马氏距离大于设定的门限值,则认为该偏差数据为异常,对应时刻可能存在轨道的异常。

7.2　基于移动窗口曲线拟合的轨道异常检测

7.2.1　特征轨道根数的选择

在分析空间目标轨道异常时,特征轨道根数的选取是首先要解决的问题。特征轨道根数是一个或多个轨道根数或导出参数,其变化可以充分反映空间目标的轨道异常,并能从中分析轨道异常的原因。选取合适的特征轨道根数是进行轨道异常检测的基础。

空间目标轨道异常一般包括两类:一类是轨道平面内轨道形状和大小发生突变,主要体现在半长轴、偏心率等参数的变化;另一类是轨道面的空间位置发生突变,主要体现在轨道倾角和升交点赤经等参数的变化。本书中分别称这两种异常为共面异常和异面异常。

空间事件是指空间目标轨道根数的异常突变。用于检测空间事件的轨道参数有很多种,考虑到共面和异面两种异常形式,可用于检测轨道异常的参数主要有轨道半长轴 a、轨道能量 E、偏心率 e、轨道倾角 i、角动量 h 等。没有选择升交点赤经 Ω、近地点角距 ω 有两个原因:一是,对于小倾角轨道和近圆轨道而言 Ω 和 ω 分别是不定的,不便于用它们描述轨道的变化;二是,在摄动力作用下,Ω 和 ω 随时间变化较快,轨道异常对其改变量与其自身漂移量相比较小,不便于异常检测。

图 7.2 给出美国 Terra 卫星的轨道半长轴 a、倾角 i、总能量 E 和角动量 h 的变化曲线。

由图 7.2 可见,半长轴 a、轨道能量 E 和角动量 h 的变化规律是一致的。因此对于近地轨道,选择轨道半长轴 a(或轨道能量 E)和轨道倾角 i 为轨道机动检测的特征轨道参数。

7.2.2　偏差数据的生成

移动窗口曲线拟合技术在估计参数值和检测参数值突变中很有效,可以消

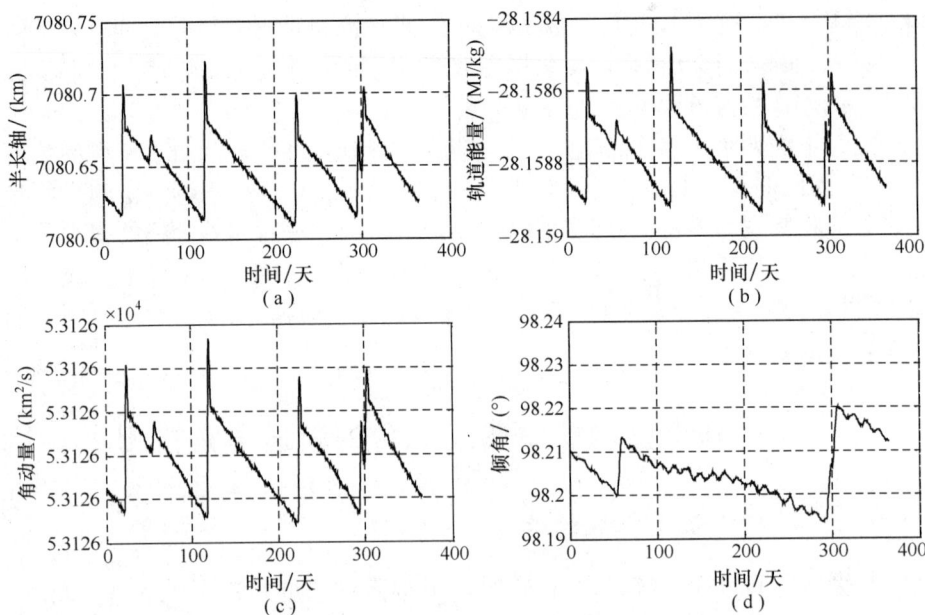

图7.2　轨道半长轴、能量、角动量和倾角随时间的变化曲线(Terra卫星)

除由于轨道摄动和噪声造成的参数小的变化,而提取出参数值较慢的长期变化,并且可以滤掉噪声和处理时变数据。当参数与其期望值的偏差超过预先设定的门限值时,表示出现空间事件。利用该处理方法对空间目标数据进行分析,可以方便地检测航天器的机动、碰撞、空间天气等事件。该方法不需要状态矢量的推衍和预报,计算效率很高。

移动窗口曲线拟合方法类似于随机数据处理中的移动平均值方法,对每一处理步,从包含相应时间的实际参数中减去基于多项式曲线拟合得到的单个代表参数值以得到偏差。存储参数偏差和相应的时间。存储的参数偏差经过统计处理以确定均值、方差和标准差。事件门限以标准差为单位进行指定。比较每个偏差是否超过了门限值,如果超过,则表明发生了空间事件,并保存时间和偏差以进一步分析。分析者调整事件门限以使大多数感兴趣的事件都被检测到。

另一种方法是通过获得数据窗口中点或窗口中其他点上拟合多项式的导数,用参数导数偏差代替参数偏差,这样有效地解决了由于TLE数据中某些数据间隔时间过大,以及微小摄动积累造成的误警情况。

图7.3为移动窗口曲线拟合方法中每个数据窗口的数据选择方法。示例中的窗口数据个数为4个。

选定移动窗口之后,利用最小二乘方法拟合给定阶数的多项式,一般选取拟合多项式阶数为3阶:

$$p(t) = c_3 t^3 + c_2 t^2 + c_1 t + c_0 \tag{7.1}$$

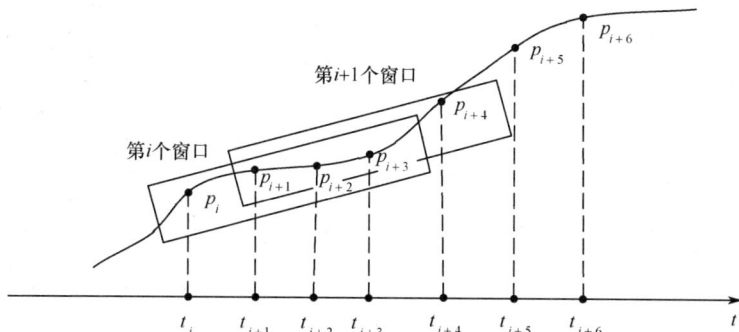

图 7.3　移动窗口曲线拟合方法

曲线拟合有两个作用:一是,滤掉噪声和数据的高频变化;二是,计算数据窗口中任意时刻的参数值及参数的导数值。增大数据窗口的大小可以提高噪声的过滤能力,但是大的数据窗口大小需要高阶的多项式曲线拟合以得到参数的期望变化。因此,必须在窗口大小和多项式阶次之间进行权衡,根据数据的本质特性选择合适的窗口大小和曲线阶次。曲线拟合的输出量是多项式系数 c_i ,如式(7.1)中所示。应该注意,曲线拟合仅在窗口内是有效的,不能对窗口进行外推。

检测参数变化的另一种方法是计算拟合多项式在某些点上的导数值。如果参数在窗口中点有阶跃变化,拟合多项式的导数在该点处有较大变化。此时导数值可以代替上述方法中的偏差值,其余处理方法不变。多项式的导数的表达式为

$$\frac{\mathrm{d}p(t)}{\mathrm{d}t} = 3c_3t^2 + 2c_2t + c_1 \tag{7.2}$$

基于移动窗口多项式拟合数据偏差生成方法的处理流程如图 7.4 所示。该方法的具体步骤如下:

(1)连续的空间目标动态数据库中包括每个目标的目标编号、历元时刻、状态矢量参数(轨道倾角 i 、升交点赤经 Ω 、偏心率 e 、近地点角距 ω 、平近点角 M 和平均运动角速度 n)。

(2)选择某个空间目标的历史轨道根数序列。

(3)通过平均运动角速度计算根数序列中每组根数对应的轨道总能量 E 和轨道倾角 i 。

(4)选择根数序列中的子序列作为移动窗口数据,在这里移动窗口数据组是时间 t 、能量 E 和轨道倾角 i 。

(5)将移动窗口中的能量 E 和轨道倾角 i 对时间 t 进行多项式拟合,通过拟合多项式计算窗口中最后一个数据历元时刻的能量和倾角期望值。

(6)将窗口最后历元时刻的实际参数值减去期望参数值得到偏差数据。将

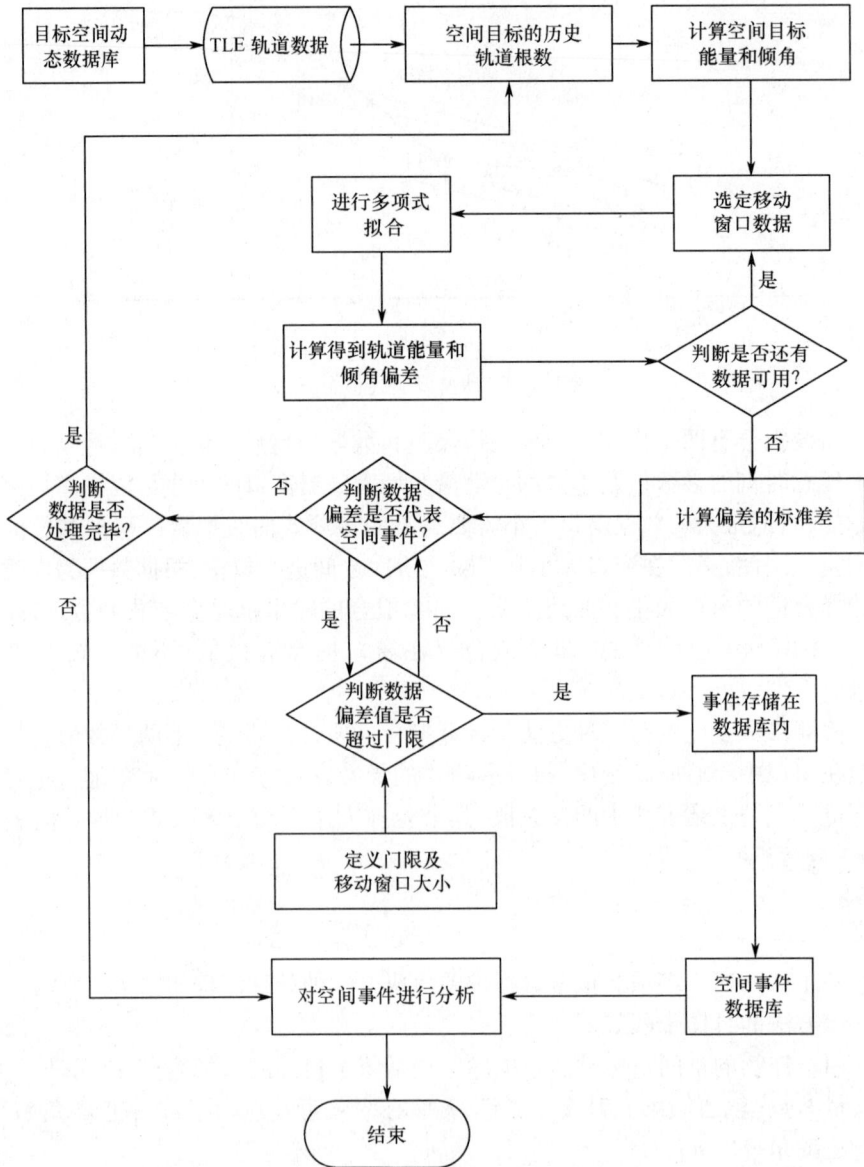

图 7.4 移动窗口曲线拟合方法流程图

历元时刻和偏差存储在数组中。

（7）判断是否还有可用的数据，如果有，则更行移动数据窗口，增加下一个数据点，去掉第一个数据点。数据窗口的大小不变，只是沿着时间向前推移。

（8）如果没有可用的数据，则计算偏差数据的标准差。

（9）判断每个偏差值是否代表一个空间事件，检查偏差值是否可用于空间事件检测。

（10）如果偏差大于标准差乘以预设的门限值则表示有空间事件。例如,如果门限值为 3,则标准差门限值为 3σ。

（11）将事件存储在数据库中以方便后续分析。

（12）检查空间目标数据库中是否还有可供检测的目标:如果有,则选取下一个空间目标及其相应的数据序列继续进行空间事件检测;如果没有,则开始进行事件分析。

（13）对空间事件数据库中的每个事件进行分析。

（14）用户定义的门限值用于选择可检测事件的大小。

7.2.3　偏差数据的异常值检测方法

轨道异常分析实质上是根据计算得到的特征参数实际值和预期值之间的偏差进行判断,如果偏差较大达到不可信的程度,则认为存在异常。在计算得到轨道能量、半长轴和倾角偏差数据之后,利用该偏差数据即可进行异常检测。

前面分析计算了理论和实际能量、半长轴和倾角的偏差,两者相减即可得到每个时刻的偏差数据变化率。在每个时间点计算能量、半长轴和倾角变化率偏差,可得数据序列 $\{t^{(k)}, \Delta D_E^{(k)}, \Delta D_a^{(k)}, \Delta D_i^{(k)}\}$($k = 1, 2, \cdots, n$)。

在得到特征参数的预期值与实际值的偏差数据之后,根据偏差数据对轨道的异常进行检测。基于半长轴和倾角平均变化率偏差的轨道异常检测方法同时考虑两个特征参数,在进行异常值检测时必须综合考虑两个特征参数的偏差数据。

采用基于马氏距离的偏差数据异常值检测方法,用多维数据异常值检测方法对偏差数据的两个分量进行联合异常值检测。此时所知的信息只有数据点,没有其他附加信息如数据方差等。这时的异常值检测实质上是一种类似于无监管聚类的学习方法[86]。

设有二维矢量集 $\{r_1, r_2, \cdots, r_n\}$,其中 $r_i = (x_i, y_i)^{\mathrm{T}}$。样本均值矢量和协方差矩阵分别为

$$\begin{cases} \bar{r} = \sum_{i=1}^{n} r_i \\ C = \dfrac{1}{n-1} \sum_{i=1}^{n} (r_i - \bar{r})(r_i - \bar{r})^{\mathrm{T}} \end{cases} \tag{7.3}$$

在异常值检测中需要判别两个数据点之间的差异,并对数据点进行归类。需要有一个数值来衡量这个差异,根据这种实际要求,数学上抽象出一个概念"距离"用于描述数据样本之间的差异程度。距离越小,表示数据样本之间越接近或越相似。常用的距离有欧氏距离、马氏距离、B 模距离、闵可夫斯基距离等。

欧氏距离是熟知的空间两点间的几何距离。欧氏距离虽然很有用,但也有明显的不足之处:当改变测量单位时,计算出的距离数值不同;当数量指标的各

分量代表不同质的东西或者分量的差异很大时(如两个变化率偏差量级相差较大),欧氏距离常会出现"大数吃小数"的现象。这时讨论距离时,需要进行加权,加权的办法之一是从数据点的分量的离散程度考虑,离差大的分量在距离中应该相应地削弱它的影响程度。为此 Mahalanobis 于 1936 年提出了马氏距离。马氏距离可以有效地避免这个问题[70,192]。

设总体的均值为 $\boldsymbol{\mu}$,协方差阵 $\boldsymbol{\Sigma}>0$,$\boldsymbol{r}_i$ 和 $\boldsymbol{r}_j$ 为总体的样本矢量,则样本 $\boldsymbol{r}_i$ 和 $\boldsymbol{r}_j$ 之间以及样本 $\boldsymbol{r}_i$ 到总体的马氏距离定义为

$$\begin{cases} d_{\mathrm{M}}(\boldsymbol{r}_i,\boldsymbol{r}_j) \triangleq \sqrt{(\boldsymbol{r}_i-\boldsymbol{r}_j)^{\mathrm{T}}\boldsymbol{\Sigma}^{-1}(\boldsymbol{r}_i-\boldsymbol{r}_j)} \\ d_{\mathrm{M}}(\boldsymbol{r}_i,\boldsymbol{\mu}) \triangleq \sqrt{(\boldsymbol{r}_i-\boldsymbol{\mu})^{\mathrm{T}}\boldsymbol{\Sigma}^{-1}(\boldsymbol{r}_i-\boldsymbol{\mu})} \end{cases} \tag{7.4}$$

马氏距离是无量纲的,与测量单位无关,且对一切非奇异线性变换都是不变的,不受特征量纲选择的影响。结合 $\boldsymbol{r}:N(\boldsymbol{\mu},\boldsymbol{\Sigma})$ 的概率密度函数

$$f(\boldsymbol{r}) = \frac{1}{(2\pi)^{\frac{3}{2}}|\boldsymbol{\Sigma}|^{\frac{1}{2}}}\exp\left[-\frac{1}{2}(\boldsymbol{r}-\boldsymbol{\mu})^{\mathrm{T}}\boldsymbol{\Sigma}^{-1}(\boldsymbol{r}-\boldsymbol{\mu})\right]$$

$$= \frac{1}{(2\pi)^{\frac{3}{2}}|\boldsymbol{\Sigma}|^{\frac{1}{2}}}\exp\left[-\frac{d_{\mathrm{M}}^2(\boldsymbol{r},\boldsymbol{\mu})}{2}\right] \tag{7.5}$$

可知,马氏距离实质上描述了考虑概率分布的与分布中心偏离程度。样本值到总体的马氏距离越大,表示产生此样本的概率越小;马氏距离越小,表明产生此样本的概率越大。根据马氏距离的特性,选择它作为数据点离群程度的度量。

由于在变化率偏差数据异常值分析时,总体的均值 $\boldsymbol{\mu}$ 与协方差矩阵 $\boldsymbol{\Sigma}$ 均是未知的,因此用它们的无偏估计值样本均值 $\bar{\boldsymbol{r}}$ 和样本协方差阵 $\boldsymbol{C}$ 代替。此时数据点 $\boldsymbol{r}_i$ 和 $\boldsymbol{r}_j$ 之间的马氏距离为

$$d_{\mathrm{M}}(\boldsymbol{r}_i,\boldsymbol{r}_j) = \sqrt{(\boldsymbol{r}_i-\boldsymbol{r}_j)^{\mathrm{T}}\boldsymbol{C}^{-1}(\boldsymbol{r}_i-\boldsymbol{r}_j)} \tag{7.6}$$

数据点 $\boldsymbol{r}_i$ 到样本均值的马氏距离为

$$d_{\mathrm{M}}^{(i)} = d_{\mathrm{M}}(\boldsymbol{r}_i,\bar{\boldsymbol{r}}) = \sqrt{(\boldsymbol{r}_i-\bar{\boldsymbol{r}})^{\mathrm{T}}\boldsymbol{C}^{-1}(\boldsymbol{r}_i-\bar{\boldsymbol{r}})} \tag{7.7}$$

在二维异常值检测中,马氏距离是描述两个数据之间接近程度的度量。用数据点矢量与均值矢量之间的马氏距离来表征该点的离群程度。如果数据点与中心的马氏距离大于给定的门限值 d_{T},则认为该数据点为异常值,应该剔除。

异常值检测的偏差马氏距离门限值 d_{T} 可以依据检测精度选取。d_{T} 越大,虚警概率越低,但漏警概率越高;d_{T} 越小,漏警概率越低,但虚警概率越高。d_{T} 一般取 3~5。在本节中将门限值取 $d_{\mathrm{T}} = 5.0$。

图 7.5 和图 7.6 是 Terra 和 ERS – 2 偏差数据的马氏距离曲线。从图可

见,有若干点的马氏距离明显偏大超过了 $d_T = 5.0$,这些数据应当被标记为异常值。

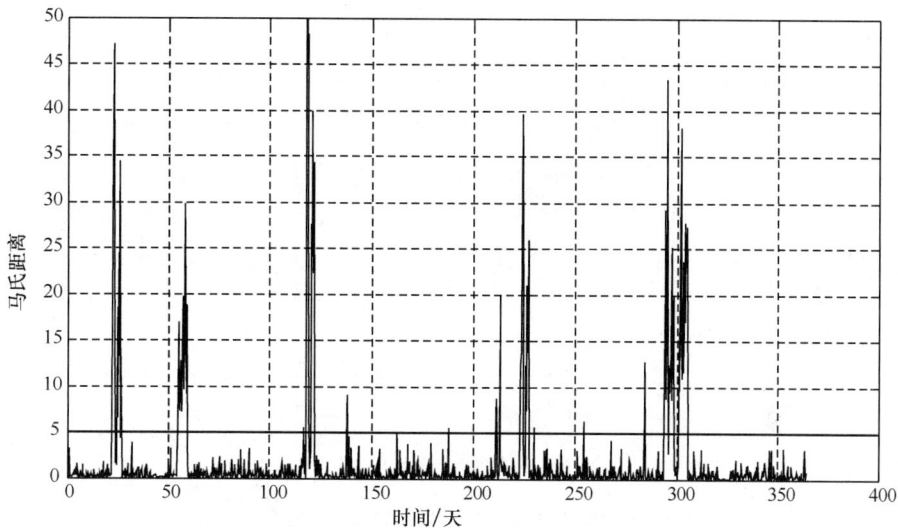

图 7.5　Terra 卫星偏差数据与分布中心的马氏距离

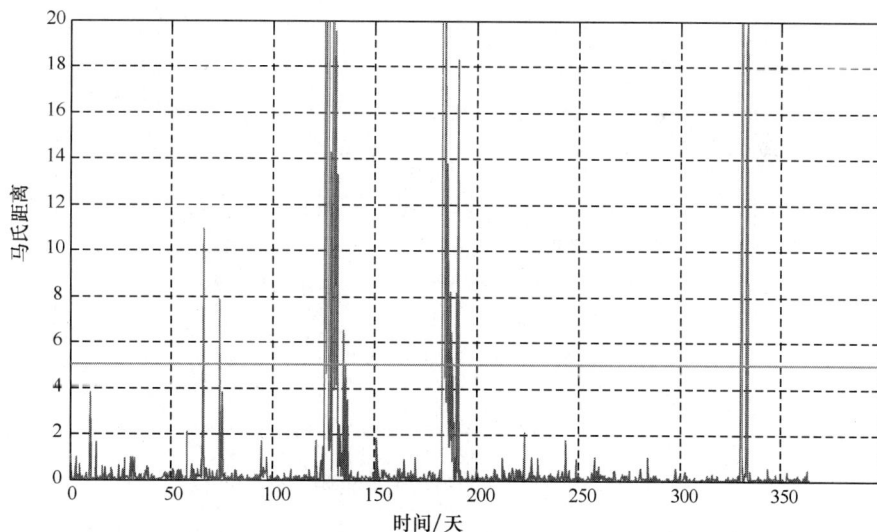

图 7.6　ERS - 2 卫星偏差数据与分布中心的马氏距离

　　基于马氏距离的异常值检测方法还可以通过二维图直观地表示出来。在二维空间中,等马氏距离曲线是一系列椭圆,图 7.7 和图 7.8 中画出了 d_M 为 1、3、5 的等马氏距离椭圆。如果门限值取 $d_T = 5$,则位于相应的等马氏距离椭圆以外的数据点就会被视作异常值点,图中星号表示这些异常值点。

　　上面已经给出基于半长轴和轨道倾角偏差的 LEO 卫星轨道异常检测的基

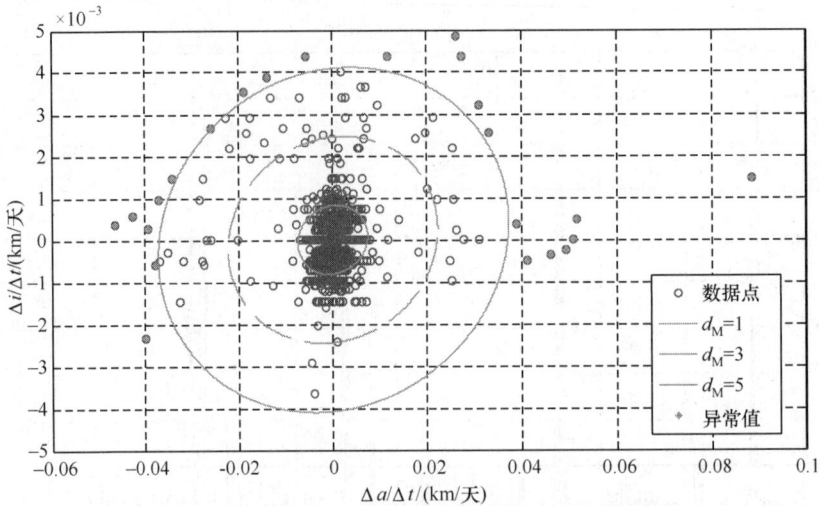

图 7.7　基于马氏距离的轨道异常值检测结果(Terra)

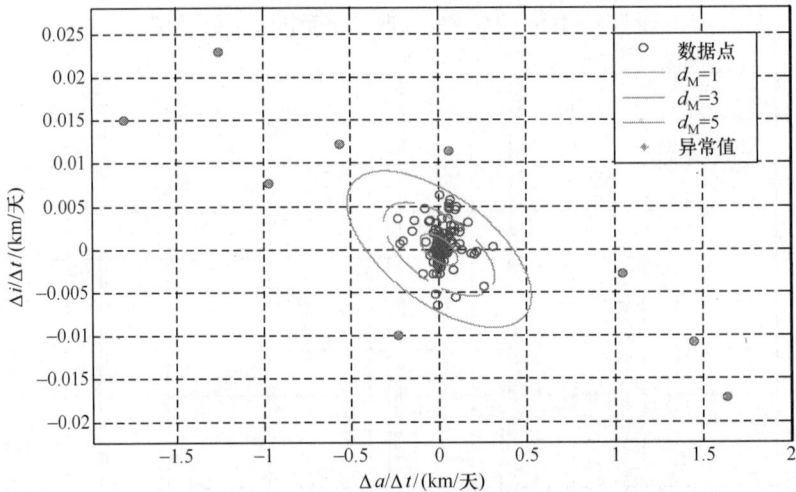

图 7.8　基于马氏距离的轨道异常值检测结果(ERS – 2)

本方法,图7.9和图7.10是 Terra 卫星和 ERS – 2 卫星轨道异常检测的结果图。图中圆圈表明此处存在轨道异常。

　　需要说明的是,本书用于分析的轨道数据点是离散的,在实际轨道机动时刻前后几个时间点上可能都检测出的轨道异常,而具体的轨道机动时刻和机动大小的确定需要利用机动重构方法进行确定。关心的重点不是具体的机动时间和大小,而是卫星有无机动,依此判定卫星的工作状态,为空间目标监视提供支持,因此本书没有讨论机动重构问题。

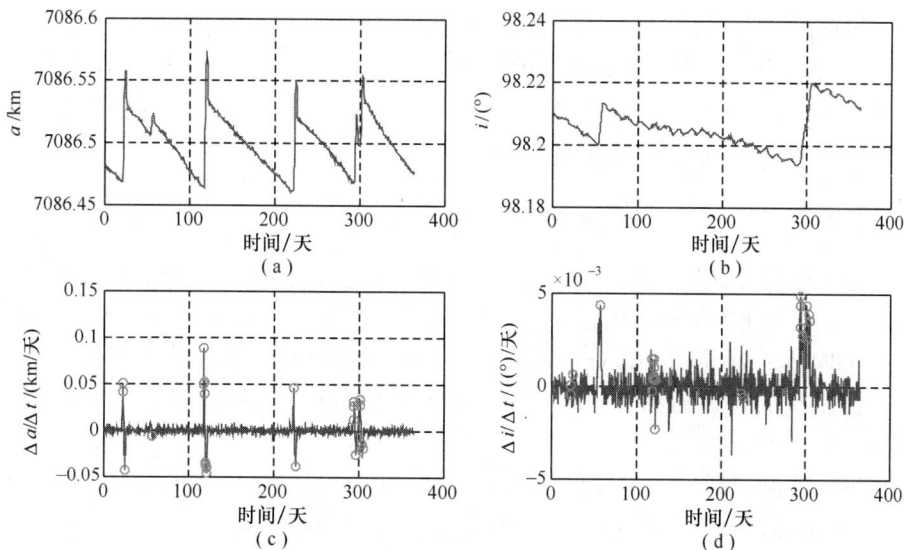

图 7.9　Terra 卫星 2010 年轨道异常检测

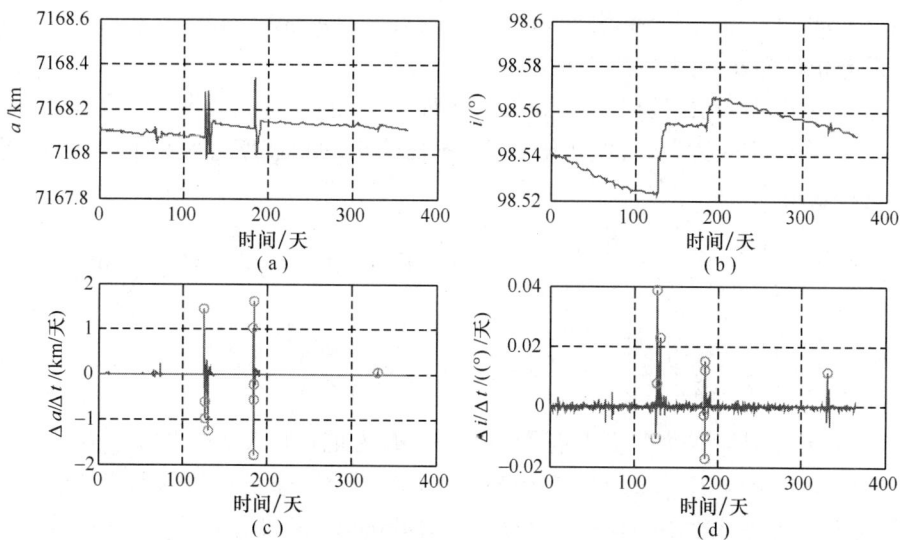

图 7.10　ERS - 2 卫星 2010 年轨道异常检测

7.3　基于预报偏差的轨道异常检测

基于移动窗口曲线拟合的检测方法基本上从数据处理入手,利用数学方法直接分析轨道数据,不利于分析空间目标轨道变化的物理规律。本节将空间目标轨道预报与数学检测方法相结合分析空间目标的轨道异常。

NORAD 发布的 TLE 是目前最完整的空间目标编目数据,对应的 SGP4/SDP4 轨道预报模型是解析模型。作为例子,本节对历史 TLE 数据进行分析,并使用 SGP4 模型的长期项部分预报轨道根数的长期变化。方法同样适用于其他类型的轨道数据以及相应预报模型。

7.3.1 特征轨道根数的长期预报模型

为能够充分地表征轨道面内和轨道面外两类异常,本节选择轨道半长轴 a 和轨道倾角 i 作为特征轨道根数。

SGP4 是一种考虑了地球非球形摄动、大气阻力摄动、第三体引力摄动等因素综合影响的轨道传播计算模型,可以配合 NORAD 发布的 TLE 进行轨道的预报。

TLE 数据包括空间目标的轨道根数和其他相关信息,如目标编号、国际编号、大气阻力系数等。其中用于 SGP4 模型预报的参数包括

$$\boldsymbol{\sigma}_0 = (t_0, n_0, e_0, i_0, \omega_0, \Omega_0, M_0, B^*)^{\mathrm{T}} \tag{7.8}$$

式中:t_0 为历元时刻;n_0 为平均运动角速度(转/天);e_0 为偏心率;i_0 为平均轨道倾角($°$);ω_0 为平均近地点角距($°$);Ω_0 为平均升交点赤经($°$);M_0 为历元时刻平均平近点角($°$);B^* 为大气阻力系数。

除了平均运动角速度 n_0 外其他参数都是 Brouwer 平根[193]。平均运动角速度 n_0 是 Kozai 格式[194],需要转化 Brouwer 格式平均角速度才可以使用 SGP4 模型进行轨道预报[12]:

$$\begin{cases} a_0 = \left(\dfrac{k_e}{n_0}\right)^{\frac{2}{3}}, \delta_0 = \dfrac{3}{2} \dfrac{k_2}{a_0^2} \dfrac{3\cos^2 i_0 - 1}{(1 - e_0^2)^{\frac{3}{2}}}, a'_0 = a_0 \left(1 - \dfrac{1}{3}\delta_0 - \delta_0^2 - \dfrac{134}{81}\delta_0^3\right) \\ \delta_1 = \dfrac{3}{2} \dfrac{k_2}{a_0'^2} \dfrac{3\cos^2 i_0 - 1}{(1 - e_0^2)^{\frac{3}{2}}}, n''_0 = \dfrac{n_0}{1 + \delta_1}, a''_0 = \left(\dfrac{k_e}{n''_0}\right)^{\frac{2}{3}} \end{cases} \tag{7.9}$$

式中:$k_e = \sqrt{GM_E}$,G 为牛顿万有引力常数,M_E 为地球质量;a_0、δ_0、a'_0、δ_1 为推导的中间参数;$k_2 = J_2 a_E^2 / 2$,$J_2 = 1.0826261 \times 10^{-3}$ 为地球引力位函数 J_2 项,$a_E = 6378137\mathrm{m}$ 为地球赤道半径;n''_0 为历元时刻 Brouwer 格式平均角速度;a''_0 为历元时刻的 Brouwer 格式平均半长轴。

对于 LEO 目标,地球非球形摄动 J_2 项对于半长轴的长期影响为零,同时由于其轨道高度较低,第三体引力、太阳光压等对半长轴的长期摄动可以忽略。影响半长轴长期变化的主要因素是大气阻力。虽然在这样的高度大气已经极为稀薄,但是由于空间目标的飞行速度大、持续时间长,并且大气阻力不是保守力而是耗散力,这将导致半长轴减小。在大气阻力摄动影响下,半长轴长期变化可以由下式描述[12]:

$$a = a''_0 \left[1 - C_1(t - t_0) - D_2(t - t_0)^2 - D_3(t - t_0)^3 - D_4(t - t_0)^4\right]^2 \tag{7.10}$$

式中:$t - t_0$ 为预报时间间隔;C_1、D_2、D_3、D_4 为相关的系数,详见参考文献[12]。

对于 LEO 目标中的非太阳同步轨道,其倾角受地球非球形摄动、大气阻力摄动、第三体引力摄动的长期量级很小,倾角的长期变化近似为零。对于太阳同步轨道,由于其轨道升交点赤经的进动角速度同地球公转角速度相同,太阳与轨道面的相对位置不变,因此太阳引力会导致轨道倾角的长期变化,可以表示为[195]

$$\frac{\mathrm{d}i}{\mathrm{d}t} = -\frac{3n_s^2}{16n}\sin i\,(1 + \cos i_s)^2 \sin(2u_s - 2\Omega) \tag{7.11}$$

式中:n_s 为地球绕太阳运动的平均角速度;n 为空间目标轨道运动角速度;i_s 为黄赤交角;u_s 为太阳在赤道上的平经度;Ω 为空间目标升交点赤经。

7.3.2　偏差数据的生成和异常检测

1. 轨道预报

轨道预报的基本方法:利用 t_{k-1} 时刻的 TLE 数据 $\boldsymbol{\sigma}_{k-1}$,通过 SGP4 模型长期项预报得到 t_k 时刻轨道根数长期变化的预期值 $\boldsymbol{\sigma}_{k/k-1}$,从中提取出 $a_{k/k-1}$ 和 $i_{k/k-1}$。同时利用 t_k 时刻的编目根数 $\boldsymbol{\sigma}_k$ 得到 a_k 和 i_k,如图 7.11 所示。

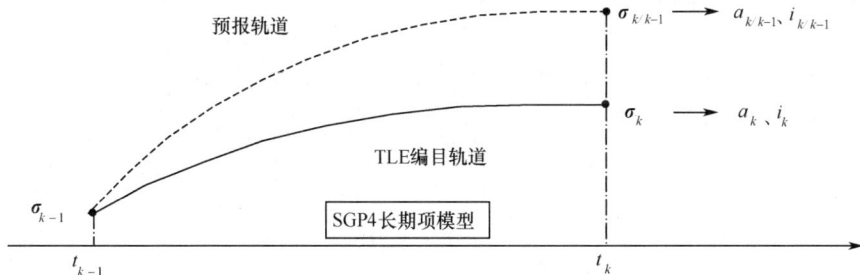

图 7.11　基于 SGP4 长期项模型的轨道预报示意图

2. 数据平滑及偏差生成

由于测量、定轨以及模型精度(如地球模型、大气模型、预报模型)等因素影响,在得到的编目和预报数据中包含了一定的误差,该误差会造成编目值和预报值在真值周围抖动,如图 7.12 所示。

这种抖动可能导致正常情况下偏差数据增大从而造成虚警,为了消除该小抖动并尽可能地保持原特征参数的变化,使用三次样条曲线进行数据的平滑处理。建立拟合目标函数(第一项代表拟合偏差;第二项代表拟合的平滑程度)为

$$\delta = \omega \sum_{k=1}^{n} [\boldsymbol{X}(k) - f(t_k)]^2 + (1 - \omega)\int_L [f''(t)]^2 \mathrm{d}t \tag{7.12}$$

式中:$\boldsymbol{X}$ 为待平滑处理的数据序列;f 为平滑得到的函数;L 为所有历元时刻间隔

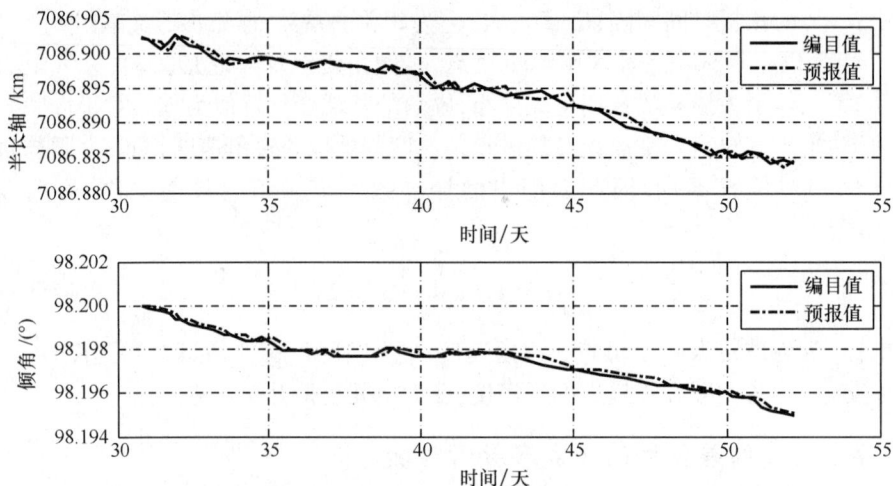

图 7.12　特征参数的抖动

中的最小值。ω 为决定数据拟合效果的权系数，取值范围为 $[0,1]$。

ω 越大，则拟合误差越小，但是拟合平滑效果越差；反之，ω 越小，则拟合得到的曲线越光滑，但是拟合偏差越大。为了在保持较小的拟合误差的前提下获得较好拟合效果，可以根据轨道情况的不同变化选取合适的 ω。一般情况下，对于瞬时变化比较剧烈的情况，应该首要考虑控制拟合偏差，即选择较大的 ω。对于轨道参数变化较平缓的情况，可以适当地选择较小的 ω，以便获得较好的拟合效果。对二者综合考虑，利用以下经验公式确定 ω：

$$\begin{cases} \omega = \dfrac{1}{1 + \bar{t}^{3}/6} \\ \bar{t} = \dfrac{1}{n-1}\displaystyle\sum_{j=1}^{n-1} t_{j} \end{cases} \tag{7.13}$$

式中：t_{j} 为第 j 个时间间隔；$\bar{t}$ 为所有历元时刻间隔的平均值。

依据目标函数，在 Matlab 中使用三次样条曲线对半长轴和轨道倾角的编目值和预报值进行平滑处理可得偏差数据序列

$$\{t_{k}, \Delta a_{k}, \Delta i_{k}\}\,(k = 1, 2, \cdots, n)$$

其中

$$\Delta a_{k} = a'_{k} - a'_{k/k-1}, \Delta i_{k} = i'_{k} - i'_{k/k-1}\,(k = 1, 2, \cdots, n)$$

式中：a'_{k}、i'_{k} 为平滑后的特征轨道根数编目值；$a'_{k/k-1}$、$i'_{k/k-1}$ 平滑后的特征轨道根数预报值。

偏差数据中包含了半长轴和倾角两个参数，此时的检测可视为多维数据异常检测，同样利用马氏距离进行偏差数据的异常检测。

综上可得具体的算法流程如图 7.13 所示。

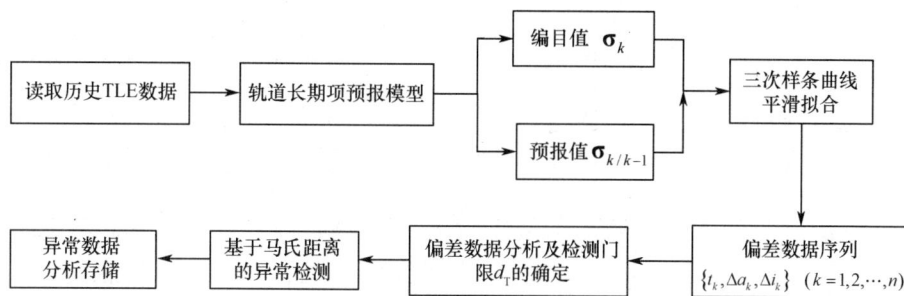

图 7.13　基于预报偏差的轨道异常检测流程

7.3.3　算例分析

Terra 卫星是一颗美国的太阳同步轨道卫星,其装载的 5 种传感器能同时采集地球大气、陆地、海洋和太阳能量平衡的信息从而实现对地球的观测。下面以其为例,用本节所提出的方法进行轨道异常检测分析。表 7.1 列出了 Terra 卫星 2010 年的轨道机动历史数据[196]。

表 7.1　Terra 卫星 2010 年轨道机动历史数据

序号	日期	时间	操作行为	轨道圈数	持续时间
1	2010 - 01 - 22	15:35:00	高度维持机动 #57	53711	00:00:06.7
2	2010 - 02 - 24	16:12:09	轨道倾角机动 #25	54191	00:05:20.0
3	2010 - 04 - 28	13:37:10	高度维持机动 #58	55107	00:00:07.7
4	2010 - 08 - 11	15:11:00	高度维持机动 #59	56637	00:00:05.5
5	2010 - 10 - 21	15:28:26	轨道倾角机动 #26	57671	00:05:20.0
6	2010 - 10 - 28	15:34:33	轨道倾角机动 #27	57773	00:05:20.0

对 Terra 卫星,利用 NORAD 发布的 2010 年的 TLE 数据,进行分析可得到其 2010 年半长轴和倾角的变化情况如图 7.14 所示,图中竖线表示 Terra 卫星 2010 年的机动历史。

通过 7.3.2 节所建立的轨道预报模型对 Terra 卫星的 2010 年轨道数据进行处理,可以得到其特征轨道根数的预报值,使用数据平滑处理方法对编日值和预报值进行处理可以得到平滑值。为便于说明问题,下面仅就 Terra 在 2010 年的第 222～228 天之间的半长轴数据处理情况进行详细说明(图 7.15),轨道倾角的处理与此类似。

对 Terra 卫星的半长轴和轨道倾角进行预报、平滑处理后可以得到其偏差数据和每个历元时刻的马氏距离,并选取检测门限值为 5 对马氏距离数据进行异常分析,检测结果如图 7.16 和图 7.17 所示。

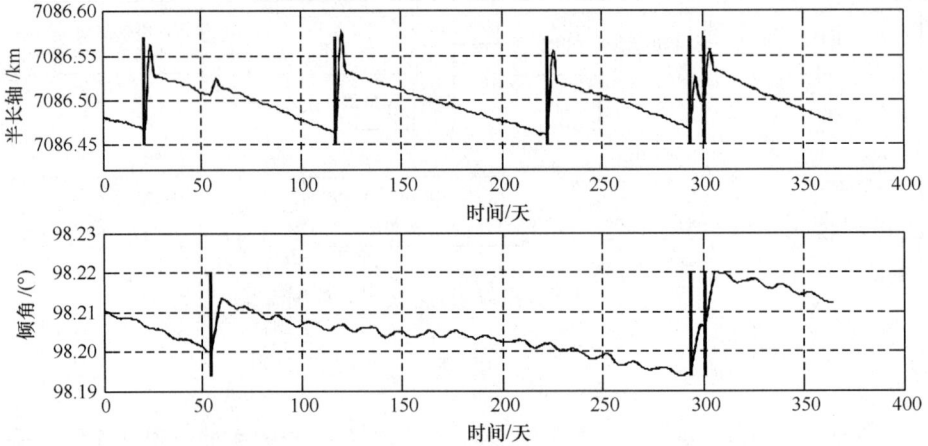

图 7.14　Terra 卫星 2010 年半长轴、倾角变化以及机动历史

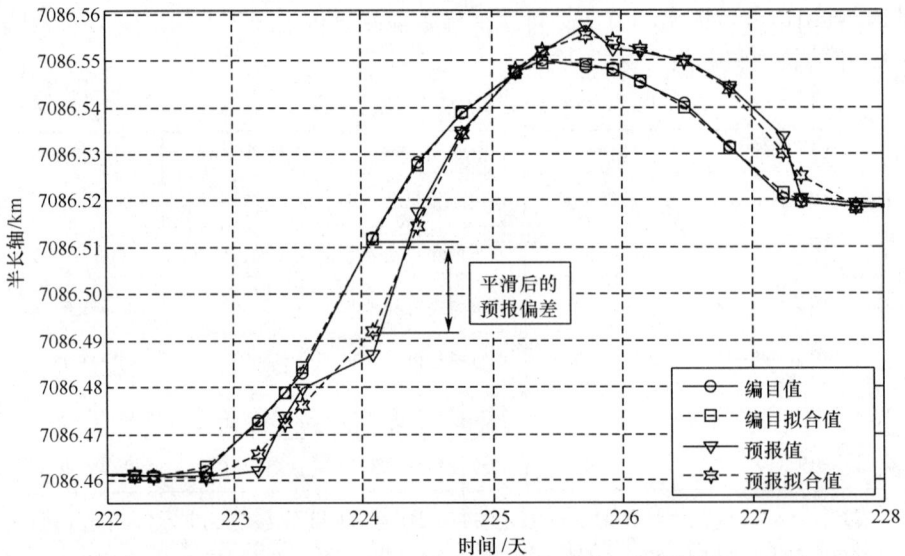

图 7.15　Terra 卫星 2010 年半长轴编目值及预报值的平滑处理

　　由计算结果可以看出,Terra 卫星在 2010 年的异常值集中在 6 个时间点附近。分析原因可知:

　　(1) 轨道维持机动往往不是一次调整完成,而是在一段时间内不断地调整和测量达到设定值。

　　(2) TLE 定轨数据受到历史数据的影响,当发生轨道异常时不可能一次完成精确的定轨,而是利用多组新的轨道数据才能进行稳定的定轨。

　　综上可以判断 Terra 卫星在 2010 发生了 6 次轨道异常。检测结果的次数和时间均与已知的轨道机动历史相符。此外,通过分析可知第 1、3、4 次为轨道高

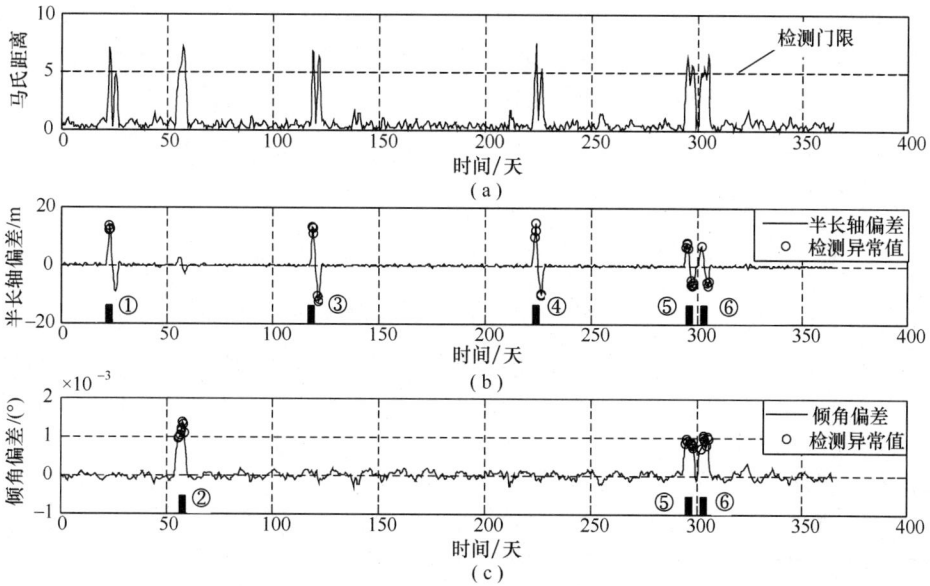

图 7.16 Terra 卫星 2010 年机动检测结果

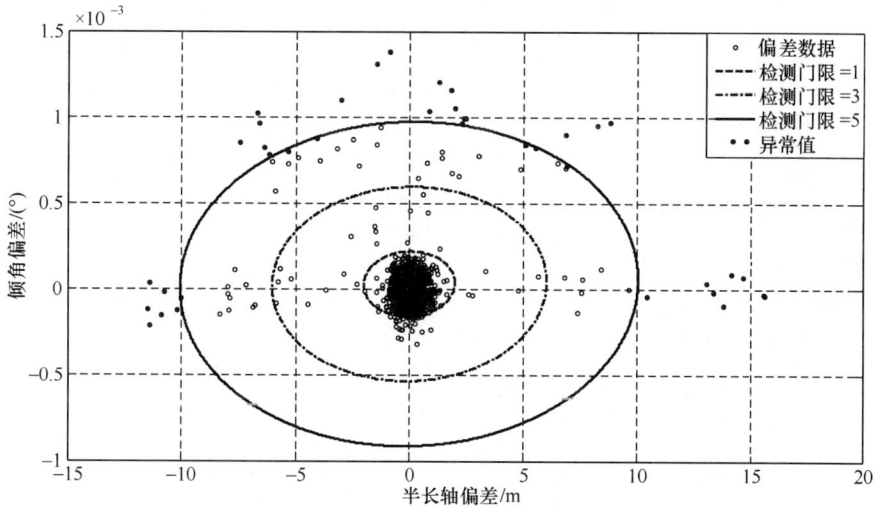

图 7.17 Terra 卫星 2010 年半长轴、倾角偏差分布

度维持,第 2、5、6 次为轨道倾角机动,而且其在倾角机动的同时对轨道高度进行了提升。

7.4 基于漂移率偏差的 GEO 目标轨道异常检测

针对 GEO 的特殊摄动和运动规律,本节在对 GEO 漂移特性分析的基础上,利用平经度与倾角的理论和实际漂移率偏差进行 GEO 轨道异常检测。首先提出轨道异常检测的一般步骤;然后选择平经度和倾角作为特征轨道参数,并对其变化规律进行理论分析,在计算理论和实际漂移率时对历史轨道数据进行三次样条平滑处理,对得到的偏差数据进行异常值检测,并分析偏差数据的有偏性;最后利用两个 GEO 目标的历史轨道数据对方法进行验证。

7.4.1　特征轨道参数的选择和变化规律分析

以下各节将按照一般步骤,具体给出基于漂移率偏差的 GEO 目标轨道异常检测方法。为便于方法的介绍,选取我国北斗导航卫星中 Beidou – 1B 卫星和我国已经失效的 STTW – 1 通信卫星作为算例,各卫星的基本信息和轨道参数见表7.2。每颗卫星选取其从发射入轨定点捕获之后到 2010 年 11 月之间的所有历史 TLE 数据。

表 7.2　所选空间目标的轨道参数

SSN 编号	名称	倾角/(°)	近地点/km	远地点/km	TLE 组数
26643	Beidou – 1B	3.23	35779	35794	3586
16526	STTW – 1	14.07	35774	35812	4037

1. 特征轨道参数的选择

GEO 具有三种特性:①轨道的周期与地球的自转周期一致,为地球同步轨道;②轨道的形状是圆形,偏心率 $e = 0$;③轨道位于地球赤道平面上,倾角 $i = 0°$。GEO 的升交点赤经 Ω、近地点角距 ω 和真近点角 f 是不确定的,它们是数学意义上的奇异值。因此用经典轨道根数描述 GEO 存在奇异值问题。为克服小偏心率、小倾角带来的困难,可采用同步轨道根数来表示[197-200]。同步根数定义为星下点经度 λ、平经度漂移率 D、二维倾角矢量 i 和偏心率矢量 e。同步根数与开普勒根数之间的关系为[197]

$$\begin{cases} \lambda = s - G(t), & D = -\dfrac{3}{2}\dfrac{a - A}{A} \\ i_x = \sin i \sin \Omega, & i_y = -\sin i \cos \Omega \\ e_x = e\cos(\omega + \Omega), & e_y = e\sin(\omega + \Omega) \end{cases} \quad (7.14)$$

式中:s 为目标的恒星时角;$G(t)$ 为格林尼治时角;A 为地球静止轨道标称半长轴,$A = 42165.7 \text{km}$。

平经度漂移率反映了轨道周期与地球自转之间的偏差,是无量纲的,在实际应用中,通常将其乘以地球自转平均角速度 $\omega_E = 360.985647(°)/$天换算成 $((°)/$天)的单位。二维倾角矢量 i 和偏心率矢量 e 的定义为

$$\begin{cases} \boldsymbol{i} = \begin{bmatrix} i_x \\ i_y \end{bmatrix} = \begin{bmatrix} \sin i \sin \Omega \\ -\sin i \cos \Omega \end{bmatrix} \\ \boldsymbol{e} = \begin{bmatrix} e_x \\ e_y \end{bmatrix} = \begin{bmatrix} e\cos(\Omega+\omega) \\ e\sin(\Omega+\omega) \end{bmatrix} \end{cases} \tag{7.15}$$

二维倾角矢量 $\boldsymbol{i}$ 是轨道平面法向单位矢量在赤道平面上的投影,偏心率矢量 $\boldsymbol{e}$ 为赤道平面内一个大小等于 e、由坐标系中心指向轨道的近地点的矢量,如图 7.18 所示。

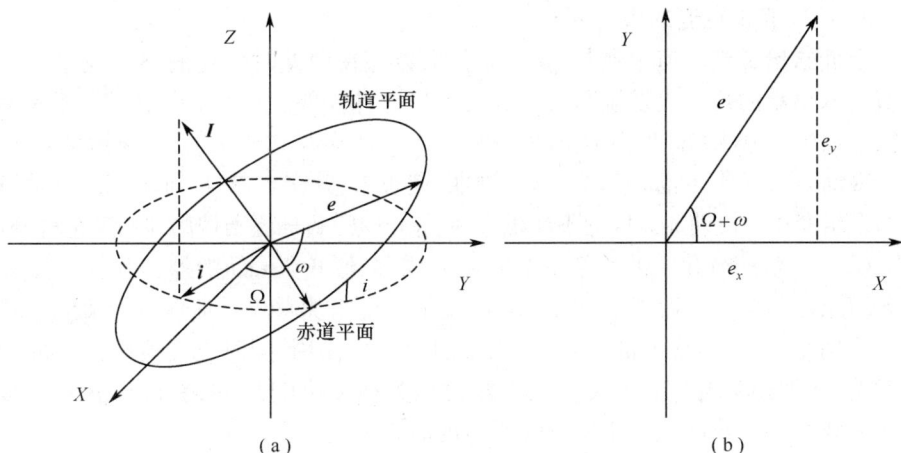

图 7.18　倾角矢量和偏心率矢量的定义及其分量

由于摄动的原因 GEO 目标会逐渐偏离标称位置,GEO 机动主要是为了位置保持,包括东 - 西位置保持(或称经度位置保持)和南 - 北位置保持(或称倾角位置保持)。考虑到 GEO 机动一般改变其平经度和倾角,选择平经度 λ 和倾角 i 为特征轨道参数。在对卫星轨道进行控制时,主要是针对轨道根数的长期变化计算控制量。因此,当前轨道和目标轨道的设置均取平根数。空间目标的 TLE 中给出的轨道根数就是平根数,因此可以直接用平根数进行轨道异常的检测。

2. 轨道根数偏差引起的位置漂移

轨道根数不满足静止条件,即半长轴、偏心率和倾角存在小偏差时,目标位置会发生漂移。半长轴偏差会引起经度方向的长期漂移。当半长轴有偏差 Δa 时,目标的平经度的漂移速率为[197]

$$D_\lambda = -\frac{3}{2}\frac{\Delta a}{A}\omega_E \tag{7.16}$$

式中:负号" - "表示当 $\Delta a > 0$ 时,目标向西漂移;当 $\Delta a < 0$ 时,卫星向东漂移。

偏心率不为零会引起经度方向周期为轨道周期、幅度为 $2e$(弧度)的周期性摆动:

$$\lambda = \lambda_0 + 2e\sin M \tag{7.17}$$

倾角不为零会引起纬度的周期为轨道周期、幅度为 i 的摆动，以及经度方向周期为半个轨道周期、幅度为 $i^2/4$ 的摆动。综合倾角在两个方向的影响，卫星星下点轨迹呈"8"字形。

$$\begin{cases} \delta = i\sin u \\ \lambda = \lambda_0 - \dfrac{i^2}{4}\sin 2u \end{cases} \tag{7.18}$$

综合半长轴、偏心率、倾角三个偏差的影响，卫星星下点将是复杂的曲线。

3. 地球静止轨道的摄动分析

上面给出了当轨道根数与 GEO 标称根数存在偏差时位置的漂移规律。本小节将从摄动的角度出发说明为什么会出现这种偏差。对 GEO 而言，需要考虑的摄动项包括地球非球形引力摄动、日月三体引力摄动、太阳辐射压力摄动等。在这些摄动力作用下，目标轨道半长轴、周期、偏心率、升交点赤经、轨道倾角随时间不断发生变化。摄动加速度的不断积累，使静止轨道目标逐渐偏离理想静止轨道。

GEO 参数的变化主要包括平经度 λ 的漂移、倾角矢量 i 的漂移和偏心率矢量 e 的漂移。在一阶近似中，可以认为：①平经度 λ 漂移仅受地球引力田谐项的摄动作用影响；②倾角矢量 i 漂移主要受日月引力作用，同时也受地球引力带谐项影响；③偏心率矢量 e 主要受太阳辐射压力摄动影响，少量受日月引力的影响。主要关心平经度和倾角矢量的漂移规律。

1）平经度的漂移

地球非球形摄动田谐项是由地球内部非对称质量分布造成的。由于地球赤道平面的椭形使得定点在标称精度的静止轨道卫星受到额外的切向引力加速度，尽管加速度切向分量的绝对值很小，但对于平经度漂移变化来说非常重要。由于切向加速度主要受田谐项 C_{22} 和 S_{22} 的影响。由拉格朗日方程，切向加速度将引起静止轨道半长轴发生变化，进而引起轨道平均运动角速度与地球自转角速度不一致，引起卫星偏离标称定点经度。

地球静止轨道同步根数中平经度 λ 与漂移率 D 组成漂移率矢量 (λ, D)。由地球非球形引力摄动分析可知，地球非球形摄动引起的轨道半长轴摄动方程为[200]

$$\dot{a} = -\frac{2}{3}\frac{A}{\omega_E}\Gamma_\lambda \tag{7.19}$$

式中

$$\Gamma_\lambda = -3\omega_E^2 \left[\begin{array}{l} -6J_{22}\left(\dfrac{R_E}{A}\right)^2 \sin 2(\lambda - \lambda_{22}) \\ +\dfrac{3}{2}J_{31}\left(\dfrac{R_E}{A}\right)^3 \sin(\lambda - \lambda_{31}) \\ -45J_{33}\left(\dfrac{R_E}{A}\right)^3 \sin 3(\lambda - \lambda_{33}) \end{array} \right] \tag{7.20}$$

故可得漂移率矢量(λ, D)方程为

$$\begin{cases} \dot{\lambda} = D \\ \dot{D} = \Gamma_\lambda \end{cases} \tag{7.21}$$

因此,平经度摄动加速度仅与定点经度相关。式(7.21)实质上是一个非线性微分方程组。

在 GEO 轨位上存在四个平衡点,即严格定点在该四个位置上的目标,轨道半长轴将保持不变,平经度摄动加速度为零。其中两个为稳定平衡点(75.05°E 和 104.91°W,这些值在不同的著作中略有不同,主要是引用的引力场模型略有不同引起的,这里引用的引力场模型为 JGM－3),因为经度与此平衡点稍有偏差的目标仍能漂回此结点。两个结点是不稳定平衡点(11.41°W 和 162.08°E),卫星会从此点漂离。如果位于其他经度位置,GEO 目标都受加速度作用向最近的一个稳定平衡点运动。若不采取任何定点保持机动,经度最终便会绕稳定点对称地摆动,周期约为 800 天。

式(7.16)已经给出了平经度漂移率的表达式,可知平经度漂移率仅取决于半长轴,而半长轴漂移率是由地球非球形引力田谐项引起的。日月三体引力摄动对静止轨道半长轴不产生长周期摄动,一圈内轨道半长轴变化为零,但对轨道半长轴产生周期为半个太阳日的短周期摄动。非零的偏心率和轨道倾角也会造成经度的振动,但是这种振动的周期小于或等于一个轨道周期(约 1 天)。TLE 根数的发布时刻一般在升交点处,因此经度的周期性变化在 TLE 中难以体现,轨道异常检测用的还是平经度的变化。

2) 倾角矢量的漂移

倾角矢量漂移主要受日月引力作用,同时也受地球引力带谐项影响。地球引力带谐项产生法向摄动加速度,通过改变升交点赤经引起倾角矢量 $i = (i_x, i_y)$ 的周期变化[200],表现为倾角矢量 i 绕着 Z 轴以 -4.9(°)/年的速度旋转。

日月引力是静止轨道倾角漂移的主要摄动源。日月引力引起的轨道倾角矢量长周期和长期摄动为

$$\begin{cases} \dfrac{\mathrm{d}i_x}{\mathrm{d}t} = \dfrac{3}{8} \dfrac{n_k^2}{n} \begin{pmatrix} -\sin\Omega_k \sin 2i_k \\ +2\sin i_k \cos\Omega_k \sin 2\lambda_k \\ +\sin 2i_k \sin\Omega_k \cos 2\lambda_k \end{pmatrix} \\[4mm] \dfrac{\mathrm{d}i_y}{\mathrm{d}t} = \dfrac{3}{8} \dfrac{n_k^2}{n} \begin{pmatrix} \cos\Omega_k \sin 2i_k \\ +2\sin i_k \sin\Omega_k \sin 2\lambda_k \\ -\sin 2i_k \cos\Omega_k \cos 2\lambda_k \end{pmatrix} \end{cases} \tag{7.22}$$

式中:k 表示太阳或月球。

摄动方程中含有常数项(仅含 i_k 和 Ω_k 的项)和周期项(含 λ_k 的项),倾角摄动存在时间一次项和周期项,周期为第三体运动轨道周期的 1/2。对日月引力

来说,存在半月周期项(周期 13.6 天)和半年周期项(周期为 182.5 天)。

所有摄动对倾角矢量的综合影响可以平均近似地表示为倾角矢量 i 绕着坐标为 $(0, -7.4°)$ 的极以 54 年为周期作负方向旋转。

月球绕地球运动的轨道平面(白道)相对黄极做周期为 18.6 年的进动,令 Ω_m 为白道在黄道上升交点的黄经,有

$$\Omega_m = 259.183° - 0.05295° \cdot t \tag{7.23}$$

式中:t 为从 1900 年 1 月 1 日 12 时起算的儒略日。

则倾角长期摄动表达式为[195]

$$\begin{cases} \dfrac{\mathrm{d}i_x}{\mathrm{d}t} = 0.859 + 0.107\cos\Omega_m - 0.0025\cos2\Omega_m \\ \dfrac{\mathrm{d}i_y}{\mathrm{d}t} = 0.134\sin\Omega_m - 0.003\sin2\Omega_m \end{cases} \tag{7.24}$$

式中:漂移率的单位为 (°)/年。

由轨道倾角的近似表达式 $i^2 = i_x^2 + i_y^2$,可得倾角的漂移率为

$$D_i = \frac{\mathrm{d}i}{\mathrm{d}t} = \frac{1}{i}\left(i_x\frac{\mathrm{d}i_x}{\mathrm{d}t} + i_y\frac{\mathrm{d}i_y}{\mathrm{d}t}\right) \tag{7.25}$$

已知轨道半长轴 a、倾角 i 和升交点赤经 Ω 时,根据式(7.16)和式(7.25)可以计算平经度和倾角的理论漂移率。Beidou – 1B 和 STTW – 1 卫星的理论平经度和倾角漂移率如图 7.19、图 7.20 所示。

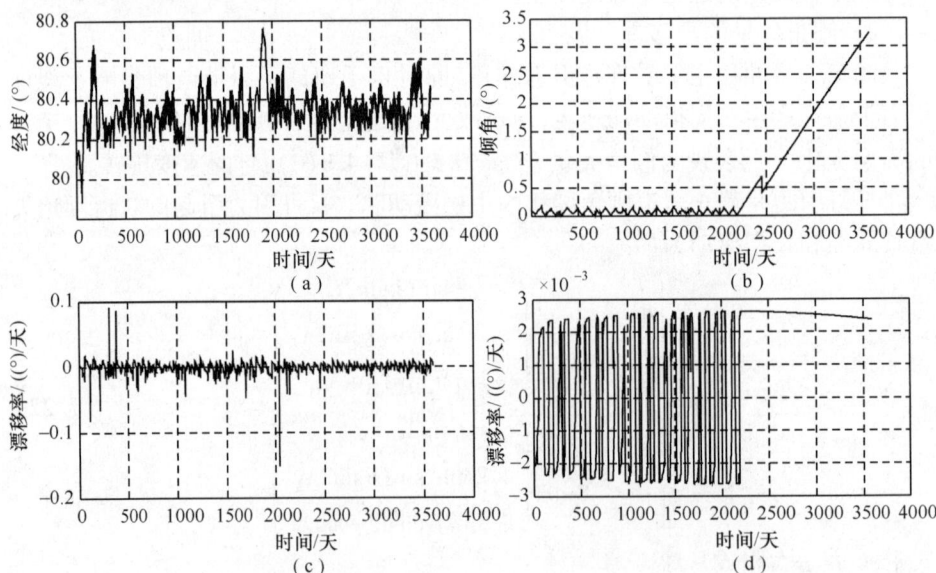

图 7.19　Beidou – 1B 卫星理论平经度和倾角漂移率

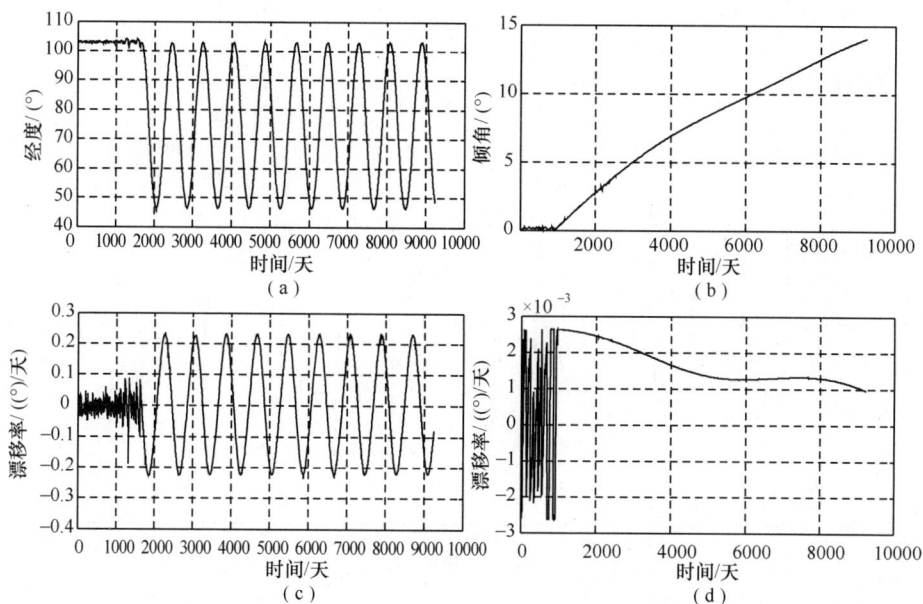

图 7.20　STTW - 1 卫星理论平经度和倾角漂移率

7.4.2　漂移率偏差数据的生成

1. 轨道数据的预处理

漂移率偏差数据的生成需要计算特征轨道参数(平经度和倾角)的理论和实际漂移率。理论平经度漂移率的计算需要半长轴 a 的平根数据,理论倾角漂移率的计算需要倾角 i 和升交点赤经 Ω 的平根数据。实际平经度和倾角的漂移率的计算需要平经度 λ 和倾角 i 的数据。这些数据均来自空间目标的历史 TLE 数据,不可避免地存在误差,使得计算得到的理论和实际漂移率也存在一定的误差。如图 7.21 中北斗 - 1B 卫星的半长轴数据中存在噪声,个别点上还有比较明显的异常值。如果直接用该数据计算理论平经度漂移率有较大的误差。

为了解决这个问题,需要对历史轨道数据进行处理以抑制噪声。本节采用三次样条平滑方法处理轨道根数,在计算理论和实际漂移率时均进行数据平滑。三次样条平滑方法是一种数据处理方法,利用样条函数拟合带噪声的数据。确定平滑样条函数,使得拟合目标函数最小,即

$$F = p \sum_{i=1}^{n} \left[y_i - f(t_i) \right]^2 + (1 - p) \int \left[f''(t) \right]^2 \mathrm{d}t \tag{7.26}$$

平滑样条函数 f 的构建基于指定的平滑参数 p。式中第一项表示拟合偏差,第二项表示拟合的平滑程度。平滑参数 p 表征平滑样条函数 f 对数据的平滑程度,取值范围为 $[0,1]$。其值越接近于 0,表明平滑程度越高,当 $p = 0$

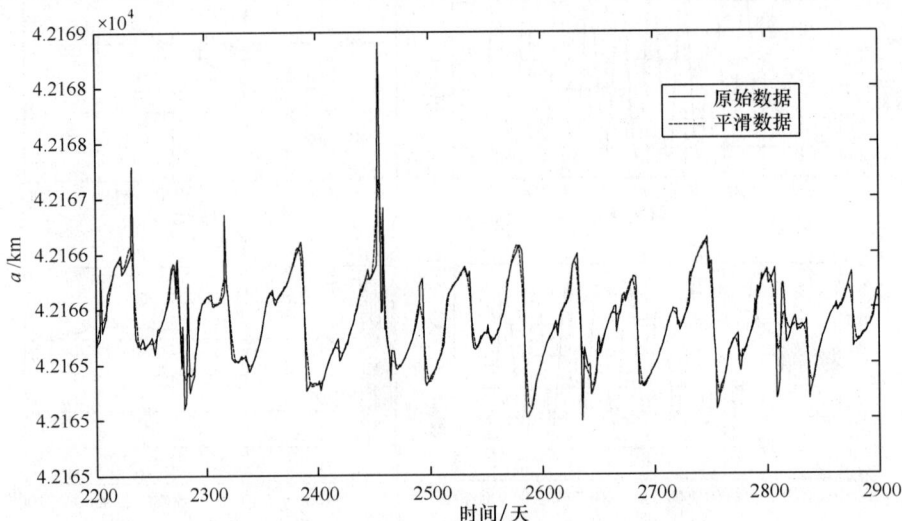

图 7.21　北斗 - 1B 卫星半长轴原始数据和平滑数据

时，f 就是数据的最小二乘直线拟合；其值越接近于 1，表明平滑程度越低，当 $p=1$ 时，f 就是数据的三次样条插值。由于平滑样条具有平滑参数，因此这种平滑拟合可以进行参数化考虑。如图 7.21 中的虚线表示经过平滑处理的半长轴数据，该平滑数据有效去除了原始数据中的噪声，对异常值也有明显的剔除作用。

2. 理论和实际漂移率的计算及偏差生成

利用三次样条平滑方法对半长轴 a、倾角 i、升交点赤经 Ω 和星下点经度 λ 的历史数据进行平滑处理后得到新的轨道数据，新的轨道数据可以用于两方面的分析：一方面，可以利用式(7.16)和式(7.25)根据半长轴 a、倾角 i、升交点赤经 Ω 的处理后数据计算理论平经度和倾角漂移率，图 7.22 是北斗 - 1B 卫星利用原始和平滑半长轴数据计算得到的理论平经度漂移率曲线，可见利用平滑数据计算的结果更稳定；另一方面，计算得到星下点经度 λ 和倾角 i 的样条函数之后，对其求导可以得到各个时刻的函数变化率，该变化率值可作为实际漂移率的近似值。

在计算理论漂移率和实际漂移率时平滑参数 p 的选择是不同的。理论漂移率计算时只需要考虑数据的平滑，而计算实际漂移率需要考虑的是函数的导数。计算理论漂移率和实际漂移率时平滑参数分别取 $p_t=0.1$ 和 $p_e=0.005$。

得到各个时刻的理论和实际平经度和倾角漂移率后，两者相减即可得到每个时刻的漂移率偏差，可得偏差数据序列 $\{t^{(k)},\Delta D_\lambda^{(k)},\Delta D_i^{(k)}\}$ $(k=1,2,\cdots,n)$。

图 7.23、图 7.24 是用三次样条平滑方法得到的北斗 - 1B 和 STTW - 1 卫星

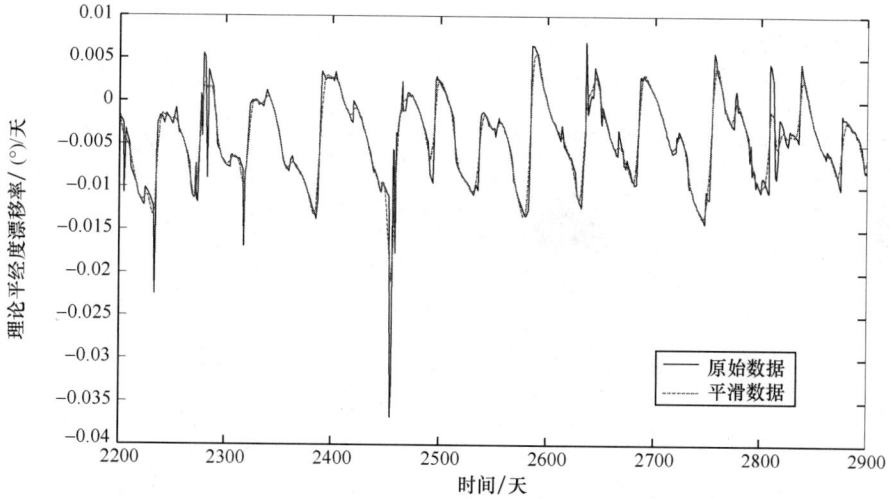

图 7.22　北斗 −1B 卫星利用原始数据和平滑数据计算的理论平经度漂移率

的平经度和倾角漂移率偏差数据二维分布图。该漂移率偏差可作为轨道异常的检测量。

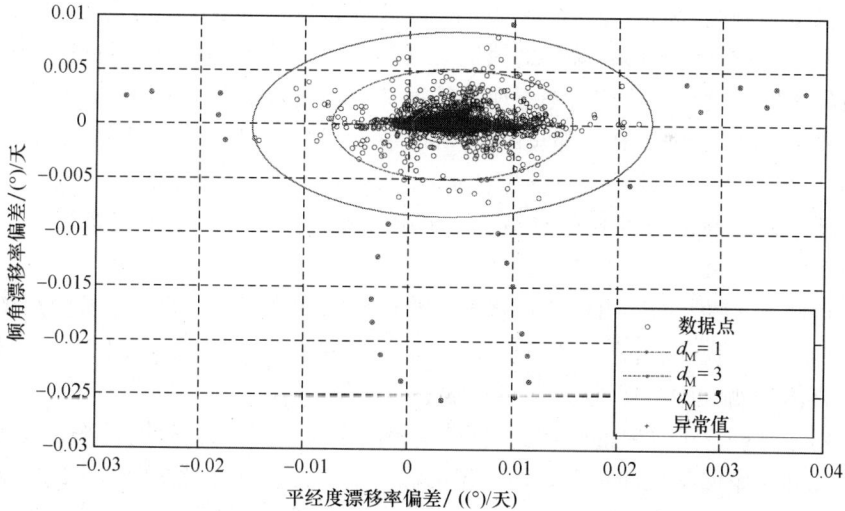

图 7.23　基于马氏距离的漂移率偏差异常值检测(北斗 −1B)

7.4.3　偏差数据的异常值检测

　　轨道异常检测根据计算得到的特征参数的实际值和预期值之间的偏差进行判断,如果偏差较大达到不可信的程度,则认为存在异常。在上节计算得到平经度和倾角的理论漂移率和实际漂移率的偏差后,利用该偏差数据即可进行异常检测。

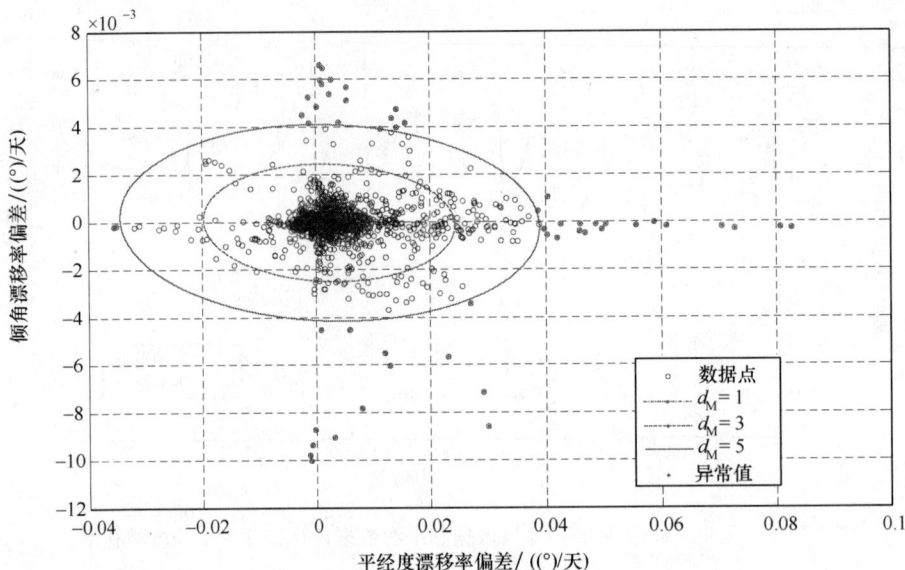

图 7.24　基于马氏距离的漂移率偏差异常值检测（STTW－1）

在得到偏差数据后，轨道异常的检测实质上是偏差数据中异常值的检测。基于平经度和倾角漂移率偏差的轨道异常检测方法同时考虑两个特征参数，在进行异常值检测时必须综合考虑两个特征参数的偏差数据。利用马氏距离进行异常检测。在二维空间中，等马氏距离曲线是一系列椭圆，图 7.23 和图 7.24 中画出了 d_M 为 1、3、5 时的等马氏距离椭圆。如果门限值取 $d_T = 5$，则位于相应的等马氏距离椭圆以外的数据点就会被视作异常值点，图中星号表示这些异常值点。

由图 7.23 的北斗－1B 的轨道异常检测结果可见，如果卫星在所分析的时间段内一直有控，频繁进行轨道机动，则漂移率偏差一直较大，此时如果直接进行异常值检测，可能出现检测不出异常值的现象。

对于无控且无异常的轨道，漂移率偏差的分布应当是无偏的，且平经度漂移率偏差和倾角漂移率偏差之间是不相关的。反映在偏差分布图上即平经度漂移率偏差和倾角漂移率偏差的二维散布中心在坐标原点附近，分布椭球主轴方向与坐标轴方向平行。选取 STTW－1 卫星的无控段，图 7.25 是 STTW－1 卫星从 1994 年 4 月 19 日开始 6000 天无控段的漂移率偏差分布情况。由图可见，偏差分布的等马氏距离椭圆中心接近原点，主轴方向与坐标轴方向平行。

对于在分析时间段内一直有控的卫星，漂移率偏差分布则明显有偏。如图 7.23 所示的北斗－1B 漂移率偏差分布在平经度漂移率偏差方向是有偏的，等马氏距离椭圆的中心的横坐标约为 0.004(°)/天。结合无控轨道漂移率偏差分布无偏的事实，这种有偏性可作为轨道机动检测的依据。

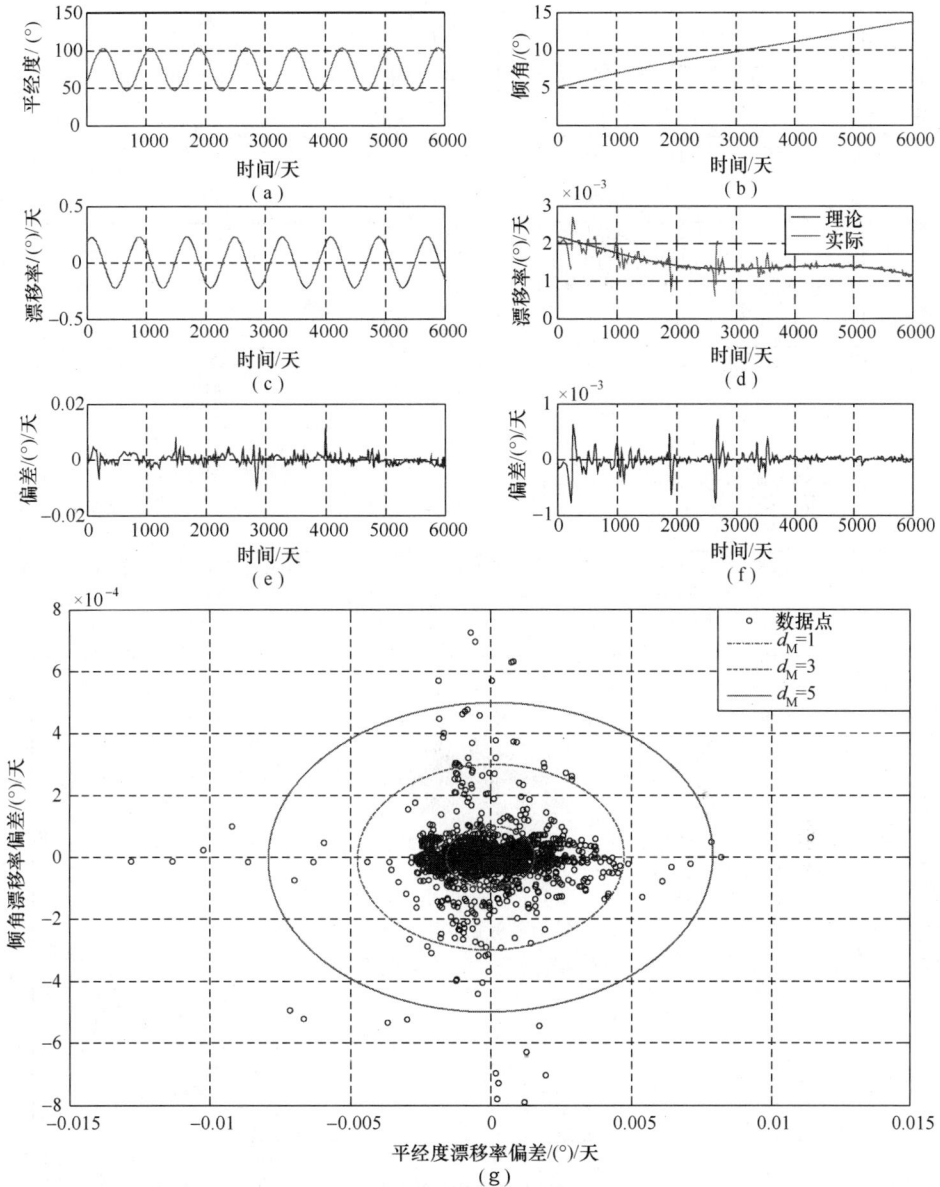

图 7.25　STTW 1 卫星无控段漂移率偏差分布

　　基于以上分析,在基于马氏距离的异常值检测时,不以样本到分布中心的马氏距离为判据,而是以样本到原点的马氏距离为判据。图 7.26 是以到原点的马氏距离为判据的北斗 −1B 卫星机动检测结果图,可见,可以检测出大多数经度维持机动和倾角维持机动,相比以到中心的马氏距离为判据的检测结果具有优势。

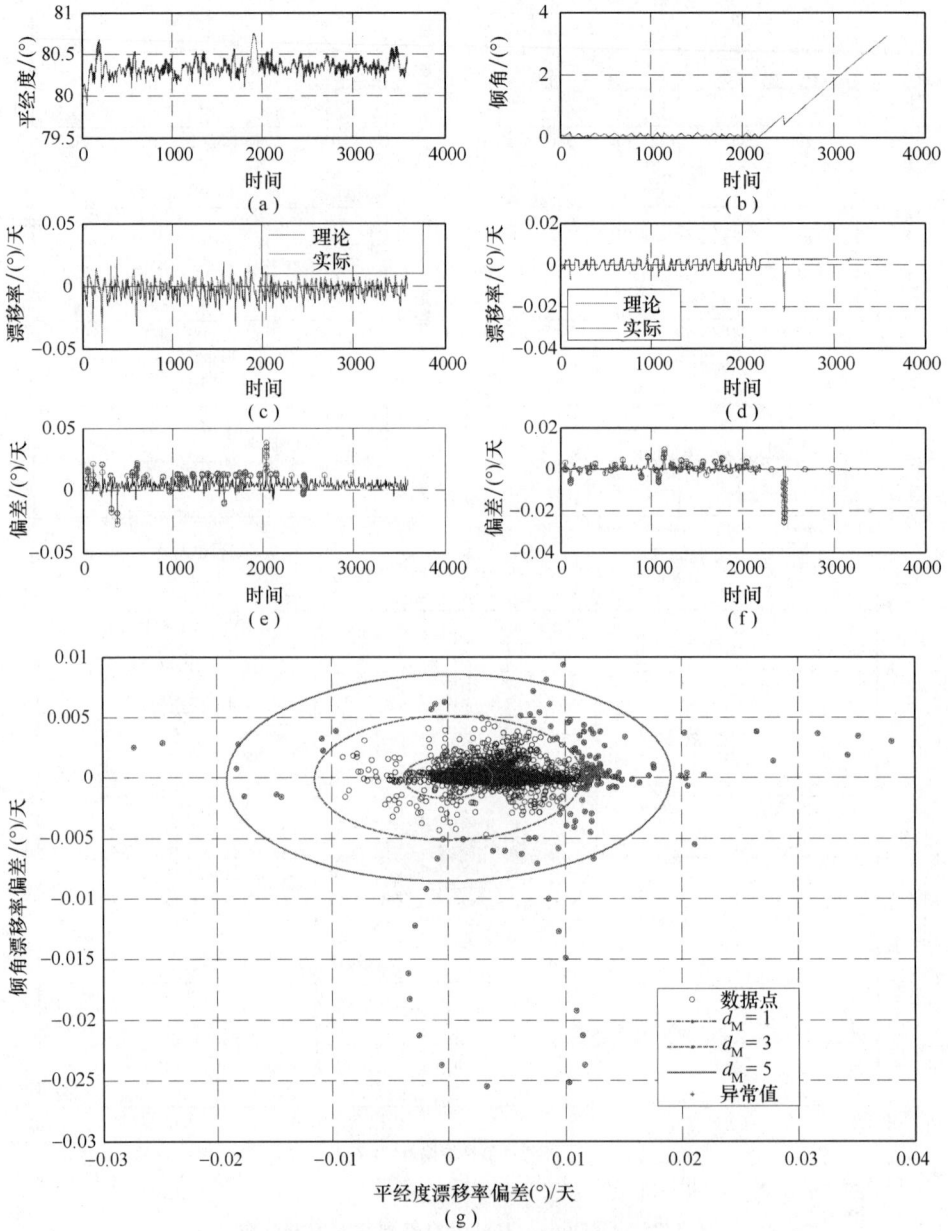

图 7.26　北斗 -1B 卫星轨道机动检测结果

7.4.4　算例分析

综上所述,基于漂移率偏差的 GEO 目标轨道异常检测方法流程图如图 7.28 所示。利用该方法对表 7.2 中的两个 GEO 卫星进行轨道异常检测,结果如图 7.26 和图 7.27 所示。北斗 -1B 卫星的经度一直有控,定点在 80.3°E 附近,

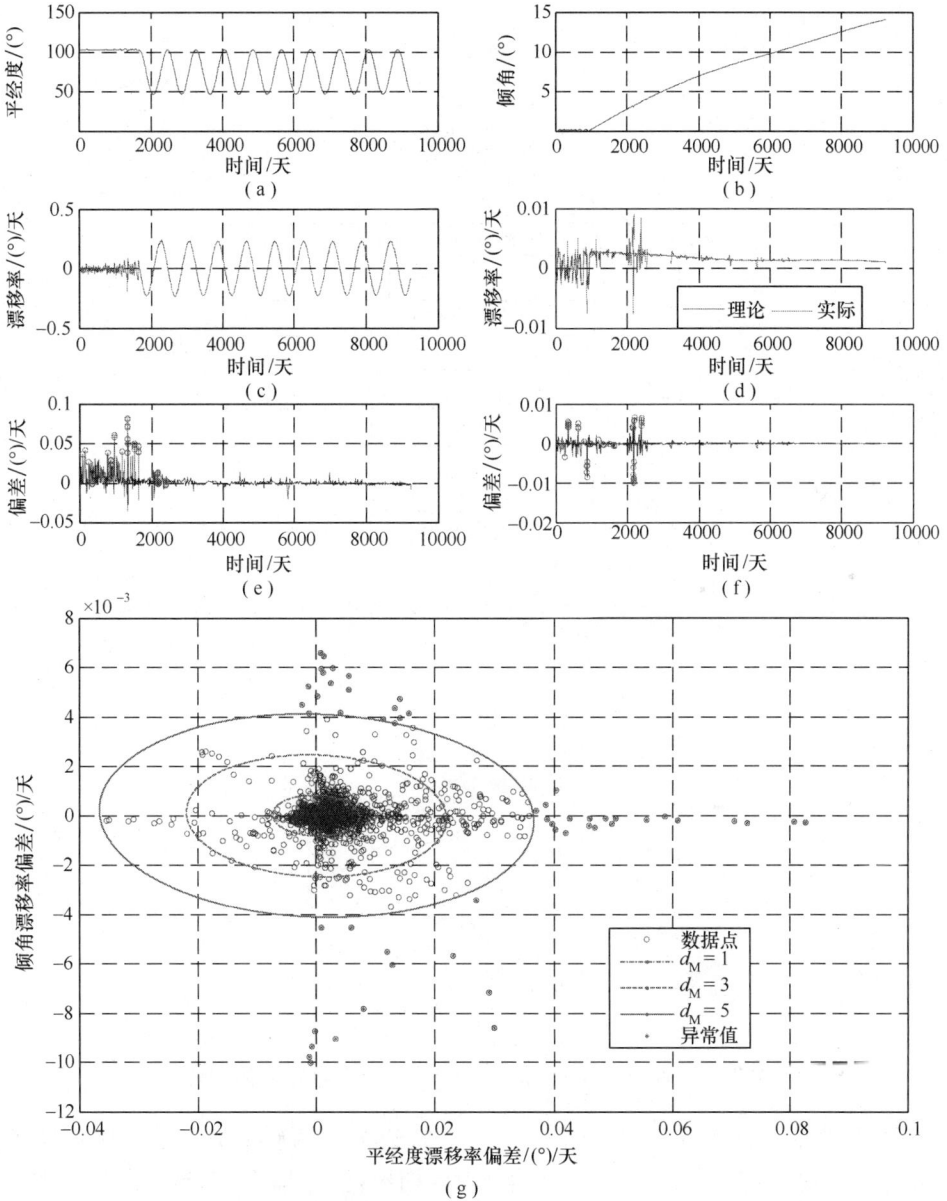

图 7.27　STTW - 1 卫星轨道机动检测结果

倾角从第 2190 天开始漂移,第 2452 天时进行了倾角维持机动,然而第 2454 天又开始漂移。由图 7.26 可知,检测算法检测出了大多数经度维持机动和倾角维持机动。由于卫星定点经度为 80.3°E,卫星有向西漂移到 75°E 的趋势,经度维持机动使得经度漂移率偏差为正,与图中结果符合。

STTW - 1 卫星的轨道倾角从发射入轨后约 900 天开始失去控制,倾角开始

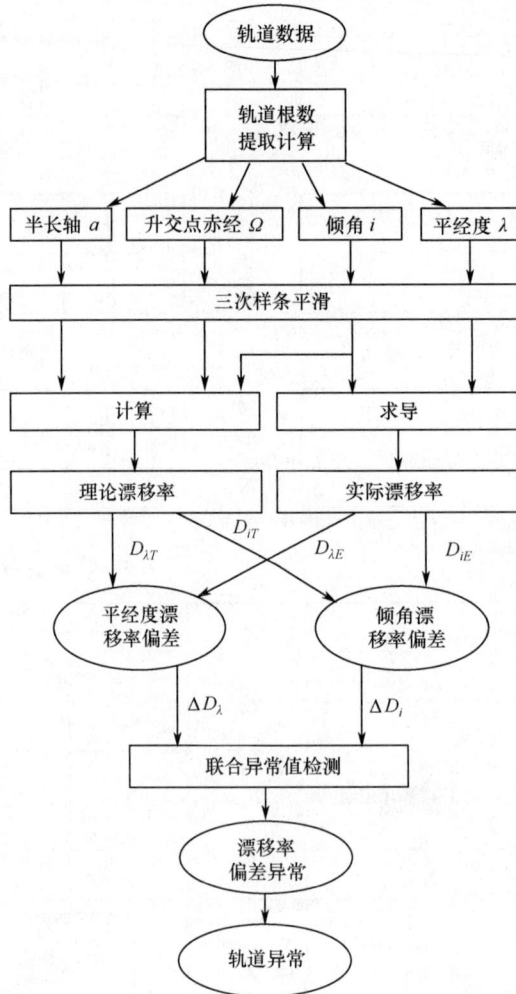

图 7.28　基于漂移率偏差的 GEO 目标轨道异常检测流程图

漂移,到当前为止已持续增大到 14.067°。轨道半长轴从约 1623 天(1990 年 6 月)开始失去控制,以 800 天(2.19 年)为周期振荡,振幅为 17.5km。半长轴的周期性振荡引起轨道周期的振荡,使得星下点经度也以同样的周期在 46.5°E 和 103°E 之间振动,振动的中心为稳定平衡点 75°E。由图 7.27 可见,检测出的轨道机动集中在入轨后第 2000 天以前,说明这段时间内卫星是有控的,不断进行高度和倾角的维持机动。而第 2000 天之后直到现在,都没有检测出轨道机动,说明卫星已经失控,在自然摄动力的作用下漂移。卫星的轨道倾角在第 2000 天附近检测到了机动,在第 2000 天到第 2400 天之间的 400 天里,轨道倾角有几次异常变化。

7.5　轨道异常检测方法的评估

轨道异常检测方法的评估包括异常检测方法对轨道精度的需求分析、检测方法的参数敏感性分析和检测方法的误判概率分析等。

轨道异常检测方法的可靠性取决于用于得到偏差数据的实际值与预期值的预报和估计精度，对本章而言涉及轨道预报精度和 TLE 数据的定轨精度。需要对预报精度和定轨精度对检测方法的可靠性的影响进行分析。

轨道异常检测方法中需要一些配置参数，如移动窗口曲线拟合方法的窗口大小、多项式阶数、检测门限等，这些参数的变化对检测方法也有影响。

轨道异常检测方法的评估实际上是给出方法优劣的评价。轨道异常检测实质上是一个判别分析问题，根据计算得到的偏差数据，得到"正常"或"异常"的判别。作为一个判别问题总是存在两类误判，即虚警和漏警。在判别分析中误判概率的计算与估计是一个重要的问题。虚警和漏警都是需要控制的，而这两者是矛盾的。虚警概率一定时，信噪比越大则漏警概率越小。当信噪比一定时，虚警概率越小则漏警概率越大，虚警概率越大则漏警概率越小。实际中往往给定虚警概率，设法提高信噪比以减小漏警概率。

本节以移动窗口曲线拟合方法为例，分析轨道异常检测方法对轨道确定和预报精度的需求，以及一定轨道精度下轨道异常检测方法的参数敏感性和误判概率问题。

7.5.1　判别分析及误判概率

空间事件检测实质上是一个判别分析问题，根据分析得到的偏差数据，得到"正常"或"异常"与"机动"或"无机动"的判别。判别分析是多元分析中一类应用很广的方法。

用数学语言将判别问题表述为：设有一个总体 $\mathscr{P}$，其中包含了 m 个子体 $\varPi_1, \varPi_2, \cdots, \varPi_m$，每个子体在总体中所占的比例为 $\pi_1, \pi_2, \cdots, \pi_m$，$\sum_{i=1}^{m} \pi_i = 1$。又设每个子体本身有概率分布（离散情况）或密度函数（连续情况）$f_i(x)$（$i = 1, 2, \cdots, m$），其中 x 为 p 维变量。对从总体 $\mathscr{P}$ 中取出的一个样本 x，要判断它来自哪个子体。具体做法为：将 p 维欧氏空间 R^p 划分为 m 个互不相交的子区域 $R_1, R_2, \cdots, R_m$，即 $R_i \cap R_j = \varnothing$（$i \neq j$），$\bigcup_{i=1}^{m} R_i = R^p$。对给定的 $x \in R^p$，当 $x \in R_i$ 时，就判定 x 是取自子体 $\varPi_i$（$i = 1, 2, \cdots, m$）。R^p 的划分便称为一个判别法则。

显然，解决一个判别问题就要解决如何确定一个"好的"判别法则的问题。这里"好的"概念可以是基于某种理论准则，也可以是基于某种直观可行的想法。但是,无论何种判别法则都要面临发生错判的问题。假定样本 x 是取自子体 Π_i,而根据判别法则判定 x 属于 Π_j,于是就发生了错误。错判概率为

$$P_{\mathrm{err}}(j \mid i) = \int_{R_j} f_i(x) \mathrm{d}x \, (i \neq j) \tag{7.27}$$

这里的积分号表示重积分(对连续变量)或求和(对离散变量)。于是,对一个判别法则来说,其总的平均误判概率为

$$P_{\mathrm{err}} = \sum_{i=1}^{m} \pi_i \sum_{i \neq j} P_{\mathrm{err}}(j \mid i) = \sum_{i=1}^{n} \Pi : \sum_{i \neq j}^{n} \int_{R_j} f_i(x) \mathrm{d}x \tag{7.28}$$

不论用何种判别法则,都希望错判概率尽可能小;在实际问题中,由于 $f_i(x)$ 都是未知或部分未知的,还存在对错误概率进行估计的问题。

在判别分析中误判概率的计算与估计是一个重要的问题。在判别分析中误判概率的大小是由两个原因决定的:一是由所要判别的那些子体决定的,如果子体之间是很难区分的,那么即便采用理论上最好的判别法则误判概率仍然可能很大;二是由所使用的方法决定的,对同一判别问题使用不同的判别法会产生不同的误判概率。因此,通过计算和估计误判概率可以在不同的判别法中选择一个较为满意的(误判概率较小的)判别法。另外,如果采用任何判别法,误判概率都不能显著变小,那么就可以认为这个判别问题本身“很坏”,不能从中推出任何较为有意义的结论。

轨道异常检测中存在四种概率:有异常检测为有异常,即检测概率 P_{d};有异常检测为无异常,即漏警概率 P_{m};无异常检测为有异常,即虚警概率 P_{fa};无异常检测为无异常,即正常概率 P_{n}。这四种概率并不是独立的,它们存在关系:检测概率和漏警概率的关系为 $P_{\mathrm{d}} + P_{\mathrm{m}} = 1$;正常概率和虚警概率的关系为 $P_{\mathrm{fa}} + P_{\mathrm{n}} = 1$。

上述四种情况中,虚警和漏警都属于误判,是需要控制的。控制两类误判概率,即漏警概率 P_{m} 和虚警概率 P_{fa},两者是矛盾的。漏警概率 P_{m}、虚警概率 P_{fa} 和信噪比 α 之间的关系为:虚警概率 P_{fa} 一定时,信噪比 α 越大,漏警概率 P_{m} 就越小;当信噪比 α 一定时,虚警概率 P_{fa} 越小则漏警概率 P_{m} 越大,虚警概率 P_{fa} 越大则漏警概率 P_{m} 越小。实际中往往给定虚警概率 P_{fa},设法提高信噪比 α 以减小漏警概率 P_{m}。

7.5.2 虚警概率

1. 虚警概率的理论计算

定义二维偏差矢量为

$$x = \begin{pmatrix} x_1 \\ x_2 \end{pmatrix} \tag{7.29}$$

设没有轨道异常的情况下,偏差矢量 x 服从均值为 μ、协方差矩阵为 Σ 的二维高斯分布,即 $x : N(\mu, \Sigma)$,x 的概率密度函数为

$$f(\boldsymbol{x}) = \frac{1}{2\pi |\boldsymbol{\Sigma}|^{1/2}} \exp\left[-\frac{1}{2}(\boldsymbol{x}-\boldsymbol{\mu})^{\mathrm{T}}\boldsymbol{\Sigma}^{-1}(\boldsymbol{x}-\boldsymbol{\mu}) \right] \qquad (7.30)$$

假设协方差矩阵为对角阵 $\boldsymbol{\Sigma} = \mathrm{diag}(\sigma_1^2, \sigma_2^2)$，则式(7.30)可写为

$$f(x_1, x_2) = \frac{1}{2\pi\sigma_1\sigma_2} \exp\left[-\frac{1}{2}\left(\frac{(x_1-\mu_1)^2}{\sigma_1^2} + \frac{(x_2-\mu_2)^2}{\sigma_2^2} \right) \right] \qquad (7.31)$$

那么，二维随机矢量 $\boldsymbol{x}$ 落在等马氏距离椭圆域 E：

$$\frac{(x_1-\mu_1)^2}{\sigma_1^2} + \frac{(x_2-\mu_2)^2}{\sigma_2^2} \leqslant d^2$$

内的概率为

$$P(d) = \iint\limits_{\frac{(x_1-\mu_1)^2}{\sigma_1^2} + \frac{(x_2-\mu_2)^2}{\sigma_2^2} \leqslant d^2} \frac{1}{2\pi\sigma_1\sigma_2} \exp\left[-\frac{1}{2}\left(\frac{(x_1-\mu_1)^2}{\sigma_1^2} + \frac{(x_2-\mu_2)^2}{\sigma_2^2} \right) \right] \mathrm{d}x_1 \mathrm{d}x_2$$

$$(7.32)$$

进行坐标变换

$$x_1 = \sigma_1 r\cos\theta + \mu_1, \quad x_2 = \sigma_2 r\sin\theta + \mu_2 \qquad (7.33)$$

则有

$$P(d) = \frac{1}{2\pi}\int_0^d\int_0^{2\pi} re^{-r^2/2}\mathrm{d}r\mathrm{d}\theta = \int_0^d re^{-r^2/2}\mathrm{d}r = 1 - e^{-d^2/2} \qquad (7.34)$$

二维随机矢量 $\boldsymbol{x}$ 落在等马氏距离椭圆域外的概率为

$$P_{\mathrm{fa}} = 1 - P(d) = e^{-d^2/2} \qquad (7.35)$$

故一般情况下正常概率和虚警概率分别为

$$P_{\mathrm{n}} = 1 - e^{-d^2/2}, \quad P_{\mathrm{fa}} = 1 - P_{\mathrm{n}} = e^{-d^2/2} \qquad (7.36)$$

图 7.29 给出了正常概率 P_{n} 和虚警概率 P_{fa} 随马氏距离门限值的变化曲线。

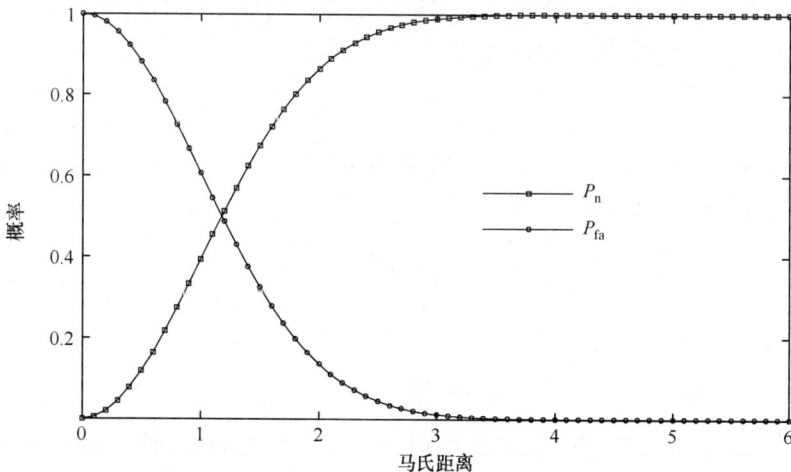

图 7.29　正常概率 P_{n} 和虚警概率 P_{fa} 随马氏距离的变化曲线

2. 虚警概率的实际计算

式(7.30)中的 $(x-\mu)^{\mathrm{T}}\Sigma^{-1}(x-\mu)$ 项是 x 到总体的马氏距离的平方。实际检测中偏差矢量的均值 μ 和协方差矩阵 Σ 均为未知,只能通过其无偏估计值样本均值和样本协方差矩阵来近似,即

$$\bar{x} = \sum_{i=1}^{n} x_i, \quad C = \frac{1}{n-1}\sum_{i=1}^{n}(x_i - \bar{x})(x_i - \bar{x})^{\mathrm{T}} \tag{7.37}$$

因此,马氏距离的平方为

$$d_{\mathrm{M}}^2 = (x_i - \bar{x})^{\mathrm{T}}C^{-1}(x_i - \bar{x}) \tag{7.38}$$

样本 x_i 服从二元高斯分布 $x_i : N_2(\mu, \Sigma)$。式(7.38)中的项 $x_i - \bar{x}$ 可以写为

$$x_i - \bar{x} = x_i - \frac{1}{n}\sum_{j=1}^{n}x_j = \frac{n-1}{n}x_i - \frac{1}{n}\sum_{\substack{j=1\\j\neq i}}^{n}x_j = \frac{n-1}{n}(x_i - \bar{x}_{n-1}) \tag{7.39}$$

式中:$\bar{x}_{n-1}$ 为除 x_i 之外的其余 $n-1$ 个样本的均值矢量,x_i 与 $\bar{x}_{n-1}$ 是不相关的。

$\bar{x}_{n-1}$ 服从二元高斯分布 $\bar{x}_{n-1} : N_2\left(\mu, \frac{1}{n-1}\Sigma\right)$,所以随机矢量 $x_i - \bar{x}$ 服从二元高斯分布 $x_i - \bar{x} = \frac{n-1}{n}(x_i - \bar{x}_{n-1}) : N_2\left(0, \frac{n-1}{n}\Sigma\right)$

因此,样本协方差矩阵 $(n-1)C$ 服从自由度为 n 的威沙特分布,即

$$(n-1)C = \sum_{i=1}^{n}(x_i - \bar{x})(x_i - \bar{x})^{\mathrm{T}} : W_2\left(\frac{n-1}{n}\Sigma, n\right) \tag{7.40}$$

所以有

$$\frac{n}{n-1}(x_i - \bar{x})^{\mathrm{T}}C^{-1}(x_i - \bar{x}) : T^2(2, n) \tag{7.41}$$

式中:T^2 分布是由 Hotelling 提出的。在多元统计分析中,Wishart 分布的作用相当于一元统计分析中的 χ^2 分布,T^2 分布的作用相当于一元统计分析中的 t 分布。

结合式(7.38)可知,当没有轨道异常时,应有

$$\frac{n}{n-1}d_{\mathrm{M}}^2 : T^2(2, n) \tag{7.42}$$

这说明,在正常情况下马氏距离的平方 $nd_{\mathrm{M}}^2/(n-1)$ 服从 $T^2(2, n)$ 分布。由 T^2 分布与 F 分布的关系式

$$\frac{n-m+1}{mn}T^2(m, n) : F(m, n-m+1) \tag{7.43}$$

可知

$$\frac{1}{2}d_{\mathrm{M}}^2 : F(2, n-1) \tag{7.44}$$

图7.30 和图7.31为 n 取不同值时,d_{M} 的概率密度函数曲线和概率分布函数曲线,还给出了理论计算结果。由图可见,随着 n 的增大,实际计算的结果与理论计算的结果越来越接近。当 $n \to \infty$ 时,实际计算结果与理论计算结果是一

致的。

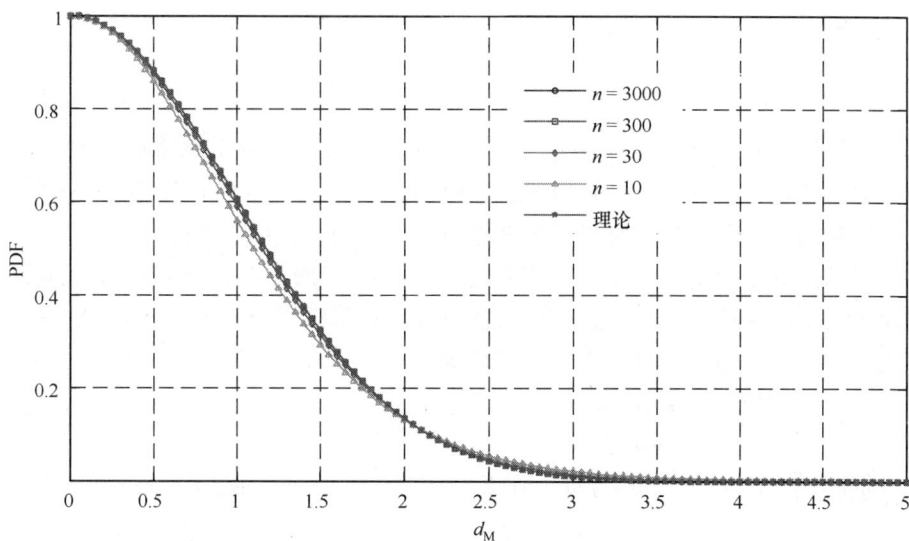

图 7.30　n 取不同值时 d_M 的概率密度函数

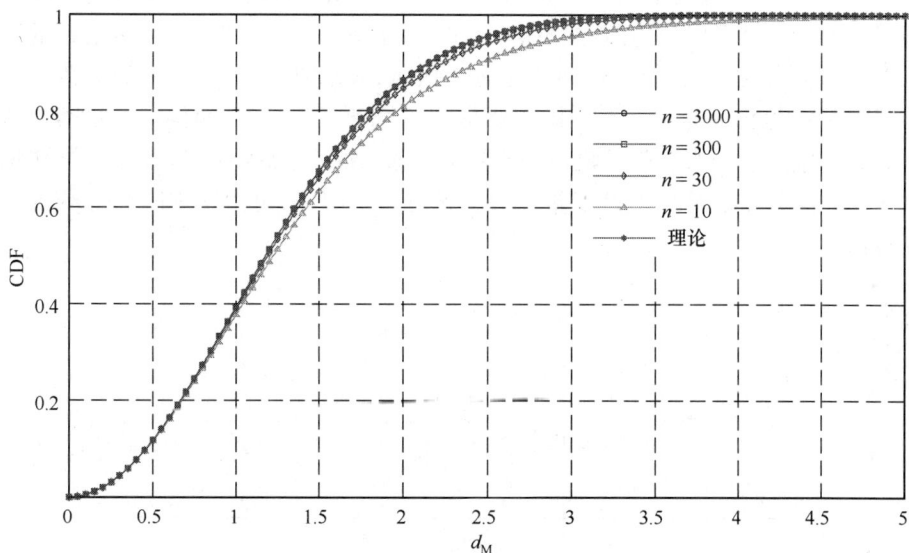

图 7.31　n 取不同值时 d_M 的概率分布函数

随着 n 的增大,正常概率呈增大趋势,虚警概率呈减小趋势,$n \to \infty$ 时的极限值为理论计算值。当 $n = 300$ 时,在偏差矢量服从二维高斯分布的情况下,样本到其分布中心的马氏距离(以样本协方差矩阵加权)大于 1 的概率约为 60.70%,大于 3 的概率为 1.187%,大于 5 的概率为 0.0006%。该结果说明,如果设置马氏距离检测门限为 3,在不存在异常的情况下计算得到的马氏距离超过门限值的概率为 1.187%, 也即虚警概率为 1.187%。这样就给出了采样点数、检测门限和虚警概率之间的关系。

7.5.3　漏警概率

实际中往往给定虚警概率 P_{fa}, 设法提高信噪比 α 以减小漏警概率 P_m。在轨道异常检测中, 噪声就是特征轨道参数的误差, 假如真有轨道异常, 信号就是异常轨道参数。信噪比就是异常的轨道参数与轨道参数的误差之比。

设轨道异常对应的二维偏差矢量也满足二维高斯分布, 其均值为 $\boldsymbol{\mu}_A$, 协方差矩阵为 $\boldsymbol{\Sigma}_A$。设有一个数据点属于轨道异常, 则其服从分布 $x : N_A(\boldsymbol{\mu}_A, \boldsymbol{\Sigma}_A)$, 对应的二维偏差矢量为 x 的概率密度函数为

$$f(\boldsymbol{x}|A) = \frac{1}{2\pi |\boldsymbol{\Sigma}_A|^{1/2}} \exp\left[-\frac{1}{2}(\boldsymbol{x}-\boldsymbol{\mu}_A)^{\mathrm{T}} \boldsymbol{\Sigma}_A^{-1}(\boldsymbol{x}-\boldsymbol{\mu}_A)\right] \quad (7.45)$$

同样, 假设协方差矩阵为对角阵 $\boldsymbol{\Sigma}_A = \mathrm{diag}(\sigma_{A1}^2, \sigma_{A2}^2)$, 则式(7.45)可写为

$$f(x_1, x_2|A) = \frac{1}{2\pi \sigma_{A1} \sigma_{A2}} \exp\left[-\frac{1}{2}\left(\frac{(x_1-\mu_{A1})^2}{\sigma_{A1}^2} + \frac{(x_2-\mu_{A2})^2}{\sigma_{A2}^2}\right)\right] \quad (7.46)$$

图 7.32 为虚警概率和漏警概率的示意图。二维平面上, 实线马氏距离门限椭圆将整个二维平面分为两部分: 椭圆内为 N 区域, 表示正常, 如果偏差矢量落在 N 区域则判定为轨道正常; 椭圆外为 A 区域, 表示异常, 如果偏差矢量落在 A 区域则判定为轨道异常。虚警概率就是轨道处于正常状态, 而偏差矢量落在 A 区域的概率。漏警概率就是轨道处于异常状态(如图中虚线椭圆所示的异常轨道偏差矢量分布情况), 但是偏差矢量在 N 区域的概率, 可由图中阴影部分示意性表示。

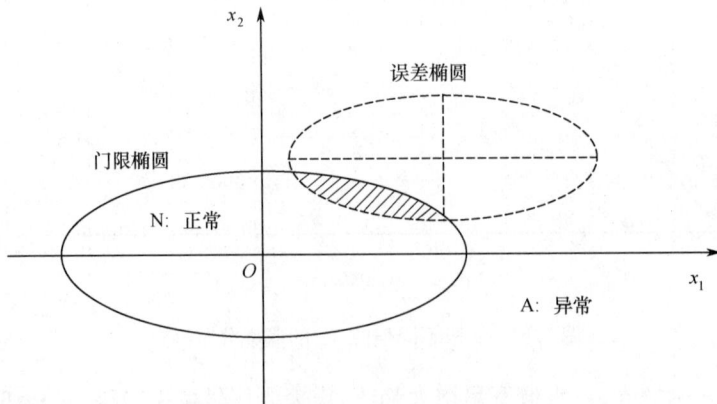

图 7.32　虚警概率和漏警概率示意图

注意, 图 7.32 中假设正常情况下二维偏差矢量的分布中心为原点。可以通过坐标平移将一般情况转换为这种情况。漏警概率为

$$P_{\mathrm{m}} = \iint\limits_{\frac{x_1^2}{\sigma_1^2}+\frac{x_2^2}{\sigma_2^2}\leqslant d_{\mathrm{MT}}^2} \frac{1}{2\pi\sigma_{\mathrm{A1}}\sigma_{\mathrm{A2}}}\exp\left[-\frac{1}{2}\left(\frac{(x_1-\mu_{\mathrm{A1}})^2}{\sigma_{\mathrm{A1}}^2}+\frac{(x_2-\mu_{\mathrm{A1}})^2}{\sigma_{\mathrm{A1}}^2}\right)\right]\mathrm{d}x_1\mathrm{d}x_2$$

$$(7.47)$$

该表达式求解析解困难。轨道异常中一般半长轴异常和倾角异常是相互独立的,可以分别分析。下面以一维情况来对漏警概率进行说明。如图 7.33 所示,正常情况下偏差量服从均值为 0、标准差为 σ 的高斯分布 $x:N(0,\sigma)$,异常情况下偏差量服从均值为 μ_{A}、标准差为 σ_{A} 的高斯分布 $x:N(\mu_{\mathrm{A}},\sigma_{\mathrm{A}})$。

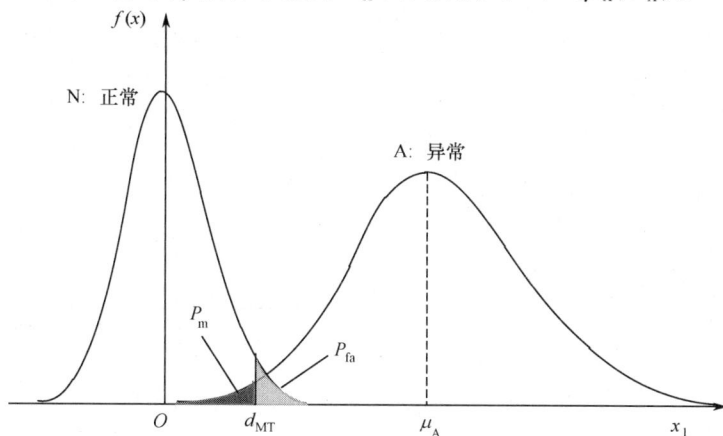

图 7.33　虚警概率和漏警概率示意图(一维情形)

马氏距离门限值为 d_{MT},图中所示的两个阴影部分的面积分别为虚警概率 P_{fa} 和漏警概率 P_{m},可分别表示为

$$\begin{cases} P_{\mathrm{fa}} = 1 - \displaystyle\int_{-d_{\mathrm{MT}}\sigma}^{+d_{\mathrm{MT}}\sigma} \frac{1}{\sqrt{2\pi}\sigma}\mathrm{e}^{-\frac{x^2}{2\sigma}}\mathrm{d}x = 2(1-\Phi(d_{\mathrm{MT}})) \\ P_{\mathrm{m}} = \displaystyle\int_{-d_{\mathrm{MT}}\sigma}^{+d_{\mathrm{MT}}\sigma} \frac{1}{\sqrt{2\pi}\sigma_{\mathrm{A}}}\mathrm{e}^{-\frac{(x-\mu_{\mathrm{A}})^2}{2\sigma_{\mathrm{A}}}}\mathrm{d}x = \Phi\left[\left(d_{\mathrm{MT}}-\frac{\mu_{\mathrm{A}}}{\sigma}\right)\frac{\sigma}{\sigma_{\mathrm{A}}}\right] \end{cases}$$

$$(7.48)$$

上式可以用来计算马氏距离门限与虚警概率和漏警概率之间的关系。一般是先根据所需的虚警概率根据第一个式子确定马氏距离门限,然后根据马氏距离门限和轨道误差等信息利用第二式计算漏警概率。

7.5.4　轨道精度需求

在虚警概率一定的情况下,也即马氏距离门限值 d_{MT} 一定的情况下,漏警概率与 $\sigma/\sigma_{\mathrm{A}}$ 和 μ_{A}/σ 有关:$\sigma/\sigma_{\mathrm{A}}$ 越小,漏警概率越小;μ_{A}/σ 越大,漏警概率越小。在轨道异常检测问题中,σ 表示轨道确定或预报误差,表征轨道精度;μ_{A} 表示轨道异常引起轨道参数变化的大小,表征异常的幅度;σ_{A} 表示轨道参数变化的不确定性。在这三个参数中,μ_A 和 σ_A 是由所处理的轨道异常问题决定的,其量级与轨道异常的大小和精度有关。σ 是由所用的轨道数据决定的。假设 $\mu_A = 6$,$\sigma_A = 3$,马氏距离门限值取不同值时,虚警概率随轨道误差 σ 的变化曲线如图 7.34 所示。

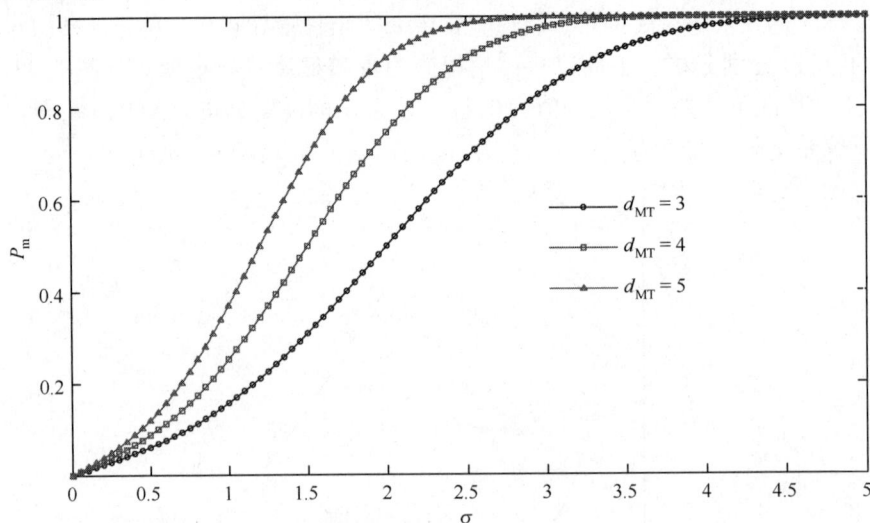

图 7.34　漏警概率随轨道误差的变化曲线

图 7.34 说明马氏距离门限值越大(也即虚警概率越小),漏警概率越大;马氏距离门限值越小(也即虚警概率越大),漏警概率越小。当马氏距离门限值一定(也即虚警概率一定)时,随着轨道误差的增大,漏警概率逐渐增大到 1;随着轨道误差的减小,漏警概率也逐渐减小。

在已经知道轨道异常引起的偏差量均值和误差时,给定马氏距离门限值和可以接受的漏警概率,可以根据式(7.48)计算轨道精度需求。轨道精度需求可以从两方面考虑:一是轨道误差不能太大,太大则误判概率很大;二是无法检测小的机动(相对于轨道误差而言)。

第 8 章　空间碎片环境与流量分析

空间碎片环境建模最重要的是观测数据,没有观测数据的验证,空间碎片环境建模只能是纸上谈兵。

目前主要获取的是空间目标监视网发布的空间目标编目数据,厘米级以下(含厘米级)的空间碎片只能依据少量的地基、天基特定区域流量观测和可回收的航天器表面特性分析进行推测。

本章重点研究基于历史轨道数据的空间碎片环境建模,采用 TLE 作为数据源验证环境模型的正确性。这是空间碎片环境建模工作的基础,但仅用可跟踪目标的 TLE 数据验证的环境模型不全面,完善的空间碎片环境建模仍需要开展大量细致深入的研究,例如厘米级空间碎片模型的推测与观测数据验证,毫米级乃至更小尺寸的空间碎片的数量估计及其分布规律推测等。

8.1　空间碎片环境模型综述

空间碎片的存在严重威胁在轨运行航天器的安全,它们与航天器的碰撞对航天器的正常运行带来极大的危害。同时,空间碎片的不断产生对有限的轨道资源也构成了严重威胁,尤其是当某一轨道高度的空间碎片密度达到一个临界值时,碎片之间的链式碰撞将会造成轨道资源的永久破坏。空间碎片与航天器发生撞击,将会给航天系统带来多方面的危害。空间碎片对航天器的影响取决于碎片的尺寸、质量、速度和碰撞角度。不同尺寸空间碎片会对航天器产生多种类型的损害。一般将空间碎片分为小空间碎片、危险空间碎片和大空间碎片三类[201,202]。

航天器在恶劣的空间碎片环境中运行,目前主要采取屏蔽防护和机动规避两种防护手段[203]。屏蔽防护措施可以防护微小空间碎片的破坏;对于大空间碎片,屏蔽防护已无作用,由于可以进行跟踪定轨,故采用机动规避的方法是可行的。

空间碎片环境模型可分为短期工程模型和长期演化模型两类。短期工程模型是一种半经验性模型,主要基于各类观测统计数据建立,不考虑碎片来源、演化和消亡等因素的影响,有效期一般不超过 10 年,需要利用新的观测数据经常修正与更新模型。长期演化模型属于半确定性模型,除各类探测数据外,还考虑了未来发射事件、泄漏事件和在轨解体事件等碎片增加的因素,以及大气阻力、日月摄动、太阳辐射压力和减缓措施等碎片减少的影响。相比于短期工程模型,长期演化模型更侧重从机理上对空间碎片环境进行描述,有效期一般为 10 ~ 100 年,主要用于预测未来空间碎片环境的长期演化行为。

美国于 1979 年制订了空间碎片的相关研究计划,NASA JSC 对空间碎片的观测、数据采集与空间碎片环境建模等相关研究负主要负责。他们综合以前的成熟技术和研究成果,研制了大量的计算机程序用于评估当前和未来空间碎片环境对载人或无人航天器的危害性。空间碎片研究小组以 Kessler 等为学术带头人,基于对微流星体的研究成果,经过多年的努力,建立了许多描述空间碎片环境现状和预测空间碎片环境未来发展趋势以及分析航天器受空间碎片的影响的数学模型,并依此研制了空间碎片环境模型及可视化应用软件。

ORDEM(Orbital Debris Environment Model)系列空间碎片环境模型是基于观测数据而建立起来的半经验性的短期工程模型,主要用于描述 LEO 区域的空间碎片环境,可为航天器结构设计和在轨运行提供较为精确的空间碎片环境参数,也适用于评估航天器受到的空间碎片碰撞风险。此系列模型不考虑碎片的产生机理,主要拟合观测结果,需要进行经常性的更新以获取准确的空间碎片流量[204]。ORDEM 系列模型包括 ORDEM96[205,206]、ORDEM2000[207]、OR-DEM2008[208]、ORDEM2010[209] 等。

ORDEM96[205,206] 模型是第一个使用计算机进行数值模拟的空间碎片工程模型,它是由 NASA JSC 下属的空间碎片程序办公室于 1996 年发布的。该模型问世之后,便受到国际空间组织的广泛关注,许多国家使用该模型对运行于 LEO 区域的航天器进行空间碎片碰撞风险评估。ORDEM2000[207] 模型是 OR-DEM96 的升级和完善版本,模型采用一系列 $10\mu m \sim 10m$ 尺寸范围的天基和地基碎片观测数据,使用最大似然估计法将观测结果转换为空间碎片在轨道上的概率分布函数,以此生成 ORDEM2000 的数据库,并将空间区域进行网格划分,采用有限元处理方法对碎片分布进行计算,从而形成符合观测数据的空间碎片环境。

NASA 的 EVOLVE[211] 系列模型是用于预测未来空间碎片环境发展趋势的长期演化模型,它是一种半确定性模型,将历史观测数据与专用的分析程序有机融合,从碎片产生机理出发,考虑未来航天发射活动、解体和非解体事件产生的碎片,对空间碎片环境进行预测[212]。

ESA 很早就开始了空间碎片研究,根据多年的研究成果,欧洲空间局于 1996 年发布了空间碎片模型 MASTER96,1999 年又将其升级为 MASTER99。

MASTER(Meteoroid and Space Debris Terrestrial Environment Reference)系列模型是欧洲空间局根据空间碎片的密度和速度数据进行三维离散化而建立的半确定性模型,该模型主要用于描述微流星体和空间碎片环境,并且能够评估空间碎片对在轨航天器的威胁。MASTER 系列包括 MASTER96、MASTER99、MASTER2001、MASTER2005、MASTER2009 等[213-218]。

MASTER 系列模型不直接拟合观测数据，而是先分析空间碎片的产生来源，对不同来源的空间碎片用不同的碎片源模型详细描述其产生过程，并将产生的目标群的分布推演至某一参考时刻的分布。其主要功能是描述从近地轨道区域到地球同步轨道高度(186 ~36786km)的自然存在的以及人造空间碎片环境和指定轨道上的空间碎片通量，并可对空间飞行任务的碰撞风险进行估计。

该模型包括 MASTER 标准应用模块和 MASTER 分析应用模块。其中标准应用模块可对空间碎片流量进行快速评估，而分析应用模块能够计算精确的碰撞流量结果，并进行附加分析。

俄罗斯空间监测中心的 Nazarenko 教授主持开发的 SDPA(Space Debris Prediction and Analysis Engineering Model)是俄罗斯空间局以美俄编目空间碎片数据和实验数据为基础，通过建立数学模型，综合理论模拟和统计方法所建立的半解析性质的随机模型。模型适用于尺寸大于 1mm 的空间碎片，用于 LEO 和 GEO 两个区域的空间碎片环境的短期与长期预测，可提供空间碎片密度和速度的空间分布、航天器轨道的代表性面积通量以及碰撞风险评估，主要有 SDPA - E、SDPA - F 和 SDPA - PP 三个版本。

英国防卫研究局开发的 IDES 是一种演化模型，可对当前空间碎片环境现状进行评估，也可对未来空间碎片环境的发展趋势做出预测，还能够研究低轨道卫星群的碰撞风险，并对碎片减缓措施的效果进行评估。

欧洲空间局和意大利空间局联合开发了半确定性空间碎片模型 SDM 和随机模型 STAT，可用于空间碎片的短期评估和长期预测。SDM 模型通过对轨道参数的分析，研究空间发射活动和减缓策略对未来空间碎片环境演变的影响。STAT 是一种"箱中粒子"模型，通过求解微分方程，估计空间碎片总数、预测碎片轨道的半长轴和偏心率的变化规律。

通过分析这些空间碎片环境模型可知，空间碎片环境建模的主要步骤包括：

(1) 空域划分方案与空间单元信息存储。由于传统的等角度空域划分方法划分的空间单元多，存储计算复杂，空间单元相互之间的信息不便于对比验证，在 ORDEM2010 模型中已经采取了等面积空域划分方法。合理的划分单元数不仅要保证能够体现各个轨道区域的碎片分布特性，又能够控制存储和计算的复杂度。每个等面积空域的信息需要设计合理的数据结构进行存储。

(2) 空间碎片的空间密度模型与计算。空间碎片的空间密度采用平均密度计算方法，每个空间单元的体积容易计算，如何确定空间碎片在各个空间单元的平均滞留数目或停留概率将是计算空间密度的难点。

(3) 空间碎片的速度分布和来流方向分析。空间碎片经过各个空间单元的平均速度计算，在当地准水平坐标系解算速度分布。分析目标航天器与空间碎片的碰撞几何关系,获取目标航天器受空间碎片碰撞的来流方向。

(4)空间碎片碰撞流量模型与计算。确定目标航天器的轨道在其运行周期内通过哪些空间单元;经过某空间单元时碰撞流量的计算方法;统计空间碎片碰撞流量随碰撞方位角、高度角和碰撞速度的分布。

(5)空间碎片产生机理。完善空间碎片环境模型,需要研究碎片产生机理。建立航天器爆炸、破裂等事件产生碎片的理论模型,可以将编目碎片环境模型向厘米级、毫米级碎片环境模型推广。

8.2　空域划分方法

根据气体动力学理论,在传播时间间隔 Δt 内,具有碰撞横截面积 S 的目标,以常速 v 穿过固定的具有均匀粒子密度 ρ 的介质,其平均碰撞数为[113]

$$c = v\rho S\Delta t \tag{8.1}$$

式中: $F = v\rho$ 为碰撞流量 $(1/(\mathrm{m}^2 \cdot \mathrm{s}))$; $\Phi = F\Delta t$ 为对应积分流量 $(1/\mathrm{m}^2)$。

因为碰撞过程服从泊松分布,以 $P_{i=n}$ 表示发生 n 次碰撞的概率,则发生0次碰撞的概率 $P_{i=0}$ 为

$$P_{i=n} = \frac{c^n}{n!}\exp(-c) \rightarrow P_{i=0} = \exp(-c) \tag{8.2}$$

可能发生一次或者多次碰撞的概率为

$$P_{i \geqslant 1} = 1 - \exp(-c) \approx c \tag{8.3}$$

式中: c 可由式(8.1)计算得出。

由式(8.3)近似计算的碰撞概率的相对误差为

$$e = \frac{|1 - \exp(-c) - c|}{1 - \exp(-c)} \times 100\% \tag{8.4}$$

根据式(8.4)绘制相对误差与平均碰撞数的关系如图8.1所示。

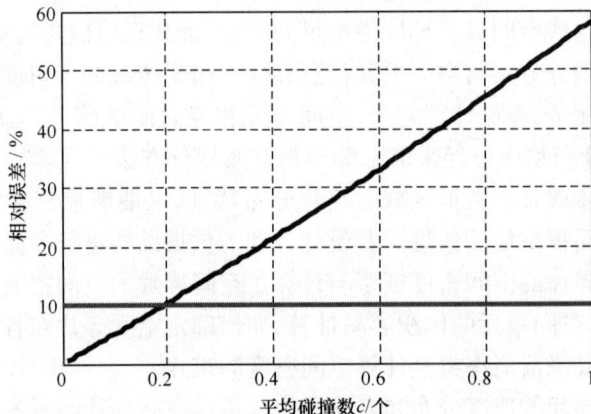

图8.1　相对误差与平均碰撞数关系

由图 8.1 可以看出,当 $c \leqslant 0.2$ 时,近似值 $P_{i \geqslant 1} \approx c$ 的误差小于 10% 。因此,当平均碰撞数较小时,可以使用式(8.3)估计空间碎片碰撞概率。式(8.1)和式(8.3)是研究碰撞概率和碰撞流量模型的基础,是建立空间碎片环境模型的重点。因此,确定目标空间密度 ρ、瞬时速度 v 和碰撞流量 F 的时空分布将是空间碎片环境建模中的关键技术问题。

不同轨道高度区域的空间碎片分布规律不同,计算空间碎片的空间密度,不能将整个空间区域看作一个整体,需要对空间区域进行划分。本节将对不同的空域划分方法进行讨论,并确定空域划分方案。

8.2.1　空域划分方法分类

常用的空域划分方法主要有等角度划分和等面积划分,如图 8.2 所示。

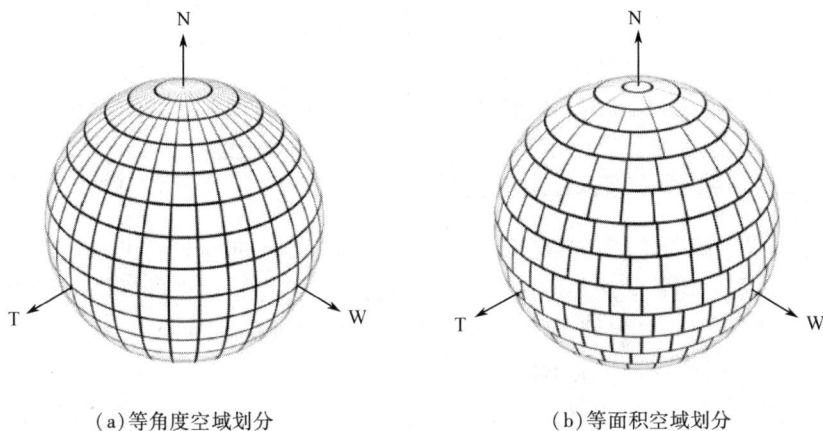

(a)等角度空域划分　　　　　　　　　(b)等面积空域划分

图 8.2　空域划分方式

等角度划分方法一般将空间区域按经度、纬度和高度划分成 $5° \times 5° \times 50km$ 大小的网格,ORDEM2000 采用这种方法。而等面积划分则是将同一轨道高度范围内的二维空间区域按照面积大小相等原则进行划分,在低纬度区域划分较多的单元,在高纬度区域划分较少的单元。

等角度空域划分方法的优点是划分方式简单,利于操作与计算,方便空间单元内的信息存储;不足之处是划分的空间单元数目较多,计算量大,并且高纬度区域划分的空间单元面积较小,造成计算的空间密度与碰撞流量的结果相对较大,不便于与其他单元的结果进行比对。

等面积空域划分方法的优点是划分的空间单元数目少,计算量小,各单元中计算出来的空间密度和碰撞流量相互之间可有效地对比验证;不足之处是划分方法较复杂,分割线处的经纬度不是整数,不便于计算与存储。

两种空域划分方法在国外的空间碎片环境模型中各有采用:ORDEM2000 模型中采用的是等角度空域划分;ORDEM2010 模型采用的是等面积划分;图

8.3 展示的是 ORDEM2010 模型中航天器在等面积划分空域网格中的显示[209]。本章建立的空间碎片环境模型采用等面积空域划分方法。

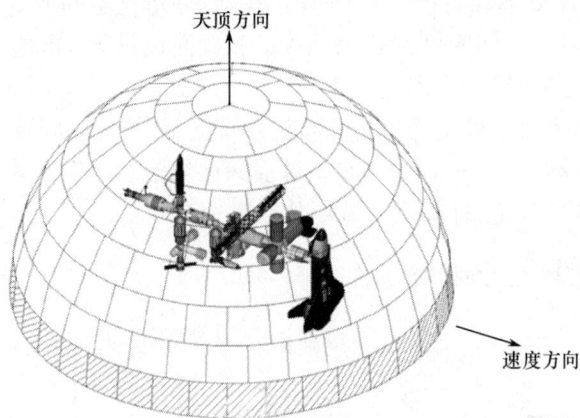

图 8.3　ORDEM2010 模型中的等面积空域划分

8.2.2　等面积空域划分模型

等面积空域划分:首先需将同一轨道高度区域内的二维空间划分成多个纬度带,划分方法既要保证纬度带划分的均匀性,又要保证每个纬度带的面积均为最高纬度带面积的整数倍;其次考虑到划分空间单元的数量限制,既要便于统计分析,又要利于编程计算和空间单元信息的存储。

考虑到南北半球的对称性,以下仅对北半球的空域划分建立数学模型,南半球的划分方法可类比得到。将北半球区域划分为 N 个纬度带,由北极到赤道依次编号为 $1,\cdots,N$,第 i 个纬度带的高度记为 $h_i(i=1,2,\cdots,N)$,对应的小圆半径记为 $r_i(i=1,2,\cdots,N)$。每个纬度带的最小纬度定义为纬度带的特征纬度值,分别记为 $\varphi_1,\cdots,\varphi_{N-1},\varphi_N$,其中 $\varphi_N=0$。划分截面图如图 8.4 所示。

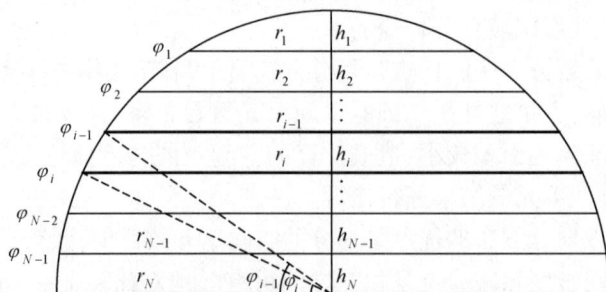

图 8.4　北半球纬度带划分截面图

由几何关系可得各纬度带的高度为

$$\begin{cases} h_1 = R(1 - \sin\varphi_1) \\ h_i = R(\sin\varphi_{i-1} - \sin\varphi_i)\,(i = 2, \cdots, N-1) \\ h_N = R\sin\varphi_{N-1} \end{cases} \tag{8.5}$$

各纬度特征值为

$$\varphi_i = \arcsin\left(\sum_{j=i+1}^{N} h_j \Big/ R\right)\,(i = 1, 2, \cdots, N-1) \tag{8.6}$$

式中: R 为地球半径。

记第 i 个纬度带的面积为 S_i，则由球冠和球台侧面积计算公式[219]可得

$$\begin{cases} S_1 = \pi(r_1^2 + h_1^2) \\ S_i = 2\pi R h_i\,(i = 2, 3, \cdots, N) \end{cases} \tag{8.7}$$

由 $r_1^2 + (R - h_1)^2 = R^2$，可得 $r_1^2 + h_1^2 = 2Rh_1$，于是纬度带面积公式可统一为

$$S_i = 2\pi R h_i \tag{8.8}$$

为计算方便，考虑在单位球上对空间区域进行划分，即将北半球划分成若干纬度带，每个纬度带上划分面积相等的若干单元。遵循以下规则:

（1）第一个纬度带只划分 1 个单元，即单独作为一块。

（2）第 $i(i \geqslant 2)$ 个纬度带划分成 $N_i(N_i \in \mathbf{Z}, \mathbf{Z}$ 为整数集)单元，其面积为第一个纬度带面积的整数倍，即

$$S_i = N_i S_1\,(i \geqslant 2,\ N_i \in \mathbf{Z}) \tag{8.9}$$

由于 $S_i = 2\pi R h_i$，上式可以等价表示为

$$h_i = N_i h_1\,(i \geqslant 2,\ N_i \in \mathbf{Z}) \tag{8.10}$$

（3）第 N 个纬度带划分的空间单元要求尽量接近正方形，即每个单元的经纬度的跨度尽量相同。假设纬度带按照等分原则进行划分，则第 N 个纬度带划分的单元数为

$$N_N = 2\pi / (\pi/2N) = 4N \tag{8.11}$$

实际计算中取 $N_N \in [4N - 3, 4N + 3]$。

（4）同一轨道高度内整个球面划分的空间单元数为 $100 \sim 600$ 比较合适，即北半球划分的单元数为 $50 \sim 300$，即

$$\sum_{i=1}^{N} N_i \in [50, 300] \tag{8.12}$$

（5）各纬度带所跨的幅度尽量均匀，可作为优化目标。记第 i 个纬度带所跨的纬度幅度为 θ_i，则

$$\begin{cases} \theta_1 = \pi/2 - \varphi_1 \\ \theta_i = \varphi_{i-1} - \varphi_i\,(i = 2, 3, \cdots, N-1) \\ \theta_N = \varphi_{N-1} - 0 \end{cases} \tag{8.13}$$

记 $\Delta\Theta = \sum_{i=1}^{N-1} |\theta_i - \theta_{i+1}|$。如果按照等分原则划分纬度带，则 $\Delta\Theta = 0$。但为

了保证 $S_i = N_i S_1$，实际上不可能完全均匀划分纬度带，所以 $\Delta\Theta$ 最小可以作为优化目标。

由此可以建立等面积空域划分的数学模型：

目标函数为

$$\Delta\Theta = \sum_{i=1}^{N-1} |\theta_i - \theta_{i+1}| \to \min \tag{8.14}$$

约束条件如下：

（1）各纬度带划分单元数的限制：

$$N_1 = 1$$
$$N_2 \geqslant 2$$
$$N_i \in \mathbf{Z}$$
$$N_i \leqslant N_{i+1} (i = 2,3,\cdots,N-1) \tag{8.15}$$
$$N_{\text{Total}} = \sum_{i=1}^{N} N_i$$
$$50 \leqslant N_{\text{Total}} \leqslant 300$$
$$4N - 3 \leqslant N_N \leqslant 4N + 3$$

（2）纬度带高度计算：

$$\begin{cases} h_1 = 1/N_{\text{Total}} \\ h_i = N_i h_1 (i = 2,3,\cdots,N) \end{cases} \tag{8.16}$$

（3）划分纬度带的特征纬度值的计算：

$$\begin{cases} h_1 = 1/N_{\text{Total}} \\ h_i = N_i h_1 (i = 2,3,\cdots,N) \end{cases} \tag{8.17}$$

由式（8.17）可得

$$\varphi_i = \arcsin\left(\sum_{j=i+1}^{N} N_j \Big/ N_{\text{Total}}\right) (i = 1,2,\cdots,N-1) \tag{8.18}$$

（4）纬度带跨度的计算：

$$\begin{cases} \theta_1 = \pi/2 - \varphi_1 \\ \theta_i = \varphi_{i-1} - \varphi_i (i = 2,3,\cdots,N-1) \\ \theta_N = \varphi_{N-1} - 0 \end{cases} \tag{8.19}$$

8.2.3　等面积空域划分方案

根据上节建立的等面积空域划分数学模型，编程计算可得到表 8.1 所列的不同纬度带数条件下的空域划分方案。

由表 8.1 计算结果可以看出，不同纬度带数条件下等面积空域划分方案是不同的：如果仅用于验证性的计算和测试，可以采用方案 1 或方案 4 中的划分方法;如果用于工程计算或者完善的空间碎片环境模型中,则更适合采用方案 6 中的划分方式甚至需要划分更多的空间单元数。最佳的划分方案应是在工程约束下,权衡划分单元数量和计算复杂度的结果。本章主要介绍空间碎片环境建模方法,将采用方案 6 中的等面积空域划分方案。

表 8.1　不同纬度带数空间区域划分方案

序号	北半球纬度带数目	北半球单元数	全球划分单元数	纬度带单元划分数
1	**5**	**50**	**100**	**1,6,11,15,17**
2	6	73	146	1,6,11,15,19,21
3	7	107	214	1,6,12,17,21,24,26
4	**8**	**135**	**270**	**1,5,11,17,21,24,27,29**
5	9	182	364	1,6,12,18,23,27,30,32,33
6	**10**	**230**	**460**	**1,6,12,18,23,28,32,35,37,38**
7	11	275	550	1,6,12,18,23,28,32,36,38,40,41

　　上述的划分方式只是对同一轨道高度上的二维空间区域划分,需要添加对轨道高度的划分完成对整个三维空间区域的最终划分方案。依据空间碎片环境统计信息可知,在 LEO 区域和 GEO 区域空间目标的分布较为密集,而在 MEO 区域空间目标的分布较为稀疏,因此,轨道高度的划分将根据不同的轨道区域采取不同的划分方式。本章将采用表 8.2 所列的轨道高度划分方案。

表 8.2　轨道高度划分方案

轨道区域	h_{min}/km	h_{max}/km	Δh/km	高度段数
LEO	186	2286	25	84
MEO	2286	34786	500	65
GEO	34786	36786	50	40

　　由此,结合表 8.1 的同一轨道高度区域内的二维空域划分方案和表 8.2 的轨道高度的划分方案完成了对整个空间环境区域的划分。在空间碎片环境模型中,需要对每个空间单元的信息进行存储,这涉及空间单元的编号和存储信息的结构体设计问题。

8.3　空间碎片的空间密度

　　一个空间目标的轨道根数有 6 个,其中 5 个参数描述基本轨道,1 个参数描述在轨道上的运动[220-222],本节选用近地点高度 h_p、偏心率 e、轨道倾角 i、升交点赤经 Ω 和近地点角距 ω 来描述空间目标的基本轨道。SSN 编目的空间目标的尺寸限制为 LEO 区域直径大于 10cm、GEO 区域直径大于 1m,其轨道根数可根据发布的 TLE 数据确定。但空间中更多的是厘米级、毫米级甚至尺寸更小的空间目标,需要通过统计的方法获取其分布规律信息[220,221]。

8.3.1 位置空间和轨道空间

设 F 为所关心的空间区域,如 LEO 区域、MEO 区域、GEO 区域或自定义的空间区域 $F \equiv \{h_l | h_l \in [h_1, h_2)\}$ 等;$O \equiv \{o_l | l \in L\}$ 为通过该区域的空间碎片集合,其中 L 为指标集(如满足偏心率 $e < 0.1$),o_l 为空间碎片个体,则模 $|O|$ 是满足指标集 L 的空间碎片的总数。

定义(位置空间) 记

$$S \equiv [0, +\infty) \times [-\pi/2, \pi/2) \times [0, 2\pi) \qquad (8.20)$$

是以地心为原点的惯性坐标系中的位置空间,坐标系中各点的坐标采用球坐标表示,即其中一点的坐标可表示为 $X = (x_1, x_2, x_3)$,x_1 为距地心的距离(km),x_2 为纬度(rad)、x_3 为经度(rad),后文中的 X 均表示位置空间中的一点。

定义(轨道空间) 记

$$P \equiv [0, +\infty) \times [0, 1) \times [0, \pi) \times [0, 2\pi) \times [0, 2\pi) \qquad (8.21)$$

为轨道空间,它是一个五维的扩展坐标系。轨道空间中的点 $Y = (y_1, y_2, y_3, y_4, y_5)$ 对应于轨道:近地点高度 $h_p = y_1$,偏心率 $e = y_2$,倾角 $i = y_3$,升交点赤经 $\Omega = y_4$,近地点角距 $\omega = y_5$。后文中的 Y 均表示轨道空间中的一条轨道。

8.3.2 空间密度的定义

考虑位置空间 S 中 X 点处的空间碎片的空间密度的概念[222]。在 S 中取点 X 的邻域 C,即 C 是位置空间中包含点 X 的一块小的区域,记 C 的体积为 V_C。则 t 时刻,空间碎片在空间单元 C 内的空间密度 $\rho_C(t)$ 是指该时刻出现在空间单元 C 中的空间碎片数量 N_C 与空间单元的体积 V_C 之比,并认为空间单元 C 内各点的空间碎片的空间密度相等,即

$$\rho_C(t) = \frac{N_C}{V_C} \qquad (8.22)$$

由此可得,位置空间点 X 处的空间碎片的空间密度为

$$\rho(t, X) = \lim_{V_C \to 0^+} \rho_C(t) \qquad (8.23)$$

考虑到空间碎片在位置空间中的分布不连续,则式(8.23)中的极限并不一定存在,在工程应用过程中用近似值表示,以 $\rho_C(t)$ 的值代替。

空间碎片在轨道上时刻在运动,变化过程非常快,工程上通常用一段时间内的平均密度代替空间密度。考虑位置空间 S 中任一点 X 处的邻域 $C_{i,j,k}$(即划分好的空间单元),设其中空间碎片的平均滞留数量为 $N_{i,j,k}$,下标 i、j、k 对应该空间单元的编号。对通过该空间单元的空间碎片集合 O 中的每个空间碎片 o_l,记其轨道周期为 T_l,o_l 在一个轨道周期中滞留在空间单元 $C_{i,j,k}$ 内的时间为 $\Delta t_{i,j,k}^l$,

则空间碎片 o_l 在 $C_{i,j,k}$ 中的停留概率可表示为

$$P_{i,j,k}^l = \frac{\Delta t_{i,j,k}^l}{T_l} \tag{8.24}$$

故空间单元 $C_{i,j,k}$ 中的空间碎片平均滞留数量为每个碎片个体的停留概率之和,即

$$N_{i,j,k} = \sum_{l \in L} P_{i,j,k}^l = \sum_{l \in L} \frac{\Delta t_{i,j,k}^l}{T_l} \tag{8.25}$$

于是可以得到空间碎片在空间单元 $C_{i,j,k}$ 中的平均密度为

$$\rho(C_{i,j,k}) = \frac{N_{i,j,k}}{V_{i,j,k}} \tag{8.26}$$

式中:$V_{i,j,k}$ 为空间单元 $C_{i,j,k}$ 的体积。

8.3.3　空间单元编号及体积计算

采用表 8.1 中的方案 6 的等面积空域划分方法,即同一轨道高度区域内共划分 20 个纬度带,其中南北半球各划分 10 个纬度带,共划分为 460 个空间单元,空间单元的编号方法在附录 D 中详细给出。

考虑编号为 i、j、k 的空间单元 $C_{i,j,k}$,其中心位置为 $(r_i, \varphi_j, \lambda_k)$,则其中心位置矢量为

$$\boldsymbol{r}_{i,j,k} = r_i \begin{pmatrix} \cos\lambda_k \cos\varphi_j \\ \sin\lambda_k \cos\varphi_j \\ \sin\varphi_j \end{pmatrix} \tag{8.27}$$

空间单元示意图如图 8.5 所示。

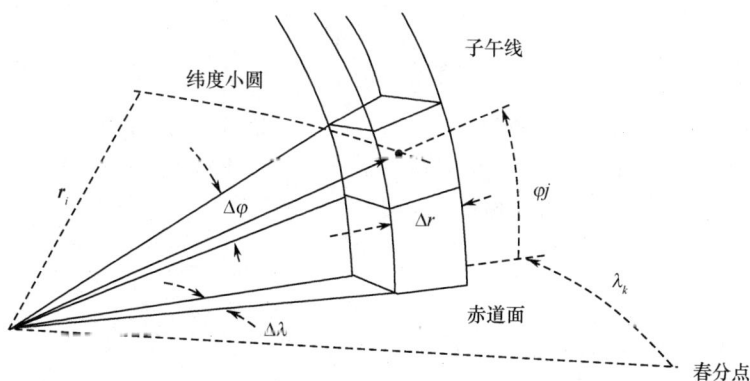

图 8.5　空间单元示意图

记空间单元 $C_{i,j,k}$ 的体积为 $V_{i,j,k}$,则

$$V_{i,j,k} = \frac{2}{3} \left[3r_i^2 + \frac{1}{4}(\Delta r)^2 \right] \cos\delta_j \sin\left(\frac{\Delta\delta}{2}\right) \Delta\alpha \Delta r \tag{8.28}$$

式(8.28)对于所有可能的范围 Δr、$\Delta \delta$、$\Delta \alpha$ 都是成立的,包括球壳($\Delta \delta = \pi$,$\Delta \alpha = 2\pi$)和纬度带($\Delta \alpha = 2\pi$)。由于本章中采用的是等面积的空域划分方法,故实际计算中可以采用下式的简化方法,即

$$V_{i,j,k} = \frac{4}{3}\pi \left[\left(r_i + \frac{\Delta r}{2} \right)^3 - \left(r_i - \frac{\Delta r}{2} \right)^3 \right] \Big/ 460 = \frac{\pi r_i^2 \Delta r}{115} + \frac{\pi \Delta r^3}{1380} \quad (8.29)$$

记每一个空间单元所处的空间区域为半径范围 $[r_{min}, r_{max}]$、纬度范围 $[\varphi_{min}, \varphi_{max}]$ 和经度范围 $[\lambda_{min}, \lambda_{max}]$ 内。其中:

$$\begin{cases} r_{min} = r_i - \Delta r/2, & r_{max} = r_i + \Delta r/2 \\ \varphi_{min} = \varphi_j - \Delta\varphi/2, & \varphi_{max} = \varphi_j + \Delta\varphi/2 \\ \lambda_{min} = \lambda_k - \Delta\lambda/2, & \lambda_{max} = \lambda_k + \Delta\lambda/2 \end{cases} \quad (8.30)$$

8.3.4 空间密度函数

对于 SSN 编目的在轨空间目标,可根据配套的 SGP4/SDP4 模型确定其轨道根数,采用式(8.26)可直接计算每个空间单元的空间密度。但是厘米级毫米级或尺寸更小的空间碎片的轨道根数不可能一一确定。空间碎片环境建模的重点在于描述这类小碎片在空间中的分布规律。

考虑空间碎片集合 O 在 $x \in S$ 的邻域 $C_{i,j,k}$ 内的平均空间密度[222],取轨道参数空间 P 的微元为

$$\begin{aligned} \mathrm{d}P = \{ p = (p_1, p_2, p_3, p_4, p_5) \in P: \\ |p_1 - h_0| \leqslant \Delta h/2, \\ |p_2 - e_0| \leqslant \Delta e/2, \\ |p_3 - i_0| \leqslant \Delta i/2, \\ |p_4 - \Omega_0| \leqslant \Delta\Omega/2, \\ |p_5 - \omega_0| \leqslant \Delta\omega/2 \} \end{aligned} \quad (8.31)$$

记微元的中心点 $Y = (h_0, e_0, i_0, \Omega_0, \omega_0)$,将其作为微元 $\mathrm{d}P$ 的代表元。设 $O_{\mathrm{d}P}$ 是空间碎片集合 O 中轨道参数在微元 $\mathrm{d}P$ 邻域范围内的空间碎片的子集。设 $\{\mathrm{d}P_1, \mathrm{d}P_2, \cdots, \mathrm{d}P_n\}$ 是轨道空间的一个划分,即

$$\begin{cases} \cup_{m=1}^{n} \mathrm{d}P_m = P \\ \mathrm{d}P_u \cap \mathrm{d}P_v = \varnothing \ (u \neq v) \end{cases} \quad (8.32)$$

则 $\{O_{\mathrm{d}P_1}, O_{\mathrm{d}P_2}, \cdots, O_{\mathrm{d}P_n}\}$ 是空间碎片集合 O 的一个划分。

考虑空间碎片集合 $O_{\mathrm{d}P}$ 在空间单元 $C_{i,j,k}$ 中的平均滞留数量 $N_{i,j,k}$,当微元 $\mathrm{d}P$ 取得足够小时,可以认为集合 $O_{\mathrm{d}P}$ 中的空间碎片的轨道参数值都是一样的,即其中的轨道参数值 h_p、e、i、ω、Ω 可分别取 h_0、e_0、i_0、ω_0、Ω_0。在轨道空间中的一个 Y 对应的一条轨道,设其一个运行周期内在空间单元 $C_{i,j,k}$ 中停留的时间为 Δt。由轨道动力学可知,Y 点对应的轨道周期 $T_y = 2\pi (a^3/\mu)^{1/2}$,其中 $a = (h_0 + r_e)/(1$

$-e_0$)为轨道的半长轴，μ 为地球引力常数，r_e 为地球半径。对于任意的 $X \in S$，设 $\Delta t_{i,j,k}$ 是 Y 对应的轨道一个周期内停留在 $C_{i,j,k}$ 内的时间，定义函数

$$\tau(X,Y) = \lim_{V_{i,j,k} \to 0} \frac{\Delta t_{i,j,k}}{T_y V_{i,j,k}} \tag{8.33}$$

若 τ 存在，则对于位置空间 S 中的小区域 $C_{i,j,k}$，有

$$\Delta t = \tau(X,Y) V_{i,j,k} T_y \tag{8.34}$$

成立，从而 Y 对应的轨道在空间单元 $C_{i,j,k}$ 中的停留概率为

$$P(Y, C_{i,j,k}) = \frac{\Delta t}{T_y} = \tau(X,Y) V_{i,j,k} \tag{8.35}$$

因此，集合 O_{dP} 中的空间碎片在空间单元 $C_{i,j,k}$ 中的停留概率为 $|O_{dP}| P(Y, C_{i,j,k})$，其中 $|O_{dP}|$ 是集合 O_{dP} 中的空间碎片的总数，且有

$$|O_{dP}| = |O| p_y(Y) |dP| \tag{8.36}$$

式中：$p_y(Y)$ 为空间碎片关于轨道参数的多元分布密度函数；$|dP|$ 为 dP 在轨道空间 P 中的体积。

对轨道划分 $\{dP_1, dP_2, \cdots, dP_n\}$ 中的每个元素都作为相同考虑，可以得到所有空间碎片在空间单元 $C_{i,j,k}$ 中的停留概率为

$$
\begin{aligned}
P(C_{i,j,k}) &= \sum_{dP_m} P(Y, C_{i,j,k}) |O| p_y(Y_m) |dP_m| \\
&= |O| V_{i,j,k} \sum_{dP_m} \tau(X,Y) p_y(Y_m) |dP_m|
\end{aligned}
\tag{8.37}
$$

式中：Y_m 为微元 dP_m 中的代表元。

式(8.37)中，令 $|dP_m| \to 0$，则有

$$P(C_{i,j,k}) = |O| V_{i,j,k} \int_P \tau(X,Y) p_y(Y) |dP| \tag{8.38}$$

由式(8.38)可以得到点 X 处的平均空间密度为

$$\rho(C_{i,j,k}) = |O| \int_P \tau(X,Y) p_y(Y) |dP| \tag{8.39}$$

式(8.39)即为空间碎片在位置空间中的平均密度的一般表达式，所涉及的参数有空间碎片的总数 $|O|$、轨道 Y 在位置空间点 X 处的空间密度 $\tau(X,Y)$ 以及空间碎片关于轨道参数的联合分布密度函数 $p_y(Y)$，只要确定这几个量的计算方法就可以得出空间碎片的平均空间密度。

8.3.5　停留概率的计算

考虑单个目标 o_l 在空间单元 $C_{i,j,k}$ 中的停留概率的计算方法。由于 $r_i = R_e + h_i$，其中 R_e 为地球半径，h_i 为空间目标 o_l 的轨道高度，所以空间单元中心位置的坐标也可以用高度 h_i 表示，后文中均采用 h_i 来分析停留概率和空间密度。

先引入碎片分布的独立条件：假设空间碎片在位置空间中关于轨道高度 h、

纬度 φ 及经度 λ 的分布是独立的。

设空间单元 $C_{i,j,k}$ 具有如下形式：

$$C_{i,j,k} = \left\{ (x_1, x_2, x_3) : |x_1 - h_i| \leqslant \frac{1}{2}\Delta h, |x_2 - \varphi_j| \leqslant \frac{1}{2}\Delta\varphi, |x_3 - \lambda_k| \leqslant \frac{1}{2}\Delta\lambda \right\}$$

$$(8.40)$$

记目标 o_l 的轨道为 Y，Y 上的点落入到空间单元 $C_{i,j,k}$ 的概率为 $P(Y, C_{i,j,k})$，落入高度范围 $[h_i - \Delta h/2, h_i + \Delta h/2]$ 的概率为 $P_h(Y, h_i, \Delta h)$，落入纬度范围 $[\varphi_i - \Delta\varphi/2, \varphi_i + \Delta\varphi/2]$ 的概率为 $P_\varphi(Y, \varphi_j, \Delta\varphi)$，落入经度范围 $[\lambda_k - \Delta\lambda/2, \lambda_k + \Delta\lambda/2]$ 的概率为 $P_\lambda(Y, \lambda_k, \Delta\lambda)$，则由碎片分布独立条件可得

$$P(Y, C_{i,j,k}) = P_h(Y, h_i, \Delta h) P_\varphi(Y, \varphi_j, \Delta\varphi) P_\lambda(Y, \lambda_k, \Delta\lambda) \quad (8.41)$$

1) $P_h(Y, h_i, \Delta h)$ 的计算

由轨道动力学知识可得平近点角为

$$M = n(t - \tau) \quad (8.42)$$

式中：n 为空间碎片的平均运动角速度；t 为飞行时间；τ 为碎片过近地点的时刻。由此可得平近点角与飞行时间呈线性关系。

由于轨道具有对称性，可以只考虑 $M \in (0, \pi)$ 的半个周期的飞行情况。容易知道，在半个周期内，高度 h 是真近点角 f 的连续严格增函数，故 f 也是 h 的连续严格增函数。下面推导平近点角 M 与轨道高度 h 的关系。由轨道动力学知识可得

$$\begin{cases} M = E - e\sin E \\ r_e + h = a(1 - e\cos E) \\ r_p = a(1 - e) \Rightarrow a = \dfrac{r_p}{1 - e} = \dfrac{r_e + h_p}{1 - e} \end{cases} \quad (8.43)$$

由以上三式联立可得

$$M = \arccos\left[\frac{h_p + er_e - (1 - e)h}{e(r_e + h_p)}\right] - e\sin\left(\arccos\left[\frac{h_p + er_e - (1 - e)h}{e(r_e + h_p)}\right]\right)$$

$$(8.44)$$

对于一个特定的轨道 h_p、e 的值都是已知的，所以式(8.44)可以直接由 h 计算出平近点角 M。根据式(8.44)绘制平近点角与轨道高度的关系如图8.6所示。

由图8.6可以看出，在半个周期内，平近点角 M 也是高度 h 的连续严格增函数。

在半个周期内，设 M_{h_1}、M_{h_2} 分别是高度 h_1、h_2 对应的平近点角，$h_1 = h_i - \Delta h/2$，$h_2 = h_i + \Delta h/2$。由平近点角关于高度的递增性有 $M_{h_1} \leqslant M_{h_2}$，则 $P_h(y, h_i, \Delta h)$ 可以分成以下6种情况进行讨论。6种情况下轨道与考虑的高度区域 $[h_1, h_2]$ 的关系如图8.7所示。

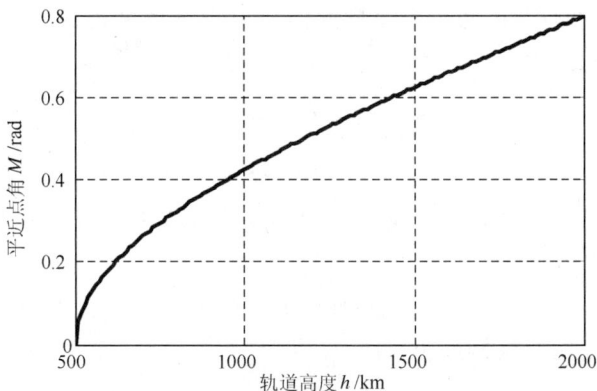

图 8.6　平近点角与轨道高度的关系($h_p = 500\text{km}, e = 0.3$)

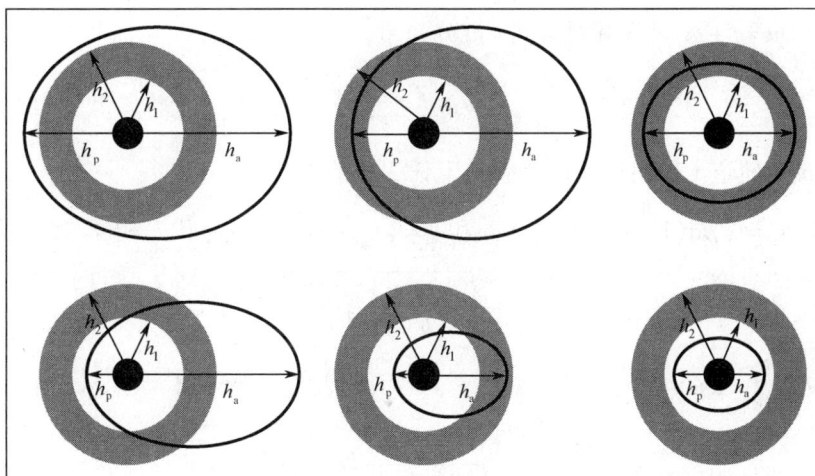

图 8.7　$P_h(Y, h_i, \Delta h)$ 构造示意图

图 8.7 中,阴影部分为高度范围 $[h_1, h_2]$ 代表的空间区域,椭圆代表目标轨道 Y。h_p、h_a 分别是轨道 Y 的近地点高度和远地点高度。对于不同的情形,可得 $P_h(Y, h_i, \Delta h)$ 的表达式为

$$P_h(Y, h_i, \Delta h) = \begin{cases} 0 & (h_1 \leqslant h_2 \leqslant h_p \leqslant h_a) \\ M_{h_2}/\pi & (h_1 \leqslant h_p \leqslant h_2 \leqslant h_a) \\ 1 & (h_1 \leqslant h_p \leqslant h_a \leqslant h_2) \\ (M_{h_2} - M_{h_1})/\pi & (h_p \leqslant h_1 \leqslant h_2 \leqslant h_a) \\ (\pi - M_{h_1})/\pi & (h_p \leqslant h_1 \leqslant h_a \leqslant h_2) \\ 0 & (h_p \leqslant h_a \leqslant h_1 \leqslant h_2) \end{cases} \qquad (8.45)$$

2) $P_\varphi(Y, \varphi_j, \Delta\varphi)$ 的计算

基于轨道的对称性,考虑半个周期内轨道 Y 在纬度范围$[\varphi_1,\varphi_2]$的停留时间 $\Delta t_{\varphi_{i,j,k}}$ 计算方法,其中

$$\begin{cases} \varphi_1 = \varphi_j - \Delta\varphi/2 \\ \varphi_2 = \varphi_j + \Delta\varphi/2 \end{cases} \tag{8.46}$$

设 u 为升交角距,则 $u = f + \omega$,其中 f 和 ω 分别是真近点角与近地点角距,则 u 与 φ 存在如下关系:

$$u = \arcsin(\sin\varphi/\sin i) \tag{8.47}$$

将上式的两边取增量形式,有

$$\Delta u = \frac{\cos\varphi}{\sqrt{\sin^2 i - \sin^2\varphi}}\Delta\varphi \tag{8.48}$$

另外,由 $u = f + \omega$,可得其对时间 t 微分为

$$\dot{u} = \dot{f} = \frac{h_y}{r^2} \tag{8.49}$$

式中:h_y 为轨道 y 的角动量;r 为轨道上任一点的地心距。

将 $h_y = \sqrt{\mu a(1-e^2)}$,$r = h + r_e$ 和 $a = (h_p + r_e)/(1-e)$ 代入式(8.49),得

$$\dot{u} = \frac{\sqrt{\mu(h_p + r_e)(1+e)}}{(h + r_e)^2} \tag{8.50}$$

又由 $T = 2\pi\sqrt{a^3/\mu}$,可得 $\mu = 4\pi^2 a^3/T^2$,代入式(8.56)得

$$\dot{u} = \frac{2\pi(h_p + r_e)^2\sqrt{1-e^2}}{T(1-e)^2(h + r_e)^2} \triangleq \frac{2\pi}{T\Phi(h_p,e,h)} \tag{8.51}$$

式中:$\Phi(h_p,e,h) = \frac{(1-e)^2}{\sqrt{1-e^2}}\left(\frac{h+r_e}{h_p+r_e}\right)^2$($h$ 为轨道高度);T 为轨道的周期。

对式(8.51)取增量形式与式(8.48)对比,有

$$\Delta t = \frac{T\Phi(h_p,e,h)}{2\pi}\frac{\cos\varphi}{\sqrt{\sin^2 i - \sin^2\varphi}}\Delta\varphi \tag{8.52}$$

从而轨道 Y 在半个周期内停留在纬度层$[\varphi_1,\varphi_2]$内的时间为

$$\Delta t_{\varphi_j} = \frac{T_y\Phi[h_p,e,\hat{h}(Y,\varphi_j)]}{2\pi}\frac{\cos\varphi_j}{\sqrt{\sin^2 i - \sin^2\varphi_j}}\Delta\varphi \tag{8.53}$$

式中:$\hat{h}(Y,\varphi_j)$ 为轨道 Y 在纬度 φ_j 处的高度。

轨道 Y 停留在纬度层$[\varphi_1,\varphi_2]$的概率是其停留在该纬度层内的时间与周期之比。考虑到轨道的对称性,在一个周期内,轨道 y 停留在纬度层$[\varphi_1,\varphi_2]$的时

242

间是 Δt_{φ_j} 的 2 倍,故 $P_\varphi(Y,\varphi_j,\Delta\varphi)$ 为

$$P_\varphi(Y,\varphi_j,\Delta\varphi) = \frac{2\Delta t_{\varphi_j}}{T_y} = \Phi[h_p,e,\hat{h}(y,\varphi_j)]\frac{\cos\varphi_j\Delta\varphi}{\pi\sqrt{\sin^2 i - \sin^2\varphi_j}} \quad (8.54)$$

式(8.54)适用于轨道倾角不为 0($y_3\neq0$),且倾角 $i\geqslant\varphi_j$ 的情况。但并不影响对空间碎片在纬度层 $[\varphi_1,\varphi_2]$ 停留概率的计算:

$$P_\varphi(Y,\varphi_j,\Delta\varphi) = \begin{cases} 0 & (i<\varphi_j,\ i\neq0\ \text{或}\ i=0\ ,\ \varphi_j\neq0) \\ \dfrac{2\Delta t_{\varphi_j}}{T_y} & (i\geqslant\varphi_j,\ i\neq0) \\ 1 & (\ i=0\ ,\ \varphi_j=0) \end{cases} \quad (8.55)$$

考虑 $\hat{h}(Y,\varphi_j)$ 的计算公式,由

$$r = \frac{a(1-e^2)}{1+e\cos f} = \frac{a(1-e^2)}{1+e\cos(u-\omega)} \quad (8.56)$$

联立式(8.47)可得 $\hat{h}(Y,\varphi_j)$ 与纬度 φ 的关系为

$$\hat{h}(Y,\varphi_j) = r - r_e = \frac{a(1-e^2)}{1+e\cos(\arcsin(\sin\varphi/\sin i)-\omega)} - r_e \quad (8.57)$$

对于一条特定的轨道,a、e、i、ω 均为已知的,故上式即可由纬度值 φ 计算出 $\hat{h}(Y,\varphi_j)$。

3) $P_\lambda(Y,\lambda_k,\Delta\lambda)$ 的计算

对于椭圆轨道上各点对应的经度 λ,显然若轨道倾角 $i=\pi/2$,则轨道上所有点的经度都与升交点赤经相同,此时轨道 Y 上的点落入某个经度范围内的概率非 0 即 1,但这种情况并不影响对空间碎片停留概率的分析。

下面考虑轨道倾角 $i\neq\pi/2$ 的情况。由轨道动力学理论可得

$$\sin(\lambda-\Omega) = \tan\varphi\cot i = \frac{\sin u\cos i}{\sqrt{1-\sin^2 u\cos^2 i}} \quad (8.58)$$

且当倾角 $i<\pi/2$ 时,$\lambda-\Omega$ 的象限与升交角距 u 的象限相同。而当 $i>\pi/2$ 时,$\lambda-\Omega$ 与 u 的象限关系由下面规则确定:

当 $u\in[0,\pi/2]$ 时,$\lambda-\Omega\in[3\pi/2,2\pi]$;

当 $u\in[\pi/2,\pi]$ 时,$\lambda-\Omega\in[\pi,3\pi/2]$;

当 $u\in[\pi,3\pi/2]$ 时,$\lambda-\Omega\in[\pi/2,\pi]$;

当 $u\in[3\pi/2,2\pi]$ 时,$\lambda-\Omega\in[0,\pi/2]$。

上述规则表明,λ 与 u 是一一对应的,且当 $i<\pi/2$ 时 λ 为 u 的递增函数,而当 $i>\pi/2$ 时 λ 为 u 的递减函数,从而 λ 也是平近点角的递增或递减函数。设 M_{λ_1} 是轨道 Y 上经度 $\lambda_1=\lambda_k-\Delta\lambda/2$ 点的平近点角,M_{λ_2} 是轨道 Y 上经度为 $\lambda_2=\lambda_k+\Delta\lambda/2$ 点的平近点角,则轨道 Y 上的点落入经度范围 $[\lambda_k-\Delta\lambda/2,\lambda_k+\Delta\lambda/2]$ 的概率为

$$P_\lambda(Y,\lambda_k,\Delta\lambda) = \begin{cases} \dfrac{M_{\lambda_2} - M_{\lambda_1}}{2\pi} & \left(i < \dfrac{\pi}{2}\right) \\[3mm] \dfrac{M_{\lambda_1} - M_{\lambda_2}}{2\pi} & \left(i > \dfrac{\pi}{2}\right) \end{cases} \tag{8.59}$$

8.3.6 空间密度函数的简化

目前,大部分小尺寸空间碎片的轨道根数都无法准确获知。但由于数量众多,考虑轨道摄动对轨道演化的影响,小尺寸空间碎片的分布具有一定的统计规律。

空间碎片关于轨道参数 $Y=(h_p,e,i,\Omega,\omega)$ 的多元分布函数 $p_y(Y)$ 是关于5个自变量的函数,定义域是5维空间,其图形是6维空间中的一张超平面[222]。由于空间碎片的分布情况复杂,空间碎片环境模型通常以离散化形式给出空间密度、速度分布等规律。如果 $p_y(Y)$ 也以离散化的形式给出,例如对其中每个自变量的有效范围划分100份,则在 $p_y(Y)$ 的定义域中总共离散出 $100^5=10^{10}$ 个小单元,如此多的单元即使对于计算机也是难以承受的,但若 h_p、e、i、Ω、ω 是相互独立的,则可以对问题进行简化。

设 Q 为轨道空间 P 中满足如下条件的子区域:O_Q 中空间碎片的轨道参数的多元联合分布 $p_y^Q(Y)$ 中各个参数是相互独立的变量,且 Q 具有的形式为

$$Q=[h_1^Q,h_2^Q]\times[e_1^Q,e_2^Q]\times[i_1^Q,i_2^Q]\times[\Omega_1^Q,\Omega_2^Q]\times[\omega_1^Q,\omega_2^Q] \tag{8.60}$$

设 p_h、p_e、p_i、p_Ω、p_ω 分别表示随机变量近地点高度 h_p、偏心率 e、倾角 i、升交点赤经 Ω 和近地点角距 ω 的概率分布密度函数(称为停留概率),且相互独立,从而对于任意的 $Y=(y_1,y_2,y_3,y_4,y_5)\in Q$,有

$$p_y(Y)=p_h(y_1)p_e(y_2)p_i(y_3)p_\Omega(y_4)p_\omega(y_5) \tag{8.61}$$

在式(8.33)中,令 $|V_{i,j,k}|\to0$,在实际工程应用中是没有意义的。因此,在实际工程应用中,$\tau(X,Y)$ 的值总是与包含 X 的一个空间单元联系在一起。若该空间单元取为 $C_{i,j,k}$,并记

$$\tau_{i,j,k}(Y)=\frac{\Delta t_{i,j,k}}{T_y V_{i,j,k}} \tag{8.62}$$

则 $\tau(X,Y)$ 的值可由 $\tau_{i,j,k}(Y)$ 的值代替。

若考虑摄动力导致的轨道面进动,可假设 Y 代表的轨道升交点赤经是均匀分布的,且碎片的空间密度表达式不显含经度 λ,可表示为高度 h 和纬度 φ 的函数 $\rho(h,\varphi)$。

考虑由高度和纬度组成的相空间 $S_\lambda=\{(h,\varphi)\}$,可知 S_λ 中的一点对应于位置空间 S 中的一个纬度圈。设 S_λ 中点 (h,φ) 的邻域为

$$C_{h,\varphi}=\{(x_1,x_2):|x_1-h|\leq\Delta h/2,|x_2-\varphi|\leq\Delta\varphi/2\} \tag{8.63}$$

并记 $C_{h,\varphi}$ 在位置空间 S 中对应的空间单元为 $C_{h,\varphi}^S$,则其体积为

$$V_C^S = \int_0^{2\pi} \mathrm{d}\lambda \int_{h-\Delta h/2}^{h+\Delta h/2} \mathrm{d}r \int_{\varphi-\Delta\varphi/2}^{\varphi+\Delta\varphi/2} (r + r_e)^2 \cos\varphi \mathrm{d}\varphi \approx 2\pi(h + r_e)^2 \cos\varphi \Delta h \Delta\varphi \quad (8.64)$$

进一步假设近地点角距 ω 也是均匀分布的,由上面的讨论可得,空间碎片集合 O 落入区域 $C_{h,\varphi}^S$ 的平均数量为

$$N_C^S = \mid O \mid \iiint P_h(Y,h,\Delta h) P_\varphi(Y,\varphi,\Delta\varphi) p_h(y_1) p_e(y_2) p_i(y_3) \mathrm{d}y_1 \mathrm{d}y_2 \mathrm{d}y_3$$

$$(8.65)$$

由于 $P_h(Y,h,\Delta h)$ 和 $P_\varphi(Y,\varphi,\Delta\varphi)$ 中都不含升交点赤经和近地点角距,因此上一小节中的 $P_h(Y,h,\Delta h)$ 和 $P_\varphi(Y,\varphi,\Delta\varphi)$ 都是可用的,其中 Y 是指轨道参数满足近地点高度 $h_p = y_1$,偏心率 $e = y_2$ 和轨道倾角 $i = y_3$ 的一类轨道的集合。将式(8.71)除以空间单元 $C_{h,\varphi}^S$ 的体积,可得空间碎片集合 O 在高度 h 及纬度 φ 处的碎片空间密度为

$$\rho(h,\varphi) = \frac{\mid O \mid}{2\pi^2(h + r_e)^2 \Delta h} \int \frac{p_i(y_3) \mathrm{d}y_3}{\sqrt{\sin^2 y_3 - \sin^2 \varphi}}$$

$$\times \iint P_h(Y,h,\Delta h) \Phi(y_1,y_2,h) p_h(y_1) p_e(y_2) \mathrm{d}y_1 \mathrm{d}y_2$$

$$(8.66)$$

$\rho(h,\varphi)$ 就是空间碎片的平均空间密度,是高度和纬度的函数。

8.3.7　典型轨道区域的空间密度

为验证空间密度计算方法的正确性,选择 2013 年 10 月 25 日的 TLE 数据为样本,计算 LEO 区域 10cm 以上、GEO 区域 1m 以上的空间碎片密度,将结果与 MASTER2005 模型和统计方法的结果进行对比。

1. $P_h(Y,h_i,\Delta h)$ 的验证

分别对 LEO 区域轨道高度 [750km, 850km] 之间、GEO 区域轨道高度 [35736km, 35836km] 之间的空间碎片平均滞留数目进行计算。

计算轨道高度 [h_1,h_2] 之间平均滞留数目的公式为

$$N_{[h_1,h_2]} = \sum_L P_{h,l}(Y,h_i,\Delta h) \quad (8.67)$$

即将每个空间碎片在轨道高度 [h_1,h_2] 之间的停留概率相加即得到平均滞留数目。

采用统计方法计算轨道高度 [h_1,h_2] 之间平均滞留数目的方法:利用相同的样本数据,在二体模型下,将每个空间碎片的轨道连续预报 7 天,每隔 1h 对位于轨道高度 [h_1,h_2] 之间的碎片数目进行统计,取其平均值作为滞留在轨道高度 [h_1,h_2] 之间的数目。

统计方法的结果如图 8.8 和图 8.9 所示(其中横线为平均值)。

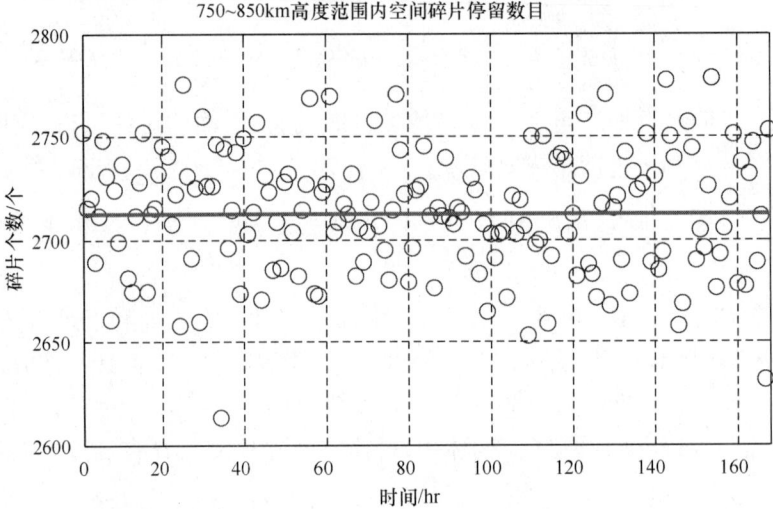

图 8.8 统计方法 750～850km 轨道高度范围碎片数目变化

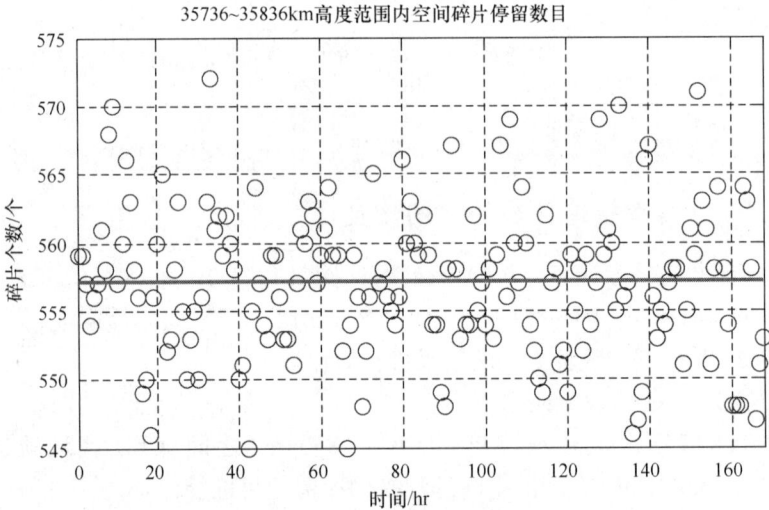

图 8.9 统计方法 35736～35836km 轨道高度范围碎片数目变化

使用停留概率方法和统计方法计算得到的平均滞留数目结果见表 8.3。

表 8.3 平均滞留数目对比

轨道区域	[750km，850km]	[35736km，35836km]
停留概率方法	2709.34	558.09
统计方法	2712.49	557.09

由表 8.3 可以看出,停留概率方法计算得到的平均滞留数目与统计方法的

结果相差不到 5 个,由此说明关于高度的停留概率计算公式是正确的。

2. 空间密度函数的验证

使用空间密度函数分别对 LEO 区域 [186km, 2286km] 和 GEO 区域 [34786km, 36786km] 的空间密度进行计算,分别绘制了空间密度随纬度高度的三维分布图,空间密度随纬度的分布图以及空间碎片随高度的分布图,并分别使用 MASTER2005 模型生成上述结果,将其结果进行对比。

图 8.10 ~ 图 8.17 展示了空间密度函数方法与 MASTER2005 模型分别对 LEO 区域和 GEO 区域的空间密度分布进行计算的结果对比。由图可以看出,计算的结果与 MASTER2005 结果在数量级上是一致的,但 LEO 区域本章方法的结

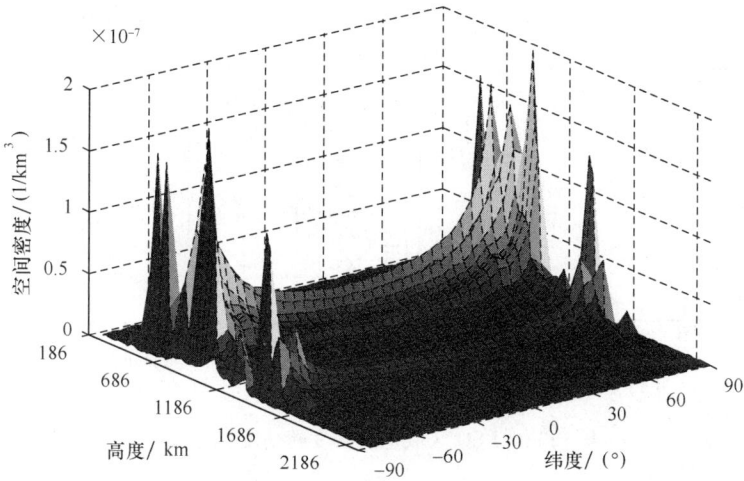

图 8.10　LEO 区域空间密度随纬度高度的三维分布图(本章方法)

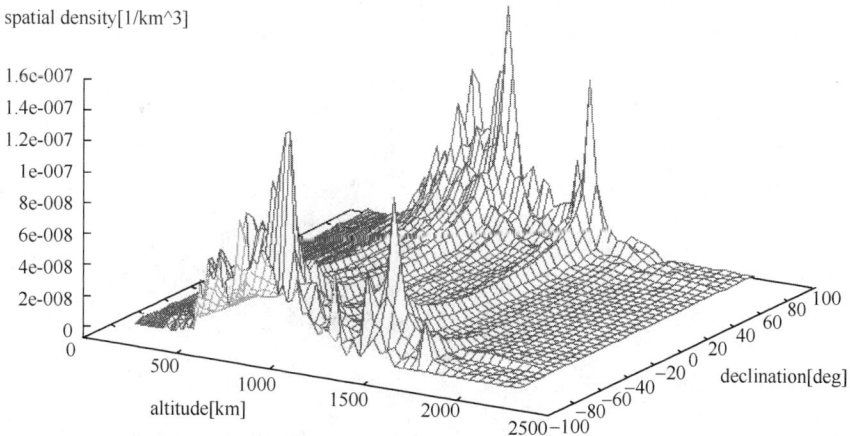

图 8.11　MASTER2005 模型 LEO 区域空间密度随纬度高度的三维分布图

247

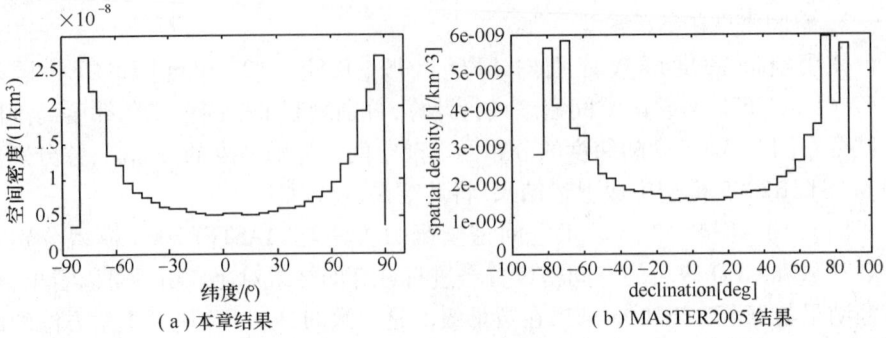

（a）本章结果   （b）MASTER2005 结果

图 8.12　LEO 区域空间密度随纬度变化规律

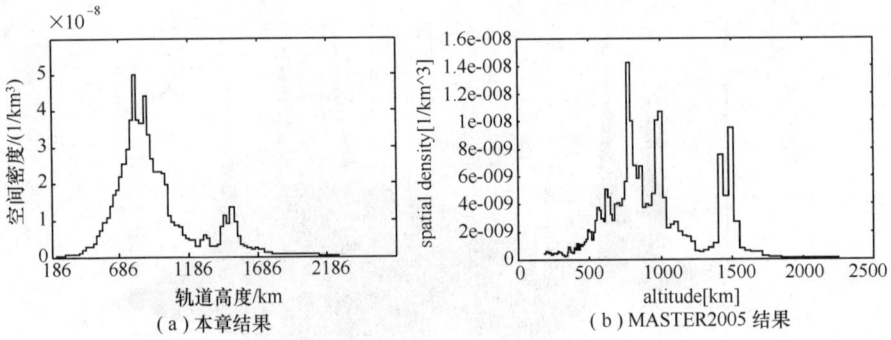

（a）本章结果   （b）MASTER2005 结果

图 8.13　LEO 区域空间密度随高度变化规律

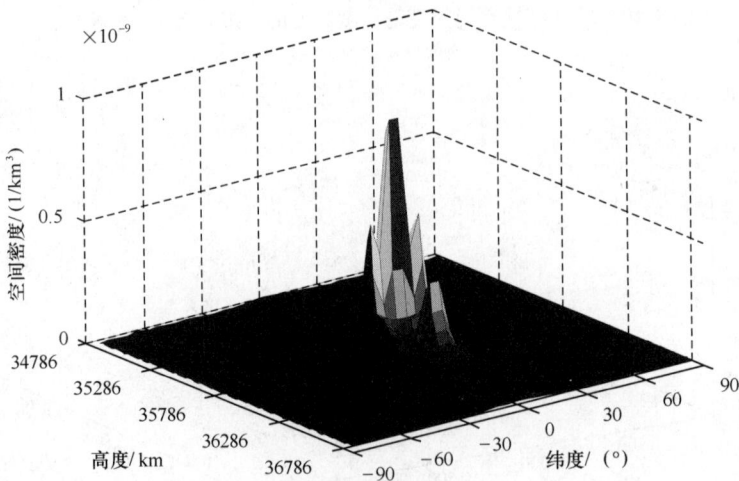

图 8.14　GEO 区域空间密度随纬度高度的三维分布图（本章方法）

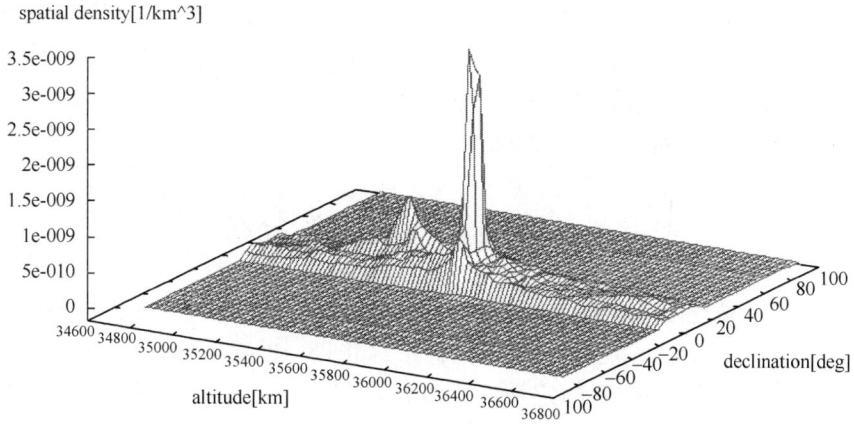

图 8.15　MASTER2005 模型 GEO 区域空间密度随纬度高度的三维分布图

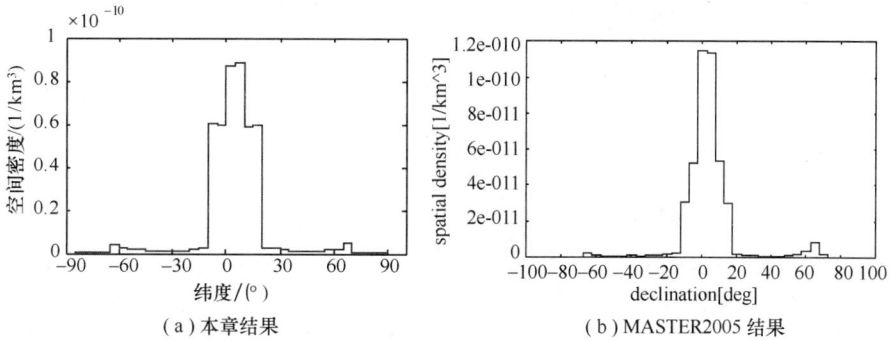

（a）本章结果　　　　　　　　　　（b）MASTER2005 结果

图 8.16　GEO 区域空间密度随纬度变化规律

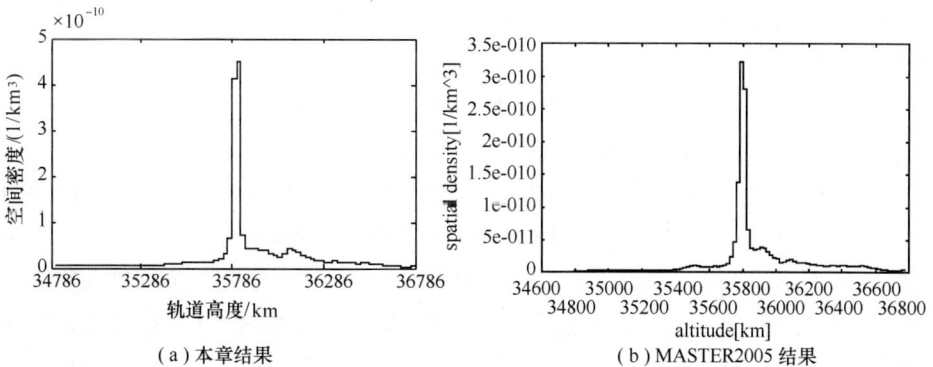

（a）本章结果　　　　　　　　　　（b）MASTER2005 结果

图 8.17　GEO 区域空间密度随高度变化规律

果较大,GEO 区域本章方法的计算结果较小。这是由于本章采用的数据为 2013 年编目数据,而 MASTER2005 模型的数据为 2005 年的数据。LEO 区域本章的划分方式与 MASTER2005 模型一致,空间单元的体积相同,故计算结果较大。由于 GEO 区域本章划分的空间单元体积较大,虽然空间碎片数目增多,但计算的空间密度结果相对 MASTER2005 模型偏小。

8.4　空间碎片的速度分布

空间碎片的速度分布是指空间碎片通过空间单元时的瞬时速度在当地准水平坐标系(当地天东北坐标系,UEN 坐标系,如图 8.18 所示)内随速度大小和方位角的分布。UEN 坐标系的定义为原点在空间目标质心,U 轴指向天顶,N 轴指向正北方向,E 轴与 N 轴、U 轴构成右手坐标系,指向正东方向。E 轴和 U 轴构成准水平面。

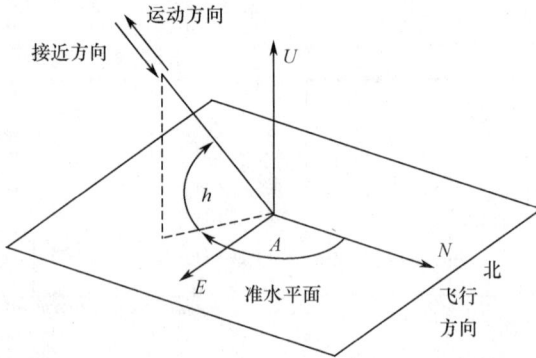

图 8.18　准水平面坐标系(UEN,天东北坐标系)

将空间碎片通过空间单元时的瞬时速度转换到当地天东北坐标系内描述需要通过两次坐标旋转,先绕 Z 轴旋转 $+\lambda$,在绕着新的 Y' 轴旋转 $-\varphi$,就可以得到 UEN 坐标系中的速度矢量:

$$(v_{l(i,j,k)})_{UEN} = M_2[-\varphi]M_3[+\lambda](v_{l(i,j,k)})_{J2000}$$

$$\begin{pmatrix} v_{l(i,j,k),U} \\ v_{l(i,j,k),E} \\ v_{l(i,j,k),N} \end{pmatrix} = \begin{pmatrix} \cos\lambda\cos\varphi & \sin\lambda\cos\varphi & \sin\varphi \\ -\sin\lambda & \cos\lambda & 0 \\ -\cos\lambda\sin\varphi & -\sin\lambda\sin\varphi & \cos\varphi \end{pmatrix} \begin{pmatrix} v_{l(i,j,k),X} \\ v_{l(i,j,k),Y} \\ v_{l(i,j,k),Z} \end{pmatrix} \quad (8.68)$$

式中:$(v_{l(i,j,k)})_{J2000}$ 表示第 l 个空间碎片经过编号为 i、j、k 空间单元时在 J2000 坐标系下的速度;$(v_{l(i,j,k)})_{UEN}$ 表示第 l 个空间碎片经过编号为 i、j、k 空间单元时在 UEN 坐标系下的速度。

在 UEN 坐标系中,由 i、j、k 确定的第 l 个空间碎片的瞬时速度可以由其大小 $v_{l(i,j,k)}$ 及方向 $A_{l(i,j,k)}$ 和 $h_{l(i,j,k)}$ 表示,其中 $A_{l(i,j,k)} \in [-\pi, \pi]$ 是方位角,在水平

面内从北向东测量，$h_{l(i,j,k)} \in [-\pi/2, \pi/2]$ 是高度角，从水平面开始测量，向上为正：

$$\begin{cases} v_{l(i,j,k)} = |v_{l(i,j,k)}| = \sqrt{v_{l(i,j,k),U}^2 + v_{l(i,j,k),E}^2 + v_{l(i,j,k),N}^2} \\ A_{l(i,j,k)} = \arctan[v_{l(i,j,k),E}/v_{l(i,j,k),N}] \\ h_{l(i,j,k)} = \arcsin(v_{l(i,j,k),U}/v_{l(i,j,k)}) \end{cases} \quad (8.69)$$

通过上述坐标变换可以将全部空间碎片的数据转换到 UEN 坐标系中，这样就可得到一个包含高度角和方位角的速度分布信息。

对于一个特定的空间单元 $C_{i,j,k}$，可得到如图 8.19 所示的信息。

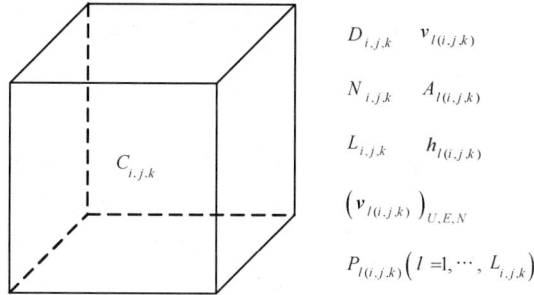

$D_{i,j,k}$　$v_{l(i,j,k)}$

$N_{i,j,k}$　$A_{l(i,j,k)}$

$L_{i,j,k}$　$h_{l(i,j,k)}$

$(v_{l(i,j,k)})_{U,E,N}$

$P_{l(i,j,k)}(l=1,\cdots,L_{i,j,k})$

图 8.19　空间单元信息

图中：$D_{i,j,k}$ 为空间单元 $C_{i,j,k}$ 的平均密度；$N_{i,j,k}$ 为平均滞留碎片数量；$L_{i,j,k}$ 为所有通过该单元的碎片集合；$P_{l(i,j,k)}$ 为第 l 个碎片通过该单元碎片的停留概率；$v_{l(i,j,k)}$ 为第 l 个碎片通过该单元中心的瞬时速度；$A_{l(i,j,k)}$ 为第 l 个碎片通过单元时的方位角；$h_{l(i,j,k)}$ 为第 l 个碎片通过单元时的高度角。

统计每个空间单元的碎片的通过速度和方位角，可以绘制类似 ORDEM2000 模型中的碎片速度分布图，如图 8.20 所示。

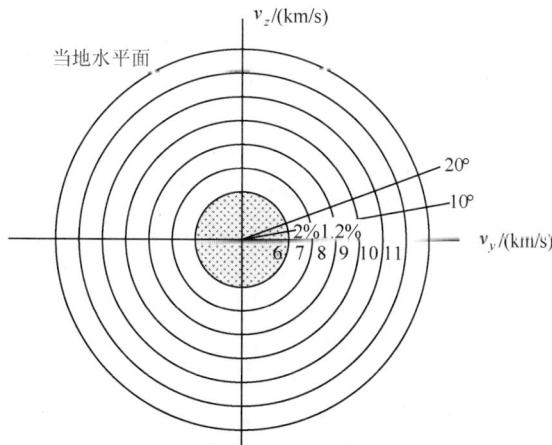

图 8.20　碎片速度分布图

图 8.20 中:2% 和 1.2% 分别表示在当地水平面上 0°~10°方向范围内速度在 6~7km/s 和 7~8km/s 范围内的碎片数所占百分比,某一方向范围内的碎片速度分布百分数之和应为 1。

8.5　空间碎片的碰撞流量

空间碎片环境模型中,最重要的是对空间碎片的空间密度和碰撞流量进行建模与计算,8.3 节中已经详细阐述了空间密度计算方法,本节将探讨空间碎片碰撞流量计算方法。

空间碎片碰撞流量定义为用户所关注的目标轨道在一个周期的运行时间内遭受到的空间碎片的碰撞统计,由之前可知

$$F = v\rho \tag{8.70}$$

其中:空间碎片的空间密度 ρ 已经进行详细的研究,只要再获取目标轨道在指定空间单元内与其他碎片的相对速度 v,即可得到其碰撞流量。空间碎片的碰撞流量通常在以目标为中心的轨道坐标系内进行描述。

8.5.1　碰撞流量的计算

针对目标轨道而言,在一个运行周期内经过多个划分好的空间单元,假设共经过 M 个空间单元,并假定其经过的第 m 个空间单元为 $C_{i,j,k}$,如图 8.21 所示。

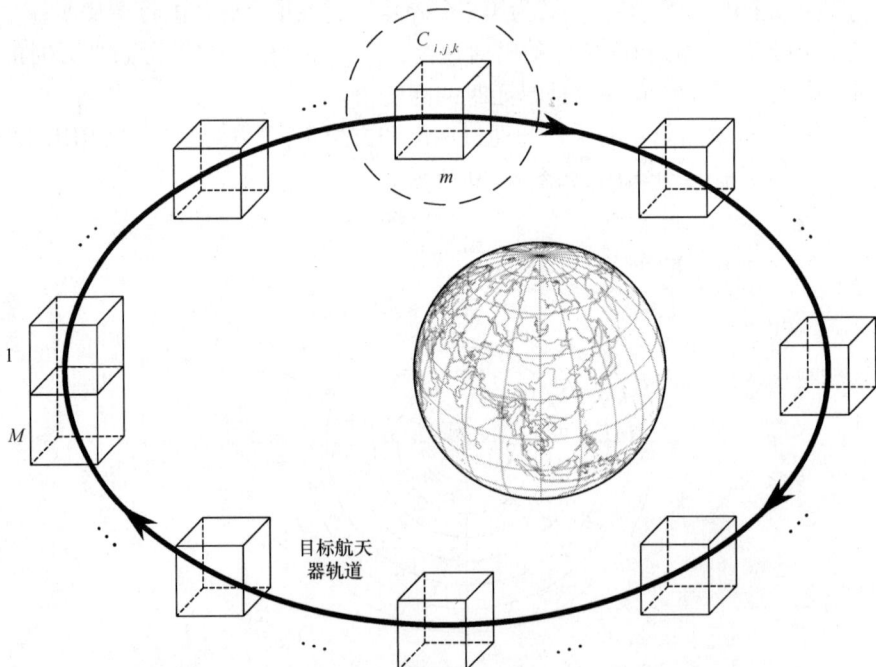

图 8.21　目标轨道航天器一个运行周期内碰撞流量示意图

目标航天器轨道经过第 m 个空间单元 $C_{i,j,k}$ 时,与该单元中的滞留碎片的相对运动关系如图 8.22 所示。接下来研究目标航天器与单元中第 l 个滞留碎片相对运动所产生的碰撞流量的大小。

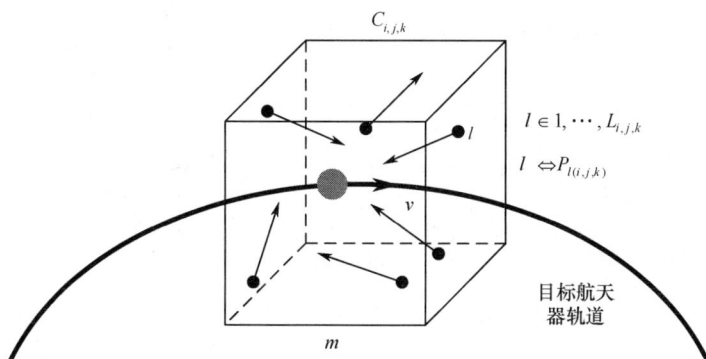

图 8.22   目标航天器与空间单元内滞留碎片的相对运动

根据式(8.76),可得目标轨道在经过第 m 个空间单元 $C_{i,j,k}$ 时与该单元中的第 l 个滞留碎片相对运动所产生的碰撞流量为

$$F_{m,l} = P_m \rho_l \Delta v_{m,l} \tag{8.71}$$

式中:$\rho_l = \rho_{l(i,j,k)}$ 为空间单元 $C_{i,j,k}$ 中第 l 个通过碎片产生的空间密度;$\Delta v_{m,l}$ 为碎片相对于目标的接近速度;$P_m = P_{m(i,j,k)}$ 为用户所关心的目标航天器在空间单元 $C_{i,j,k}$ 内的停留概率,即

$$P_m = \frac{\Delta t_m}{T} \tag{8.72}$$

其中:Δt_m 为目标航天器在空间单元 $C_{i,j,k}$ 内的滞留时间;T 为目标轨道的周期,其具体算法与 8.3 节中空间密度算法类似。

式(8.77)中只需要重新计算 $\Delta v_{m,l}$。计算 $\Delta v_{m,l}$ 需要将之前计算并存储好的空间单元中的碎片速度再转换到 J2000 坐标系中:

$$\boldsymbol{v}_l = v_l \begin{pmatrix} \cos\alpha_k(-\sin\varphi_j \cos h_l \cos A_l + \cos\varphi_j \sin h_l) - \sin\lambda_k \cos h_l \sin A_l \\ \sin\alpha_k(-\sin\varphi_j \cos h_l \cos A_l + \cos\varphi_j \sin h_l) + \cos\lambda_k \cos h_l \sin A_l \\ \cos\varphi_j \cos h_l \cos A_l + \sin\varphi_j \sin h_l \end{pmatrix} \tag{8.73}$$

式中:v_l 为空间单元 $C_{i,j,k}$ 中第 l 个穿越碎片的瞬时速度大小;A_l 为第 l 个碎片穿越空间单元时的方位角;h_l 为第 l 个碎片速度相对于水平面的穿越仰角。

则相对速度为

$$\Delta \boldsymbol{v}_{m,l} = \boldsymbol{v}_l - \boldsymbol{v}_m \tag{8.74}$$

式中:$\boldsymbol{v}_m$ 是目标航天器穿过单元中心的速度,可由轨道传播程序计算获得。

为了分析碎片相对于目标航天器的接近方向(即来流方向),将 $\Delta \boldsymbol{v}_{m,l}$ 转换到以目标为中心的 UVW 坐标系中(UVW 坐标系定义为原点在空间目标质心,U 轴沿地心指向矢径的方向,V 轴在轨道平面内与矢径方向垂直指向运动方向,W 轴垂直于轨道平面与 U 轴和 V 轴构成右手坐标系,如图 8.23 所示),相应的转换公式为

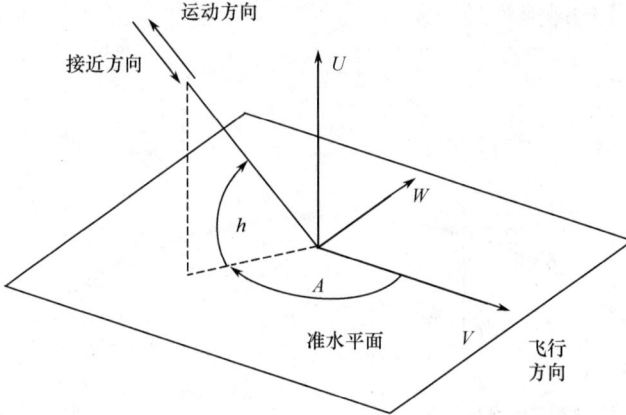

图 8.23　轨道坐标系 UVW(径向、横向和平面法向)

$$
(\boldsymbol{\Delta v}_{m,l})_{U,V,W} = \begin{bmatrix} U_X & U_Y & U_Z \\ V_X & V_Y & V_Z \\ W_X & W_Y & W_Z \end{bmatrix} (\boldsymbol{\Delta v}_{m,l})_{X,Y,Z} \tag{8.75}
$$

式中:转换矩阵中 UVW 坐标系三个方向的单位矢量 $\hat{\boldsymbol{U}}$、$\hat{\boldsymbol{V}}$、$\hat{\boldsymbol{W}}$ 的 XYZ 分量由式 (8.76)确定。它是目标轨道纬度幅角 $u = \omega + f$ 的函数:

$$
\begin{cases}
\hat{\boldsymbol{U}} = \begin{pmatrix} U_X \\ U_Y \\ U_Z \end{pmatrix} = \begin{pmatrix} \cos u \cos \Omega - \sin u \sin \Omega \cos i \\ \cos u \sin \Omega + \sin u \cos \Omega \cos i \\ \sin u \sin i \end{pmatrix} \\[4mm]
\hat{\boldsymbol{V}} = \begin{pmatrix} V_X \\ V_Y \\ V_Z \end{pmatrix} = \begin{pmatrix} -\sin u \cos \Omega - \cos u \sin \Omega \cos i \\ -\sin u \sin \Omega + \cos u \cos \Omega \cos i \\ \cos u \cos i \end{pmatrix} \\[4mm]
\hat{\boldsymbol{W}} = \begin{pmatrix} W_X \\ W_Y \\ W_Z \end{pmatrix} = \begin{pmatrix} \sin \Omega \sin i \\ -\cos \Omega \sin i \\ \cos i \end{pmatrix}
\end{cases} \tag{8.76}
$$

式中:u 为目标轨道纬度幅角,$u = \omega + f$;Ω 为目标轨道的升交点赤经;i 为目标轨道的轨道倾角。

在 UVW 坐标系中,空间单元 $C_{i,j,k}$ 中第 l 个碎片的碰撞几何与碰撞速度矢量可以表示为碰撞速度大小 $\Delta v_{m,l}$、接近方向角 $A_{m,l}$ 和仰角 $h_{m,l}$。碎片的接近方位角 $A_{m,l} \in [-\pi, \pi]$ 在水平面内从目标速度方向开始,以绕 $-\hat{\boldsymbol{U}}$ 方向的旋转为正;接近仰角 $h_{m,l} \in [-\pi/2, +\pi/2]$ 从水平面开始,指向宇宙空间为正向。

$$\begin{cases} \Delta v_{m,l} = \left| \Delta v_{m,l} \right| = \sqrt{\Delta v_{m,l,U}^2 + \Delta v_{m,l,V}^2 + \Delta v_{m,l,W}^2} \\ A_{m,l} = -2\arctan \left[\left(\sqrt{\Delta v_{m,l,V}^2 + \Delta v_{m,l,W}^2} + \Delta v_{m,l,W} \right) / \Delta v_{m,l,V} \right] \\ h_{m,l} = -\arcsin \left(\Delta v_{m,l,U} / \Delta v_{m,l} \right) \end{cases} \tag{8.77}$$

至此,目标在单元 $C_{i,j,k}$ 中获得的碎片通量为

$$F_m = \sum_{l=1}^{L_{i,j,k}} P_m \rho_l \left| \Delta \boldsymbol{v}_{m,l} \right| \tag{8.78}$$

于是研究的目标轨道在一个周期内经过 M 个空间单元所获得的碎片通量为

$$F = \sum_{m=1}^{M} F_m = \sum_{m=1}^{M} \sum_{l=1}^{L_{i,j,k}} P_m \rho_l \left| \Delta \boldsymbol{v}_{m,l} \right| \tag{8.79}$$

式(8.79)描述的是对方位不敏感的球形目标物体的碰撞流量,在实际工程应用中,碰撞流量相对于航天器表面的定向性很重要。这种定向通常用于分析以偏航(绕 U 轴)、滚动(绕 V 轴)、俯仰(绕 W 轴)为控制轴的三轴稳定卫星。卫星的体轴通常保持与轨道坐标系的 U、V、W 轴相同或者相似的方向。目标表面的单位法矢量 $\boldsymbol{n}$ 可以由方位角 A_n 和仰角 h_n 确定:

$$(\boldsymbol{n})_{U,V,W} = \begin{bmatrix} \sin h_n \\ \cos A_n \cos h_n \\ -\sin A_n \cos h_n \end{bmatrix}_{U,V,W} \tag{8.80}$$

在某个方向表面上,总碰撞流量可以由式(8.81)计算,该式使用开关函数 $\delta_{n,v}$ 来抑制所有不与表面前端碰撞的碰撞流量。

$$F = \sum_{m=1}^{M} F_m = \sum_{m=1}^{M} \sum_{l=1}^{L_{i,j,k}} P_m \rho_l \delta_{n,v} \left| (\boldsymbol{n})_{U,V,W} (\Delta \boldsymbol{v}_{m,l})_{U,V,W} \right| \tag{8.81}$$

式中

$$\delta_{n,v} = \begin{cases} 1 & \left((\boldsymbol{n})_{U,V,W} \cdot (\Delta \boldsymbol{v}_{m,l})_{U,V,W} \leqslant 0 \right) \\ 0 & \left((\boldsymbol{n})_{U,V,W} \cdot (\Delta \boldsymbol{v}_{m,l})_{U,V,W} > 0 \right) \end{cases} \tag{8.82}$$

8.5.2　典型目标轨道的碰撞流量计算

1. LEO 区域碰撞流量计算

对 LEO 区域轨道的碰撞流量计算,选取 ISS(SSN 编号 25544,国际编号 1998 - 067A)作为目标航天器,根据 2013 年 10 月 25 日的 TLE 数据,可得其轨道根数见表 8.4。

表 8.4　ISS 轨道根数

a/km	e	i/(°)	Ω/(°)	ω/(°)
6796.217	0.0002282	51.6491	184.0276	77.2230

为简化计算,假设目标航天器的几何形状为球形,即不考虑其表面定向性,

并且具有固定的截面积。使用本节提出的碰撞流量计算方法与 MASTER2005
模型的计算结果进行对比,得到的结果如图 8.24 ~ 图 8.28 所示。

图 8.24 展示的是 ISS 受到的碰撞流量随碰撞方位角的分布,由图可知在碰
撞方位角在[-60°, -50°]和[50°,60°]两个区间时碰撞流量较大,说明 ISS 所
受的碰撞主要来自侧面。依据编目统计可知,在 LEO 区域,轨道倾角在100°的
空间目标分布较多,相对而言 ISS 的轨道倾角较小,因此碰撞流量来自于侧面,
这与 MASTER2005 模型的分析结果是一致的。

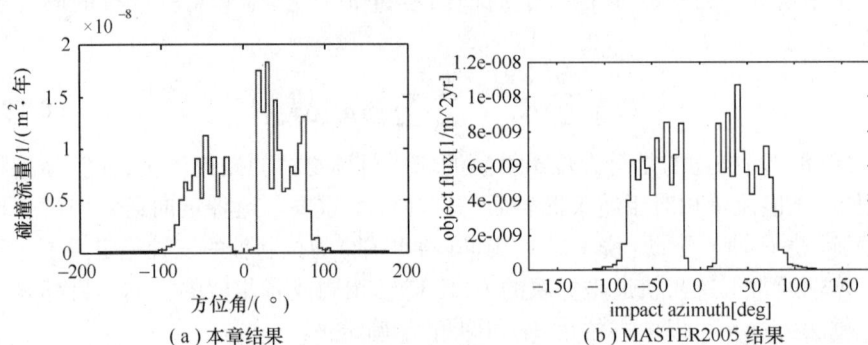

图 8.24　LEO 区域空间碎片碰撞流量随碰撞方位角分布

图 8.25 展示的是 ISS 受到的碰撞流量随碰撞高度角的分布。由于 LEO 区
域大部分为近圆轨道目标,因此碰撞流量的高度角集中在 ±10°范围之内,即接
近于当地的水平面。

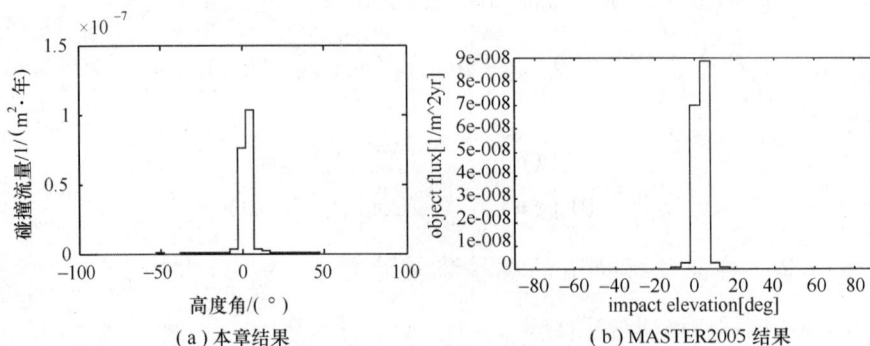

图 8.25　LEO 区域空间碎片碰撞流量随碰撞高度角分布

图 8.26 展示的是 ISS 受到的碰撞流量随碰撞速度的分布。由于在 LEO 区
域,大部分的目标运行速度约 7km/s,因此碰撞速度的峰值在 14km/s 左右出现。

图 8.27 展示的是空间站受到的碰撞流量随碰撞方位角和高度角的三维分
布。从图可以看出,ISS 轨道上的碎片碰撞流量主要集中在高度角 ±10°范围
内,峰值出现在[-60°, -50°]和[50°,60°]两个方位角区间范围之内。

256

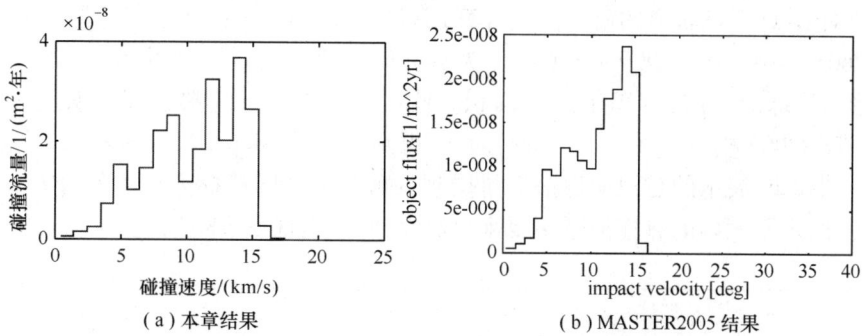

（a）本章结果　　　　　　　　　（b）MASTER2005 结果

图 8.26　LEO 区域空间碎片碰撞流量随碰撞速度分布

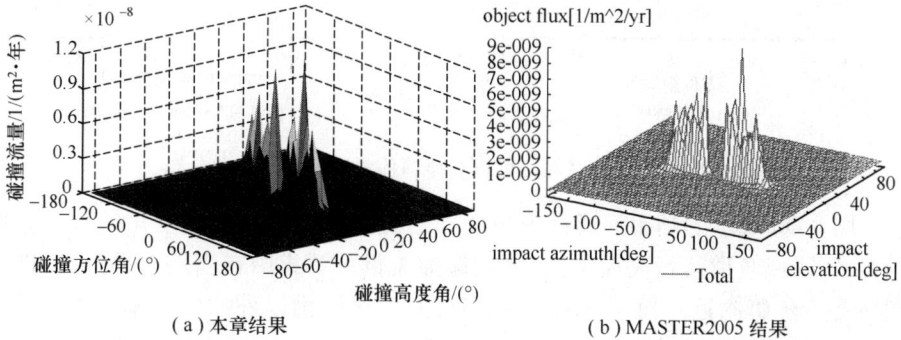

（a）本章结果　　　　　　　　　（b）MASTER2005 结果

图 8.27　LEO 区域碰撞流量随碰撞方位角和高度角的三维分布

　　图 8.28 展示的是空间站受到的碰撞流量随碰撞方位角和碰撞速度的三维分布。由图可知,碰撞流量的峰值出现在[−60°, −50°]和[50°,60°]两个方位角区间时,相应的碰撞速度取到最大,大约 14km/s。

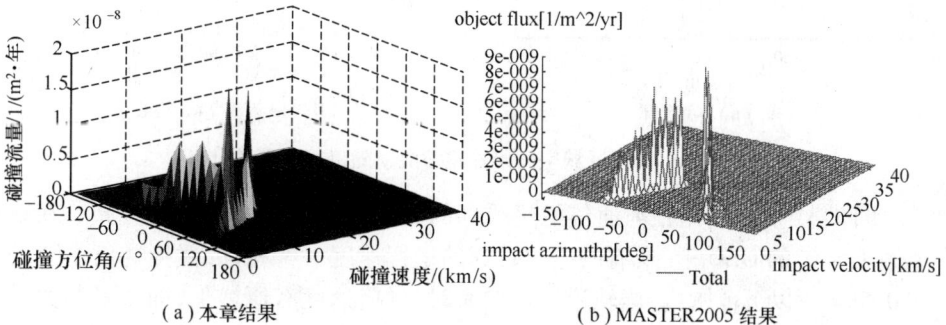

（a）本章结果　　　　　　　　　（b）MASTER2005 结果

图 8.28　LEO 区域碰撞流量随碰撞方位角和碰撞速度的三维分布

2. GEO 区域碰撞流量计算

对 GEO 区域轨道的碰撞流量计算,选取 Galaxy – 11(银河通信卫星,SSN 编号 26038,国际编号 1999 – 071A)作为目标航天器。同样假设目标航天器的几何形状为球形,且具有固定的截面积。使用本节提出的碰撞流量计算方法与MASTER2005 模型的计算结果进行对比,得到的结果如图 8.29 ~ 图 8.33 所示。

图 8.29 展示的是银河通信卫星受到的碰撞流量随碰撞方位角的分布。由图可知,水平面内的碰撞流量主要来自侧面,峰值出现在 ±80°附近。

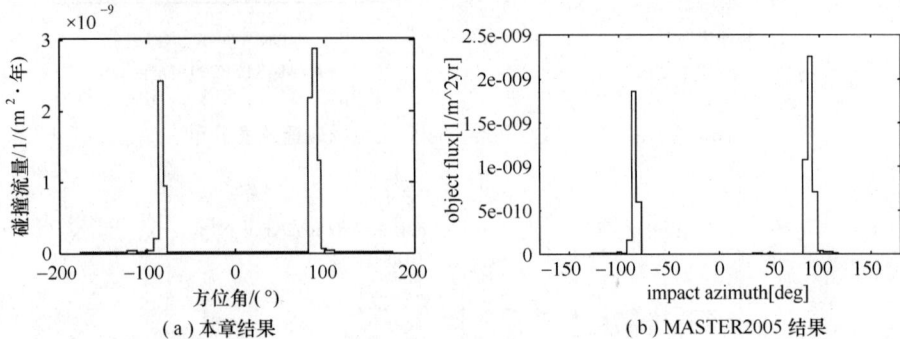

（a）本章结果　　　　　　　（b）MASTER2005 结果

图 8.29　GEO 区域空间碎片碰撞流量随碰撞方位角分布

图 8.30 展示的是银河通信卫星受到的碰撞流量随碰撞高度角的分布。由于 GEO 区域轨道运行高度相同,因此碰撞流量主要集中在当地水平面内,即碰撞高度角在 0°附近。而稍大的碰撞高度角,即水平面以外的碰撞流量主要是大椭圆转移轨道上的目标所引起。

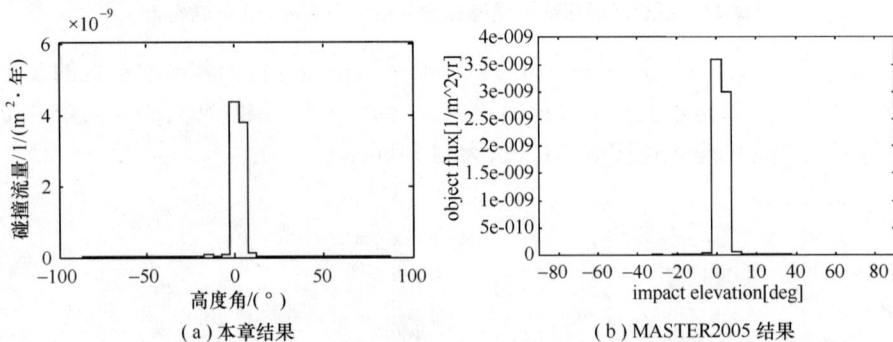

（a）本章结果　　　　　　　（b）MASTER2005 结果

图 8.30　GEO 区域空间碎片碰撞流量随碰撞高度角分布

图 8.31 展示的是银河通信卫星受到的碰撞流量随碰撞速度的分布。在轨道倾角为 0°的 GEO 上,所有的空间目标的运行速度大都相同,碰撞速度主要是在 0.5km/s 以下范围内,当轨道倾角增大时,碰撞速度有所增加,即使是与大椭圆转移轨道上的目标接近时,其碰撞速度也只有 1.5 km/s 左右。因此 GEO 上碰撞速度在 2km/s 范围内。

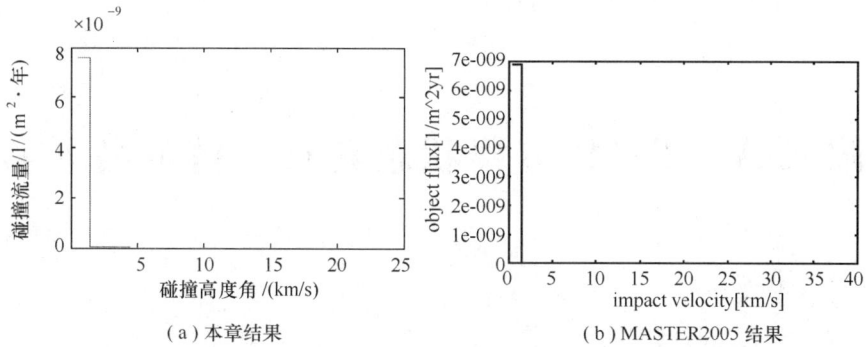

（a）本章结果　　　　　　　　　（b）MASTER2005 结果

图 8.31　GEO 区域空间碎片碰撞流量随碰撞速度分布

图 8.32 展示的是银河通信卫星受到的碰撞流量随碰撞方位角和高度角的三维分布。图 8.33 展示的是银河通信卫星受到的碰撞流量随碰撞方位角和碰撞速度的三维分布。从这两幅图可以看出，GEO 区域的碎片碰撞流量主要集中在高度角 0°附近，峰值出现在方位角 ±80°附近，碰撞的相对速度小于 2km/s。

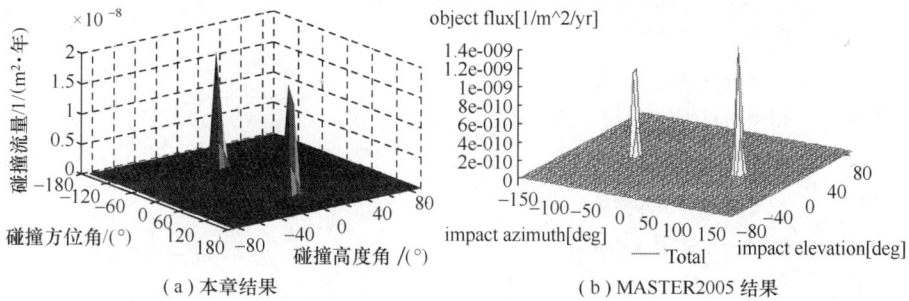

（a）本章结果　　　　　　　　　（b）MASTER2005 结果

图 8.32　GEO 区域碰撞流量随碰撞方位角和碰撞高度角的三维分布

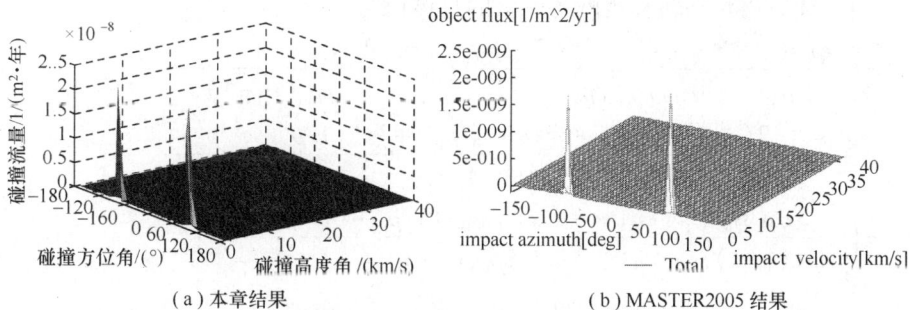

（a）本章结果　　　　　　　　　（b）MASTER2005 结果

图 8.33　GEO 区域碰撞流量随碰撞方位角和碰撞速度的三维分布

观察图 8.29 ~ 图 8.33 中，可发现本章方法的计算结果相比于 MASTER2005 的结果均偏大，但是在同一个数量级上，这与空间碎片的空间密度的现象是一致的，本章方法中采用的是 2013 年的编目数据，而 MASTER2005 模型中数据为 2005 年的数据，由此产生了计算结果偏大的现象。

附录 A T-H 方程状态转移矩阵的各元素

符号定义如下：

θ_0 初始时刻的真近点角。

θ t 时刻的真近点角。

p 椭圆轨道半通径，$p = h^2/\mu$。

ρ $\rho = 1 + e\cos\theta$

s $s = \rho\sin\theta$

c $c = \rho\cos\theta$

d $d = -e\sin\theta$

ρ_0 $\rho_0 = 1 + e\cos\theta_0$

s_0 $s_0 = \rho_0\sin\theta_0$

c_0 $c_0 = \rho_0\cos\theta_0$

d_0 $d_0 = -e\sin\theta_0$

s' $s' = \cos\theta + e\cos2\theta$

c' $c' = -(\sin\theta + e\sin2\theta)$

k^2 $k^2 = h/p^2$

J $J = k^2(t - t_0)$

T-H 方程状态转移矩阵各元素的具体值为

$$t_{11} = \left(\frac{3e\rho_0 s(e^2 + 3\rho_0 - 1)}{\rho(e^2 - 1)} - \frac{3e^3 ss_0^2}{\rho\rho_0(e^2 - 1)} \right)J + \frac{es_0[2es_0 - cs_0 + s(c_0 - 2e)]}{\rho\rho_0(e^2 - 1)}$$
$$+ \frac{\rho_0[-2(e^2 + 3\rho_0 - 1) + 3c(e + c_0/\rho_0) + 3ss_0(1/\rho_0 + e^2/\rho_0^2)]}{\rho(e^2 - 1)}$$

$$t_{12} = \left(-\frac{3e^2 \rho_0 ss_0}{\rho(e^2 - 1)} \right)J - \frac{es_0[ce + (cc_0 + ss_0)(1/\rho_0 + 1) - 2\rho_0^2]}{\rho\rho_0(e^2 - 1)}$$

$$t_{14} = \left(\frac{3e^2 ss_0}{k^2 \rho\rho_0(e^2 - 1)} \right)J + \frac{cs_0 - c_0 s + 2es - 2es_0}{k^2 \rho\rho_0(e^2 - 1)}$$

$$t_{15} = \left(\frac{3e\rho_0 s}{k^2 \rho(e^2 - 1)} \right)J + \frac{ce + (ss_0 + cc_0)(1/\rho_0 + 1) - 2\rho_0^2}{k^2 \rho\rho_0(e^2 - 1)}$$

$$t_{21} = \left(\frac{3\rho\rho_0(e^2 + 3\rho_0 - 1)}{(e^2 - 1)} - \frac{3e^2 \rho s_0^2}{\rho_0(e^2 - 1)} \right)J$$

$$+\frac{3\rho_0\left[es_0(1/\rho_0+1/\rho_0^2)-s(1/\rho+1)(e+c_0/\rho_0)\right]}{\rho(e^2-1)}$$

$$+\frac{3\rho_0 cs_0(1/\rho_0+e^2/\rho_0^2)(1/\rho+1)}{\rho(e^2-1)}$$

$$+\frac{es_0\left[c_0e-2+ss_0(1/\rho+1)+c(1/\rho+1)(c_0-2e)\right]}{\rho\rho_0(e^2-1)}$$

$$t_{22}=\left(-\frac{3e\rho\rho_0 s_0}{e^2-1}\right)J+\frac{\rho_0}{\rho}$$

$$-\frac{es_0\left[es_0(1/\rho_0+1)-s(1/\rho+1)\left[e+c_0(1/\rho_0+1)\right]+cs_0(1/\rho+1)(1/\rho_0+1)\right]}{\rho\rho_0(e^2-1)}$$

$$t_{24}=\left(\frac{3e\rho s_0}{k^2\rho_0(e^2-1)}\right)J-\frac{c_0e-2+ss_0(1/\rho+1)+c(1/\rho+1)(c_0-2e)}{k^2\rho\rho_0(e^2-1)}$$

$$t_{25}=\left(\frac{3\rho\rho_0}{k^2(e^2-1)}\right)J$$

$$+\frac{es_0(1/\rho_0+1)-s(1/\rho+1)\left[e+c_0(1/\rho_0+1)\right]+cs_0(1/\rho+1)(1/\rho_0+1)}{k^2\rho\rho_0(e^2-1)}$$

$$t_{33}=\left[\rho_0\cos(\theta-\theta_0)+d_0\sin(\theta-\theta_0)\right]/\rho$$

$$t_{36}=\sin(\theta-\theta_0)/(k^2\rho\rho_0)$$

$$t_{41}=\left\{\frac{\rho_0(3e^2k^2s^2+3s'ek^2\rho^2)(e^2+3\rho_0-1)}{\rho(e^2-1)}-\frac{3e^4k^2s^2s_0^2+3s'e^3k^2\rho^2s_0^2}{\rho\rho_0(e^2-1)}\right\}J$$

$$+\frac{3k^2\rho_0 es(e^2+3\rho_0-1)}{\rho(e^2-1)}$$

$$+\frac{3k^2\rho\rho_0\left[c'(e+c_0/\rho_0)+s's_0(1/\rho_0+e^2/\rho_0^2)\right]}{e^2-1}-\frac{es_0k^2\rho\left[c's_0-s'(c_0-2e)\right]}{\rho_0(e^2-1)}$$

$$-\frac{3k^2e^3ss_0^2}{\rho\rho_0(e^2-1)}$$

$$+\frac{\rho_0ek^2s\left[3c(e+c_0/\rho_0)-2(e^2+3\rho_0-1)+3ss_0(1/\rho_0+e^2/\rho_0^2)\right]}{\rho(e^2-1)}$$

$$t_{42}=\left(-\frac{3s'e^2k^2\rho\rho_0 s_0}{e^2-1}-\frac{3e^3k^2\rho s^2s_0}{\rho(e^2-1)}\right)J-\frac{ek^2\rho s_0\left[c'e+(c'c_0+s's_0)(1/\rho_0+1)\right]}{\rho_0(e^2-1)}$$

$$+\frac{e^2k^2ss_0\left[ce+(cc_0+ss_0)(1/\rho_0+1)+\rho_0^2\right]}{\rho\rho_0(e^2-1)}$$

$$t_{44}=\left(\frac{3e^3s^2s_0+3s'e^2\rho^2s_0}{\rho\rho_0(e^2-1)}\right)J+\frac{\rho(2s'e-c_0s'+c's_0)}{\rho_0(e^2-1)}+\frac{2e^2s^2+s_0e^2s-c_0es^2+cs_0es}{\rho\rho_0(e^2-1)}$$

$$t_{45}=\left(\frac{3s'e\rho^2\rho_0+3e^2\rho_0s^2}{\rho(e^2-1)}\right)J+\frac{\rho\{c'\left[e+c_0(1/\rho_0+1)\right]+s's_0(1/\rho_0+1)\}}{\rho_0(e^2-1)}$$

$$+\frac{es\{c[e+c_0(1/\rho_0+1)]+\rho_0^2+ss_0(1/\rho_0+1)\}}{\rho\rho_0(e^2-1)}$$

$$t_{51}=\left\{\frac{3e^3k^2\rho ss_0^2}{\rho_0(e^2-1)}-\frac{3ek^2\rho\rho_0s(e^2+3\rho_0-1)}{(e^2-1)}\right\}J$$

$$-\frac{k^2\rho es_0[3es_0-s_0(2c-e)+2s(c_0-2e)]}{\rho_0(e^2-1)}$$

$$-ek^2s\rho_0\left[\frac{3es_0(1/\rho_0+1/\rho_0^2)-3s(1/\rho+1)(e+c_0/\rho_0)+3cs_0(1/\rho_0+e^2/\rho_0^2)(1/\rho+1)}{\rho(e^2-1)}\right]$$

$$-k^2\rho\rho_0\left[\frac{-3(e^2+3\rho_0-1)+3(e+c_0/\rho_0)(2c-e)+6ss_0(1/\rho_0+e^2/\rho_0^2)}{e^2-1}\right]$$

$$-\frac{e^2k^2ss_0[c_0e-2+ss_0(1/\rho+1)+c(1/\rho+1)(c_0-2e)]}{\rho\rho_0(e^2-1)}$$

$$t_{52}=\left(\frac{3e^2k^2\rho\rho_0ss_0}{e^2-1}\right)J+\frac{k^2\rho es_0\{[e+c_0(1/\rho_0+1)](2c-e)-3\rho_0^2+2ss_0(1/\rho_0+1)\}}{\rho_0(e^2-1)}$$

$$+\frac{ek^2\rho_0s}{\rho}$$

$$-\frac{e^2k^2ss_0\{es_0(1/\rho_0+1)-s(1/\rho+1)[e+c_0(1/\rho_0+1)]+cs_0(1/\rho+1)(1/\rho_0+1)\}}{\rho\rho_0(e^2-1)}$$

$$t_{54}=\left(-\frac{3e^2\rho ss_0}{\rho_0(e^2-1)}\right)J+\frac{\rho[3es_0-s_0(2c-e)+2s(c_0-2e)]}{\rho_0(e^2-1)}$$

$$-\frac{es[c_0e-2+ss_0(1/\rho+1)+c(1/\rho+1)(c_0-2e)]}{\rho\rho_0(e^2-1)}$$

$$t_{55}=\left(-\frac{3e\rho\rho_0s}{e^2-1}\right)J-\frac{\rho\{[e+c_0(1/\rho_0+1)](2c-e)-3\rho_0^2+2ss_0(1/\rho_0+1)\}}{\rho_0(e^2-1)}$$

$$+\frac{es\{es_0(1/\rho_0+1)-s(1/\rho+1)[e+c_0(1/\rho_0+1)]+cs_0(1/\rho+1)(1/\rho_0+1)\}}{\rho\rho_0(e^2-1)}$$

$$t_{63}=d_0k^2[\rho\cos(\theta-\theta_0)-d\sin(\theta-\theta_0)]-\rho_0k^2[d\cos(\theta-\theta_0)+\rho\sin(\theta-\theta_0)]$$

$$t_{66}=k^2\rho\cos(\theta-\theta_0)-d\sin(\theta-\theta_0)/\rho_0$$

附录 B　C-W 方程计算得到的协方差矩阵表达式

协方差矩阵 $\boldsymbol{P}(t)$ 是对称阵,且 W 误差与 R、S 方向误差解耦,可以写为

$$\boldsymbol{P}(t) = \begin{bmatrix} \boldsymbol{P}_{rr}(t) & \boldsymbol{P}_{rv}(t) \\ \boldsymbol{P}_{rv}^{\mathrm{T}}(t) & \boldsymbol{P}_{vv}(t) \end{bmatrix} = \begin{bmatrix} p_{11} & p_{12} & 0 & p_{14} & p_{15} & 0 \\ p_{12} & p_{22} & 0 & p_{24} & p_{25} & 0 \\ 0 & 0 & p_{33} & 0 & 0 & p_{36} \\ p_{14} & p_{24} & 0 & p_{44} & p_{45} & 0 \\ p_{15} & p_{25} & 0 & p_{45} & p_{55} & 0 \\ 0 & 0 & p_{36} & 0 & 0 & p_{66} \end{bmatrix}$$

位置协方差矩阵 $\boldsymbol{P}_{rr}(t)$ 的诸非零元素为

$$p_{11} = (\cos nt - 2)^2 \sigma_{x0}^2 + \sin^2 nt \sigma_{y0}^2 + \frac{\sin^2 nt}{n^2} \sigma_{v_x0}^2 + \frac{4(1 - \cos nt)^2}{n^2} \sigma_{v_y0}^2$$

$$p_{12} = (2 - \cos nt)(2\sin nt - 3nt) \sigma_{x0}^2 + \sin nt (2\cos nt - 1) \sigma_{y0}^2$$
$$- \frac{2}{n^2} (1 - \cos nt) \sin nt \sigma_{v_x0}^2$$
$$+ \frac{2}{n} (\cos nt - 1) \left(3t - \frac{4}{n} \sin nt \right) \sigma_{v_y0}^2$$

$$p_{22} = (2\sin nt - 3nt)^2 \sigma_{x0}^2 + (2\cos nt - 1)^2 \sigma_{y0}^2$$
$$+ \frac{4}{n^2} (1 - \cos nt)^2 \sigma_{v_x0}^2 - \left(\frac{4}{n} \sin nt - 3t \right)^2 \sigma_{v_y0}^2$$

$$p_{33} = \cos^2 nt \sigma_{z0}^2 + \frac{1}{n^2} \sin^2 nt \sigma_{v_z0}^2$$

位置速度互相关协方差矩阵 $\boldsymbol{P}_{rv}(t)$ 诸元素为

$$p_{14} = n(\cos nt - 2)(3nt - \sin nt) \sigma_{x0}^2 + n\sin nt (\cos nt - 1) \sigma_{y0}^2$$
$$- \frac{1}{n} \sin nt (2 - \cos nt) \sigma_{v_x0}^2$$
$$+ \frac{2}{n} (3nt - 2\sin nt)(1 - \cos nt) \sigma_{v_y0}^2$$

$$p_{15} = n(\cos nt - 2)(\cos nt - 1) \sigma_{x0}^2 - n\sin^2 nt \sigma_{y0}^2 - \frac{1}{n} \sin^2 nt \sigma_{v_x0}^2$$

$$+ \frac{2}{n}(1 - \cos nt)(2\cos nt - 1)\sigma_{v_y0}^2$$

$$p_{24} = -n(2\sin nt - 3nt)(\sin nt - 3nt)\sigma_{x0}^2 - n(2\cos nt - 1)(\cos nt - 1)\sigma_{y0}^2$$

$$- \frac{2}{n}(1 - \cos nt)(2 - \cos nt)\sigma_{v_x0}^2 + \left(\frac{4}{n}\sin nt - 3t\right)(3nt - 2\sin nt)\sigma_{v_y0}^2$$

$$p_{25} = n(2\sin nt - 3nt)(\cos nt - 1)\sigma_{x0}^2 - n\sin t(2\cos nt - 1)\sigma_{y0}^2$$

$$+ \frac{2}{n}(1 - \cos nt)\sin nt\sigma_{v_x0}^2$$

$$+ \left(\frac{4}{n}\sin nt - 3t\right)(2\cos nt - 1)\sigma_{v_y0}^2$$

$$p_{36} = -n\sin nt\cos nt\sigma_{z0}^2 + \frac{1}{n}\sin nt\cos nt\sigma_{v_z0}^2$$

速度协方差矩阵 $\boldsymbol{P}_{vv}(t)$ 的诸非零元素为

$$p_{44} = n^2(\sin nt - 3nt)^2\sigma_{x0}^2 + n^2(\cos nt - 1)^2\sigma_{y0}^2 + (2 - \cos nt)^2\sigma_{v_x0}^2$$
$$+ (3nt - 2\sin nt)^2\sigma_{v_y0}^2$$

$$p_{45} = n^2(\sin nt - 3nt)(1 - \cos nt)\sigma_{x0}^2 + n^2\sin nt(\cos nt - 1)\sigma_{y0}^2$$
$$- \sin nt(2 - \cos nt)\sigma_{v_x0}^2$$
$$+ (3nt - 2\sin nt)(2\cos nt - 1)\sigma_{v_y0}^2$$

$$p_{55} = n^2(1 - \cos nt)^2\sigma_{x0}^2 + n^2\sin^2 nt\sigma_{y0}^2 + \sin^2 nt\sigma_{v_x0}^2 + (2\cos nt - 1)^2\sigma_{v_y0}^2$$

$$p_{66} = n^2\sin^2 nt\sigma_{z0}^2 + \cos^2 nt\sigma_{v_z0}^2$$

附录 C 第 3 章部分结果图

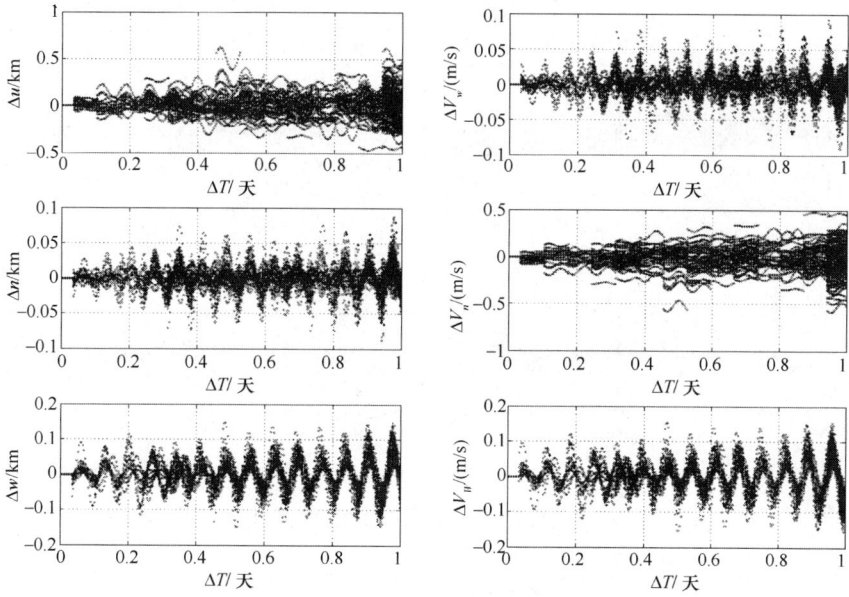

图 C.1 LEO 目标 TLE 预报误差随时间分布(预报 1 天)

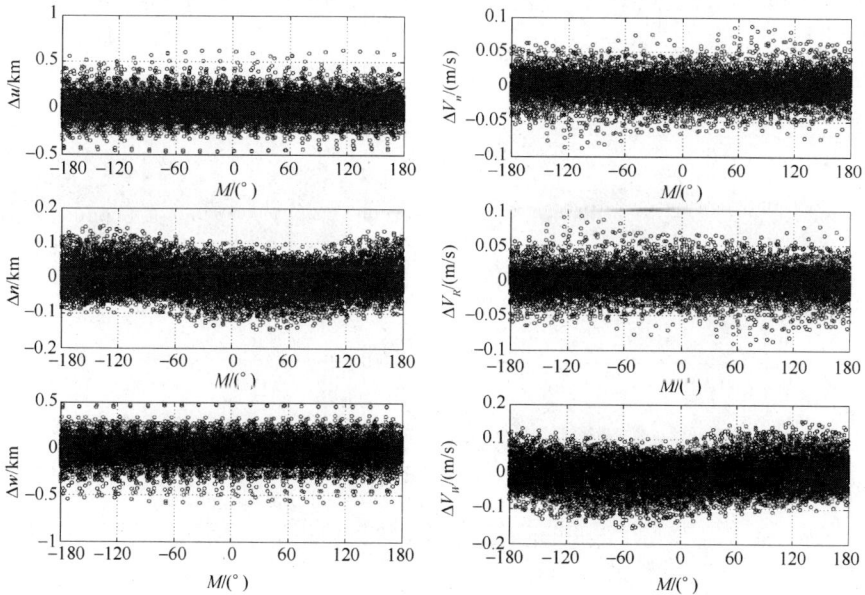

图 C.2 LEO 目标 TLE 预报误差随平近点角分布

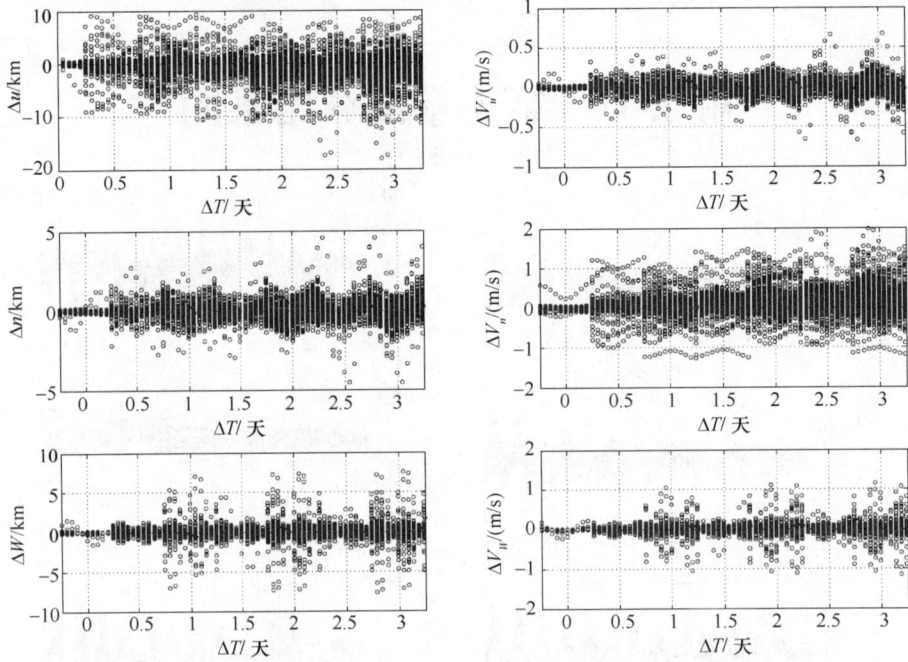

图 C.3 MEO 目标 TLE 预报误差随时间分布(预报 3 天)

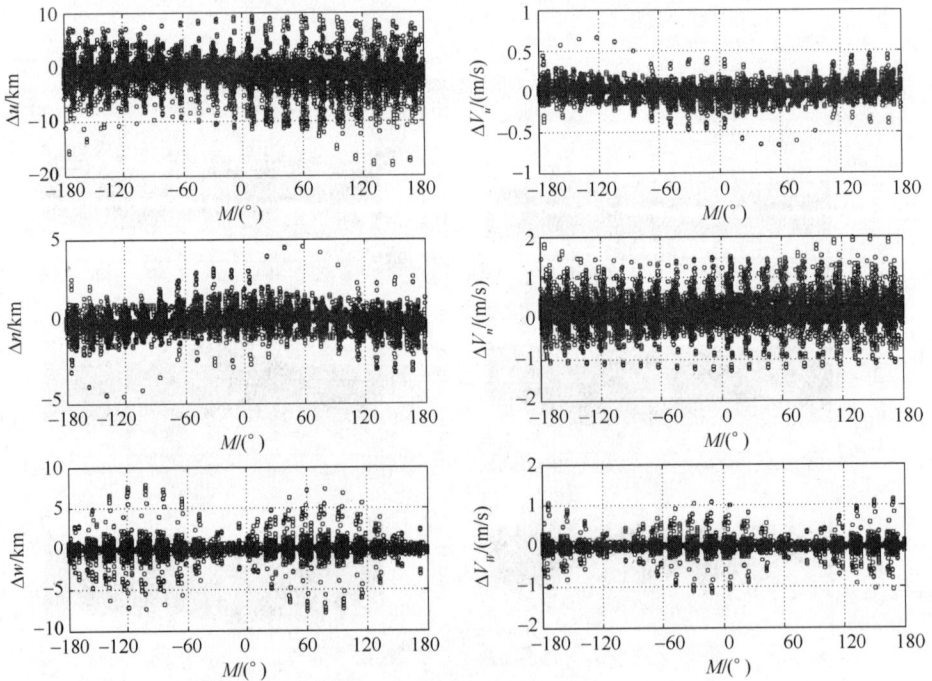

图 C.4 MEO 目标 TLE 预报误差随平近点角分布

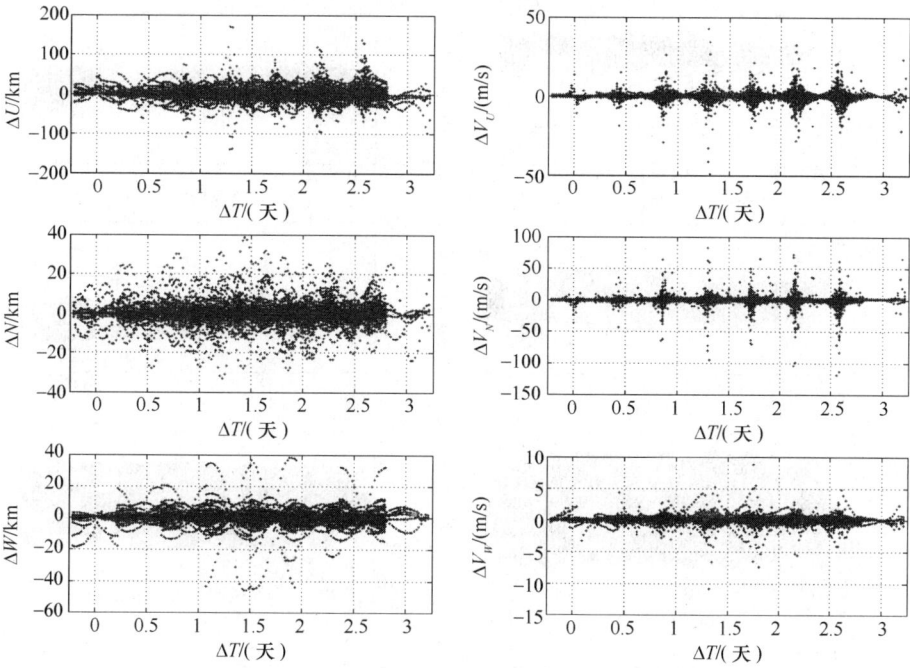

图 C.5　HEO 目标 TLE 预报误差随时间分布(预报 3 天)

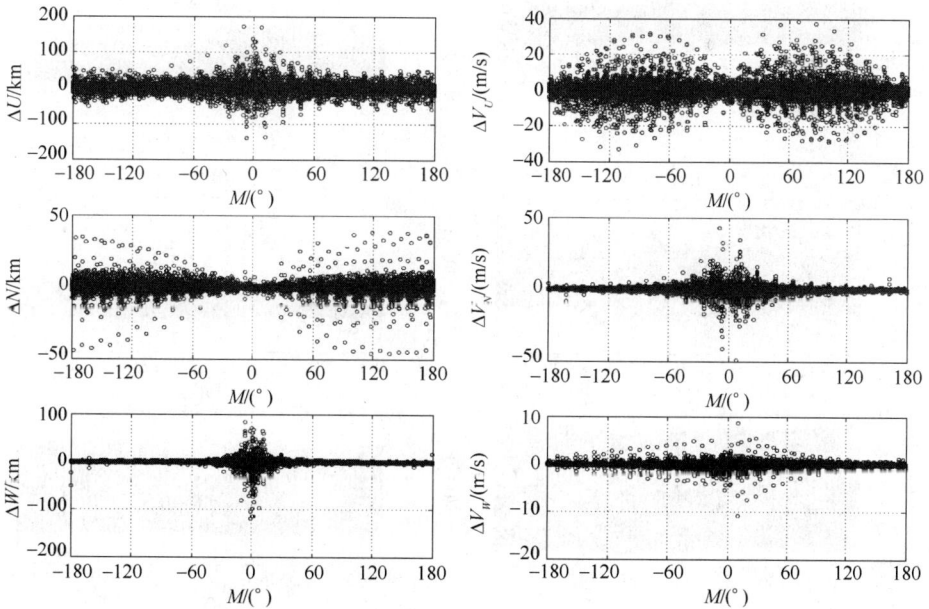

图 C.6　HEO 目标 TLE 预报误差随平近点角分布

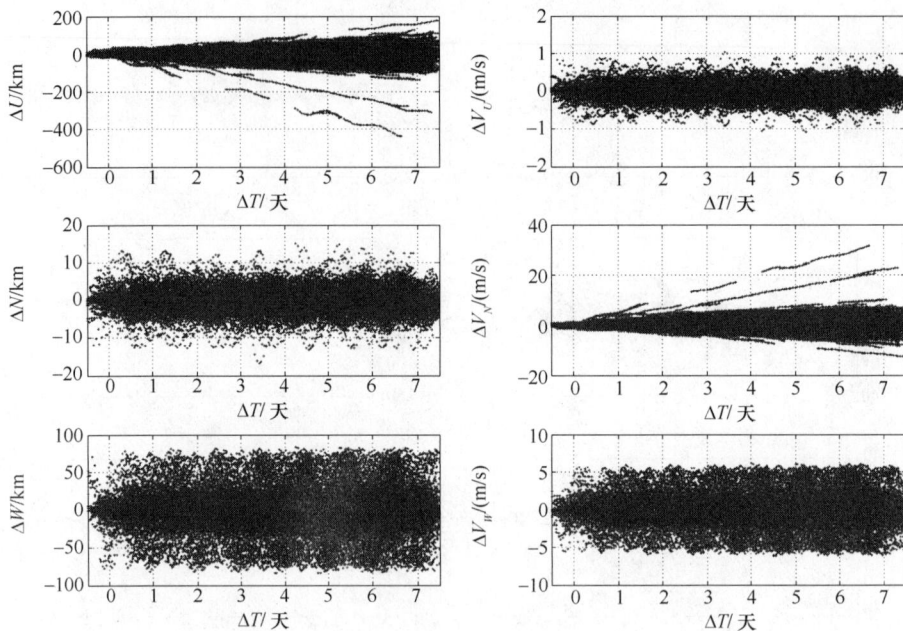

图 C. 7　GEO 目标 TLE 预报误差随时间分布(预报 7 天)

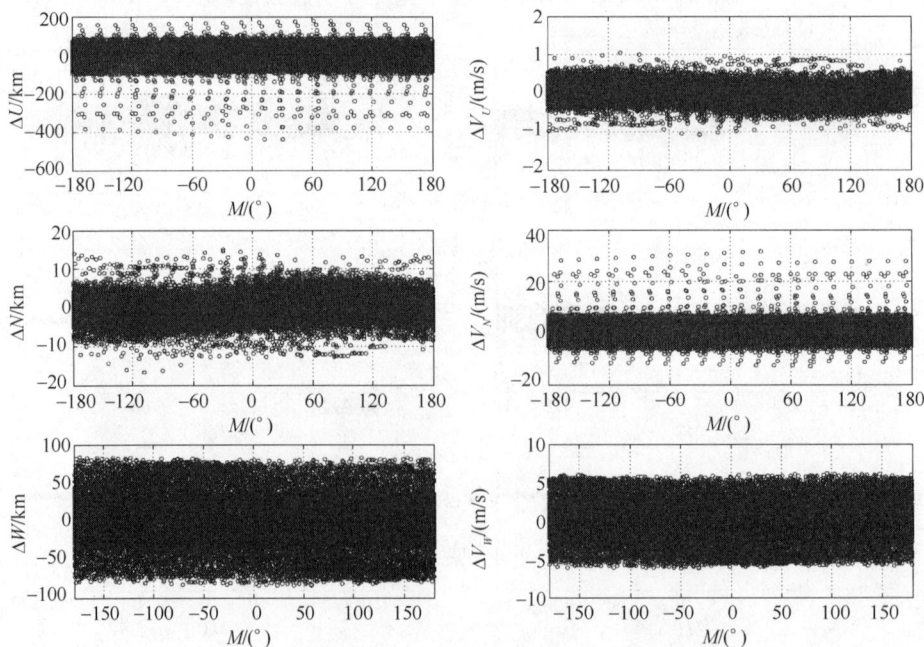

图 C. 8　GEO 目标 TLE 预报误差随平近点角分布

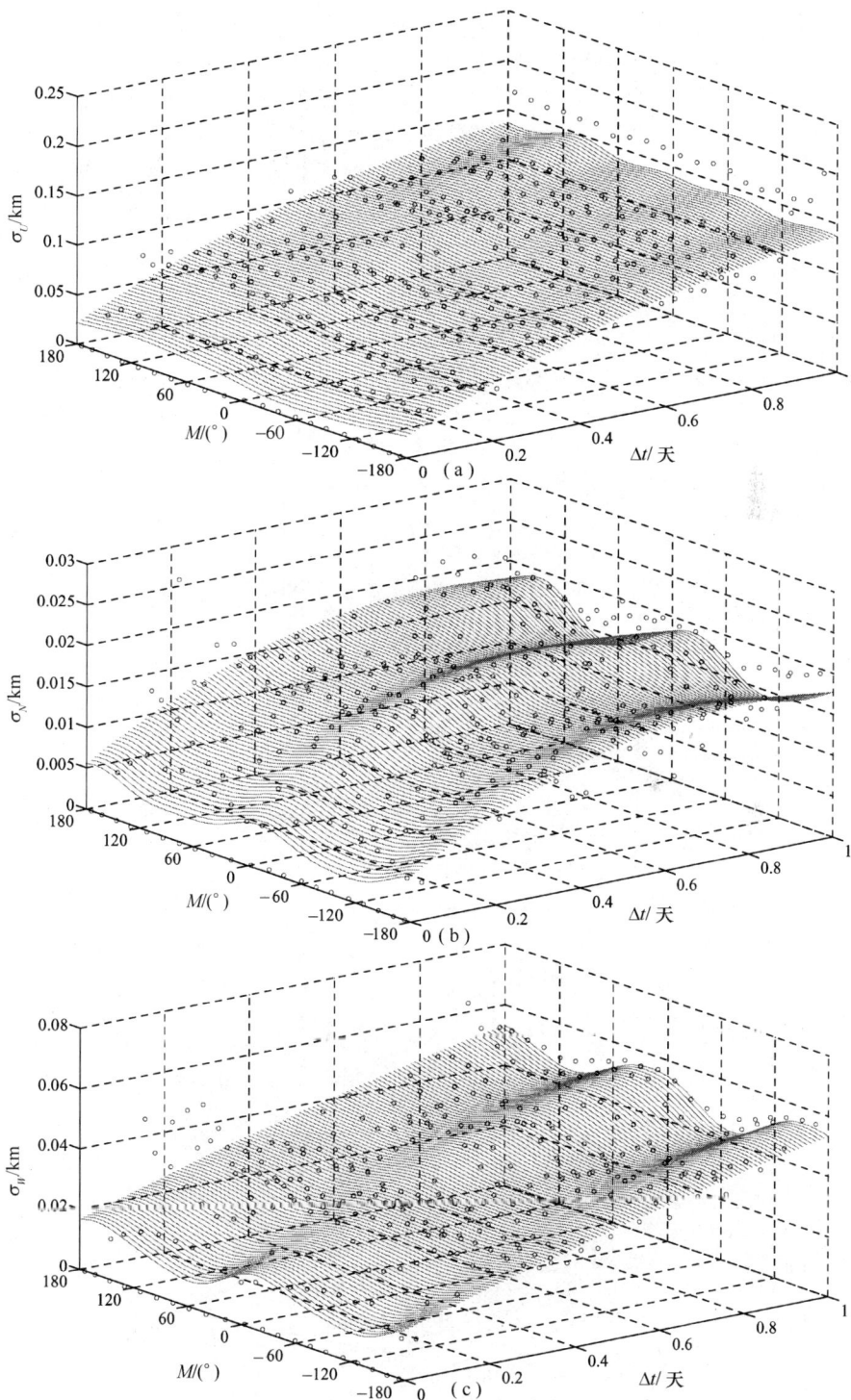

图 C. 9 LEO 目标误差标准差泊松级数拟合曲面

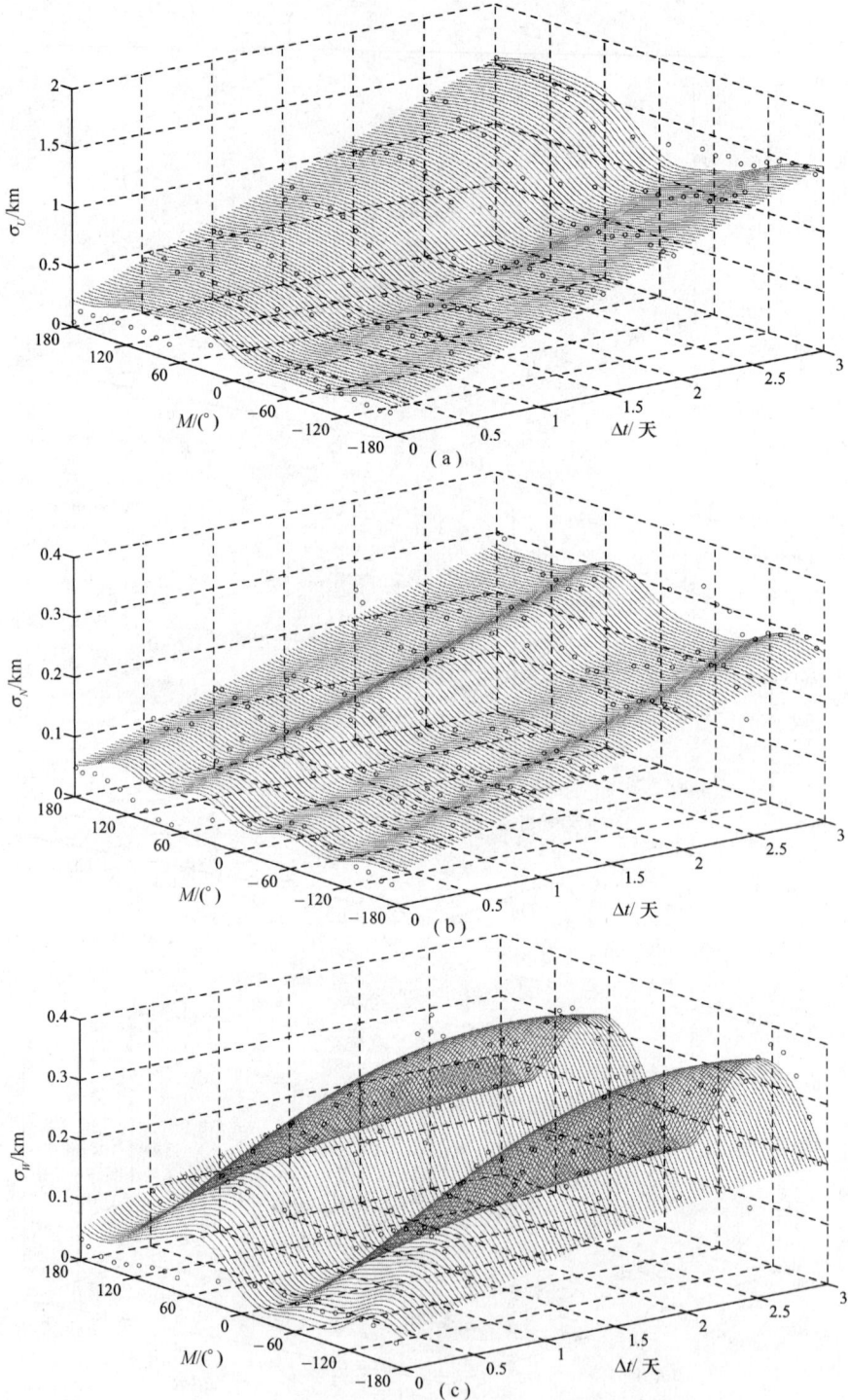

图 C.10　MEO 目标误差标准差泊松级数拟合曲面

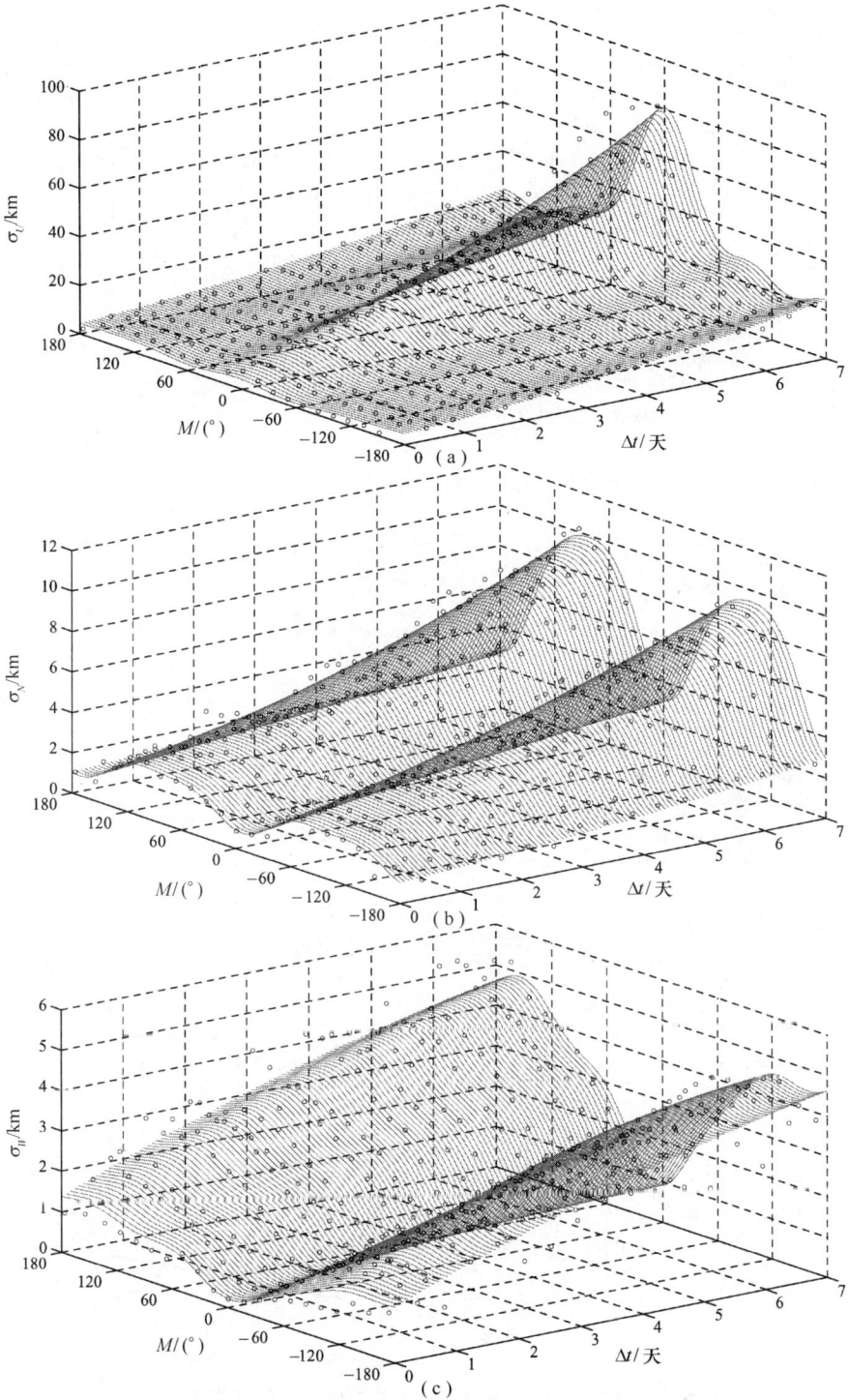

图 C. 11   HEO 目标误差标准差泊松级数拟合曲面

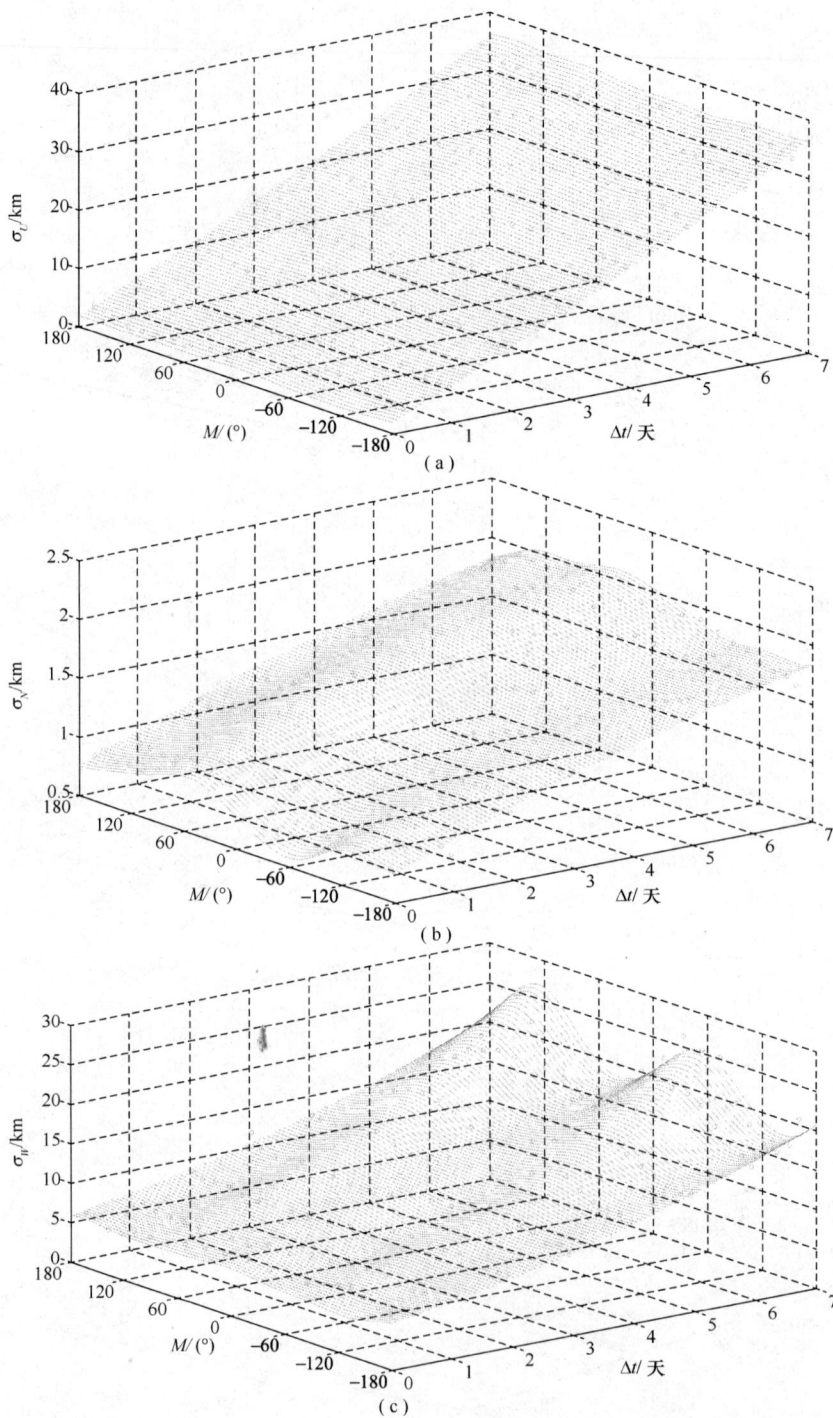

图 C.12　GEO 目标误差标准差泊松级数拟合曲面

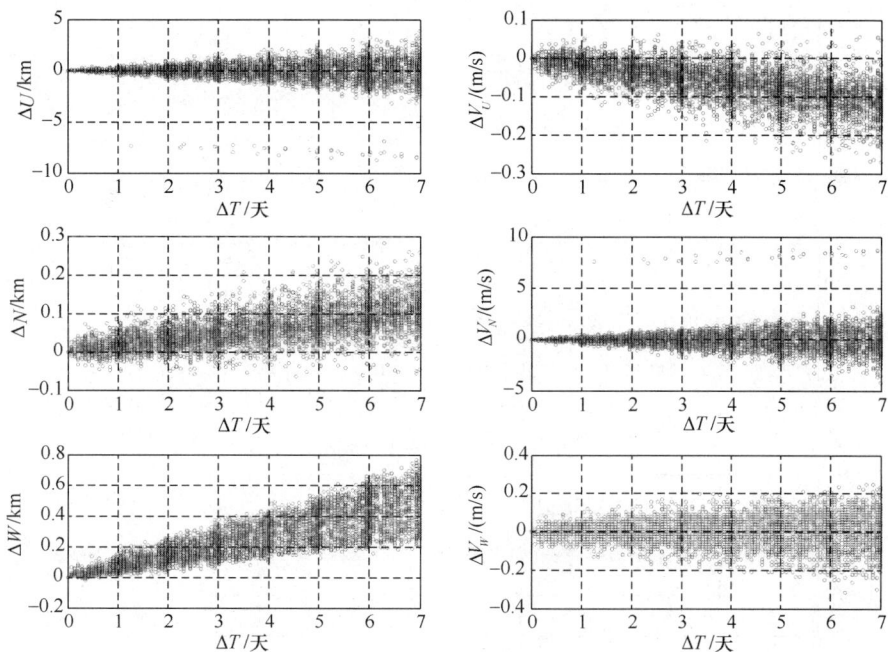

图 C.13 LEO 目标 TLE 预报误差随预报时间分布

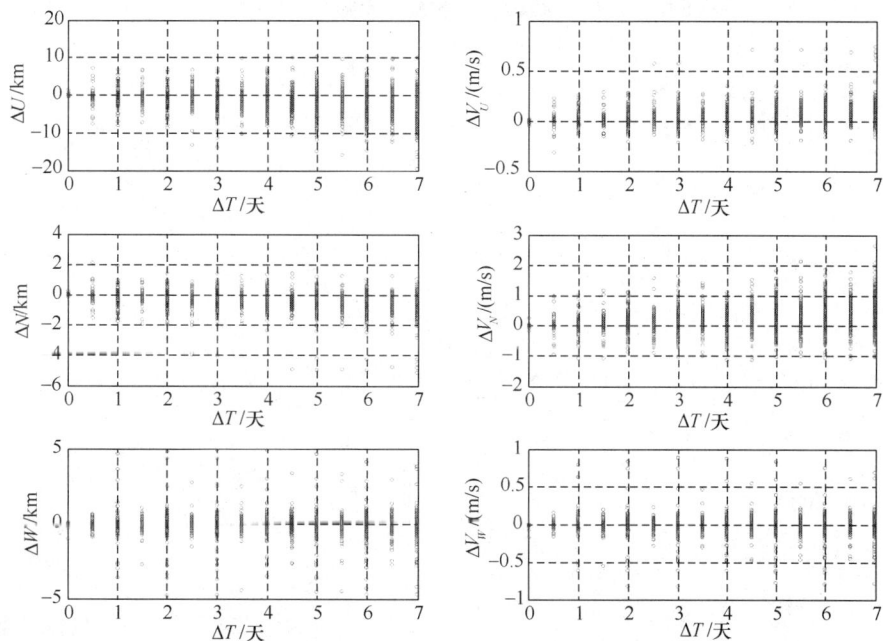

图 C.14 MEO 目标 TLE 预报误差随预报时间分布

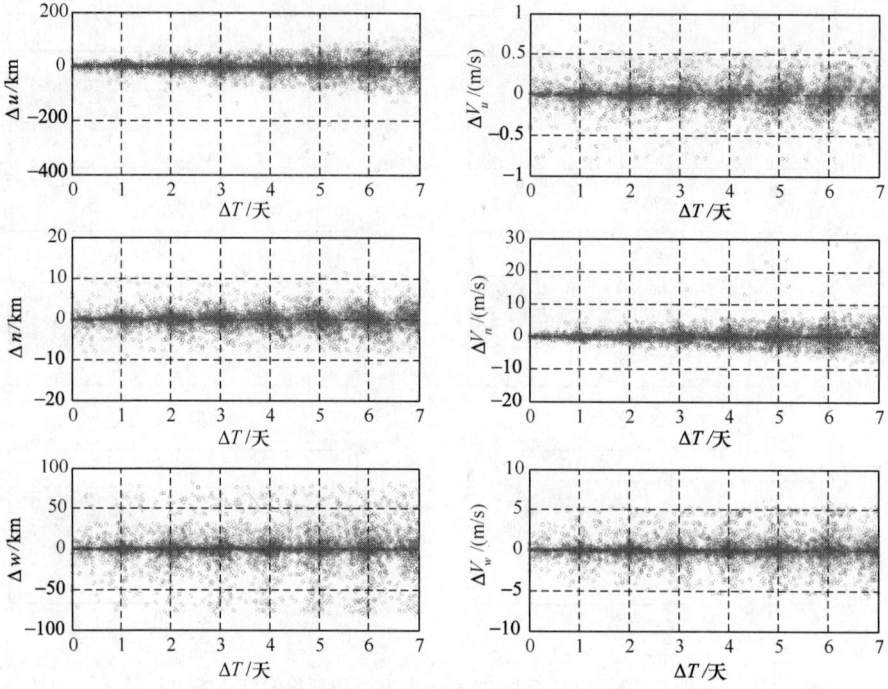

图 C. 15　GEO 目标 TLE 预报误差随预报时间分布

附录 D 等面积空域划分方案

本书采用的等面积空域划分的最终方案见表 D.1。

表 D.1 等面积空域划分最终方案

轨道区域	h_{min}/km	h_{max}/km	Δh/km	同一高度单元数	总单元数
LEO	186	2286	25	460	38640
MEO	2286	34786	500	460	29900
GEO	34786	36786	50	460	18400

其中,对于同一轨道高度区域内的二维空间区域北半球划分 10 个纬度带,南北半球划分方式对称,纬度带划分的特征纬度值见表 D.2。

表 D.2 同一轨道高度区域内划分的纬度特征值

北半球纬度带序号	每个纬度带的划分的单元数	纬度特征值/(°)
1	1	84.65520
2	6	75.82802
3	12	66.54764
4	18	57.04841
5	23	47.65739
6	28	38.12588
7	32	28.57188
8	35	19.03144
9	37	9.509863
10	38	0

在同一纬度带上的经度特征值根据当前纬度带需要划分的单元数进行等分,如第 $i(i=1,2,\cdots,10)$ 个纬度带划分的空间单元数为 N_i,则每个单元的经度跨度范围为 $2\pi/N_i$,所以对应的经度特征值分别为 0, $2\pi/N_i$, $2 \cdot 2\pi/N_i$, $\cdots$, $(N_i-1) \cdot 2\pi/N_i$。

根据以上的等面积空域划分方案,使用 Matlab 绘图工具绘制如图 D.1 所示的划分效果图。

空间单元编号采用 7 位数字编号的方法,如图 D.2 所示。

编号格式说明:

(1) 1、2 位数字表示纬度带的编号,其范围为 01~20,见表 D.3。

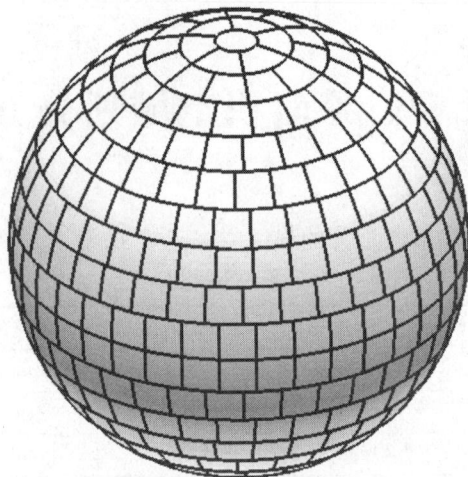

图 D.1　全球划分 460 块的效果图

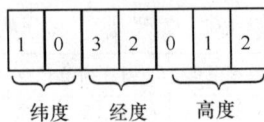

图 D.2　空间单元编号格式

表 D.3　纬度带编号格式及其代表范围

编号	纬度范围°	编号	纬度范围°
01	84.65520 ~ 90.00000 N	11	0.000000 ~ 9.509863 S
02	75.82802 ~ 84.65520 N	12	9.509863 ~ 19.03144 S
03	66.54764 ~ 75.82802 N	13	19.03144 ~ 28.57188 S
04	57.04841 ~ 66.54764 N	14	28.57188 ~ 38.12588 S
05	47.65739 ~ 57.04841 N	15	38.12588 ~ 47.65739 S
06	38.12588 ~ 47.65739 N	16	47.65739 ~ 57.04841 S
07	28.57188 ~ 38.12588 N	17	57.04841 ~ 66.54764 S
08	19.03144 ~ 28.57188 N	18	66.54764 ~ 75.82802 S
09	9.509863 ~ 19.03144 N	19	75.82802 ~ 84.65520 S
10	0.000000 ~ 9.509863 N	20	84.65520 ~ 90.00000 S

　　(2) 3、4 位数字表示经度带编号,经度带编号的范围受纬度带的限制,在 J2000 坐标系下,以 0 经度为起始线,自西向东 360° 等分为 N_i 份,N_i 为编号 i 的纬度带划分的单元数,则经度带的编号从 0 经度开始自西向东分别编为 01 ~ N_i。例如 $N_2 = N_{19} = 6$,则其经度带编号见表 D.4。

表 D.4 第 02、19 纬度带的经度带编号格式及其代表范围

编号	经度范围/(°)	编号	经度范围/(°)
01	0～60	04	180～240
02	60～120	05	240～300
03	120～180	06	300～360

不同纬度带的经度带编号范围不同,最大的第 10、11 纬度带对应的经度带编号范围为 01～38。空间区域的经度带编号范围如图 D.3 所示。

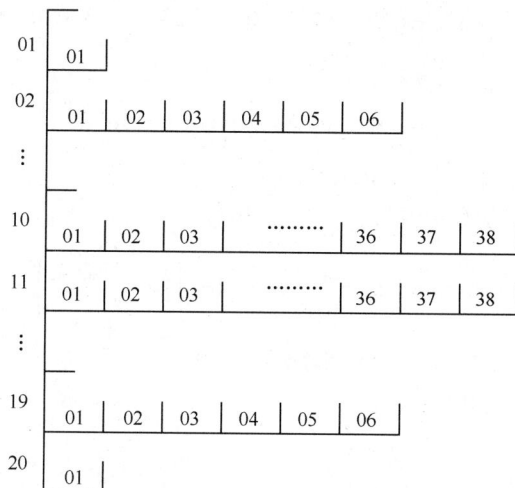

图 D.3 空间区域经度编号示意图

（3）5、6、7 三位数字表示高度的编号,其范围为 001～189。其中:编号 001～084 代表 LEO 区域;编号 085～149 代表 MEO 区域;编号 150～189 代表 GEO 区域。具体编号方法见表 D.5。

表 D.5 高度带的编号格式

编号	纬度范围/km	轨道区域	编号	纬度范围/km	轨道区域
001	186～211	LEO	148	33786～34286	MEO
002	211～236		149	34286～34786	
…	…		150	34786～34836	GEO
083	2236～2261		151	34836～34886	
084	2261～2286		…	…	
085	2286～2786	MEO	188	36686～36736	
086	2786～3286		189	36736～36786	
…	…				

按照上述的空间单元编号规则,图 D.2 的空间单元编号表示的含义是,纬

度范围为 $0°N \sim 9.509863°N$，经度范围为 $\left(\dfrac{360 \times 31}{38}\right)° \sim \left(\dfrac{360 \times 32}{38}\right)°$，高度范围为 $461 \sim 486\text{km}$ 的空间单元。

给定一空间目标的经纬高坐标 (L, B, H)，确定其属于哪个编号的空间单元的具体步骤如下：

（1）确定所属纬度带编号：

$$\begin{cases} \text{CatNum}_B = 01, & (84.65520°N \leqslant B \leqslant 90°N) \\ \text{CatNum}_B = 02, & (75.82802°N \leqslant B < 84.65520°N) \\ \quad\vdots & \qquad\vdots \\ \text{CatNum}_B = 20, & (84.65520°S < B \leqslant 90°S) \end{cases}$$

其中：CatNum_B 表示纬度带编号。

（2）确定所属经度带编号：

$$\text{CatNum}_L = \left[L \Big/ \dfrac{360°}{N_{\text{CatNum}_B}} \right] + 1 = \left[\dfrac{L \cdot N_{\text{CatNum}_B}}{360°} \right] + 1$$

其中：$[\ \cdot\ ]$ 为取整符号；CatNum_L 表示经度带编号。

（3）确定所属高度带编号：

$$\begin{cases} \text{CatNum}_H = \left[\dfrac{H - 186}{25} \right] + 1 & (186\text{km} \leqslant H < 2286\text{km}) \\[2mm] \text{CatNum}_H = \left[\dfrac{H - 2286}{500} \right] + 85 & (2286\text{km} \leqslant H < 34786\text{km}) \\[2mm] \text{CatNum}_H = \left[\dfrac{H - 34786}{50} \right] + 150 & (34786\text{km} \leqslant H \leqslant 36786\text{km}) \end{cases}$$

（4）确定此空间目标所属的空间单元的编号：

$$\text{CatNum} = \text{CatNum}_B \cdot 10^5 + \text{CatNum}_L \cdot 10^3 + \text{CatNum}_H$$

其中：CatNum 为 7 位数字的空间单元编号。

一个比较详尽的空间单元结构体不仅包含空间单元编号、空间单元中心点坐标、空间单元纬度边界、空间单元经度边界、空间单元高度边界、空间单元的体积（均为空间单元固有的特征信息），还包含与该单元有关的统计信息，如历元时刻、该单元内平均滞留的空间目标数目、空间密度、每个滞留空间目标经过该空间单元的中心速度、目标轨道经过该空间单元时的碰撞流量。为了方便以后模型的扩展，空间单元结构体留有扩展接口，用于存储其他信息，如平均太阳活动 $F_{10.7}$ 值，地磁指数 A_p 值等。

空间单元结构体如图 D.4 所示。

一个空间单元结构体的内容如果是：

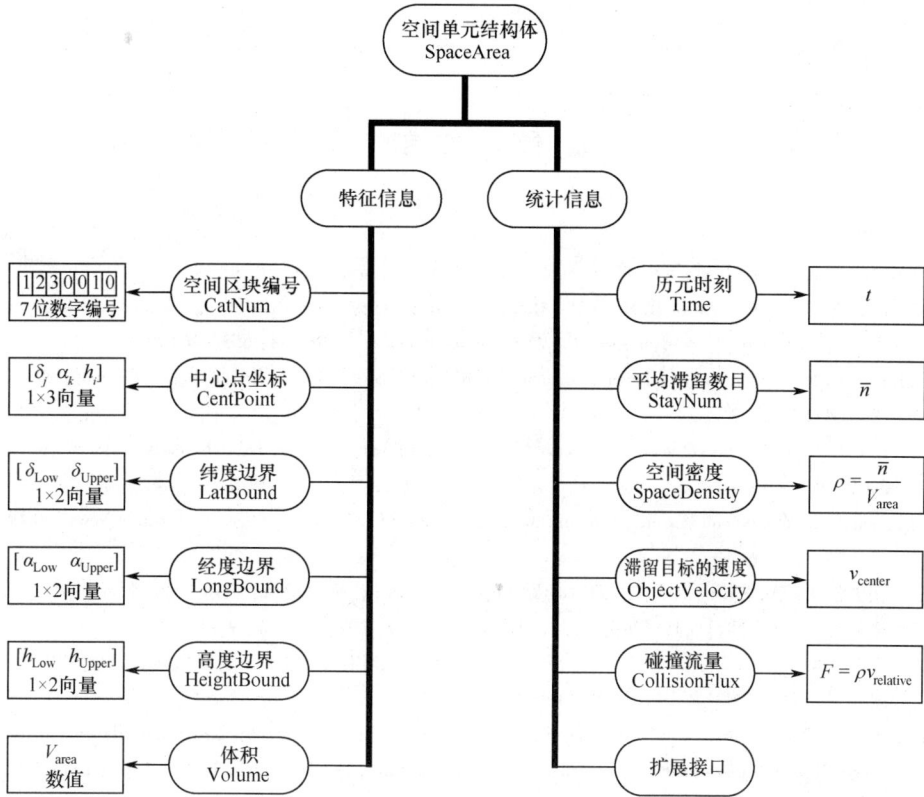

图 D. 4　空间单元结构体

SpaceArea. CatNum = 0201007

SpaceArea. CentPoint = $[80.241610\ 30.0000\ 381]$（单位：(°)、(°)、km）

SpaceArea. LatBound = $[75.82802N\ 84.65520N]$（单位：(°)、(°)）

SpaceArea. LongBound = $[0\ 60]$（单位：(°)、(°)）

SpaceArea. HeightBound = $[366\ 396]$（单位：km、km）

SpaceArea. Volumn = 1000（单位：km^3）

SpaceArea. Time = 2456579. 1215（单位：儒略日）

SpaceArea. StayNum = 0. 08（单位：个）

SpaceArea. SpaceDensity = 8×10^{-5}（单位：1/km^3）

SpaceArea. CollisionFlux = 8×10^{-11}（单位：1/(m$^2\cdot$s)）

　　则它包含了大部分该空间单元的特征信息,其含义为编号为 0201007 的空间单元内平均滞留空间目标数目 0. 08 个,空间密度为 8×10^{-5}1/km^3,目标轨道在该单元的碰撞流量为 8×10^{-11}1/(m$^2\cdot$s)。

参 考 文 献

［1］ Liou J C. Satellite box score ［J］. Orbital Debris Quarterly News, 2014, 18(1): 9.

［2］ Hash Y, Bean N P, Steyn W H, et al. Attitude control recovery of the CERISE microsatellite following an in – orbit collision ［J］. Advances in the Astronautical Sciences, 1998, 98: 655 – 663.

［3］ Johnson N. First natural collision of cataloged earth satellites ［J］. The Orbital Debris Quarterly News, 1996, 1(2): 1 – 2.

［4］ Liou J C. Accidental collisions of cataloged satellites identified ［J］. The Orbital Debris Quarterly News, 2005, 9(2): 1.

［5］ Liou J C. Satellite collision leaves significant debris clouds ［J］. The Orbital Debris Quarterly News, 2009, 13(2): 1.

［6］ 张为华,李健,杨乐平. 美国空间战略及空间作战条令制度［M］. 北京:国防工业出版社, 2012.

［7］ 柳仲贵. 近地空间目标监视网设计［J］. 飞行器测控学报, 2000, 19(4): 9 – 17.

［8］ 乔凯,王治乐,丛明煜. 空间目标天基与地基监视系统对比分析［J］. 光学技术, 2006, 32(5): 744 – 749.

［9］ Burnham W F, Morton F E, Sridharan R, et al. Mission planning for space – based surveillance with the space – based visible sensor ［J］. Journal of Guidance, Control, and Dynamics, 2000, 23(1): 165 – 169.

［10］ 刘林. 航天器轨道理论［M］. 北京:国防工业出版社, 2000.

［11］ Hoots F R, Roehrich R L. Space track report No. 3: models for propagation of NORAD element sets ［R］. Peterson: Aerospace Defense Command, United States Air Force, 1980: 1 – 79.

［12］ Hoots F R, Schumacher P W, Glover R A. History of analytical orbit modeling in the U. S. space surveillance system ［J］. Journal of Guidance, Control and Dynamic, 2004, 27(2): 174 – 185.

［13］ Vallado D A, Crawford P, Hujsak R. Revisiting spacetrack No. 3 ［C］. AIAA 2006 – 6753. AIAA/AAS Astrodynamics Specialist Conference and Exhibit, Keystone, Colorado, 2006.

［14］ 李济生. 航天器轨道确定［M］. 北京:国防工业出版社, 2003.

［15］ Vallado D A. An analysis of state vector propagation using differing flight dynamics programs ［C］. AAS 05 – 199. AAS/AIAA Space Flight Mechanics Conference, Copper Mountain, Colorado, 2005.

［16］ Fonte D J. Comparison of orbit propagation in the research and development Goddard trajectory determination system ［J］. Advances in the Astronautical Sciences, 1996, 90(2): 1 – 949.

［17］ 吴连大. 人造卫星与空间碎片的轨道和探测［M］. 北京:中国科学技术出版社, 2011.

［18］ Nate Silver. 信号与噪声［M］. 胡晓姣,等译. 北京:中信出版社, 2013.

［19］ Gavin R T. NASA's orbital debris conjunction assessment and collision avoidance strategy ［R］. JSC – CN – 19799. Houston: NASA Johnson Space Center Flight Dynamics Division, 2010.

［20］ Newman L K. The NASA robotic conjunction assessment process: overview and operational experiences ［C］. IAC – 08 – A. 6. 2. 6. The 59th International Astronautical Congress, IAC2008, Glasgow, Scotland, 2008.

［21］ Kelso T S, Alfano S. Satellite orbital conjunction reports assessing threatening encounters in space (SOC-

RATES)［C］. AAS 05 – 124. 15th AAS/AIAA Space Flight Mechanics Conference, Copper Mountain, Colorado, 2005.

［22］ Klinkrad H, Alarcon J R, Sanchez N. Collision avoidance for operational ESA satellite［C］. Proceedings of the Fourth European Conference on Space Debris, Darmstadt, Germany, 2005.

［23］ Alarcon – Rodriguez J R, Martinez – Fadrique F M, Klinkrad H. Development of a collision risk assessment tool［J］. Advances in Space Research, 2004 (34): 1120 – 1124.

［24］ Flohrer T, Krag H, Klinkrad, H. ESA's process for the identification and assessment of high – risk conjunction events［J］. Advances in Space Research, 2009, (44): 355 – 363.

［25］ Laporte F, Sasot E. Operational management of collision risks for LEO satellites at CNES［C］. AIAA 2008 – 3409. SpaceOps 2008 Conference, Heidelberg, Germany, 2008.

［26］ Aida S, Kirschner M, Wermuth M, et al. Collision avoidance operations for LEO satellites controlled by GSOC［C］. AIAA 2010 – 2298. SpaceOps 2010 Conference, Huntsville, Alabama, 2010.

［27］ Matsuda I, Hirose C, Kudo N. The JAXA conjunction assessment process［C］. AIAA 2010 – 2039. SpaceOps 2010 Conference, Huntsville, Alabama, 2010.

［28］ 朱毅麟. 空间碎片环境模型［J］. 国际太空, 1999, (3): 13 – 16.

［29］ Heiner Klinkrad. 空间碎片——模型与风险分析［M］. 钱卫平, 译. 北京: 清华大学出版社, 2012.

［30］ Vallado D A. Fundamentals of astrodynamics and applications［M］. Second Edition. El Segundo: Microcosm Press, 2004.

［31］ CCSDS Secretariat. Draft recommendation for space data system standards: Conjunction Data Message. Draft recommended standard CCSDS 508. 0 – R – 1, 2012.

［32］ Gelb A, Warren R S. Direct statistical analysis of nonlinear system – CADET［C］. AIAA Guidance and Control Conference, 1972: 72 – 875.

［33］ Taylor J H, Price C F. Direct statistical analysis of missile guidance systems via CADET［R］. Massachusetts: Analytic Sciences Corporation, 1974.

［34］ Taylor J H. Handbook for the direct statistical analysis of missile guidance system via CADET［R］. Massachusetts: Analytic Sciences Corporation, 1975.

［35］ Gelb A, Kasper J, Price C, et al. Applied Optimal Estimation［M］. MIT Press, Cambridge, MA, 1974.

［36］ Liang L B, Luo Y Z, Zhang J, et al. Rendezvous – Phasing errors propagation using quasi – linearization method［C］. AIAA2010 – 7594. AIAA Guidance, Navigation, and Control Conference, Toronto, Ontario Canada, 2010.

［37］ 梁立波, 罗亚中, 杏建军, 等. 基于协方差分析描述函数法的非线性交会精度分析［J］. 系统工程与电子技术, 2010, 32(9): 1977 – 1981.

［38］ Vallado D A. A preliminary analysis of state vector prediction accuracy［C］. AAS 07 – 358. AAS/AIAA Space Flight Mechanics Meeting, Sedona, Arizona, 28 January – 01 February 2007.

［39］ Chan J C, Navarro D. Comparisons of NORAD Two – line elements with INTELSAT orbital elements［C］. Proceedings of the Third European Conference on Space Debris, Darmstadt, Germany, 2001.

［40］ Kelso T S. Validation of SGP4 and IS – GPS – 200D against GPS precision ephemerides［C］. AAS 07 – 127. AAS/AIAA Space Flight Mechanics Meeting, Sedona, Arizona, 28 January – 01 February 2007.

［41］ Boyce W H. Examination of NORAD TLE accuracy using the Iridium constellation［J］. Spaceflight mechanics 2004. Advances in the Astronautical Science, 2004(119): 2133 – 2142.

［42］ Snow D, Kaya D. Element set prediction accuracy assessment［J］. Astrodynamics 1999. Advances in the Astronautical Science, 1999 (103): 1937 – 1958.

［43］ Muldoon A R, Elkaim G H. Improved orbit estimation using GPS measurements for conjunction analysis

　　［C］．21st International Technical Meeting of the Satellite Division of the Institute of Navigation, ION GNSS 2008, 2008.

［44］张金槐. 非线性系统误差协方差阵的鞅表示——关于 CADET 的一个注记［J］. 飞行器测控技术, 1990(1):1-5.

［45］韩蕾. 低轨空间监视的天地协同轨道确定于误差分析［D］. 长沙:国防科学技术大学,2008.

［46］Junkins J, Akella M, and Alfriend K. Non-Gaussian error propagation in orbital mechanics［J］. Journal of the Astronautical Sciences, 1996, 44(4): 541-563.

［47］杨乐平, 朱彦伟, 黄涣. 航天器相对运动轨迹规划与控制［M］. 北京:国防工业出版社, 2010.

［48］张玉锟. 卫星编队飞行的动力学与控制技术研究［D］. 长沙:国防科学技术大学, 2002.

［49］孟云鹤. 近地轨道航天器编队飞行控制与应用研究［D］. 长沙:国防科学技术大学, 2006.

［50］安雪滢. 椭圆轨道航天器编队飞行动力学及应用研究［D］. 长沙:国防科学技术大学, 2006.

［51］李俊峰, 高云峰, 宝音贺西. 卫星编队飞行动力学与控制研究［J］. 力学与实践, 2002, 24(2): 1-6.

［52］高云峰, 宝音贺西, 李俊峰. 卫星编队飞行的动力学特性与相对轨道构形仿真［J］. 清华大学学报（自然科学版）, 2002, 42(4): 458-461.

［53］Yamanaka K, Ankersen F. New state transition matrix for relative motion on an arbitrary elliptical orbit ［J］. Journal of Guidance, Control, and Dynamics, 2002, 25(1): 60-66.

［54］岳晓奎, 苑云霞. 椭圆轨道相对动力学状态转移矩阵［J］. 中国空间科学技术, 2011, (1): 42-47.

［55］杏建军. 编队卫星周期性相对运动轨道设计与构形保持研究［D］. 长沙:国防科学技术大学, 2007.

［56］Xing J J, Tang G J, Xi X N, et al. Satellite formation design and optimal stationkeeping considering non-linearity and eccentricity［J］. Journal of Guidance, Control, and Dynamics, 2007, 30(5): 1523-1528.

［57］杏建军, 李海阳, 唐国金, 等 非线性条件下编队卫星周期性相对运动条件［J］. 宇航学报, 2006, 27(3): 359-362.

［58］杏建军, 唐国金, 郗晓宁, 等. 椭圆参考轨道编队卫星非线性周期性相对运动条件［J］. 清华大学学报(自然科学版), 2006, 46(8): 1462-1465.

［59］Xing J J, Tang G J, Li H Y. New method of the analytic periodic solution for spacecraft formation in elliptical orbits［C］. 57th International Astronautical Congress, Spain, 2006.

［60］杏建军, 李海阳, 唐国金, 等. 利用数值优化技术设计周期性绕飞的编队轨道［J］. 国防科技大学学报, 2006, 28(1): 13-16.

［61］杏建军, 郗晓宁, 王威, 等. 双星编队星座相对状态自主确定［J］. 宇航学报, 2003, 24(3): 254-258.

［62］陈磊, 韩蕾, 白显宗, 等. 空间目标轨道力学与误差分析［M］. 北京:国防工业出版社, 2010.

［63］Chan F K. Spacecraft collision probability［M］. El Segundo: The Aerospace Press, 2008.

［64］Alfriend K T, Akella M R, Frisbee J, et al. Probability of collision error analysis［J］. Space Debris, 1999 (1): 21-35.

［65］Ghrist R W, Plakalovic D. Impact of non-Gaussian error volumes on conjunction assessment risk analysis ［C］. AIAA 2012-4965. AIAA/AAS Astrodynamics Specialist Conference, Minneapolis, Minnesota, 2012.

［66］白显宗. 空间目标碰撞预警中的碰撞概率问题研究［D］. 长沙:国防科学技术大学, 2008.

［67］柳仲贵. 卫星轨道误差的相关性［J］. 飞行器测控学报, 2011, 30(5): 45-49.

［68］Schaub H, Alfriend K T. Hybrid Cartesian and orbit element feedback law for formation flying spacecraft ［J］. Journal of Guidance, Control, and Dynamics, 2002, 25(2): 387-393.

［69］Schaub H. Relative orbit geometry through classical orbit element differences［J］. Journal of Guidance,

Control, and Dynamics, 2004, 27(5): 839 – 848.

［70］马振华. 现代应用数学手册: 概率统计与随机过程卷［M］. 北京: 清华大学出版社, 2000.

［71］Krag H, Klinkrad H, Alarcon – Rodriguez J R. Assessment of orbit uncertainties for collision risk predictions at ESA［C］. Proceedings of Second IAASS Conference, Chicago, USA, 2007.

［72］Flohrer T, Krag H, Klinkrad H. Assessment and categorization of TLE orbit errors for the US SSN catalogue ［C］. Proceedings of the Advanced Maui Optical and Space Surveillance Technologies Conference, Maui, US, 2008.

［73］Wang R, Liu J, Zhang Q M. Propagation errors analysis of TLE data［J］. Advances in Space Research, 2009(43): 1065 – 1069.

［74］Peterson G E, Gist R G, Oltrogge D L. Covariance generation for space objects using public data［J］. Advances in the Astronautical Sciences, 2001(108I): 201 – 214.

［75］Deguine B, Foliard J, Alby F, et al. Covariance modeling in satellite collision risk activities［C］. AIAA 2002 – 4631. AIAA/AAS Astrodynamics Specialist Conference and Exhibit, Monterey, California, 2002.

［76］Osweiler V P. Covariance estimation and autocorrelation of NORAD Two – Line Element Sets［D］. Ohio: Air Force Institute of Technology, US Air University, 2006.

［77］Hirose C, Kudo N, Matsuda I, et al. Evaluation of the TLE prediction errors for conjunction assessment ［C］. IAC – 10 – A6. 2. 8. The 61st International Astronautical Congress, Prague, Czech, 2010.

［78］Duncan M, Long A. Realistic covariance prediction for the Earth science constellation［C］. AIAA 2006 – 6293. AIAA/AAS Astrodynamics Specialist Conference and Exhibit, Keystone, Colorado, 2006.

［79］Legendre P, Deguine B, Garmier R, et al. Two Line Element accuracy assessment based on a mixture of Gaussian laws［C］. AIAA 2006 – 6518. AIAA/AAS Astrodynamics Specialist Conference and Exhibit, Keystone, Colorado, 2006.

［80］Legendre P, Garmier R, Prat G, et al. Improvement of the Two Line Element accuracy assessment based on a mixture of Gaussian laws［C］. AAS 07 – 390. AAS/AIAA Astrodynamics Specialist Conference, Mackinac Island, Michigan, 2007.

［81］Legendre P, Garmier R, Revelin B, et al. Improvement of the TLE accuracy model based on a Gaussian mixture depending on the propagation duration［C］. AIAA 2008 – 6772. AIAA Guidance, Navigation, and Control Conference and Exhibit, 2008.

［82］Levit C, Marshall W. Improved orbit predictions using Two – Line Elements［J］. Advances in Space Research, 2011 (47): 1107 – 1115.

［83］Muldoon A R, Elkaim G H, Rickard I F, et al. Improved orbital debris trajectory estimation based on sequential TLE processing［C］. IAC – 09. A6. 2. 9. The 60th International Astronautical Congress, Daejeon, R. Korea, 2009.

［84］Matney M J, Anz – Meador P, Foster J L. Covariance correlations in collision avoidance probability calculations［J］. Advances in Space Research, 2004 (34): 1109 – 1114.

［85］Coppola V T, Woodburn J, Hujsak R. Effects of cross correlated covariance on spacecraft collision probability ［C］. AAS 04 – 181. The AAS/AIAA Space Flight Mechanics Meeting, 2004.

［86］Hodge V J, Austin J. A survey of outlier detection methodologies［J］. Artificial Intelligence Review, 2004 (22): 85 – 126.

［87］Jefferys W H. A Fortran – based list processor for Poisson series［J］. Celestial Mechanics, 1970(2): 474 – 480.

［88］Cherniack J R. A more general system for Poisson series manipulation［J］. Celestial Mechanics, 1973 (7): 107 – 121.

[89] Ivanova T. A new echeloned Poisson series processor (EPSP) [J]. Celestial Mechanics and Dynamical Astronomy, 2001 (80): 167 – 176.

[90] Broucke R, Garthwaite K. A programming system for analytical series expansions on a computer [J]. Celestial Mechanics, 1969 (1): 271 – 284.

[91] Henrard J. A survey of Poisson series processors [J]. Celestial Mechanics, 1989(45): 245 – 253.

[92] San – Juan J F, Abada A. Algebraic and symbolic manipulation of Poisson series [J]. Journal of Symbolic Computation, 2001 (32): 565 – 572.

[93] Martínez M C, Navarro J F, Ferrándiz J M. An improved algorithm to compute circular functions of Poisson series [J]. Celestial Mechanics and Dynamical Astronomy, 2007 (99): 59 – 68.

[94] San – Juan J F, Abada A. Communications between the Poisson series processor PSPC and general scientific software [J]. Mathematics and Computers in Simulation, 2001 (57): 307 – 315.

[95] Fateman R J. On The multiplication of Poisson series [J]. Celestial Mechanics, 1974 (10): 243 – 247.

[96] Fekken A, Hilhorst D, Kerckhoffs E J H, et al. Parallel computer algebra on Poisson series [J]. Simulation Practice and Theory, 1996 (4): 219 – 243.

[97] Richardson D L. PARSEC: An interactive Poisson series processor for personal computing systems [J]. Celestial Mechanics, 1989 (45): 267 – 274.

[98] 郑勤余, 吴连大. 卫星与空间碎片碰撞预警的快速算法[J]. 天文学报, 2004, 45(4): 422 – 427.

[99] 刘静, 王荣兰, 张宏博. 空间碎片碰撞预警研究[J]. 空间科学学报, 2004, 24(6): 462 – 469.

[100] Hoots F R, Crawford L L, Roehrich R L. An analytic method to determine future close approaches between satellites [J]. Celestial Mechanics, 1984, 33(2): 143 – 158.

[101] 秋宏兴, 祝转民, 吴连大. 航天器碰撞分析方法研究[J]. 宇航学报, 2005, 26(3): 257 – 261.

[102] Dybczynski P A, Jopek T J, Serafin R A. On the minimum distance between two Keplerian orbits with a common focus [J]. Celestial Mechanics, 1986(38): 345 – 356.

[103] Kholshevnikov K V, Vassiliev N N. On the distance function between two Keplerian elliptic orbits [J]. Celestial Mechanics and Dynamical Astronomy, 1999(75): 75 – 83.

[104] Gronchi G F. An algebraic method to compute the critical points of the distance function between two Keplerian orbits [J]. Celestial Mechanics and Dynamical Astronomy, 2005(93): 295 – 329.

[105] Gronchi G F, Tommei G. On the uncertainty of the minimal distance between two confocal Keplerian orbits [J]. Discrete and Continuous Dynamical Systems – Series B, 2007, 7(4): 755 – 778.

[106] Murison M A, Munteanu A. On the distance function between two confocal Keplerian orbits [C]. AIAA/AAS Astrodynamics Specialist Conference and Exhibit, Keystone, Colorado, 2006.

[107] Armellin R, Di Lizia P, Berz M, et al. Computing the critical points of the distance function between two Keplerian orbits via rigorous global optimization [J]. Celestial Mechanics and Dynamical Astronomy, 2010(107): 377 – 395.

[108] Hoots F R. The Future of Artificial Satellite Theories, Hybrid Ephemeris Compression Model [J]. Celestial Mechanics and Dynamical Astronomy, 1997, (66): 51 – 60.

[109] Alfano S, Negron D. Determining satellite close approach [J]. Journal of the Astronautical Sciences, 1993, 41(2): 217 – 225.

[110] Alfano S. Determining satellite close approach, Part II [J]. Journal of the Astronautical Sciences, 1994, 42(2): 143 – 152.

[111] 李鉴, 肖业伦. 一种改进的空间目标接近分析快速算法[J]. 航空学报, 2007, 28(增刊): s42 – s48.

[112] Alarcon – Rodriguez J R, Martinez – Fadrique F M, Klinkrad H. Collision risk assessment with a smart

sieve method [C]. Proceedings of joint ESA/NASA Space – Flight Safety Conference, Noordwijk, Netherlands, 2002.

[113] Klinkrad H. Space debris – models and risk analysis [M]. New York: Springer – Praxis, 2006.

[114] 汪灏, 黄海. 在轨物体接近算法研究[J]. 宇航学报, 2008, 29(6): 1747 – 1751.

[115] Faulds A L, Spencer D B. Satellite close – approach filtering using genetic algorithms [J]. Journal of Spacecraft and Rockets, 2003, 40(2): 248 – 252.

[116] Foster J L, Estes H S. A parametric analysis of orbital debris collision probability and maneuver rate for space vehicles [R]. NASA/JSC – 25898. Houston: NASA Johnson Space Flight Center, 1992.

[117] Patera R P. General method for calculating satellite collision probability [J]. Journal of Guidance, Control, and Dynamics, 2001, 24(4): 716 – 722.

[118] Patera R P. Quick method to determine long – term orbital collision risk [C]. AIAA 2002 – 1809. SatMax 2002 – Satellite Performance Workshop, Arlington, VA, 2002.

[119] Patera R P. Conventional form of the collision probability integral for arbitrary space vehicle shape [C]. AIAA 2004 – 5218. AIAA/AAS Astrodynamics Specialist Conference and Exhibit, Providence, Rhode Island, 2004.

[120] Patera R P. Calculating collision probability for arbitrary space – vehicle shapes via numerical quadrature [J]. Journal of Guidance, Control, and Dynamics, 2005, 28(6): 1326 – 1328.

[121] Alfano S. Accommodating rectangular objects in probability calculations [C]. AIAA 2004 – 5217. AIAA/AAS Astrodynamics Specialist Conference and Exhibit, Providence, Rhode Island, 2004.

[122] Alfano S. A numerical implementation of spherical object collision probability [J]. The Journal of the Astronautical Sciences, 2005, 53(1): 103 – 109.

[123] Alfano S. Satellite collision probability enhancements [J]. Journal of Guidance, Control and Dynamics, 2006, 29(3): 588 – 512.

[124] Alfano S. Beta conjunction analysis tool [C]. AAS 07 393. AAS/AIAA Space Flight Mechanics Meeting, Sedona, Arizona, 28 January – 01 February 2007.

[125] Chan F K. Collision probability analyses for Earth – orbiting satellites [J]. Advances in the Astronautical Sciences, 1997(96): 1033 – 1048.

[126] Chan F K. Determination of minimum spacecraft separation at conjunction [C]. AIAA/AAS Astrodynamics Specialist Conference, Monterey, CA, 2002.

[127] Chan F K. Improved analytical expressions for computing spacecraft collision probabilities [C]. AAS 03 – 184. AAS/AIAA Space Flight Mechanics Meeting, Ponce, Puerto, 2003.

[128] Alfano S. Review of conjunction probability methods for short – term encounters [C]. AAS 07 – 148. AAS/AIAA Space Flight Mechanics Meeting, Sedona, Arizona, 28 January – 01 February 2007.

[129] 王华. 交会对接的控制与轨迹安全[D]. 长沙: 国防科学技术大学, 2007.

[130] 王华, 李海阳, 唐国金. 飞行器碰撞概率计算的一般方法[J]. 国防科技大学学报, 2006, 28(4): 27 – 31.

[131] 王华, 李海阳, 唐国金. 视场约束的交会对接 V – bar 撤离控制研究[J]. 宇航学报, 2007, 28(1): 28 – 32.

[132] 王华, 唐国金, 李海阳. 基于碰撞概率的交会对接近距离导引段的轨迹安全[J]. 宇航学报, 2007, 28(3): 648 – 652.

[133] 王华, 李海阳, 唐国金. 交会对接近距离导引段的轨迹安全[J]. 宇航学报, 2007, 28(6): 1554 – 1558.

[134] 王华, 李海阳, 唐国金. 基于碰撞概率的交会对接最优碰撞规避机动[J]. 宇航学报, 2008, 29

(1)：220 - 223.

[135] 程陶, 刘静, 王荣兰, 等. 空间碎片预警中的碰撞概率方法研究[J]. 空间科学学报, 2006, 26 (6)：452 - 458.

[136] 程陶. 编目空间碎片的碰撞概率方法研究及应用[D]. 北京：中国科学院研究生院, 2006.

[137] 冯昊. 空间碎片碰撞概率及其阈值分析和研究[D]. 北京：中国科学院研究生院, 2008.

[138] 杨旭. 空间碎片碰撞概率及其敏感度分析研究[D]. 北京：中国科学院研究生院, 2010.

[139] 张明选. 航天器碰撞概率的计算方法研究[D]. 哈尔滨：哈尔滨工业大学, 2010.

[140] 吴波. 空间目标交会期间碰撞概率研究[D]. 郑州：信息工程大学, 2011.

[141] Chan F K. Short - term vs. long - term spacecraft encounters [C]. AIAA 2004 - 5460. AIAA/AAS Astrodynamics Specialist Conference and Exhibit, Providence, Rhode Island, 2004.

[142] Chan F K. Spacecraft collision probability for long - term encounters [C]. AAS 03 - 549. AAS/AIAA Astrodynamics Specialist Conference, Big Sky, Montana, 3 - 7 Aug 2003.

[143] Patera R P. Satellite collision probability for non - linear relative motion [J]. Journal of Guidance, Control, and Dynamics, 2003, 26(5)：728 - 733.

[144] Patera R P. Collision probability for larger bodies having nonlinear relative motion [J]. Journal of Guidance, Control, and Dynamics, 2006, 29(6)：1468 - 1471.

[145] Slater G L, Byram S M, Williams T W. Collision avoidance for satellites in formation flight [J]. Journal of Guidance, Control, and Dynamics, 2006, 29(5)：1139 - 1146.

[146] Alfano S. Addressing nonlinear relative motion for spacecraft collision probability [C]. AIAA 2006 - 6760. AIAA/AAS Astrodynamics Specialist Conference and Exhibit, Keystone, Colorado, 2006.

[147] McKinley D P. Development of a nonlinear probability of collision tool for the Earth observing system [C]. AIAA/AAS Astrodynamics Specialist Conference and Exhibit, Keystone, Colorado, 2006.

[148] 许晓丽, 熊永清. 非线性相对运动下空间碎片碰撞概率计算的研究[J]. 天文学报, 2011, 52(1)：73 - 85.

[149] 张戈. 卫星编队飞行碰撞概率预测与避撞措施研究[D]. 大连：大连理工大学, 2008.6.

[150] Luo Y Z, Liang L B, Wang H, Tang G J. Quantitative performance for spacecraft rendezvous trajectory safety [J]. Journal of Guidance, Control, and Dynamics, 2011, 34(4)：1264 - 1269.

[151] Liang L B, Luo Y Z, Tang G J, Li H Y. Safety - Optimal impulsive rendezvous with trajectory uncertainties [C]. 61st International Astronautical Congress, Prague, Czech Republic, 2010.

[152] 梁立波, 罗亚中, 王华, 等. 空间交会轨迹安全特性分析[J]. 国防科技大学学报, 2010, 32(5)：17 - 22.

[153] 梁立波. 近距离导引段交会轨迹安全性的定量评价和设计优化方法[D]. 长沙：国防科学技术大学, 2011.4.

[154] 梁立波, 罗亚中, 王华, 等. 空间交会轨迹安全性定量评价指标研究[J]. 宇航学报, 2010, 31 (10)：2239 - 2245.

[155] Bird D. Conjunction summary message guide [C]. 64th International Astronautical Congress, Beijing, China, 2013.

[156] 白显宗, 陈磊. 空间目标碰撞概率计算方法研究[J]. 宇航学报, 2008, 29(4)：1435 - 1442.

[157] 白显宗, 陈磊. 基于空间压缩和无穷级数的空间碎片碰撞概率快速算法[J]. 应用数学学报, 2009, 32(2)：336 - 353.

[158] Liou J C. ISS crew seeks safe haven during debris flyby [J]. Orbital Debris Quarterly News, 2009, 13 (4)：3.

[159] Jenkin A B. Effect of orbit data quality on the feasibility of collision risk management [J]. Journal of

Spacecraft and Rockets, 2004, 41(4): 677 – 683.

[160] Newman L K, Duncan M. Establishment and implementation of a close approach evaluation and avoidance process for Earth observing system missions [C]. AIAA 2006 – 6291. AIAA/AAS Astrodynamics Specialist Conference and Exhibit, Keystone, Colorado, 21 – 24 Aug 2006.

[161] Frigm R C, Levi J A, Mantziaras D C. Assessment, planning, and execution considerations for conjunction risk assessment and mitigation operations [C]. AIAA 2010 – 1926. SpaceOps 2010 Conference: Delivering on the Dream, Huntsville, Alabama, 25 – 30 Apr 2010.

[162] 白显宗, 陈磊. 空间目标碰撞概率的显式表达式及其影响因素分析[J]. 空间科学学报, 2009, 29 (4): 422 – 431.

[163] Alfano S. Relating Position Uncertainty to Maximum Conjunction Probability [C]. AAS 03 – 548. AAS/ AIAA Astrodynamics Specialists Conference, Big Sky, Montana, 2003.

[164] Alfano S. Determining Probability Upper Bounds for NEO Close Approaches [C]. AIAA 2004 – 1478. 2004 Planetary Defense Conference: Protecting Earth from Asteroids, Orange County, California, 2004.

[165] Gottlieb R G, Sponaugle S J, Gaylor D E. Orbit Determination Accuracy Requirements for Collision Avoidance [C]. AAS 01 – 181. AAS/AIAA Space Flight Mechanics Meeting, Santa Barbara, California, 2001.

[166] Peterson G E. NEO Orbit Uncertainties and their Effect on Risk Assessment [C]. AIAA 2004 – 1420. 2004 Planetary Defense Conference: Protecting Earth from Asteroids, Orange County, California, 2004.

[167] Frigm R C. A single conjunction risk assessment metric: the F – value [J]. Advances in the Astronautical Sciences, 2010, 135: 1175 – 1192.

[168] 邱月明. 基于安全性的交会对接近程段运动控制策略研究[D]. 长沙: 国防科学技术大学, 2011.

[169] 谭跃进, 陈英武, 易进先. 系统工程原理[M]. 长沙: 国防科技大学出版社, 1999.

[170] Lemmens S, Krag H. Two – line – elements – based maneuver detection methods for satellites in low earth orbit [J]. Journal of Guidance, Control, and Dynamics, 2014, 37(3): 860 – 868.

[171] Patera R P. Space event detection method [J]. Journal of Spacecraft and Rockets, 2008, 45(3): 554 – 559.

[172] Kelecy T, Hall D, Hamada K, Stocker D. Satellite maneuver detection using Two – line Element (TLE) data[C]. Proceedings of the Advanced Maui Optical and Space Surveillance Technologies Conference, Maui, Hawaii, 2007.

[173] Hujsak R. Reverse engineering maneuvers [C]. AGI 2005 User´s Conference, Washington, D. C. , 2005.

[174] Flohrer T. Classification of geosynchronous objects produced with the DISCOS database [C]. ESA TR – 14, Darmstadt, Germany, 2012.

[175] Kelecy T, Moriba J. Detection and orbit determination of a satellite executing low thrust maneuvers [J]. Acta Astronautica, 2010(66): 798 – 809.

[176] Swartz R L, Coggi J, McNeill J. A swift SIFT for satellite event detection [C]. AIAA 2010 – 7527. AIAA/AAS Astrodynamics Specialist Conference, Toronto, Ontario Canada, 2010.

[177] McNeil J F, Coggi J M, Ailor W H, et al. Space situation monitoring laboratory: an integrated web – based environment for space environment information and analysis [C]. AAS 09 – 416. Proceedings of the AAS/AIAA Astrodynamics Specialist Conference, Pittsburg, PA, 2009.

[178] Krag H, Klinkrad H, Flohrer T, Fletcher E. The European surveillance and tracking system – services and design drivers [C]. AIAA 2010 – 1927. SpaceOps 2010 Conference, Huntsville, Alabama, 2010.

[179] Sansegundo M, Molina M A. Space debris in routine satellite operational: risk mitigation for collision

[C]. Proceedings of the SpaceOps 2010 Conference, Huntsville, USA, 2010.

[180] Richmond D. Space situational awareness research findings [C]. AIAA/AAS Astrodynamics Specialist Conference, Monterey, CA, 2002.

[181] Kraus W F, Bowman C, George E, et al. Assessing abnormal space catalog updates [C]. AIAA 2011 – 1627. Proceedings of Info – tech@ Aerospace 2011 Conference, St. Louis, Missouri, 2011.

[182] 董云峰, 苏建敏. 利用小波分析识别空间目标的轨道机动[J]. 宇航学报, 2004, 25 (2): 213 – 218.

[183] 张振军, 董云峰. 基于小波分析的目标轨道机动自主检测方法[J]. 北京航空航天大学学报, 2008, 34(3): 353 – 356.

[184] 强胜, 易东云, 潘晓刚. 基于天基观测的空间目标变轨识别算法研究[J]. 系统仿真学报, 2009, 21(12): 3528 – 3531.

[185] 杨旭, 刘静, 吴相彬, 等. 利用 TLE 数据分析 LEO 卫星轨道异常的新方法——综合判据法[J]. 空间碎片研究与应用, 2009(4): 6 – 11.

[186] 王荣兰, 龚建村, 张庆明. 一种简单有效的轨道异常分析方法[J]. 空间碎片研究与应用, 2011 (1): 12 – 17.

[187] Song W D, Wang R L, Wang J. A simple and valid analysis method for orbit anomaly detection [J]. Advances in Space Research, 2012(49): 386 – 391.

[188] Yates J M, Spanbauer B W, Black J T. Geostationary orbit development and evaluation for space situational awareness (GODESSA) [C]. Proceedings of the AIAA/AAS Astrodynamics Specialist Conference, Toronto, Ontario Canada, 2010.

[189] Aaron B S. Geosynchronous satellite maneuver detection and orbit recovery using ground based optical tracking [D]. Cambridge: Massachusetts Institute of Technology, 2006.

[190] Folcik Z J, Cefola P J, Abbot R I. GEO maneuver detection for space situational awareness [J]. Advances in the Astronautical Sciences, 2008, 129(1): 523 – 550.

[191] Abbot R I, Wallace T P. Decision support in space situational awareness [J]. Lincoln Laboratory Journal, 2007(16): 297 – 335.

[192] 张尧庭, 方开泰. 多元统计分析引论[M]. 北京: 科学出版社, 1982.

[193] Brouwer D. Solution of the problem of artificial satellite theory without drag [J]. The Astronomical Journal, 1959, 64(1274): 378 – 397.

[194] Kozai Y. The motion of a close earth satellite [J]. The Astronomical Journal, 1959, 64(1274): 367 – 377.

[195] 杨嘉墀. 航天器轨道动力学与控制: 上册[M]. 北京: 宇航出版社, 1995.

[196] United States Strategic Command (USSTRATCOM). Space – Track – Catalog Number Query Results. [EB/OL]. [2012 – 04 – 16]. http://www. space – track. org/perl/ id_query. pl.

[197] Soop E M. 地球静止轨道手册[M]. 王正才, 邢国华, 张宏伟, 等译. 北京: 国防工业出版社, 1999.

[198] Agrawal B N. 地球同步轨道航天器设计[M]. 褚桂柏, 张敬铭, 李晔, 等译. 北京: 航空工业出版社, 1992.

[199] Tombasco J, Axelrad P, Jah M. Specialized coordinate representation for dynamic modeling and orbit estimation of geosynchronous orbits [J]. Journal of Guidance, Control, and Dynamics, 2010, 33 (6): 1824 – 1836.

[200] 李恒年. 地球静止卫星轨道与共位控制技术[M]. 北京: 国防工业出版社, 2010.

[201] 朱毅麟. 空间碎片环境的最新状况[J]. 中国航天, 1997(1): 22 – 28.

[202] 都亨, 刘静. 载人航天和空间碎片[J]. 中国航天, 2002 (2): 18 – 23.

[203] 薛富兴, 杨晓燕. 空间碎片研究概况[J]. 国际太空, 2004(5): 14 – 19.

[204] 朱毅麟. NASA 空间碎片模型[J]. 上海航天, 1999 (3): 24 – 30.

[205] Kessler D J, Matney M J, Zhang J, et al. A computer based orbital debris environment model for spacecraft design and observation in low Earth orbit [R]. TM – 104825, 1996.11.

[206] Zhang J, Kessler D J, Matney M J, et al. The NASA engineering model: a new approach [J]. Advances in Space Research, 1997, 19(2): 281 – 290.

[207] Liou J C, Matney M, Anz – Meador P D, et al. The new NASA orbital debris engineering model OR-DEM2000 [R]. NASA/TP – 2002 – 210780, 2002.

[208] Xu Y L, Horstman M, Krisko P H, et al. Modeling of LEO orbital debris populations for ORDEM2008 [J]. Advances in Space Research, 2009, 43: 769 – 782.

[209] Krisko P H. NASA's new orbital debris engineering model, ORDEM2010 [C]. 4th International Association for the Advancement of Space Safety, Huntville, Alabama, USA. May 19 – 21, 2010.

[210] Matney M. An overview of NASA's orbital debris environment model [J]. Advances in the Astronautical Sciences, 2010, 137: 31 – 36.

[211] Krisko P H, Hall D T. Geosynchronous region orbital debris modeling with GEO_EVOLVE 2.0 [J]. Advances in Space Research, 2004, 34: 1166 – 1170.

[212] Reynolds R, Eichler P, Bade A, et al. Sensitivity analysis of the orbital debris environment using the EVOLVE 4.0 model [J]. Advances in Space Research, 2009, 23(1): 175 – 185.

[213] Klinkrad H, Bendisch J, Bunte K D, et al. The MASTER – 99 space debris and meteoroid environment model[J]. Advances in Space Research, 2001, 28(9): 1355 – 1366.

[214] Klinkrad H, Sdunnus H. Concepts and applications of the MASTER space debris environment model [J]. Advances in Space Research, 1997, 19(2): 277 – 280.

[215] Klinkrad H, Sdunnus H, Bendisch J. Development status of the ESA space debris reference model[J]. Advances in Space Research, 1995, 16(11): 93 – 102.

[216] Kanemitsu Y, Akahoshi Y, Narumi T, et al. Comparison of space debris environment models: OR-DEM2000, MASTER – 2001, MASTER – 2005 and MASTER – 2009 [R]. JAXA Research and Development Memorandum, JAXA – RM – 11 – 020E, 2012.

[217] Bendisch J, Bunte K, Klinkrad H, et al. The MASTER – 2001 Model[J]. Advances in Space Research, 2004, 34: 959 – 968.

[218] Flegel S K, Gelhaus J, Mockel M, et al. Multi – layer insulation model for MASTER – 2009 [J]. Acta Astronautica, 2011, 69: 911 – 922.

[219] 叶其孝, 沈永欢. 实用数学手册[M]. 2 版. 北京: 科学出版社, 2006.

[220] 许可, 庞宝君. 空间碎片空间密度及通量算法研究[J]. 空间碎片研究, 2008, 3.

[221] 唐颀, 庞宝君, 张伟. 空间碎片环境工程模式参数分析[J]. 中国空间科学技术, 2004, 5: 22 – 27.

[222] 李灿安, 庞宝君. 空间碎片的空间密度算法研究[J]. 空间科学学报, 2008, 28(6): 522 – 530.

[223] 曹玉辉. 基于历史轨道数据的空间碎片环境建模研究[D]. 长沙: 国防科学技术大学, 2013.

内 容 简 介

    本书主要论述空间目标轨道数据在目标碰撞预警和空间态势分析中的应用和涉及的理论与方法,内容包括基于轨道模型的预报误差传播、基于相对运动理论的轨道误差分析、基于历史轨道数据的轨道预报误差分析、空间目标接近分析的解析和数值方法、碰撞概率计算的显表达式、碰撞概率灵敏度分析、最大碰撞概率分析、碰撞预警的漏警和虚警分析、考虑多因素的碰撞风险综合评估方法、基于历史轨道数据的轨道异常和空间事件分析方法、基于轨道数据的空间碎片环境与流量分析等。

    本书可供从事航天器动力学、航天器测控、空间目标监视、空间态势感知和空间碎片研究的工程技术人员参考,也可作为高等院校相关专业研究生的辅助教材。

This book is intended to introduce and discuss the application of orbital data of space object in the conjunction assessment and space situation analysis and involved theories and methodologies.

The content contains orbital error propagation of space object based on orbital model, orbital error analysis based on relative motion theory, orbital error analysis based on historical orbital data, analytical and numerical methods of close approach analysis, explicit expression of collision probability, sensitivity analysis of collision probability, maximum collision probability analysis, missing alarm and false alarm analysis of conjunction assessment, comprehensive assessment of collision risk considering multi – factors, orbital anomaly and space events analysis based on historical orbital data, environment and flux analysis of space debris based on orbital data.

This book is suitable for the practical engineers and scientists in the fields of astrodynamics, space TT&C, space surveillance, space situational awareness, and space debris as well as for the graduates majoring in flight vehicle design and relevant professional field.